PASSUNG UND GESTALTUNG

(ISA-PASSUNGEN)

VON

DR.-ING. PAUL LEINWEBER VDI
MINISTERIALRAT, BERLIN

ZWEITE AUFLAGE

MIT 180 ABBILDUNGEN IM TEXT
UND EINER RECHENTAFEL

SPRINGER-VERLAG
BERLIN HEIDELBERG GMBH 1941

ISBN 978-3-662-26875-9   ISBN 978-3-662-28341-7 (eBook)
DOI 10.1007/978-3-662-28341-7

ALLE RECHTE, INSBESONDERE DAS DER ÜBERSETZUNG
IN FREMDE SPRACHEN, VORBEHALTEN
COPYRIGHT 1941 BY SPRINGER-VERLAG BERLIN HEIDELBERG
URSPRÜNGLICH ERSCHIENEN BEI SPRINGER-VERLAG OHG. IN BERLIN 1941

Vorwort zur ersten Auflage.

Der Titel dieses Buches bedeutet ein Programm. Dieses besteht darin, den Leser anschaulich erkennen zu lassen, daß in der Passungskunde als der Grundlage der neuzeitlichen austauschbaren Fertigung eine ganz neuartige Gestaltungsgrundlage erstanden ist, die ebenso zum unentbehrlichen Rüstzeug des Gestalters und des Betriebsmannes gehört, wie Werkstoffkunde, Festigkeitslehre und Fertigungstechnik. Gleichzeitig soll aber auch gezeigt werden, wie man das wohl am häufigsten benutzte Gestaltungsmittel, das ein neuzeitliches Passungssystem darbietet, zu größtem eigenen Nutzen anwenden kann. Schließlich soll denen geholfen werden, die zunächst den langen Zahlenreihen des ISA-Passungssystems ratlos gegenüberstehen, sich mit einer Übersetzungstafel an die DIN-Passungen klammern und die Vorteile dieses universalen Systems weder zu erkennen noch zu nutzen verstehen.

Das Buch wendet sich somit an alle, die mit Passungen und Toleranzen umzugehen haben. Ich habe versucht, den Umfang so zu halten, daß der Preis erschwinglich bleibt. Auf eine Einführung in den Aufbau des ISA-Systems wurde verzichtet; ich möchte glauben, daß es dem Leser, der diese Grundlagen noch nicht beherrscht, gelingt, sie sich durch aufmerksames Studium zu erarbeiten, wenn er DIN 7150 und die nachfolgenden Normblätter über Passungen zum Nachschlagen zu Hilfe nimmt. Im übrigen sei auf die neueste Auflage meines Buches „Toleranzen und Lehren" verwiesen, die gleichfalls dem letzten Stande entspricht.

Die einleitende Darstellung der historischen Entwicklung widerspricht zwar ganz meiner sonstigen Ablehnung weit ausholender Einleitungen. Sie erschien mir aber als der geeignete Rahmen, um das Bild des augenblicklichen Standes der Fertigungstechnik in bezug auf den Austauschbau auf die kürzeste Art am klarsten und lebendigsten hervortreten zu lassen. Gleichzeitig soll sie die richtige innere Einstellung hervorrufen und jedem Leser die Feststellung ermöglichen, wo in der Entwicklungsgeschichte sein Standort ist: in der Gegenwart oder in der Vergangenheit.

Ich habe mich bemüht, Abbildungen zu bringen, die nur das zu dem jeweiligen Gegenstande Wesentliche auf den ersten Blick zeigen und habe deshalb auch weitgehend von perspektivischer Darstellung Gebrauch gemacht. In den Abschnitten über „Passungsgeometrie" und

„Passungsmechanik" hoffe ich, die Grundlagen zu einer Weiterentwicklung dieser neuesten Zweige der Passungswissenschaft zusammenhängend dargestellt zu haben.

Mein Dank gilt den maßgebenden Stellen des Heereswaffenamtes, die mir nicht nur Gelegenheit gaben, jahrelang vielseitige Erfahrungen zu sammeln, sondern sie auch hiermit der Allgemeinheit zugänglich zu machen. Es ist ein Zufall, daß das Buch gerade in einer Zeit entstanden ist, als die Gedanken des Austauschbaues eine für unser Vaterland bedeutsamste Verwirklichung fanden. Ferner habe ich Herrn Prof. Dr.-Ing. Kienzle, dem Obmann des Passungsausschusses, zu danken, der die Anregung zu der Arbeit gab und sie mit wertvollen Hinweisen unterstützte.

Berlin, Dezember 1940.

Der Verfasser.

Vorwort zur zweiten Auflage.

In der wenige Monate nach Erscheinen der ersten notwendig gewordenen zweiten Auflage wurden die Abschnitte über Kunstharzpreßteile und Teile aus keramischen Baustoffen, sowie das Rechenbeispiel im Abschnitt 345 dem neuesten Stande angepaßt und das Schrifttumsverzeichnis ergänzt und neu geordnet.

Berlin, Oktober 1941.

Der Verfasser.

Inhaltsverzeichnis.

1. Arbeitsteilung — Austauschbau — Normung.

Die Fertigungstechnik, die sich mit der Verarbeitung der von der Natur gegebenen oder aus Bodenschätzen gewonnenen Stoffe beschäftigt, um sie unter Ausnutzung der Naturgesetze in der Form von Maschinen, Apparaten und Gegenständen des täglichen Bedarfes für den menschlichen Gebrauch dienstbar zu machen, hat in den letzten Jahrzehnten eine unbeschreibliche Entwicklung durchgemacht. Ein ähnlich steiler Verlauf einer Entwicklungskurve ist wohl auf wenigen Gebieten menschlicher Betätigung zu finden. Die Fertigungstechnik ist ein wesentlicher Bestandteil der gesamten Technik, deren Erkenntnisse jederzeit sofort bei der Fertigung benutzt wurden, und deren Entwicklung und Ausnutzung in großartigem Maßstabe aber auch erst durch die fortschreitende Fertigungstechnik ermöglicht wurde. Die gesamte Technik hat in den letzten hundert Jahren nicht nur äußerlich unser Landschaftsbild durch Verkehrsmittel, Fabriken, Bauwerke und elektrische Leitungen und unsere tägliche Umgebung durch Fernsprecher, Rundfunk, Schreibmaschine und vieles andere von Grund auf verändert, sondern auch durch andersgeartete Beschäftigung und die notwendige innere Stellungnahme zu diesen Dingen unsere Weltauffassung grundlegend beeinflußt.

Die Uranfänge der Technik reichen freilich in die Zeiten der ersten Lebensäußerungen des Menschengeschlechtes zurück. Der erste entscheidende Knick nach oben in der Kurve entsteht mit der Abkehr von der rein spekulativen Beschäftigung mit unserer Umwelt und mit der immer mehr systematischen Erforschung der Naturkräfte und Naturgesetze. Ein erster Ansatz von Archimedes (287···212 v. Chr.) in dieser Richtung wurde erst von Leonardo da Vinci im 15. Jahrhundert weitergeführt und auf diesen genialen praktischen Physiker folgt ein immer steileres Fortschreiten der Naturforschung und der Naturerkenntnisse. Die Systematik der Forschung ist heute sozusagen auf die Spitze getrieben, wo zahllose Laboratorien damit beschäftigt sind, der Natur auf allen möglichen Sondergebieten weitere Geheimnisse zu entlocken. Nachdem zunächst die physikalischen Grundlagen geklärt und zahlreiche Möglichkeiten erkannt worden waren, um mit ihrer Hilfe Raum und Zeit zu überwinden, den menschlichen Geist und die menschliche Arbeitskraft mit Hilfe der Maschine von weniger wichtigen Arbeiten frei zu machen und um zur Bequemlichkeit des menschlichen Daseins beizutragen, setzte der zweite Knick nach oben ein. Immer neue sich übersteigernde Bedürfnisse wurden geschaffen und wollten befriedigt werden.

Eines möge — auch für den eigentlichen Gegenstand unserer Betrachtungen — aus diesem historischen Ablauf klar erkannt werden: Eine Entwicklung läßt sich wohl fördern oder beschleunigen, niemals

aber entscheidend aufhalten, sie schreitet über widerstrebende
Menschen erbarmungslos hinweg. Das zeigen einerseits Erscheinungen,
wie sie bei der Einführung der Eisenbahn, des Fernsprechers, des Web-
stuhles und unzähliger anderer Erfindungen zu beobachten waren,
andererseits die Geschichte von Persönlichkeiten, wie Alfred Krupp,
Nikolaus Dreyse, Ernst Abbe und vielen anderen, die sich allen
Widerständen und heute kaum noch vorstellbaren Schwierigkeiten zum
Trotz letzten Endes durchzusetzen vermochten.

In früheren Zeiten wurden technische Erzeugnisse, Gegenstände des
täglichen Bedarfes, Werkzeuge, Baubeschläge usw. rein handwerks-
mäßig hergestellt. Ein Handwerksmeister beherrschte die damals bekannten hauptsächlichsten Arbeiten des Schmiedens, Feilens und Boh-
rens so weit, daß er den Gegenstand aus den ihm zur Verfügung stehenden
Halbzeugen von Anfang bis zu Ende herstellen konnte. Die nötigen
Werkzeuge mußten größtenteils selbst angefertigt, ja zum Teil selbst
erdacht werden.

Ein Bedarf an großen Stückzahlen gleichartiger Erzeugnisse trat
erstmalig auf dem Gebiet der Handfeuerwaffen auf.

Im Jahre 1623 erhielten 4 Büchsenmeister und 3 Schäfter in Suhl einen Auftrag auf 4000 Musketen [303][1]. Die königlichen Gewehrfabriken in Potsdam und
Spandau fertigten in den ersten zehn Fiedensjahren nach dem Siebenjährigen
Kriege 96000 Gewehre und Karabiner und 17000 Pistolen [303]. Bei solchen Gelegenheiten mag zum erstenmal die Frage aufgetaucht sein, ob man diese Arbeiten
durch Einstellung weiterer Büchsenmacher, von denen jeder selbständig arbeitete,
oder durch Aufteilung der verschiedenen Arbeitsgänge unter eine Anzahl Arbeitergruppen bewältigen sollte. Schon die Aufteilung in Büchsenmeister und Schäfter
läßt erkennen, daß damals bereits eine gewisse Unterteilung der Arbeitsgänge
vorgenommen wurde.
Der Gedanke der Arbeitsteilung ist wohl fast so alt wie die Fertigung von
Werkzeugen für die Jagd, zur Verteidigung, zur Holzbearbeitung. Im Vézère-Tal
in Südfrankreich fand man eine Schnitzerwerkstatt für Knochenwerkzeuge mit
14 Arbeitsstellen, deren Alter auf 25000 Jahre geschätzt wird. Es kann angenommen werden, daß die Schnitzer bereits damals auf ihre Sonderarbeit spe-
zialisiert waren. Eine besonders weitgehende Spezialisierung im Handwerk sollen
die Chinesen eingeführt haben. Spezialisierte Handwerke kannten alle Völker des
Altertums. Im Mittelalter finden wir z. B. in Frankfurt a. M. allein 23 verschiedene Berufe, die sich mit der Metallverarbeitung befassen, darunter für die
Herstellung von Rüstungen allein fünf: Rüstungsschmiede, Haubenschmiede,
Plattner, Beinstückschmiede und Sporer. Die Arbeitsteilung entspringt in ihrer
historischen Entwicklung dem natürlichen Streben nach Vervollkommnung
der einzelnen an einem Gesamtobjekt auszuführenden Arbeiten, nicht der Schaffung
großer Stückzahlen gleichartiger Gegenstände. Aber: Große Stückzahlen können
nur durch eine bis ins einzelne getriebene Arbeitsteilung gefertigt werden. Der
Engländer Adam Smith setzt in seinem Hauptwerk über Nationalökonomie,
das 1775 erschien, am Beispiel der Stecknadelherstellung in 18 verschiedenen

---

[1] Die schräg stehenden Zahlen in [ ] beziehen sich auf das Schrifttumsverzeichnis am Schluß des Buches.

Arbeitsgängen die Vorzüge der Arbeitsteilung auseinander. Er erkannte diese Vorzüge in der gesteigerten Geschicklichkeit jedes Arbeiters, in der Zeitersparnis durch Vermeidung des Übergangs von einer Arbeit auf die andere und schließlich in der Möglichkeit, mit Hilfe der Maschine den einzelnen Arbeitsgang schneller zu bewerkstelligen [35].

Der erste Versuch einer auswechselbaren Fertigung von Feuerwaffen wurde kurz nach 1715 in Frankreich gemacht und schlug wegen der hohen Herstellungskosten fehl. Ein zweiter — ebenfalls in Frankreich — von Le Blanc im Jahre 1785 hatte den Erfolg, daß man aus 50 Sätzen von Gewehrschloßteilen beliebig Teile herausgreifen und sie wahllos zusammensetzen konnte. Außerdem waren die so hergestellten Gewehre um 2 Francs billiger [34].

Der Fall, daß unbedingte Austauschbarkeit gefordert werden mußte, trat zum erstenmal beim Zusammenpassen von Lauf und Munition auf. Hier waren also nicht fertigungstechnische, sondern funktionelle, militärische Gründe der Anlaß zur Einführung von Austauschbarkeit.

Wir finden im Jahre 1818 sehr vollständige und genaue Angaben über Grenzlehren für Geschosse — damals wurde nur mit runden Kugeln geschossen —, die Toleranzen für die verschiedenen Kaliber, ein Kleinstspiel war vorgesehen und sogar die zulässige Abnutzung der Lehren war mit $0,02''$ ($= 0,5$ mm) angegeben [296]. Zum Beispiel betrug die Durchmessertoleranz für die dreipfündige Granate (umgerechnet) $72 \, {}^{+\,1,3}_{-\,0,8}$ mm, für die 75pfündige: $320,5 \, {}^{+\,2,6}_{-\,0,8}$ mm. Das sind beträchtliche Genauigkeitsansprüche, wenn man bedenkt, daß die Geschosse gegossen und nur verputzt wurden. Für die Flintenkugeln aus Blei waren die Grenzmaße 16,2 und 17,3 mm vorgeschrieben; sie wurden mit einem Gut- und einem Ausschußsieb gelehrt, die beide eine große Anzahl von Löchern aufwiesen. Auch Gegenlehren waren vorhanden, die gleichzeitig als Abnutzungsprüfer dienten: Ein Kegel aus Messing oder Stahl, der zwischen den Durchmessern 10 und 21 mm eine Teilung in hundertstel Zoll hatte ($1'' = 26,1545$ mm). Für die Rohre gab es 4 Kaliberzylinder zwischen 18,3 und 19,1 mm, die genau in der gleichen Weise angewendet wurden, wie auch heute noch die Kaliberzylinder zum Prüfen von Gewehrläufen. Die Vorschrift lautete: „Nach der Königlichen Bestimmung sollen im Durchschnitt die Kaliber der Rohre zum Cylinder von 71/100 (18,5 mm) passen, und 70/100 und 72/100 sollen nur als Ausnahmen bei Nachhülfen an Rohren gut gethan werden. Der Cylinder von 73/100 darf nie in ein Rohr hineingehen, und wäre dies der Fall, so wird das Rohr wegen zu weitem Kaliber verworfen ..."
[225]. Dies sind genaue Vorschriften über die Art der Ausnutzung eines Toleranzfeldes, denen wir heute nur noch Prozentzahlen für die ausnahmsweise zugelassenen Maße hinzuzufügen hätten.

Im Jahre 1822 finden wir für das damalige Steinschloßgewehr ziemlich umfangreiche „Dimensionstabellen" mit Toleranzen für die wichtigsten Maße; Maßtafeln in der gleichen Form waren im Weltkriege noch bei der deutschen Wehrmacht in Gebrauch. Wahrscheinlich handelte es sich bei den „Dimensionstabellen" um Erfahrungswerte; es wird nämlich hinzugefügt, man möge nicht allzu streng auf die Genauigkeiten achten, wichtiger sei die Beachtung der vielen Fehler, die die Brauchbarkeit eines Gewehres sonstwie beeinträchtigen könnten.

Es gab Rachenlehren für die verschiedenen Außendurchmesser und für die Länge des Laufes, für das Zündloch, das Bajonetthaft, die Schwanzschraube usw. Anscheinend waren dies aber Normallehren. Ferner wird im gleichen Jahre als neuartig eine Bohrvorrichtung beschrieben, die dazu diente, sämtliche Bohrungen im Schloßblech, der Grundplatte für alle Schloßteile, zu bohren, anstatt wie bis dahin, die Löcher einzeln mit Dornen kalt durchzuschlagen. Dazu heißt es: „Dies geht, wenn man die dabei stattfindenden Vortheile kennt sehr geschwind, und alle Löcher werden sehr akkurat" [*225*].

Auf Anregung des amerikanischen Gesandten in Frankreich, Jefferson, der die Versuche Le Blancs kannte, erhielt im Jahre 1793 Eli Whitney einen Auftrag auf 10000 Gewehre für die amerikanische Regierung, bei denen die Schlösser austauschbar sein sollten. Zehn Jahre später erfolgte die Lieferung und im Jahre 1812 besaß Whitney die bedeutendste Gewehrfabrik Amerikas [*34*]. Er benutzte in bis dahin unbekanntem Maße Werkzeugmaschinen, die er größtenteils selbst entwerfen und bauen mußte — eine Fräsmaschine aus dem Jahre 1818 ist noch erhalten — und ersparte dadurch die hochwertigen Handwerker. Die Prüfung der Teile geschah mit Lehren, während man zur gleichen Zeit in Deutschland noch vorwiegend mit Musterstücken verglich [*225*].

Angeblich unabhängig von Whitney fertigte Simeon North um das Jahr 1800 Pistolen mit austauschbaren Schlössern. Durch Spezialisierung seiner Arbeiter ersparte North 25 % Zeit. Im Jahre 1828 wurde bei Erteilung staatlicher Gewehraufträge Samuel Colt und anderen Unternehmern aufgegeben, daß die Teile unter sich und mit den in den Staatswerkstätten hergestellten Waffen austauschbar sein müßten.

Eher, als Ingenieure gemeinhin wissen oder annehmen, die so stolz auf das 20. Jahrhundert sind, zeichnet sich also recht deutlich und zielbewußt eine Entwicklung ab, die vom handwerksmäßigen Einzelbau zur aufgeteilten Mengenfertigung hinführt. Ihre Richtung wird bestimmt durch drei wichtige Faktoren:

1. Die Vergrößerung der benötigten Stückzahlen. Diese hätten geleistet werden können entweder unter Beibehaltung der bisherigen Verfahren durch Vermehrung der Handwerkerzahl. Da diese nicht in ausreichender Anzahl zu beschaffen waren, mußte

2. der Weg der Arbeitsteilung beschritten werden. Man teilte die Belegschaft zunächst in Arbeitergruppen und wies jeder Gruppe bestimmte Arbeitsgänge zu. Infolgedessen brauchten diese Leute nicht mehr so universell geschult zu sein. Nun mußte aber dafür gesorgt werden, daß die einzelnen Gruppen unabhängig voneinander arbeiten konnten. Damit nicht immer die eine Gruppe auf das Fertigwerden der anderen zu warten brauchte, um ihre Teile danach anzupassen, mußte mehr und mehr auf die Anschlußmaße geachtet werden, so daß die einzelnen Teile der Baugruppen beim Gesamtzusammenbau zu einer brauchbaren Waffe zusammengesetzt werden konnten. Das Durchdringen dieser Erkenntnis dauerte allerdings viele Jahrzehnte. Wichtiger war damals im Augenblick das Streben nach Ausschalten der menschlichen Arbeitskraft und ihr Ersatz durch die Werkzeugmaschine, die mehr leisten konnte und zu ihrer besseren Ausnutzung ebenfalls die Arbeitsteilung forderte. Schließlich wurde

3. vom Verbraucher die Forderung auf Austauschbarkeit an bestimmten Stellen des Mechanismus gestellt.

Unter diesen Bedingungen entwickelte sich die Werkzeugmaschine und heute sind mit Maschinen und nach den Gesetzen des Austauschbaues gefertigte Teile weit genauer und besser als Handarbeit. Es waren also nicht allein rein wirtschaftliche Erwägungen, die in diese Richtung drängten. Auf einen Punkt, der auch heute noch bei mehr oder weniger kleinen Stückzahlen nicht überall klar genug erkannt und innerlich erfaßt ist, muß mit ganz besonderer Schärfe hingewiesen werden: Man ging vom „Bauen" eines Erzeugnisses über zum „Fabrizieren" und wurde dadurch mehr und mehr unabhängig von der Geschicklichkeit und dem Verantwortungsbewußtsein der „bauenden" Handwerker, die für damalige Verhältnisse wahre universale Künstler gewesen sein müssen. Angesichts der inzwischen eingetretenen großen Verbreiterung der Bearbeitungsmöglichkeiten ist eine solche Arbeitsweise, die die einigermaßen ausreichende Beherrschung aller Verfahren zur Voraussetzung hat, heute geradezu undenkbar.

Immer weitere Erfolge zeigen sich in dem Bestreben, die Handfertigkeit beim Herstellen der Werkstücke auszuschalten. Dafür wird sie zunächst für die Fertigung der Werkzeugmaschinen, Vorrichtungen, Werkzeuge und Lehren gebraucht, aber auch das nicht mehr in vollem Umfange: man denke nur an die Massenfertigung von Spiralbohrern auf vollselbsttätigen Maschinen. Aber für diese Maschinen braucht man wiederum hochwertige Facharbeiter.

Es ist also nicht wahr, daß die Arbeitsteilung und der Austauschbau die frühere hochwertige Arbeit zum Stumpfsinn herabgedrückt haben, dies trifft nur zur Zeit noch in gewissem Maße für Arbeitsgänge zu, die noch nicht selbsttätig ausgeführt werden können. Vielmehr wird im großen und ganzen dank der ungeheuren Ausweitung der industriellen Erzeugung die handwerkliche Geschicklichkeit auf jeweils bestimmten Arbeitsgebieten und an anderer Stelle gebraucht als früher. Der Bedarf an Facharbeitern ist heute größer denn je.

Ebensowenig wie es einem Wissenschaftler heute möglich ist, etwa das ganze Gebiet der Zoologie, der Philosophie oder der Medizin zu beherrschen, ebensowenig könnte ein Arbeiter, der schmieden, drehen, hobeln, bohren, härten und schleifen kann, auf jedem dieser Gebiete Ausreichendes leisten.

Die in der Waffentechnik um 1800 zum erstenmal gestellte und erfüllte Forderung der Austauschbarkeit wird in der Folgezeit auch auf andere Gebiete übertragen [*34*]. Im Jahre 1830 wurden die ersten Uhren, 1848 die ersten Taschenuhren in Amerika austauschbar hergestellt. 1859 wurden in Amerika Nähmaschinen erzeugt, für die passende Ersatzteile ohne weiteres nachbezogen werden konnten. Schon im Jahre 1834 soll die englische Firma Sharp, Roberts & Co. austauschbare Lokomotivteile geliefert haben. Die Auswechselbarkeit von Spinnspindeln wurde in den 50er Jahren durch die Whitworthschen Kaliber- und Ringlehren (Normallehren!) ermöglicht.

Um die Mitte des vorigen Jahrhunderts wurden die amerikanischen Erfahrungen auf dem Gebiet des Austauschbaues nach Europa verpflanzt, besonders durch eine im Jahre 1853 von der englischen Regierung entsandte Kommission, die die Arbeitsverfahren eingehend studierte. In den nächsten Jahren entstand in Enfield in der Nähe von London eine staatliche Gewehrfabrik nach amerikanischem Muster für wöchentlich etwa 1000 Gewehre, die austauschbar waren. Einen ähnlichen Einfluß übte Amerika nach 1870 auf die deutsche Waffenfertigung aus. Bis dahin wurde immer noch nach Normallehren gearbeitet, lediglich das Feilen nach einer Lehre, in die das Werkstück passen mußte, und das Feilen in einer Feillehre, die die zu feilenden Umrisse des Werkstückes begrenzte, waren in großem Maßstabe durch Maschinenarbeit ersetzt worden. Während bis dahin das Passen zur Lehre dem Gefühl und der Erfahrung des Arbeiters überlassen war, kamen nun die ersten flachen Toleranzlehren auf, durch die nicht mehr nur das Kleinstspiel, das Zusammengehen der Werkstücke sichergestellt, sondern auch das Größtspiel zahlenmäßig erfaßbar wurde. Die allgemeine Einführung von Grenzlehren auch im allgemeinen Maschinenbau fällt nach 1890 [*34*].

Die Belieferung der Alliierten mit amerikanischem Kriegsmaterial in den Jahren 1917 und 1918 stieß auf erhebliche Schwierigkeiten, die folgende sehr interessante Gründe haben.

Der Nachbau europäischer, insbesondere französischer Waffen gelang bis zum Waffenstillstand nur unvollkommen, weil an die Stelle der selbständigen Handfertigkeit europäischer Monteure die in Amerika übliche Maschinenarbeit treten mußte, ohne die der amerikanischen Industrie eine Serienfertigung in großem Maßstabe unmöglich war. Deshalb mußte die amerikanische Unterstützung sich im wesentlichen auf Rohstoffe beschränken, während die Fabrikationsleistung der Entente gesteigert wurde [*38, 297*].

Das im Jahre 1903 in der USA-Armee eingeführte Springfield-Gewehr wurde bis zum Weltkriege ausschließlich in staatlichen Werkstätten erzeugt. Hier waren Normallehren im Gebrauch und die Toleranzen, mit denen die Werkstücke in diese Normallehren passen durften, hatte der Revisor „im Gefühl". Kurz nach Ausbruch des Weltkrieges wurden große Aufträge an die Privatindustrie vergeben; dabei stellte sich heraus, daß diese nicht fertigen konnte, weil es an erfahrenem Personal fehlte. Man ging also schleunigst daran, die Zeichnungen der Waffe mit Toleranzen zu versehen und Grenzlehren zu entwerfen und anzufertigen. Allmählich wurden dann die alten Lehren durch neue ersetzt [*189*].

Die Amerikaner haben sofort nach dem Kriege aus dieser Erfahrung die Konsequenz gezogen und eine umfangreiche, neuzeitliche Arbeitsvorbereitung für die Waffenfertigung in zivilen Betrieben organisiert.

Ähnliche Erscheinungen wie in den Vereinigten Staaten zeigten sich auch in Deutschland, als in immer größerem Maßstabe die Privatindustrie zur Herstellung von Heergerät herangezogen werden mußte. Nachdem bereits vor dem Weltkriege die ersten Heeresnormen entstanden waren, wurde im Jahre 1916 das Kgl. Fabrikationsbüro (Fabo) gegründet, das die Aufgabe hatte, die Unterlagen für Austauschfertigung in Normen und Zeichnungen zu schaffen.

Die zunächst nationale und dann internationale Normung von Toleranzen und Passungen sind nur selbstverständliche, weitere Schritte auf diesem Wege.

Versucht man diesen gesamten Ablauf einer Entwicklung, die hier aus begreiflichen Gründen nur in wenigen Stichworten dargestellt werden konnte, im Zusammenhang zu überblicken, so wird man erkennen: Die Fertigungstechnik ist mit der Entwicklung der gesamten Technik so eng verwachsen und mit dieser aufgewachsen, daß das eine nicht ohne das andere zu dem geworden wäre, was es heute ist.

Die Fertigungstechnik hätte ohne die Erfindung und Entwicklung der Kraftmaschinen, die den Antrieb für die Werkzeugmaschinen liefern, auf einem sehr bescheidenen Stand stehen bleiben müssen. Die schon frühzeitig benutzte Wasserkraft war unzuverlässig und an den Ort gebunden. Alfred Krupp hat in seinen Jugendjahren noch seinen Ärger damit gehabt und war glücklich, als er im Jahre 1836 eine Dampfmaschine zum Antrieb seiner Hämmer erwerben konnte [8]. Wenn man andererseits hört, daß James Watt im Jahre 1769 schon froh war, einen Dampfzylinder so genau ausbohren zu können, daß man an der schlechtesten Stelle kaum noch ein Halbkronenstück zwischen Zylinder und Kolben bringen konnte [19], so sieht man an diesen zwei Beispielen, wie nur eines mit dem andern wachsen konnte. Der Zwang zur Verbesserung der Lager an Kraftmaschinen und die damit erzielten Erfolge beispielsweise konnten wiederum an der Lagerung bei Werkzeugmaschinen fruchtbar werden. Die letzte Vervollkommnung erfuhr der Antrieb der Maschinen durch die Anwendung des elektrischen Stromes, der wiederum die Wasserkraft, und zwar in ganz anderem Maßstabe und nicht mehr örtlich gebunden, zur Anwendung brachte.

Die Fertigungsverfahren und die Werkzeugmaschinen, die noch zu Zeiten Alfred Krupps großenteils selbst erdacht und ausgeführt werden mußten, werden heute von einer eigenen mächtigen Industrie erzeugt. Von diesem „Propheten des Stahls" sind u. a. Handskizzen aus den Jahren 1831···32 erhalten, die Entwürfe für eine Walzenschleifmaschine und ein Gebläse zeigen. Die Maschinen bestanden damals teils aus Eichenholz, teils aus Eisen und Stahl und erzeugten beim Arbeiten starke Erschütterungen, die die Genauigkeit und Oberflächengüte stark beeinträchtigten [8]. Wichtige Fertigungszweige, Fräsen, Rund- und Flächenschleifen, Räumen, Gesenkschmieden, Tiefziehen, und manche wichtige Verbesserung an bestehenden Maschinen, wie der Kreuzsupport an der Drehbank, mußten erst erfunden und entwickelt werden.

Nicht zuletzt mußte die Meßtechnik mit der Fertigungstechnik Schritt halten, um deren Erfolge zu ermöglichen. Die bis 1800 besonders im politisch zerrissenen Deutschland unglaublich verwilderten Maßeinheiten wurden zu Beginn des 19. Jahrhunderts zunächst innerhalb vieler deutscher Staaten (aber jeder für sich!) festgelegt. Nach Gründung des Norddeutschen Bundes wurde das Meter durch das Gesetz vom 17. August 1868 eingeführt, dem sich allmählich auch die süddeutschen Staaten anschlossen. Nach der Reichsgründung wurde das Meter am 1. Januar 1872 gesetzlich in Deutschland·eingeführt. Den wichtigsten nächsten Schritt brachte die internationale Meterkonvention 1875, der viele europäische und überseeische Staaten beitraten, darunter auch England und die Vereinigten Staaten, womit nicht gesagt ist, daß in diesen Ländern vielleicht jemals das metrische System eingeführt wird [19]. Heute gilt zwar offiziell das Urmeter in Sèvres als die Längenmaßeinheit, in der Praxis ist längst die Lichtwellenlänge an seine Stelle getreten. Hiermit ist der Meßtechnik auf lange Zeit hinaus die solide Grundlage gegeben, die sie zu ihrer Fortentwicklung unbedingt braucht: Ein hinreichend genaues und beliebig mit verhältnismäßig einfachen Mitteln verfügbares Urmaß. Es ist das Verdienst von Direktor Dr. Kösters von der Physikalisch-Technischen Reichsanstalt, den Interferenzkomparator für Vergleichsmessungen zu der Form entwickelt zu haben, in der er von der Firma C. Zeiss im Jahre 1922 auf den Markt gebracht wurde. Ihm folgte etwa 1927 der Absolut-Interferenzkomparator. Ferner hat Kösters den Rechenschieber geschaffen, der Messungen mit Lichtwellen ungemein erleichtert und beschleunigt.

Mancher Ingenieur mag es für belanglos halten, ob das Urmeter auf ein zehntel oder auf hundertstel μ genau festliegt, weil ja die in der Praxis des Austauschbaues gebräuchlichen Toleranzen sehr viel größer sind. Wenn man dagegen Abb. 8/1 eingehend betrachtet, in der gezeigt ist, auf welchem langen Wege die Werkstücktoleranzen von den Interferenzmessungen abgeleitet werden, und wenn man sich dabei das Grundgesetz alles Messens vor Augen hält, daß stets das Meßverfahren in einem bestimmten Verhältnis genauer sein muß als der Prüfling, so erkennt man, daß die einzelnen Glieder noch nicht um eine Zehnerpotenz voneinander abstehen. Dabei ist absichtlich die lange Kette: Urmaß—Vergleichsmaß—Prüfmaß — Arbeitsmaß — Prüflehre außer Betracht gelassen, für deren einzelne Glieder eine größere Annäherung praktisch tragbar ist.

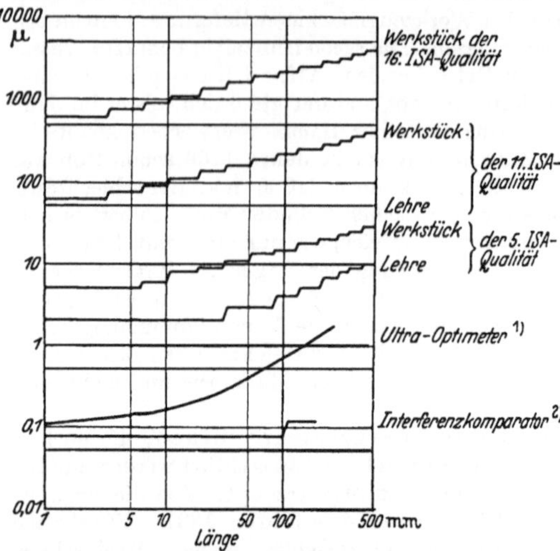

Abb. 8/1. Nenntoleranzen der Werkstücke, Herstellungstoleranzen der Lehren, Meßunsicherheit von Ultra-Optimeter und Interferenzmessungen (doppelt logarithm. Koordinatensystem).
Zum Vergleich mit Werkstücktoleranzen ist bei ±-Werten die volle Größe des Meßunsicherheitsfeldes eingesetzt, z. B. garantierbare Meßunsicherheit: ± 0,2 μ, Meßunsicherheitsfeld = 0,4 μ.

Neben dieser Schaffung der Grundlage für die Meßtechnik ging eine mit der allgemeinen Fertigungstechnik fortschreitende Entwicklung und Verbesserung der Werkstattmeßgeräte einher. Etwa 1905 kam im Hirth-Minimeter zum erstenmal ein Werkstattmeßgerät auf den Markt, das μ anzeigte. Ferner muß auf die Bedeutung hingewiesen werden, die der Einbeziehung der Optik (Mikroskop, Fernrohr, Bildwerfer, optischer Fühlhebel) in die Meßtechnik des Laboratoriums und der Werkstatt zukommt.

Forscht man weiter nach den Ursachen für die steile Entwicklung der Fertigungstechnik, so muß man feststellen, daß der ungeahnte Aufschwung des Verkehrs wesentlich dazu beigetragen hat. Die schnelle Verbreitung neuer Erkenntnisse an einen großen Kreis und der Gedankenaustausch zu schwebenden Fragen wird durch Buchdruck, Zeitschriften, Post, Schreibmaschine, Fernspruch in ebensolchem Maße gefördert, wie durch die schnellen Verkehrsverbindungen, Eisenbahn, Kraftwagen, Flugzeug, die Raum und Zeit zu überwinden gestatten und durch persönliche Fühlungnahme an Stelle schwierigen Schriftwechsels den Gedankenaustausch erleichtern. Man stelle sich die heutige Flut von Kongressen, Tagungen, Arbeitsgemeinschaften, Vortragsreihen und Ausstellungen unter den Verkehrsverhältnissen des Jahres 1800 vor!

Hat so die Technik fortwährend neue Möglichkeiten aufgedeckt, der Kultur, der Zivilisation oder der Bequemlichkeit der Menschen zu die

---

[1] Die Zahlenwerte folgen der Formel: ± (0,05 + L/300) μ, entspr. ΔT = 0,03°.

[2] Unter besonderen Bedingungen lassen sich die Werte noch auf etwa die Hälfte der angegebenen herabdrücken.

nen, so erwuchs stets im gleichen Augenblick das Bedürfnis, eine solche neue Möglichkeit in breitestem Maßstabe zu benutzen, wenngleich sehr oft die Vorbedingungen für eine solche Ausnutzung noch gar nicht gleich gegeben waren.

Man betrachte als einziges Beispiel hierfür die Entwicklung des Rundfunks in den letzten 15 Jahren, wie sie noch vor unsern Augen steht. War erst einmal ein Sender vorhanden, aber noch recht unvollkommene und teure Empfangsgeräte, so machten sich sofort unzählige von einem Fieber ergriffene Bastler daran, selbst Empfangsgeräte zu bauen, bis die Fertigungstechnik auf diesem ihr neuen Arbeitsgebiet so weit entwickelt war, daß eine Massenfertigung möglich war und die Dilettanten abtraten, weil in einem gewissen Augenblick fabrizierte Geräte besser und billiger wurden als gebaute. Diese verhältnismäßig rasche Einstellung auf Massenfertigung ließ den Rundfunk so schnell zu dem als selbstverständlich hingenommenen Allgemeingut werden.

Hier zeigte sich mit voller Klarheit, daß der Massenbedarf um Jahre eher vorhanden war, als die Massenfertigungsreife. Als weiteres treffliches Beispiel braucht nur der Kraftwagen in Nordamerika und in Deutschland genannt zu werden; die Beispiele ließen sich beliebig vermehren.

Daraus folgt, daß Massenfertigung, Arbeitsteilung, Austauschbau usw. zum allerwenigsten zum Gegenstand wirtschaftlicher oder konjunktureller Überlegungen gemacht zu werden brauchen. Die Massenfertigung ist vielmehr eine rein technische Angelegenheit, sofern überhaupt Bedarf für den betreffenden Gegenstand besteht. Also: Man schaffe zuerst rein technisch die Voraussetzungen für die Massenfertigung; ebenso wie ein Gegenstand, der technisch richtig entworfen ist, stets auch ästhetisch schön ist, wird eine fertigungstechnisch ausgereifte Konstruktion selbstverständlich nachher auch billig.

Was unter „fertigungstechnisch ausgereift" zu verstehen ist, läßt sich kaum in kurzer Form ausdrücken. Es ist nicht damit gesagt, daß unter allen Umständen etwa die spanlose Formung angestrebt werden muß; zu große Toleranzen können im Einzelfall ebenso falsch sein, weil sie die Funktion beeinträchtigen, wie im anderen zu kleine, weil sie die Fertigung verteuern; es kann auch nicht behauptet werden, daß etwa dem Drehen oder Fräsen vor dem Hobeln der Vorzug gegeben werden müsse. Eine generelle Richtlinie ließe sich etwa so ausdrücken, daß für jedes Teil und jeden Arbeitsgang das einfachste, zuverlässigste und am meisten Zeit sparende Arbeitsverfahren angestrebt werden muß. Dabei müssen oft Mittelwege beispielsweise zwischen verwickelten und empfindlichen Werkzeugen oder Sondermaschinen einerseits und einem Gewinn an Arbeitszeit oder hochwertiger Arbeitskraft andererseits gesucht werden.

Der Gestalter, der die Aufgabe erhält, ein technisches Erzeugnis, von dem gewissermaßen nur die Umrisse, die Funktionsbedingungen, gegeben sind, auf Massenfertigungsreife zu bringen, wird sich außerdem bei Beachtung obiger Richtlinie weitgehend der Normung und Typung bedienen müssen.

Schrauben, Niete, Stifte und viele andere Bauteile werden durch die Tatsache, daß sie genormt sind, für sich massenfertigungsreif, auch wenn manche Normteile verhältnismäßig verwickelt sind. Dieser Nutzen steht in keinem Verhältnis zu der Mühe, die es dem Gestalter mitunter macht, mit den genormten Abmessungen und Eigenschaften fertig zu werden. Aber es gibt immer noch manche Konstrukteure, deren Ehrgeiz es nicht zuläßt, Teile, die andere vor ihnen erdacht haben, in ihren Konstruktionen zu verwenden, und sei es auch nur eine Schraube mit genormten Abmessungen! In diesem Zusammenhang sei auf die international genormten Wellenstümpfe (DIN 748 bis 750) und auf die Normen über Kupplungen und Riemenscheiben hingewiesen, die manchmal noch nicht beachtet werden. In Wirklichkeit mangelt es manchem Gestalter noch an der konstruktiven Gewandtheit und Beweglichkeit, um Normteile nutzbringend anzuwenden. Das gilt nicht nur für Normteile, sondern auch für bewährte Konstruktionselemente, Baugruppen und Hilfsgeräte. Eine Neukonstruktion hat hier erst dann ihre Daseinsberechtigung, wenn sie auf Grund neuer wissenschaftlicher oder praktischer Erkenntnisse wirklich einen wesentlichen Fortschritt verspricht. Andernfalls stört sie nur den Ablauf der Fertigung, erfordert neue Betriebseinrichtungen und macht die alten wertlos. Gewiß haben teilweise auch die Verkäufer und die Kundschaft schuld an dieser Unbeständigkeit. Aber ist es für den Kunden nicht weit tröstlicher, zu wissen, daß in seine Maschine eine Schmierpumpe eingebaut ist, die sich bereits bei mehreren früheren Konstruktionen bewährt hat, als das Neueste vom Neuen zu besitzen, dessen Kinderkrankheiten und Überraschungen man noch nicht kennt? Viel schwerwiegender ist in solchen Fällen nicht ernstlich begründeter Änderungen die Verringerung der Fertigungsmenge, der verschwendete Arbeitsaufwand für Entwicklung, Versuche, Arbeitsvorbereitung, Betriebsmittelentwurf und -beschaffung und die Schwierigkeiten beim Anlauf der neuen Fertigung.

Selbstverständlich werden sich Abweichungen von Normen und Typen nie ganz vermeiden lassen, in jedem Falle sollte dann aber eine sorgfältige Prüfung vorangehen.

Man kann zwei große Hauptgruppen von Normen unterscheiden: Grundnormen und Teilenormen, zu denen auch die Gütenormen zu rechnen sind.

Die Grundnormen behandeln zum Beispiel die Darstellungsweise, Kurzzeichen und Sinnbilder auf technischen Zeichnungen und machen diese dadurch allgemeinverständlich.

Deshalb ist es begreiflich, daß die Wehrmacht im Hinblick auf die Ausweitung ihrer Fertigung im Kriege so großen Wert auch auf diese Normen legt. Im Auslande kommt dies teilweise noch schärfer dadurch zum Ausdruck, daß die Normung von staatlichen, und zwar militärischen

Stellen betrieben wird, und daß die Normen Gesetzeskraft haben. Im übrigen wurde der „Normenausschuß der Deutschen Industrie" im Jahre 1917 auf Veranlassung der Wehrmacht und auf Grund von Erfahrungen gegründet, die man bis dahin im Kriege bei der Massenfertigung von Heergeräten und besonders bei der aufgeteilten Fertigung in Privatbetrieben gesammelt hatte.

Für den Nutzen von Normen seien nur wenige Beispiele genannt: Die Meterkonvention allein würde ziemlich wertlos sein, wenn nicht die Bezugstemperatur für Meßgeräte einheitlich festgelegt worden wäre; die Festlegung der Tasten- und Buchstabenanordnung auf Schreibmaschinen beseitigte endlich die Notwendigkeit des immer wiederholten Umlernens; die Füße der Drucktypen wurden bereits im Jahre 1764 genormt; die Normung des Eingriffswinkels und der Moduln für Verzahnungen schränkte die Anzahl der Werkzeuge ein und ermöglichte ihre genauere und bessere Herstellung in größeren Stückzahlen; die Festlegung von Durchmesserreihen verringerte die Zahl der Werkzeuge und Lehren auf das unbedingt Notwendige.

Ebenfalls zur ersten Gruppe der Normen gehören die Passungsnormen, die gleichzeitig eine wichtige Grundlage für die Teilenormung darstellen. Aber das ist nur ein Teil ihrer Bedeutung: Sie bilden die **Ergänzung des praktischen Maßsystems und die Grundlage und den vollendeten Ausdruck der Austauschbarkeit.**

Die Notwendigkeit eines irgendwie gearteten „Passens" tritt an unzähligen Stellen bei technischen Erzeugnissen auf. Es ist geradezu undenkbar, daß in jedem einzelnen Falle die notwendigen Toleranzen auf Grund von theoretischen Überlegungen, Versuchen oder Erfahrungen vom Konstrukteur oder gar von der Werkstatt angegeben werden. Dennoch findet man gerade das letztere noch in einigen Betrieben. Die Folgen eines solchen „Konservativismus", dessen Ursache oft in ganz unberechtigtem Selbstvertrauen zu finden ist, sind klar: Da keine Toleranzen vorgeschrieben sind, werden meist auch keine Grenzlehren benutzt. Die Spiele und Übermaße und die Toleranzen werden dem Gefühl des Werkmannes oder des Meisters überlassen. Jede sachliche Prüfung und somit auch systematische Verbesserung der Brauchbarkeit der einzelnen „Passung" ist unmöglich. Wird dann von Hand angepaßt, so zeigt sehr oft eine vorgenommene einwandfreie Nachprüfung der „zusammenpassenden" Teile, daß sie durch Nachschaben, Feilen und Schmirgeln sehr große Formabweichungen erhalten haben, die ihre Brauchbarkeit fraglich erscheinen lassen. Abgesehen davon kann sich unser Volk heute eine solche Vergeudung hochwertiger Facharbeiterkräfte nicht mehr leisten. Es ist erwiesen, daß die Mehrzahl der Schäden an Wälzlagern durch unsachgemäßen Einbau mangels geeigneter Lehren hervorgerufen werden.

Oder aber: Es werden zwar Grenzlehren benutzt, aber nach einem Passungssystem, das in irgendwelchen Notizbüchern mehr oder weniger festgelegt ist. Der Fall ist seltener, schon weil genormte Grenzlehren oft billiger sind und gelegentlich an anderer Stelle wieder verwendet werden können. Man könnte einwenden, daß es bei einer großen Stückzahl, bei der ein ganzer oder mehrere Satz Lehren abgenutzt werden, ziemlich belanglos sei, ob die gewählte Passung nun ungefähr oder ganz genau einer ISA-Passung entspreche, weil die Toleranzfelder im ISA-System so dicht beieinander liegen, daß fast immer ein ISA-Toleranzfeld mit einem willkürlich gewählten Toleranzfeld „ungefähr" übereinstimmt. Durch dieses Verfahren wird meist nicht einmal die etwa notwendige Austauschbarkeit mit anderen Erzeugnissen oder mit Normteilen in Frage gestellt. Aber es ist demgegenüber darauf hinzuweisen, daß das ISA-System auch ein Lehrensystem ist, und wenn man nicht auch ein eigenes, vielleicht für besser gehaltenes Lehrensystem anwendet, so ist nicht einzusehen, warum man auf dem Gebiet der Toleranzen noch eigene Wege geht. Erachtet man aber ein besonderes Lehrensystem grundsätzlich für vorteilhafter, so ist es Pflicht gegen die Allgemeinheit, beim Deutschen Normenausschuß wenigstens auf die Mängel des ISA-Systems hinzuweisen. Es hat sich längst erwiesen, daß Gemeinschaftsarbeit nicht etwa eine organisierte Werkspionage darstellt, sondern dem einzelnen Mitarbeitenden im allgemeinen mehr Nutzen einbringt, als er an Geheimnissen preiszugeben vermöchte. Schließlich ist das ISA-System als Ergebnis einer großen internationalen Gemeinschaftsarbeit anzusehen, in dem die Erfahrungen vieler Industriezweige und vieler Länder und der namhaftesten Fachleute auf diesem Gebiet vereinigt sind. Es ist die in Europa einheitliche Sprache des Austauschbaues.

Wenn man den Inhalt des ISA-Toleranz-, Passungs- und Lehrensystems mit wenigen Worten umreißen will, so kann man es etwa bezeichnen als ein nach drei Dimensionen orientiertes System von Toleranzfeldern nebst Festlegungen über die zugehörigen Meßmittel. Die drei Variablen sind

Nennmaß (Nennmaßbereich),

Größe der Toleranz (Qualität),

Lage des Toleranzfeldes zur Nullinie (Passung).

Mit dieser Feststellung gibt man dem Nichteingeweihten nichts weiter als die Vorstellung von einer erdrückenden Zahlenansammlung und aus den nüchternen Tafeln ist nur recht schwer der Wert dieses Systems erkennbar, zumal auch noch Gedächtnishilfen, wie sie das DIN-System enthielt (z. B. die Benennung „Leichter Laufsitz") fortgefallen sind und die Zahlenmenge beträchtlich angewachsen ist.

Der Konstrukteur aber muß tagtäglich mehrere Male aus diesen Tafeln das für den besonderen Fall Richtige mit großer Treffsicherheit herausfinden. Seine Verantwortung dabei ist bedeutend größer als etwa beim Festlegen einer Abmessung oder beim Einschreiben einer Maßzahl.

Fehler bei dieser letzteren Tätigkeit stellen sich meist bei der Versuchs-
ausführung heraus, es muß vielleicht ein Modell berichtigt werden oder
einige Stücke werden Ausschuß. Fehler in der Festigkeitsrechnung
können durch Überbeanspruchung beim Versuch stets aufgedeckt
werden.

Toleranzen aber unterliegen dem Gesetz der großen Zahlen.
Es ist daher durchaus möglich, ja sogar mehr oder weniger wahrscheinlich, daß sich eine im Grenzfall zu reichlich bemessene Lagerluft gar
nicht bei den Versuchsstücken, sondern erst beim soundsovielten Stück
aus der laufenden Fertigung schädlich bemerkbar macht. Man kann
also nicht nach dem Probelauf einer Maschine behaupten,
daß die Toleranzen richtig gewählt seien. Ja, mitunter stellen
sich erst beim Gebrauch durch vorzeitigen Verschleiß Mängel heraus!

Die Passungen gehören folglich in mindestens ebensolchem Maße zum notwendigen Rüstzeug des Konstrukteurs,
wie etwa Kenntnisse über Lager, Gewinde, Zahnräder, Festigkeitslehre oder Werkstoffkunde. Besonders bei den Preßpassungen
ist es einleuchtend, daß hier ein Hilfsmittel geboten wird, das beispielsweise eine Paßfeder, einen Keil, einen Stift oder eine Schraube ersetzen
kann, und das genau so sorgfältig rechnerisch behandelt werden muß
wie diese Maschinenelemente. Im Laufe der Betrachtungen wird noch
ausführlich dargelegt (Abschnitte 3 und 4), daß der Begriff der Passung
weit über das Gebiet der Rund- und Flachpassungen hinausgeht. Die
älteren Passungssysteme waren zwar in erster Linie für Rundpassungen
aufgestellt, die neuzeitliche Passungskunde dagegen bezieht sich auf
jegliche maßliche Beziehung von Teilen zueinander, ja sogar auf die
gesamten Abmessungen aller Bauteile.

Noch in anderer Beziehung ist die Verantwortung beim Festlegen
der Passungen größer. Die Größe der Toleranz hat einen sehr starken
Einfluß auf den Arbeitsaufwand, der zu ihrer Einhaltung nötig ist; zu
kleine Toleranzen wirken auf die Kosten viel empfindlicher ein als beispielsweise ein gießtechnisch etwas unglücklich gestaltetes Werkstück.
Die Toleranzen sollen aber auch nicht zu groß sein, so daß das Teil unter
allen Umständen noch brauchbar ist. Da man sich aber leider zum Festlegen der Toleranzen im allgemeinen viel weniger Zeit nimmt oder
nehmen kann als zu einer Betrachtung über das Einformen eines Guß-
teiles, muß die Treffsicherheit viel größer sein.

Viele machen es sich bequem: Mit Hilfe einer Übersetzungstabelle
schreiben sie einfach z. B. f8 dort, wo sie früher sL geschrieben haben.
Damit nutzen sie aber zum Nachteil ihrer Konstruktionen und zum
Schaden ihres Werkes die Vorzüge, die ihnen in der Erweiterung und
Verfeinerung durch das ISA-System zu Gebote stehen, bei weitem nicht
aus.

Es ist ferner bedauerlich, daß die meisten technischen Hoch- und
Mittelschulen im Rahmen des Unterrichtsstoffes über Maschinenelemente
das am häufigsten gebrauchte Bauelement, die Passung, noch vielfach
stiefmütterlich behandeln.

Es dürfte also an der Zeit sein, sich den scheinbar so trockenen Stoff
etwas näher anzusehen, um alle Vorzüge zu erkennen, in die geheimsten
Fältchen hineinzuleuchten und zu lernen, das ISA-System zu meistern,
anstatt sich mit ihm abzuquälen.

2. Warum internationale Empfehlungen?

Man mag die Ansicht vertreten, daß die internationale Vereinheitlichung der Passungen, die für die Spiel- und Übergangspassungen 1936[1]
als abgeschlossen angesehen werden kann, für die deutsche Industrie
um 3 Jahre zu spät gekommen sei. In einem Zeitpunkt, als die indu-
strielle Erzeugung bereits wieder einen beachtlichen Hochstand erreicht
hatte, als gerade beträchtliche Mengen an Werkzeugen und Lehren angeschafft waren und als sich bereits deutlich zeigte, daß alle Kräfte an-
gespannt werden mußten, um die gestellten Aufgaben zu erfüllen,
mochte eine Störung des Fertigungsablaufes durch ein neues Passungssystem als besonders unangenehm empfunden werden.

Aus diesem Gedankengang heraus wurden Stimmen laut, die eine
— wenigstens vorläufige — Ablehnung der internationalen Empfehlun-
gen auf dem Passungsgebiete befürworteten. Demgegenüber ist hervor-
zuheben, daß ein Land, das exportieren will und muß, sich derartigen
grundsätzlichen und für die gesamte Fertigung grundlegenden Verein-
barungen auf die Dauer keinesfalls verschließen kann, und daß andererseits die unvermeidliche Umstellung um so leichter und schneller über-
standen wird, je eher, zielbewußter und energischer sie unternommen
wird. Die Richtigkeit dieser Auffassung ist bereits heute in vielen
Punkten bestätigt.

Wenngleich mit der Schaffung von Passungsnormen noch nicht ohne
weiteres die Austauschbarkeit von Maschinen und Maschinenteilen ermöglicht ist, so bedeutet sie doch den notwendigen ersten Schritt zu
internationaler Normung und Vereinheitlichung irgendwelcher Anschlußmaße. Ferner gibt sie dem Ingenieur ein Ausdrucksmittel, das
überall verstanden wird. Mit 30 $\varnothing$ h8 ist nicht nur das Toleranzfeld, sondern es sind auch die anzuwendenden Lehren festgelegt.
Die Energie, mit der nicht allein die Länder ohne ein bestehendes,
bereits bewährtes Passungssystem das ISA-System eingeführt haben,

---

[1] Bis zum Nennmaß 180 mm waren die ISA-Passungen in Deutschland bereits
im Jahre 1932 als Vornormen erschienen und von namhaften Werken vor 1936
eingeführt worden.

sollte im Hinblick auf den Außenhandel wie auch auf den Stand der eigenen Fertigungstechnik zum Nachdenken veranlassen. Es darf nicht vergessen werden, wie bereits im ersten Abschnitt ausgeführt, daß das neuzeitliche Verkehrswesen die Länder räumlich und zeitlich um ein Vielfaches einander nähergebracht hat, eine Tatsache, die sich vielleicht noch gar nicht voll ausgewirkt hat.

Die DIN-Passungen, die in den wesentlichen Punkten im Jahre 1917 vom damaligen „Normenausschuß der Deutschen Industrie" geschaffen wurden, und die auf den damaligen Erfahrungen mit den Loewe-Passungen und dem Reinecker-System aufbauten, haben sich ausgezeichnet bewährt. Unter den Mitschöpfern des DIN-Systems seien besonders die wesentlichen Arbeiten von Kühn hervorgehoben [*165 bis 173*]. Die Fertigungstechnik hat aber gerade in den letzten zwei Jahrzehnten besondere Fortschritte gemacht. Nicht allein die stetige Verbesserung der Werkzeugmaschinen, die größere Starrheit, die Verbesserung der Lagerungen und Führungen, die systematische Erforschung der Werkzeuge und die Schaffung neuer Werkstoffe ermöglichte eine genauere Fertigung, es wurden auch ganz neue Bearbeitungsverfahren weitgehend eingeführt. Es sei nur kurz an das Ziehschleifen, Prägepolieren, Läppen, Feinstbohren und Feinstdrehen mit Diamant und Hartmetall, Innen- und Außenräumen, Genauschmieden und Kaltprägen erinnert. Die verbesserte Herstellung von Wälzlagern schuf ein hochwertiges Bauelement, das seiner Güte entsprechend mit verfeinerten Toleranzen eingebaut werden mußte, wenn seine ganzen Vorzüge zur Geltung kommen sollten. Folglich war eine gewisse Erweiterung des Systems nach der feinen Seite hin dringend notwendig geworden. Dies ist einmal durch die Verkleinerung der 5. und 6. ISA-Qualität gegenüber den DIN-Edeltoleranzen erreicht, zum andern dadurch, daß die Arbeitslehre in neuem Zustande in das Toleranzfeld hineingerückt ist. Für ganz besondere Ansprüche steht in Sonderfällen der Benutzung der Qualitäten 1 bis 4 für Werkstücke grundsätzlich nichts im Wege.

Weiter wirkte sich der große Sprung zwischen Schlicht- und Grobpassung, der mehr als 1 : 3 betrug, in vielen Fällen unangenehm aus. Oft konnte vor allem bei gezogenem Halbzeug Grobpassung aus Funktionsgründen nicht mehr genommen werden, Schlichtpassung dagegen bereitete zu große Fertigungsschwierigkeiten. Abb. 16/1 zeigt, wie diese Lücke durch die 9. und 10. ISA-Qualität geschlossen ist, so daß kaum mehr ein Fall denkbar ist, in dem nicht ein genormtes Toleranzfeld benutzt werden könnte.

Die Konstrukteure haben inzwischen gelernt, ein Passungssystem geschickt zu benutzen und aus dem anerkennenswerten Streben, jeweils die gröbstmögliche Toleranz zu wählen, erwuchs immer stärker das Bedürfnis nach einer Erweiterung des Passungssystems nach der groben

Seite über die Grobpassung hinaus. Die 12. bis 16. ISA-Qualität dürften für Grobziehen, Walzen, Schmieden, Pressen, Tiefziehen, Schruppen, für Sand- und Kokillenguß sowie für die Verarbeitung von Kunstharzpreßstoffen auf weite Sicht ausreichende Möglichkeiten bieten. Nicht zuletzt besteht auch die Aussicht, die Passungstoleranzfelder über die bisherige Grobpassung hinaus zu erweitern. Die Notwendigkeit hierzu hat sich schon an manchen Stellen gezeigt.

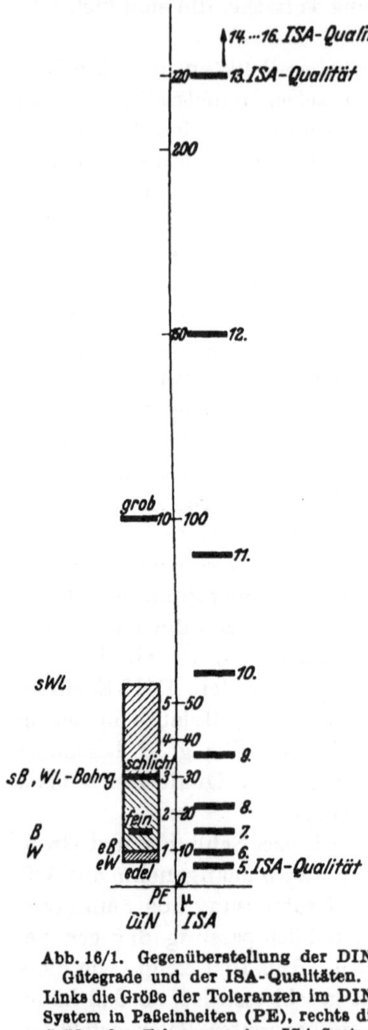

An Preßpassungen gab es im DIN-System nur eine einzige, und zwar in der Feinpassung. Inzwischen ist erkannt worden, daß zur Erzielung einer für einen bestimmten Zweck geeigneten Preßpassung durchaus keine besonders kleinen Toleranzen notwendig sind und man hat gelernt, Preßpassungen rechnungsmäßig und fertigungstechnisch durchaus sicher zu beherrschen. Einzelne Firmen und auch die Wehrmacht (HgN 11331 bis 11333) hatten sich seit längerer Zeit gröbere Preßpassungsnormen selbst geschaffen. Hierbei zeigte sich bereits, daß eine solche Preßpassung nicht auf der starren Grundlage der Paßeinheit aufgebaut werden konnte. Das ISA-System wird mit seiner schier unerschöpflichen Fülle mittelfeiner und grober Preßpassungen jedem denkbaren Bedürfnis gerecht.

Die fortgeschrittene Herstellungstechnik der Meßmittel ermöglicht es, heute die Lehren mit kleineren Herstellungstoleranzen zu fertigen. Infolgedessen wird die Fertigungstoleranz weniger beeinträchtigt, wenn das Istmaß der Lehre an derjenigen Grenze des Lehrenherstellungs-Toleranzfeldes liegt, die nach der Mitte des Werkstücktoleranzfeldes hin gerichtet ist[1].

Abb. 16/1. Gegenüberstellung der DIN-Gütegrade und der ISA-Qualitäten. Links die Größe der Toleranzen im DIN-System in Paßeinheiten (PE), rechts die Größe der Toleranzen im ISA-System in μ für den Nennmaßbereich: über 6 bis 10 mm.

---

[1] Das Nennherstellungsmaß der Lehre ist auf der Gutseite um z oder z_1 in das Werkstücktoleranzfeld eingerückt, auf der Ausschußseite liegt es am Ausschußmaß (s. Abb. auf DIN 7162). Die Herstellungstoleranzen der Lehren liegen

Es ist auch bereits bedacht worden, daß mit der so sehr wünschenswerten Verringerung der Abnutzung von Festmaßlehren in absehbarer Zeit durch Verbesserung der Lehrenwerkstoffe und ihrer Verarbeitung, durch Schaffung geeigneter Prüfverfahren und durch Verwendung hochverschleißfester Werkstoffe für Meßflächen gerechnet werden kann, ja daß sogar zu einem späteren Zeitpunkt die Abnutzung ganz außer Betracht gelassen werden kann. Damit würde das Nenntoleranzfeld vollständig für die Fertigung zur Verfügung stehen und auch die Überschreitungen wegfallen, die jetzt noch bei IT 5 bis 8 nötig sind. Das ISA-System könnte einer solchen zukünftigen Entwicklung durch Wegfall der y-Werte und Verkleinerung von z auf $H/2$ sofort gerecht werden.

Die Form der Meßgeräte, besonders der Festmaßlehren, wie sie für das DIN-System angewendet wurden, entspricht nicht mehr den neuzeitlichen Erkenntnissen der Meßtechnik. Dem Grundsatz, daß auf der Gutseite die volle Form, auf der Ausschußseite dagegen punktweise gemessen werden soll, ist auf dem Gebiet der Bohrungsmessung durch möglichst weitgehende Einführung von Ausschußlehren mit kleiner Berührungsfläche die nötige Geltung verschafft worden. Dieser Grundsatz, der die Frage der Formabweichungen der Werkstücke berührt, mag vielleicht bei groben Toleranzen durch die Vervollkommnung der Werkzeugmaschinen und Bearbeitungsverfahren, die ohnehin genügend formgenaue Werkstücke liefern, scheinbar an Bedeutung verloren haben. Bei kleinen und verkleinerten Toleranzen aber gewinnt er an Wichtigkeit; man denke hierbei nur an die neuzeitliche Schmiertechnik, die Ausbildung des Schmierfilmes bei höchstwertigen Gleitlagern, die Abhängigkeit der Tragfähigkeit und Lebensdauer des Wälzlagers von der zylindrischen Form der Paßflächen, oder aber an die Verformungs- und Haftkräfte bei Preßpassungen.

Selbst wenn es eine Werkstatt gäbe, die von all diesen genannten Gebieten, auf denen das DIN-System reformbedürftig war, nicht berührt würde, so könnte sie dennoch am ISA-System nicht ganz achtlos vorübergehen, denn kein Betrieb ist für sich so autark, daß er nicht Normteile oder handelsübliche Teile von außerhalb bezieht. Und selbst wenn sich jemand bemühen wollte, weiterhin nach DIN-Passungen an das Ausland zu liefern — was an sich durchaus möglich ist, weil vielfach ISA-Passungen fast unbedenklich durch DIN-Passungen ersetzbar sind — so würde doch allein die Verständigung zwischen dem Lieferer

---

symmetrisch ($\pm$) zu diesen Nennmaßen. Bei ungünstigster Auswirkung der Toleranzen verbleibt ein Werkstücktoleranzfeld von:

$$T' = T - z - H \text{ oder}$$
$$T' = T - z_1 - H_1$$

In dieser Gleichung ist H bzw. H_1 enthalten. (Über 180 mm kommt noch α bzw. α_1 auf der Ausschußseite hinzu.)

und dem Kunden über Passungsfragen schwierig werden, und zwar im Ausland, weil die DIN-Bezeichnungen sehr wenig bekannt sind, und im Inland, weil sie nach einer gewissen Zeit nicht mehr bekannt sein werden.

Schließlich sind, wie schon gesagt, im ISA-System die Erfahrungen vieler Länder und Industriezweige vereinigt und der Allgemeinheit nutzbar gemacht, und es wäre engstirnig, wollte man sich ihrer nicht bedienen.

Rein äußerlich bringt das ISA-System für den Benutzer allerdings auch einige Unbequemlichkeiten, die nicht unbesprochen bleiben sollen.

Die DIN-Paßeinheit war ein ausgezeichneter Maßstab für alle Passungsüberlegungen; sie gestattete oft, ohne Zahlentafeln zu arbeiten, ihr einfacherer formelmäßiger Aufbau ermöglichte gedächtnismäßig eine gute Größenvorstellung von bestimmten Toleranzen und Passungen. Wir haben aber bereits gesehen, daß sie für gröbere Preßpassungen unmöglich haltbar war, und es hat sich auch gezeigt, daß eine stärkere Einbeziehung der linearen Einflüsse, wie in der Formel für die Toleranzeinheit i, unumgänglich war.

Dem Nachteil, der im Fortfall der Paßeinheit erblickt werden kann, stehen aber zwei andere wichtige Vorzüge gegenüber. In jeder Qualität ist die Größe der Toleranz unabhängig vom Abstand von der Nullinie stets gleich (für den gleichen Durchmesserbereich). Damit ist es möglich, nach einiger Benutzungsdauer mit einer bestimmten ISA-Qualität, die ja aus dem Passungskurzzeichen deutlich zu ersehen ist, die Vorstellung von einer bestimmten Genauigkeit zu verbinden, ja noch mehr, bestimmten Fertigungsverfahren ganz bestimmte ISA-Qualitäten gedanklich zuzuordnen.

In der Feinpassung schwankte die Größe der Toleranz zwischen 1 und 3 PE, in der Schlichtpassung zwischen 3 und 5,5 PE. Die Bohrung WL ist dreimal so grob wie die Welle W und die Bohrung sWL beinahe doppelt so grob wie die Welle sW (vgl. Abb. 16/1). Fertigungstechnisch liegt kein Anlaß vor, eine Bohrung oder eine Welle deswegen mit einer größeren Toleranz herzustellen, weil sie weiter von der Nullinie entfernt liegt, die Gründe hierfür sind vielmehr auf passungstechnischem Gebiet zu suchen. Es ist nach wie vor sinnlos, eine Bohrung, die um mehrere Zehntel von der Nullinie entfernt ist, mit wenigen μ Toleranz auszuführen. Dem wird aber im ISA-System durch bewußte und sinnfällige Wahl einer gröberen Qualität Rechnung getragen.

Dadurch wird aber der Konstrukteur zwangsläufig in engere Beziehung zur Fertigung gebracht, und er wird sich allmählich einprägen, daß beispielsweise für den vorhandenen Maschinenpark die 5. Qualität Feinschleifen, Feinstdrehen, Läppen od. ä. erfordert, daß für die 8. Drehen ausreicht, und daß beim Planfräsen nicht gut unter die 9. gegangen werden kann. Es sei bemerkt, daß diese Zuordnung vom Maschinenpark abhängt und infolgedessen die genannten Beispiele als durchaus unverbindlich angesehen werden müssen.

Der zweite Vorzug, der den Umgang mit dem ISA-Passungssystem erleichtert, ist der, daß im Einheitsbohrungssystem bei gleichem Kennbuchstaben das eine Abmaß durchweg (ausgenommen die j-Wellen) in jeder Qualität den gleichen Abstand von der Nullinie hat; dies ist bei den Spielpassungen das obere Abmaß, bei den Übergangs- und Preßpassungen das untere, also immer dasjenige, das für das kleinste Spiel oder Übermaß ausschlaggebend ist. Das gleiche gilt für die Spielpassungsbohrungen des Einheitswellensystems, für die Übergangs- und Preßpassungsbohrungen ließ sich dieser Grundsatz nicht durchführen, wenn man für gleichnamige Passungen auch die gleiche Paßeigenart im Einheitswellen- wie im Einheitsbohrungssystem wahren wollte.

Man kann folglich mit der genannten Einschränkung mit einem Kennbuchstaben die Vorstellung eines bestimmten Abstandes von der Nullinie (für einen Durchmesserbereich) verbinden. Dieser Abstand entspricht bei den Spielpassungen dem Kleinstspiel, das bei der Paarung mit der Einheitsbohrung oder Einheitswelle (H bzw. h) entsteht, bei den Preßpassungen im Zusammenhang mit einer bestimmten ISA-Qualität dem Kleinstübermaß. Diese Möglichkeit ist vielleicht wertvoller als der Nachteil einer scheinbaren Systemlosigkeit bei den Abständen von der Nullinie, der sich daraus ergibt, daß man diese Abstände nicht mehr in die eine starre Formel der Paßeinheit zu zwingen versucht hat, sondern sie anderen, zweckmäßigeren Gesetzen folgen ließ.

Die Abb. 20/1 zeigt die Abstände der Toleranzfelder von der Nullinie, nach den Formeln aufgetragen, die den Werten der Passungstafeln zugrunde liegen. Dadurch erhält man Kurvenzüge statt der für diesen Zweck unübersichtlichen Treppenlinien, die sich ergeben, wenn man die Tafelwerte mit den Nennmaßbereichen aufträgt. Zur Verdeutlichung sind einige Toleranzfelder eingetragen.

Diese Darstellung zeigt nun zwei Erscheinungen, die man sich für den Gebrauch und die Auswahl der ISA-Toleranzfelder merken kann. Die Kurven rücken um so weiter auseinander, je größer die Entfernung von der Nullinie wird. Beispielsweise liegen die Toleranzfelder g, h, m, n, p sehr dicht beieinander, zwischen a, b, c, und ebenso zwischen x, y, z dagegen sind große Zwischenräume. Dies ist das gleiche Bild einer S-Form, das in DIN 7154 und 7155 innerhalb jeder Passungsfamilie zu erkennen ist. Die Abstände von der Nullinie folgen ungefähr einer geometrischen Reihe. Bei den Preßpassungen s bis z ist dies die Normungszahlenreihe R 5 mit den eingeschobenen Werten v und y aus der Reihe R 10; zu diesen Werten kommt hier stets der Summand IT 7.

Zweitens sind die Kurven um so steiler, je größer der Abstand von der Nulllinie ist, d. h. der Abstand von der Nullinie nimmt mit wachsendem Nennmaß beispielweise bei b viel schneller zu als bei g oder f.

Eine große Annehmlichkeit bestand beim DIN-System zweifellos in der Sinnfälligkeit der Kurzzeichen: Jeder Konstrukteur und jeder Werkstattmann konnte sehr schnell im Gedächtnis behalten, daß beispielsweise das Kurzzeichen LL den Leichten Laufsitz aus der Feinpassung bedeutete. Andererseits bestanden einige Systemwidrigkeiten: Nur die Edel-, Schlicht- und Grobpassung kamen auch im Kurzzeichen durch die Buchstaben e, s und g zum Ausdruck, ferner besagten die Kurzzeichen g1, g2, g3 und g4 nichts mehr über die Passungsart. Dies rührte

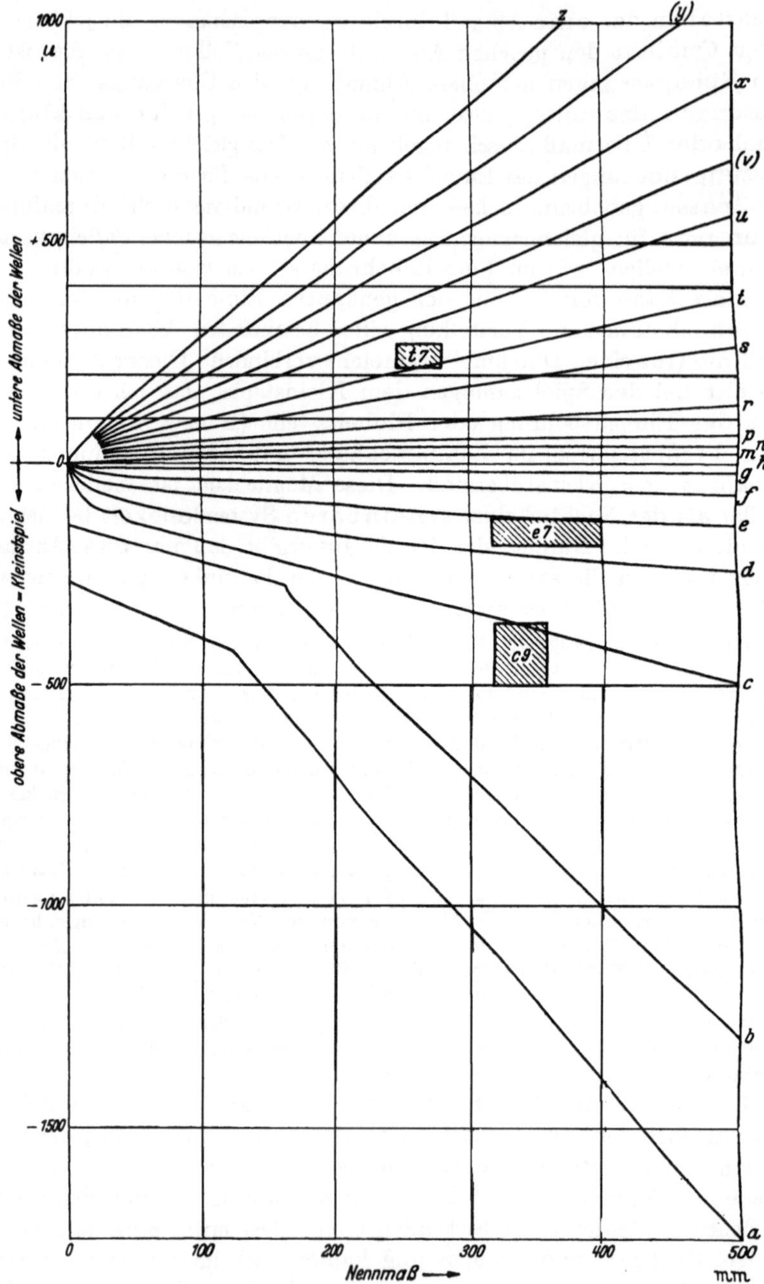

Abb. 20/1. Abstände der Toleranzfelder von der Nullinie nach den in DIN 7150 gegebenen und den Passungstafeln zugrunde gelegten Formeln. Einheitsbohrung.

von dem Entwicklungsgang her, den das DIN-System durchgemacht hat; zuerst wurde die Feinpassung geschaffen, später traten die übrigen drei Gütegrade hinzu. Ferner war aus dem Kurzzeichen nicht zu ersehen, ob man es mit einer Welle oder einer Bohrung zu tun hat, abgesehen von den den h- und H-Toleranzfeldern entsprechenden Einheitswellen und Einheitsbohrungen der verschiedenen Gütegrade. Schließlich gab es bei den Einheitswellen und -bohrungen für das gleiche Toleranzfeld zwei Bezeichnungen, z. B. B = G, W = G, gW = gl.

Die Abkürzung deutscher Ausdrücke für die Kurzzeichen war selbstverständlich in einem internationalen System nicht mehr haltbar. Man hätte auch für die vielen Passungsarten gar nicht genügend viele Wortbezeichnungen finden können. Nachdem dieses Gedächtnishilfsmittel verschwunden ist, wird man sich in Anbetracht der bereits vorhandenen Gewöhnung an das Arbeiten mit einem Passungssystem auch sehr schnell eingeprägt haben, daß die h- und H-Toleranzfelder Einheitswellen mit Minus-Abmaß und Einheitsbohrungen mit Plus-Abmaß von der Nullinie sind, daß j und J Toleranzfelder bedeuten, die zu beiden Seiten der Nullinie liegen[1], daß von h und H ausgehend in der Richtung a und A im Alphabet die Spieltoleranzfelder liegen und ebenso z und Z Preßpassungen mit größtem Übermaß ergeben.

Wer das Schaubild in DIN 7153 sowie die Sitzfamilien DIN 7154 und DIN 7155 nur einige Minuten aufmerksam betrachtet hat, wird sich von diesem Zeitpunkt an bereits unter z. B. F 8 schon etwas vorstellen können. Einzelheiten, Größen und Lagen von Toleranzfeldern prägen sich, wie auch beim DIN-System, im Laufe längeren stetigen Gebrauches dann von selbst ein.

Eine große Annehmlichkeit, die auch bei der Betrachtung von DIN 7153 und besonders der Abb. 16/1 auffällt, ist die regelmäßige, geometrische Stufung der Toleranzgröße beim Fortschreiten von Qualität zu Qualität. Von IT 6 ab ist jede Qualität um 60 % gröber als die vorhergehende. Dieser Umstand erleichtert gedächtnismäßig die Gliederung des ISA-Systems ungemein.

Die größere Zahl der Qualitäten und Passungsarten, die das ISA-System brachte, machte es unzweckmäßig, die Zahlenwerte für Toleranzen und Abmaße so stark zu runden, wie dies bei DIN der Fall gewesen war. Man hätte dadurch die Unterschiede zu stark verwischt. Im Abschnitt 38 wird gezeigt, wie man bei Bedarf die Zahlen im Rahmen des ISA-Systems zweckmäßig runden kann.

---

[1] J ist ab IT 9, j ab IT 8 symmetrisch zur Nullinie ($\pm$).

3. Die einzelne Paßstelle und die Anwendung der ISA-Toleranzfelder.

Das Wort „Passung" kommt von „Passen". Man denkt dabei zuerst an die räumliche Ausdehnung und Gestalt eines Einzelteiles und ihre Beziehung zur Ausdehnung, Gestalt und Lage der übrigen Teile des ganzen Erzeugnisses. Die Teile werden bei Mengenfertigung ganz unabhängig voneinander hergestellt, beim Zusammenbau ohne Auswählen zusammengefügt oder später als Ersatz für unbrauchbar gewordene Teile eingebaut und sollen sich dann dem Zweck des ganzen Gegenstandes entsprechend einordnen und unterordnen. Im weiteren Sinne sind zum „Passen" neben den räumlichen auch die stofflichen Eigenschaften zu rechnen, wie Festigkeit, elastische Eigenschaften, Gewicht, Schwerpunktlage, Stoffart, ja sogar vielseitige physikalische Eigenschaften, die wiederum räumlich, stofflich oder allgemein baulich bedingt sein können.

Ein Läufer kann in ein Elektromotorgehäuse maßlich durchaus passen, und doch braucht er sich deswegen nicht unbedingt einzuordnen, wenn er etwa eine andere Wicklung trägt, die mit diesem Gehäuse keinen brauchbaren Motor ergibt. Der Kolben eines Verbrennungsmotors läßt sich vielleicht einbauen; wenn er aber zu schwer ist, stört er den Massenausgleich: er „paßt nicht" zu der Maschine. Eine Verstärkungsrippe kann maßlich durchaus passen; wenn sie sich wegen ihres abweichenden Werkstoffes mit dem Gehäuse nicht einwandfrei verschweißen läßt, so „paßt" sie dennoch nicht zu dem Gehäuse. Optische, elektrische und magnetische Systeme müssen oft aufeinander „abgestimmt" sein. Vielerlei Eigenschaften an vielen einzelnen Teilen machen zusammen erst die „Brauchbarkeit" und „Haltbarkeit" des ganzen Gerätes aus, und daher ist es oft auch bei verhältnismäßig einfachen Geräten recht schwierig, die Ursache irgendeiner Störung ausfindig zu machen.

Jedoch beschränken sich unsere Betrachtungen hier nur auf die räumliche Ausdehnung, Oberflächengestalt und Lage zueinander, und auch von diesem Gebiet vorwiegend auf den engeren Bezirk, der durch die Anwendbarkeit der ISA-Passungen umgrenzt wird.

31. Austauschflächen.

Die einzelnen getrennt gefertigten Teile treten beim Zusammenbau und beim Gebrauch an bestimmten Teilen ihrer Oberfläche in Beziehung zueinander, sie wirken zusammen oder funktionieren. Diese Flächen sind ihrem mathematischen Aufbau nach entweder linear (Ebene), einfach gekrümmt (Zylinder) oder doppelt gekrümmt (z. B. Kegel, Kugel, Rotationsfläche mit gekrümmter Erzeugenden oder mit gerader

Erzeugenden, die nicht parallel zur Rotationsachse verläuft). Die Flächen werden in rechtwinkligen oder in besonderen Fällen schiefwinkligen oder Polarkoordinaten auf den Zeichnungen „bemaßt" und es gibt gewiß für jedes Maß im Hinblick auf die Funktion einen Bestwert. Kleine Abweichungen hiervon bringen oft eine unmerkliche, größere Abweichungen eine erhebliche Güteminderung bis zur Unbrauchbarkeitsgrenze. Da mathematisch genaue Flächen und Abstände nicht gefertigt werden können, müssen Maßschwankungen um den Bestwert in der Fertigung zugelassen werden. Aber auch für jeden einzelnen Punkt einer solchen Fläche müssen begrenzte Schwankungen zugelassen werden mit der Einschränkung, daß eine zusammenhängende, stetige Oberfläche entsteht. (Diese Stetigkeit ist bekanntlich mikroskopisch wegen der Kristallstruktur der meisten Baustoffe und erst recht atomar nicht vorhanden. Sie erstreckt sich also hier sinngemäß so weit, als der Zusammenhang der Stoffteilchen gewahrt bleibt.) Die funktionelle Forderung kann nun dahin gehen, daß die Flächen sich berühren, und zwar mit Spiel oder mit Pressung, oder daß sie sich nicht berühren, daß also die Teile aneinander vorbeigehen, ohne sich zu stören.

Bei dem Wort „Pressung" erkennt man, daß die bis hierhin kinematisch-geometrische Betrachtungsweise nicht genügt, sondern daß eine mechanische hinzukommen muß, denn immer sollen bei der Berührung Kräfte übertragen werden. Dabei ist es gleichgültig, ob die Teile ruhen oder sich bewegen. Bei der Bewegung tritt entweder ein Rollen oder ein Gleiten ein, und dadurch wird Abnutzung hervorgerufen.

Wir wollen die Flächen eines Teiles, die mit denen anderer Teile in Berührung kommen und die infolgedessen nur begrenzten maßlichen Schwankungen unterliegen dürfen, die Austauschflächen nennen. Sie sind dies im engeren Sinne, denn auch die anderen Flächen haben ja oft eine Bedeutung für die Austauschbarkeit und sei es nur, daß sie die Festigkeit des Bauteiles beeinflussen.

Diese Austauschflächen werden aber nicht entsprechend der Zeichnungsbemaßung von mathematischen Punkten, Linien oder Ebenen aus gemessen, sondern wiederum von Flächen des gleichen Körpers, die von der mathematisch gegebenen Form abweichen. Auch die Gegenflächen, mit denen sie zusammenwirken sollen, sind reale, d. h. mit Fehlern behaftete, und keine mathematischen Flächen. Wir werden uns mit dieser „Passungsgeometrie" und der erwähnten „Passungsmechanik" noch eingehend zu beschäftigen haben (Abschnitte 5 und 6).

Bei den Austauschflächen sind zu unterscheiden die Paßflächen, die beim Zusammenbau Fugen ergeben, und die sonstigen Austauschflächen, die man nicht gut als Paßflächen bezeichnen kann, die aber gleichwohl mit anderen Bauteilen in Berührung kommen und dabei ganz bestimmte Toleranzbedingungen erfüllen müssen, wie z. B.

Zahnradflanken oder Hubflächen an Nocken. Demgemäß können wir die Gesamtoberfläche eines Bauteiles wie folgt gliedern:

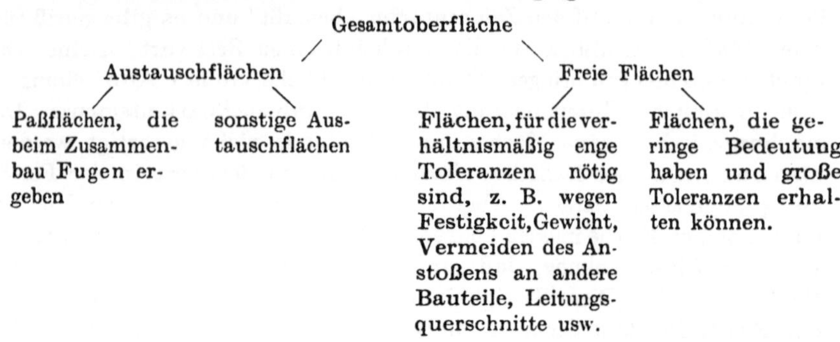

Die ISA-Passungen beziehen sich nun in erster Linie auf zylindrische Paßflächen, Bohrung und Welle, sie können ohne weiteres auf Flachpassungen (Nut und Leiste) und ebenso können die ISA-Toleranzfelder auf viele andere Gebiete angewendet werden, wie auf „sonstige Austauschflächen" und freie Flächen.

32. Passungsgerechte Gestaltung.

Es ist ein weit verbreiteter, sehr schwerer Irrtum, wenn man glaubt, in eine fertiggestellte Konstruktion zum Schluß die Passungskurzzeichen und Abmaße eintragen zu können, oder gar sie erst nach dem Herauszeichnen der Einzelteile festzusetzen.

Bei dem gerügten Verfahren stellt sich fast stets heraus, daß irgendwo Toleranzen notwendig wären, die erhebliche Fertigungsschwierigkeiten zur Folge haben, und daß man, um sie zu vermeiden, oftmals den ganzen Entwurf wieder umwerfen muß[1]. Dann gibt man den verwünschten Toleranzen die Schuld, die ebenso naturgegeben sind wie etwa die begrenzte Festigkeit der Werkstoffe, und sucht den Fehler nicht bei sich selbst. Abweichungen hat es auch gegeben, bevor man über Toleranzen und Passungen sprach und dafür Normen aufstellte, und zwar waren sie wohl größer als heute; aber die Beschäftigung mit Toleranzen hat nicht nur zunehmend Klarheit in diese Verhältnisse gebracht, sondern auch die Möglichkeit gegeben, die Abweichungen zu beherrschen.

Man muß beim Entwerfen zwischendurch überschlägliche Toleranzuntersuchungen an Hand der Passungstafeln anstellen, ebenso wie man es als selbstverständlich ansieht, ab und zu den Rechenschieber zur Hand zu nehmen und eine überschlägliche Festigkeitsrechnung durch-

---

[1] Zahlreiche Gestaltungsbeispiele hierfür werden im vierten Abschnitt dargestellt.

zuführen oder wie man darauf achten muß, genügend Platz für einen Schraubenkopf und den zugehörigen Schlüssel zu schaffen.

33. ISA-Toleranzen.

Die Gliederung von DIN 7150 läßt erkennen, daß das ISA-System ein dreifaches System ist, und zwar behandelt es:

1. Toleranzen,
2. Passungen,
3. Lehren[1].

Eine Toleranz kann an einem Teil für sich vorgeschrieben werden ohne Beziehung auf ein anderes Teil.

Beispiele: Blechdicke eines Gehäuses, Länge einer Handkurbel, Durchmesser einer Rohrverstrebung.

Es ist zunächst wünschenswert, für jedes Maß einer Zeichnung Toleranzgrenzen anzugeben, denn dann herrscht vollkommene Klarheit zwischen Konstruktionsbüro und Werkstatt, und es gibt keine Zweifelsfälle, die Rückfragen, Dispute und Nachrechnungen notwendig machen. Es wird aber meist vorgezogen, nicht jede dieser Toleranzen in die Zeichnung einzuschreiben; es hat sich vielfach bewährt, die werkstattüblichen Toleranzen für unwichtige Maße in einer möglichst einfachen Tafel festzulegen[2]. Ausführliche Zahlentafeln werden vermieden, wenn man sich hierbei an ISA-Toleranzfelder hält. Selbstverständlich müssen diese je nach dem Fertigungsverfahren, z. B. für spanabhebende Bearbeitung, Gießen, Schmieden und nach dem Werkstoff, Metall, Holz, Keramik usw. verschieden gewählt werden. Jedes Maß, daß keine Toleranzangabe trägt, ist innerhalb dieser Werkstattoleranzen zu fertigen, die so groß sein müssen, daß sie möglichst ohne Schwierigkeiten eingehalten und mit den allgemein in der Werkstatt gebräuchlichen Meßmitteln: Schieblehre, Schraublehre, Tiefenmaß usw. genügend genau nachgeprüft werden können. Dadurch wird Wichtiges vom Unwichtigen unterschieden, und die Arbeitsvorbereitung hat einen Anhalt, für welche Maße Arbeitslehren und Vorrichtungen erforderlich sind. Eine solche Tafel der werkstattüblichen Toleranzen schließt nicht aus, daß einzelne Maße, die noch gröber sein können wie die Bohrtiefe von Sacklöchern, eine Toleranzangabe in der Zeichnung erhalten. Die Tafel kann auch entweder auf der Zeichnung aufgedruckt oder aufgestempelt sein, oder, wenn für verschiedene Fachgebiete verschiedene Tafeln für erforderlich gehalten werden, kann im Schriftfeld der Zeichnung angegeben werden, welche Werkstattoleranz für die vorliegende Zeichnung Gültigkeit hat. Bei der Benutzung von ISA-Kurz-

---

[1] Das ISA-Lehrensystem wird im Abschnitt 51 im Zusammenhang mit der Passungsgeometrie behandelt.

[2] Vgl. HgN 113 29.

zeichen würde der Vermerk etwa lauten: „Maße ohne Toleranzangabe: j14" oder „für Maße ohne Toleranzangabe: h15 und H15". Bei der letzten Art der Kennzeichnung bleibt unklar, wie die Toleranz beim Abstand von gleichgerichteten Flächen liegen soll, also bei einem sog. Staffel- oder Tiefenmaß, nämlich ob nach + oder nach —.

Für die Tolerierung von Teilen, die nicht mit einem anderen Teil zusammenpassen müssen, nimmt man zweckmäßig Toleranzfelder, die entweder von der Nullinie begrenzt werden oder symmetrisch zu ihr liegen. Im ISA-System stehen hierfür folgende genormten Toleranzfelder zur Verfügung:

Innenmaße (Bohrungen): H6 bis H16 : +-Toleranz,

J6 bis J16 : ±-Toleranz (davon J6 bis J8 unsymmetrisch zur zur Nullinie),

N9 bis N16 : —-Toleranz.

Außenmaße (Wellen):   h5 bis h16 : —-Toleranz,

j5 bis j16 : ±-Toleranz (davon j5 bis j7 unsymmetrisch zur Nullinie),

k8 bis k16 : +-Toleranz.

Die Toleranzfelder für die 12. bis 16. Qualität, sowie H5 und die feineren Qualitäten sind zwar nicht genormt, aber aus den Grundtoleranzen ohne weiteres bildungsfähig (vgl. DIN 7152).

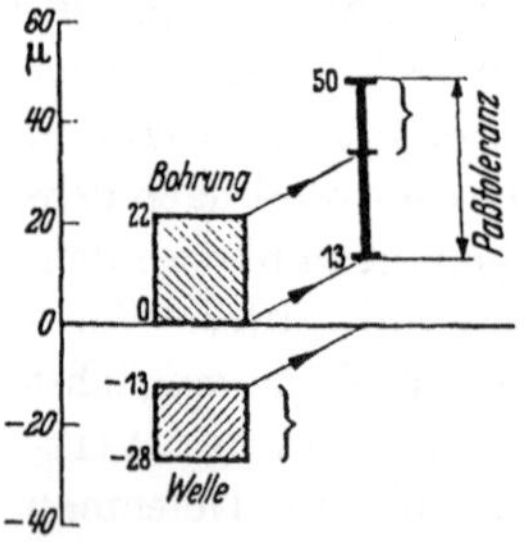

34. ISA-Passungen.

Das zweite Hauptgebiet des ISA-Systems betrifft die Passungen. Eine Passung entsteht erst, wenn zwei Teile mit bestimmtem Spiel oder Übermaß, die infolge der Toleranzen Schwankungen unterliegen, zusammenkommen[1].

341. Paßtoleranzfeld.

Abb. 26/1. Beziehung zwischen den Toleranzfeldern der Paßteile und dem Paßtoleranzfeld bei einer Spielpassung (10 H8/f7).

Abb. 26/1 zeigt bei einer Spielpassung, wie aus den Toleranzfeldern der Einzelteile das Paßtoleranzfeld entsteht.

---

[1] Im Werkstattsprachgebrauch wird leider noch oft „Abmaß" mit „Toleranz" verwechselt und „Toleranz" mit „Spiel":

Ein einzelnes Werkstück hat ein Istabmaß, das ist der Unterschied zwischen Istmaß und Nennmaß, alle Werkstücke der gleichen Art haben ein oder zwei zulässige Abmaße oder eine Maßtoleranz, diese ist der Unterschied zwischen zulässigem Größt- und Kleinstmaß.

Ein Werkstück hat zu seinem Gegenstück ein Spiel (oder Übermaß),

alle Werkstückpaare der gleichen Art haben ein zulässiges Kleinst- und ein zulässiges Größtspiel (oder Übermaß), diese ergeben sich aus den Einzeltoleranzfeldern. (Siehe DIN 7182.)

Die Größe des Paßtoleranzfeldes ergibt sich nach dem ersten Hauptsatz des Toleranzwesens[1]. Dieser lautet: „Die Summentoleranz einer Toleranzkette ist gleich der Summe der Toleranzen der Kettenglieder.“ Daraus folgt: $T_p = T_b + T_w$, oder im gewählten Beispiel: $22 + 15 = 37$. Die Lage des Paßtoleranzfeldes wird nach dem zweiten Hauptsatz des Toleranzwesens[1] bestimmt, der lautet: „Zur Ermittlung des Größtmaßes einer Toleranzkette sind positive Kettenglieder mit dem Größtmaß, negative mit dem Kleinstmaß einzusetzen. Zur Ermittlung des Kleinstmaßes wird umgekehrt verfahren.“ Das klingt sehr gelehrt und verwickelt, ist aber, wenn man Abb. 26/1 anschaut, verblüffend einfach:

Bohrung	minus Welle	gleich		Spiel
a) Größtmaß	minus Kleinstmaß	gleich (rechnerisches)		Größtspiel
10,022	minus 9,972	gleich $+$ 0,050 oder	(ohne Angabe	
$+ 22\,\mu$	minus $(-28)\,\mu$	gleich $+$ 50 μ	des Nennmaßes)	
b) Kleinstmaß	minus Größtmaß	gleich (rechnerisches)		Kleinstspiel
10,000	minus 9,987	gleich $+$ 0,013 oder	(ohne Angabe	
0 μ	minus $(-13)\,\mu$	gleich $+$ 13 μ	des Nennmaßes)	

Also lautet das Paßtoleranzfeld im vorliegenden Falle:

$$+\ 50\,\mu.$$
$$+\ 13\,\mu.$$

Die Abb. 27/1 zeigt die Paßtoleranz bei einer Preßpassung. Wenn man das obige Beispiel aufmerksam verfolgt hat, kann man jetzt leicht aus den Einzeltoleranzfeldern die Paßtoleranz ablesen.

Bohrung: $+ 22\ G$
$\qquad\quad 0\ K$ ————— $- 6\ \ \mu$

$\qquad\qquad\qquad\qquad\qquad\qquad\quad = $ Paßtoleranzfeld.

Welle: $+ 43\ G$
$\qquad\ + 28\ K$ ————— $- 43\ \mu$

Die Minuszeichen weisen auf Pressung (negatives Spiel) hin.

Die Ermittlung der Paßtoleranz ist gleichbedeutend mit einer Toleranzuntersuchung, das ist die rechnerische Untersuchung der bei äußerster Ausnutzung der Toleranzen auftretenden Grenzfälle. Diese einfache Rechnung bildet das ganze Geheimnis des Passungswesens; sie muß beim Arbeiten mit Passungen immer und immer wieder durchgeführt werden, und zwar vorwärts, wie oben erläutert, und rückwärts bei der Aufteilung eines gegebenen Paßtoleranzfeldes.

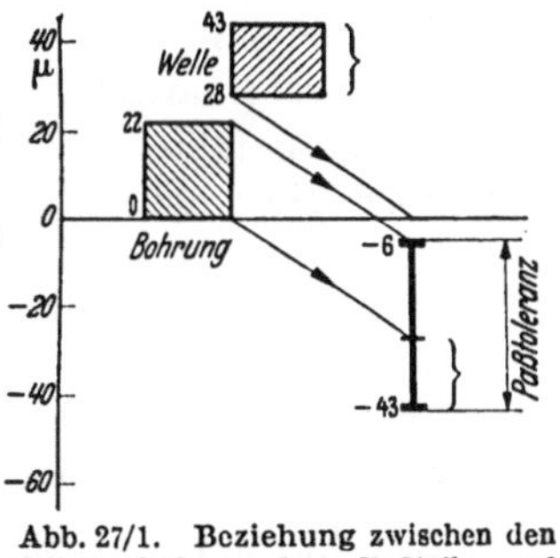

Abb. 27/1. Beziehung zwischen den Toleranzfeldern der Paßteile und dem Paßtoleranzfeld bei einer Preßpassung (10 H 8/u 7).

---

[1] [180] S. 24 bis 26.

Zusammenfassend sei nochmals hervorgehoben: Bei einer Passung von zwei (oder auch mehreren) Teilen ist die Größe der Paßtoleranz gleich der Summe der Einzeltoleranzen; die Lage des Paßtoleranzfeldes ergibt sich aus dem rechnerischen Größt- und Kleinstspiel bzw. -übermaß.

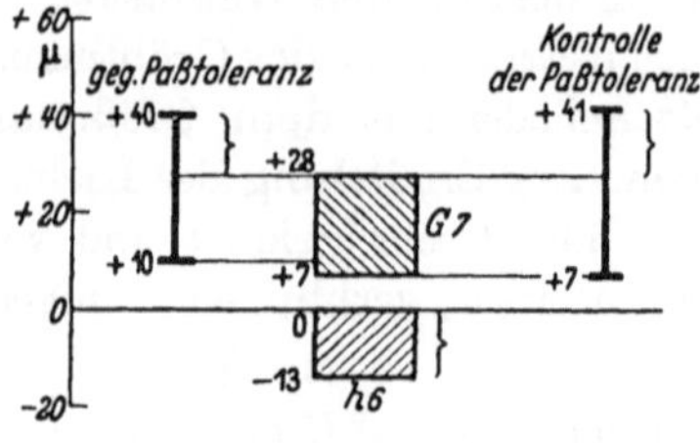

Abb. 28/1. Ermittlung der Einzeltoleranzfelder aus einem gegebenen Paßtoleranzfeld bei 25 ⌀ Einheitswelle.

Die Rückwärtsrechnung, d. h. die Aufteilung eines gegebenen Paßtoleranzfeldes zeigt Abb. 28/1. Es ist angenommen, daß für eine Spielpassung ein Kleinstspiel von etwa 10 μ notwendig ist, und daß ein Größtspiel von 40 μ nicht wesentlich überschritten werden darf. Vorgeschrieben sei System Einheitswelle (EW). Bei den Bohrungen ergibt sich aus den Passungstafeln (DIN 7161), daß die G-Toleranzfelder einen Abstand von 7 μ von der Nullinie, die F-Toleranzfelder einen solchen von 20 μ haben. Gewählt wird G mit 7 μ, da F mit 20 μ Kleinstspiel entweder eine zu kleine Fertigungstoleranz ($40 - 20 = 20$ μ) ergeben würde oder mit einer Paßtoleranz von $\begin{matrix} + 50\,\mu \\ + 20\,\mu \end{matrix}$ eine unzulässige Verschiebung gegenüber dem gesuchten Paßtoleranzfeld, d. i. ein zu großes Größtspiel. Es verbleibt also eine Toleranz von $40 - 7 = 33$ μ, von der im vorliegenden Fall mit Rücksicht auf die Fertigung die Bohrung den größeren Anteil erhalten möge. Die Grundtoleranzentafel (DIN 7151) ergibt für $IT6 + IT7 = 34$ μ. Daraus folgt die Passung: 25 ⌀ $\dfrac{G\,7}{h\,6}$.

Hierbei tritt der Vorzug des ISA-Passungssystems zutage, der in seinem systematischen Aufbau begründet ist und darin besteht, daß die Toleranzfelder für eine bestimmte Qualität innerhalb eines Nennmaßbereiches ohne Rücksicht auf den Abstand von der Nullinie stets gleich groß sind, sowie daß für einen bestimmten Kennbuchstaben die Toleranzfelder innerhalb eines Nennmaßbereiches gleich weit von der Nullinie entfernt sind. Dies gestattet die Festsetzung des Buchstabens des Passungskurzzeichens und der Qualitätskennzahl unabhängig voneinander und nacheinander in beliebiger Reihenfolge.

Eine Einschränkung in der Systematik muß allerdings gemacht werden, die in Wirklichkeit eine Erleichterung ist.

Im Einheitswellensystem sind die Übergangs- und Preßpassungsbohrungen in der Weise berechnet, daß entsprechende Paarungen im System Einheitsbohrung und im System Einheitswelle gleiche Kleinst- und Größtübermaße ergeben, unter der Voraussetzung, daß die Wellen jeweils mit einer Bohrung der nächstgröberen Qualität gepaart werden. Diese Voraussetzung trifft für die demnächst erscheinenden gröberen Preßpassungen von IT 8 bis

IT 11 nicht mehr in allen Fällen zu, sondern es sind dabei gleiche Qualitäten für Welle und Bohrung vorgesehen.

Es ist also H 7/s 6 die gleiche Passung wie S 7/h 6. Der Kleinstabstand von der Nullinie ist folglich für die Preßbohrungen des Einheitswellensystems für den gleichen Kennbuchstaben nicht gleich. Man könnte so vorgeben, daß man eine Preßpassung für das Einheitswellensystem zuerst im Einheitsbohrungssystem ermittelt und dann die Zeichen umkehrt, z. B.: aus H 7/s 6 (berechnet) wird S 7/h 6. Das Verfahren führt aber nur bei „zugeordneten" Toleranzfeldern zu richtigen Ergebnissen, also nicht z. B. bei H 9/z 6.

Bei der Aufteilung einer Paßtoleranz, wie im Beispiel der Abb. 28/1, wäre im DIN-Passungssystem ein längeres systemloses Suchen nötig gewesen, das in vielen Fällen, infolge der viel geringeren Auswahl, zu keiner für den bestimmten Zweck brauchbaren Passung geführt hätte. Man sollte meinen, daß bei einer so reichen Auswahl, wie sie das ISA-System bietet und bei der immer nur diejenigen Toleranzfelder weggestrichen sind, die sich allzusehr den benachbarten nähern, stets aus den genormten ein brauchbares herausgefunden werden könnte, und nicht auf die „bildungsfähigen" wieder zurückgegriffen werden muß.

Der Wegfall der sinnfälligen Bezeichnungen für die Gütegrade, edel, fein, schlicht, grob, und für die einzelnen Passungen, wie enger Laufsitz, Festsitz, zwingt dazu, sich in jedem einzelnen Falle mit dem Paß toleranzfeld zu beschäftigen, um sich ein zahlenmäßiges Bild von der betreffenden Passung zu verschaffen, anstatt sich, wie bisher, auf mehr oder weniger sinnfällige Benennungen zu verlassen. Wie wenig zutreffend diese Benennungen oft waren, sei an dem einen Beispiel des „Festsitzes" beleuchtet, der durchaus nicht immer „fest" zu sein brauchte, denn er hatte bei 10 Durchmesser eine Paßtoleranz von $+\ 5\,\mu \atop -\ 20\,\mu$, und mancher Konstrukteur mag sich gewundert haben, daß seine ungesicherten Paßstifte aus einer sich drehenden Welle herausflogen, obwohl er sie vermeintlich „fest" eingesetzt hatte. Selbstverständlich verliert jede DIN-Passung ihren ihr namentlich beigelegten Passungscharakter, sobald sie mit einem anderen als dem ihr zugedachten Gütegrad gepaart wird. Bringt man die Edelgleitsitzwelle mit der Schlichtbohrung zusammen, so ergibt sich im Mittel ebensoviel Spiel wie beim „engen Laufsitz". Solche ungleichen Paarungen sind mitunter aus Fertigungsgründen erforderlich, wie Abb. 29/1 zeigt. Die lange und verhältnismäßig kleine Bohrung läßt sich bei Massenfertigung nur schwierig mit kleinerer Toleranz als IT 9 auf die ganze Länge fertigen. Der Kolben dagegen, der in dem praktischen Fall

Abb. 29/1. Paarung aus sehr verschiedenen Gütegraden mit Rücksicht auf Fertigungsschwierigkeiten. Bohrung: 25 ⌀ H 9. Welle: 25 ⌀ h 5.

aus Bronze bestand, muß ohnehin wegen der Oberflächengüte feinstbearbeitet werden und dabei ist IT 5 leicht einzuhalten. Das sich so ergebende Paßtoleranzfeld zeigt Abb. 30/1 links. Zum Vergleich ist die Passung H8/h8 daneben gesetzt, bei der das mittlere Spiel nur sehr wenig größer ist, und H7/g6, bei der die Summe der Toleranzen erheblich kleiner und das mittlere Spiel etwas kleiner ist. Man sieht hier die Folge der geometrischen Stufung der Grundtoleranzen; die Herabsetzung der Bohrungstoleranz von IT 9 auf IT 8 macht die Heraufsetzung der Welle von IT 5 auf IT 8 nötig; wenn die Paßtoleranz annähernd gleich groß bleiben soll.

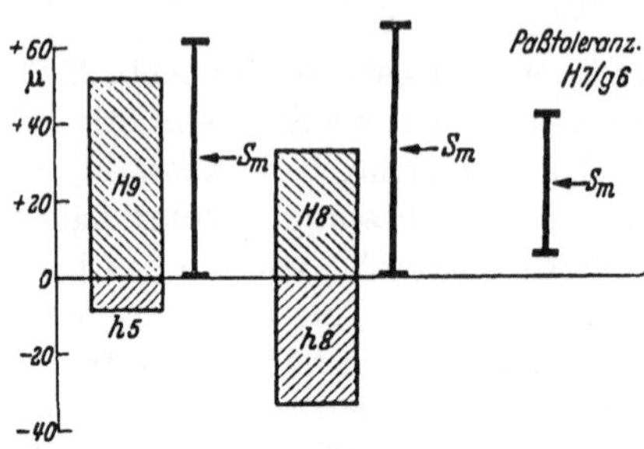

Abb. 30/1. Paßtoleranz zu Abb. 29/1 im Vergleich mit H8/h8 und H7/g6.

Derartige beliebige und ungleiche Paarungen, wie sie Abb. 29/1 zeigt, sind aus Fertigungsgründen häufiger erwünscht, als gemeinhin angenommen wird, und es ist zu hoffen, daß die Befreiung von den starren DIN-Passungsbezeichnungen den Anstoß gibt, um mit tieferer Sachkenntnis von der — stets vorhanden gewesenen — Freizügigkeit der beliebigen Paarung Gebrauch zu machen, wenn fertigungstechnische Gründe dies wünschenswert machen.

342. Paßeigenart.

Wenn hier neben dem Paßtoleranzfeld auch der Begriff des „mittleren Spieles" angewandt wird, so drängt sich die Frage auf, wonach man eigentlich die Eigenart einer Passung bestimmen soll, besonders in dem Fall H9/h5, bei dem die Verhältnisse so einseitig verschoben sind.

Bei der Toleranzuntersuchung, als deren Ergebnis sich ein Paßtoleranzfeld darstellt, werden die Grenzfälle untersucht, die beim Zusammenkommen von Werkstücken auftreten, welche mit ihrem Istmaß an der einen oder anderen Toleranzgrenze liegen. Dieses ungünstige Zusammentreffen ist sicher recht unwahrscheinlich. Wie oft dieses Zusammentreffen in der Praxis eintritt, kann nur dann mit einiger Sicherheit vorausgesagt werden, wenn man die tatsächliche statistische Verteilung der Werkstücke über den Bereich des Toleranzfeldes kennt. Aus diesen Verteilungskurven läßt sich auch derjenige Durchmesser erkennen, der bei der betreffenden Welle oder Bohrung am häufigsten vorkommt, und aus den häufigsten Werten von Welle und Bohrung läßt sich wiederum das am häufigsten zu erwartende Spiel oder Übermaß ermitteln. Mit diesen beiden Werten: 1. äußerste Grenzfälle und deren Häufigkeit und 2. häufigster Mittelwert des Spieles oder Übermaßes ist aber der Charakter einer Passung noch keineswegs vollkommen eindeutig bestimmt. Man müßte schließlich auch noch wissen, wie sehr der häufigste Mittelwert der Passung die anderen auch möglichen Fälle überragt, und was zwischen dem häufigsten Wert und den Enden des Paßtoleranzfeldes vor sich geht. Eine solche Angabe läßt sich nun zahlenmäßig nur noch dann in einfacher Weise machen, wenn die statistisch gefundenen Kurven bestimmten Gesetzen gehorchen, und es sei vorweg bemerkt, daß sie dies in der Praxis oft nicht tun. Nur der Anblick der aus den Einzelverteilungen gewonnenen Wahrscheinlichkeitskurve, die über dem Paßtoleranzfeld aufgetragen wurde, gibt ein ganz eindeutiges Bild über das Ergebnis der Paarung, und das natürlich auch nur demjenigen, der solche Kurven zu beurteilen versteht.

Im folgenden werden deswegen an einigen Beispielen solche statistischen Untersuchungen durchgeführt, um einen Begriff davon zu geben, was in der Praxis im Bereich des Paßtoleranzfeldes beim Zusammenbau geschehen kann oder wahrscheinlich geschehen wird.

In Abb. 31/1 sind zunächst in Form von Rechtecken rechts von den beiden Toleranzfeldern 60 Ø H7 und f7 die statistischen Häufigkeiten der Werkstücke aufgetragen, die sich ergeben würden, wenn diese Häufigkeiten dem Gauß schen Gesetz folgten. Aus diesen Einzelverteilungen ergibt sich nach den Gesetzen der Wahrscheinlichkeitslehre die Verteilung der Werkstückpaare über das Paßtoleranzfeld. Dieser ein

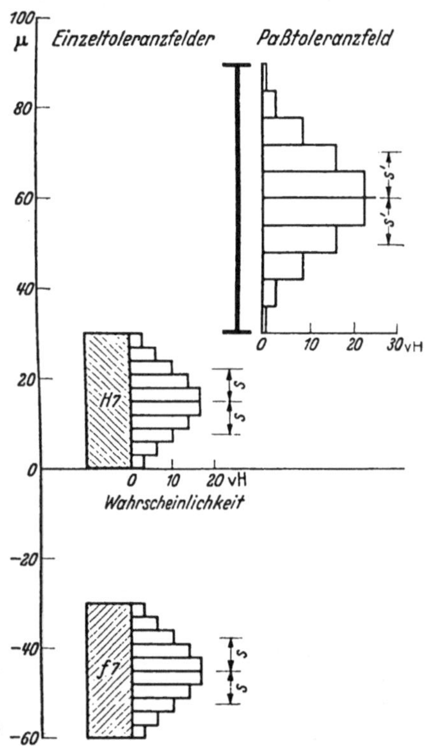

Abb. 31/1. Verteilung der zusammengefügten Werkstücke über das Paßtoleranzfeld bei symmetrischer Verteilung über die Einzeltoleranzfelder, die einer Gauß schen Verteilung entspricht ($s = 7{,}3\ \mu$, $s' = 10{,}3\ \mu$).

fache und mathematisch leicht beherrschbare Fall der Gauß schen Verteilung würde dann eintreten, wenn „auf den Ausfall der Werkstück-Istmaße eine sehr große Anzahl von Einflüssen einwirkt, von denen keiner vorherrschend ist". Tatsächlich hängt ja der Ausfall des Istmaßes von sehr viel Dingen ab; um nur einige zu nennen: Maschineneinstellung, Werkzeugbeschaffenheit, Starrheit der Maschine, Festigkeitsschwankungen des Werkstoffes, Schnittgeschwindigkeit und Vorschub, Geschicklichkeit und augenblickliche körperliche und geistige Verfassung des Arbeiters, Eigenschaften und Abnutzungszustand der Meßmittel. Es ist aber schwer zu sagen, ob nicht einer von diesen vielen Einflüssen vorherrscht. So kann beispielsweise das Bestreben, von der gefährlichen Ausschußseite fernzubleiben, eine Verschiebung des Häufigkeitsberges nach der Gutseite hin zur Folge haben, und tatsächlich sind bei spanabhebender Fertigung mit Zustellung von Hand Verteilungskurven, wie Abb. 32/1, häufig anzutreffen.

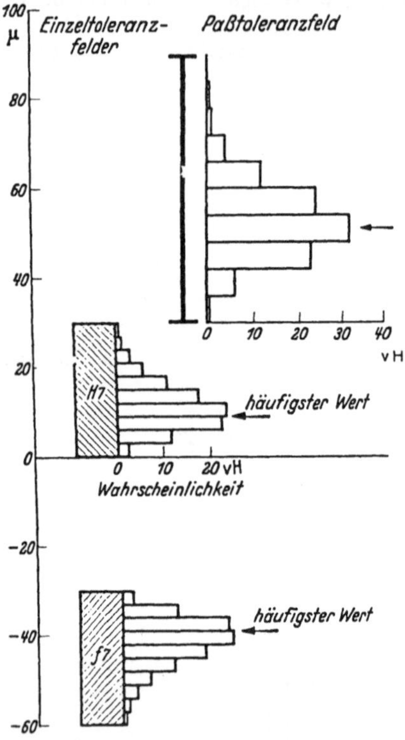

In den Abb. 31/1 und 32/1 sind die Einzeltoleranzfelder und das Paßtoleranzfeld in je 10 gleiche Teile geteilt und für die so entstandenen Maß- oder Spielbereiche sind nach rechts die relativen Häufigkeiten oder die Wahrscheinlichkeiten aufgetragen, so daß man z. B. aus Abb. 31/1 entnehmen kann: Zwischen 0 μ und $+3\,\mu$ liegen 3 % der anfallenden Bohrungen, oder: 16 % der zusammengefügten Werkstückpaare haben ein Spiel zwischen 48 und 54 μ. Durch diese gleichartige Einteilung der Toleranzfelder erhält man vergleichbare Wahrscheinlichkeitswerte.

Betrachtet man Abb. 31/1 genauer und vergleicht die Wahrscheinlichkeiten der Einzeltoleranzfelder H 7 und f 7 mit den Wahrscheinlichkeiten, die sich daraus für das Paßtoleranzfeld ergeben, so findet man zunächst, daß die mittleren Werte, die bei H 7 und f 7 etwa 16,8 % Wahrscheinlichkeit für sich haben, bei der Paarung der Wellen mit den Bohrungen noch stärker hervortreten. Für die Spielbereiche 54 bis 60 μ und 60 bis 66 μ ergeben sich Wahrscheinlichkeiten von 22,2 %.

Abb. 32/1. Verteilung der zusammengefügten Werkstücke über das Paßtoleranzfeld bei unsymmetrischer Verteilung über die Einzeltoleranzfelder, die nach der Gutseite strebt.

Dagegen sind die Wahrscheinlichkeiten an den Grenzen des Paßtoleranzfeldes im Verhältnis sehr viel kleiner geworden; sie betragen hier nur noch etwa 0,8 % gegenüber 3 % bei den Einzeltoleranzen.

Um diese Zusammenhänge einleuchtender zu machen, stellen wir folgende Überlegung an. Für den untersten Teilbereich von H7, d. i. 0 μ bis 3 μ, und für den obersten Teilbereich von f7, d. i. —30 μ bis —33 μ, ist die relative Häufigkeit zu je 3 % angenommen oder was dasselbe ist: Bei wahlloser Entnahme von 100 Werkstücken aus einer großen Menge findet man wahrscheinlich je 3, die in den angegebenen Bereichen liegen. Fügt man beide zusammen, so ergibt sich ein Spiel, das zwischen 30 μ und 36 μ liegt. Die Wahrscheinlichkeit für das Zusammentreffen solcher Bohrungen und Wellen ist $0{,}03 \cdot 0{,}03 = 0{,}0009$ oder 0,09 %. Wenn in Abb. 31/1 nicht dieser Wert, sondern 0,8 eingezeichnet ist, so folgt das daraus, daß der Spielbereich 30 μ bis 36 μ außerdem noch teilweise durch das Zusammentreffen folgender Bohrungen und Wellen bestrichen wird:

Bohrung: 0 μ bis 3 μ, Welle: —33 μ bis 36 μ, Spiel: 33 μ bis 39 μ;
Bohrung: 3 μ bis 6 μ, Welle: —30 μ bis 33 μ, Spiel: 33 μ bis 39 μ.

Die mittlere quadratische Streuung s, die einen Maßstab für die Breite des Gaußschen Verteilungsberges gibt, war für die Einzeltoleranzen H7 und f7 zu $s = 7{,}3\ \mu$ angenommen; diese Zahl errechnet sich aus der (angenommenen) Voraussetzung, daß je 2 % aller gefertigten Werkstücke ihre Toleranzgrenzen nach oben und unten überschreiten, also „Ausschuß" oder „noch nicht gut" sind. Die Häufigkeitszahlen jedes Berges sind dann so umgerechnet, daß ihre Summe innerhalb der Toleranz 100 % ergibt.

Diese mittlere quadratische Streuung ergibt sich nach den Gesetzen der Wahrscheinlichkeitsrechnung für die Paßtoleranz zu $s' = s\,\sqrt{2} = 10{,}3\ \mu$. Auch aus dem Vergleich dieser Streuungszahlen mit den Streubereichen erkennt man die stärkere Verschiebung der Häufigkeiten zur Mitte und die Vernachlässigung der Extreme.

In Abb. 32/1 ist nun dargestellt, welche Häufigkeiten in den einzelnen Bereichen sich ergeben, wenn die Mehrzahl der Teile mit ihrem Maß nach der Gutseite hinstrebt; diese ist bei der Bohrung das Kleinstmaß, bei der Welle das Größtmaß. Auch hier zeigt sich wiederum die gleiche Erscheinung. Die größte Häufigkeit im vierten Bereich ist durch das Zusammenfügen der Werkstücke von 23,5 % auf 31,5 % angewachsen, die Häufigkeiten im oberen Grenzgebiet des Spieles sind so verschwindend klein geworden, daß sie im gewählten Maßstab nicht mehr darstellbar sind.

Aus den häufigsten Werten der Einzelteile ergibt sich ungefähr auch das am häufigsten vorkommende Spiel.

Es muß nachdrücklich darauf hingewiesen werden, daß alle diese Überlegungen und Berechnungen nur für die Stückzahl „unendlich" oder zumindest für eine sehr große Stückzahl gelten. Je kleiner die Stückzahl ist, desto kleiner ist die Wahrscheinlichkeit dafür, daß die gemachten Voraussagen eintreffen, oder, mit andern Worten, desto wahrscheinlicher sind Abweichungen zu erwarten. Die zugrunde gelegten Verteilungsberge beruhen ebenfalls auf Annahmen, die allerdings überlegungsmäßig und auch erfahrungsgemäß in der Wirklichkeit — bei großen Stückzahlen — durchaus zutreffen können.

Bei Automaten- und Revolverarbeit und auch beim Prägen und Ziehen zeigt es sich oft, daß der Verteilungsberg einen „breiteren Rücken" hat als in Abb. 31/1. Dieser Fall ist in Abb. 34/1 untersucht, mit dem Ergebnis, daß die Verteilungskurve über dem Paßtoleranzfeld offensichtlich einen weniger breiten Rücken aufweist als bei den Einzeltoleranzfeldern. Hier tritt die Häufung der Mittelwerte und die Seltenheit in den Randgebieten beim Paaren zweier Kollektive besonders deutlich in Erscheinung.

Schließlich ist in Abb. 34/2 die Passung 60 H9/h5 statistisch untersucht, wobei wieder wie in Abb. 31/1 eine symmetrische Verteilung nach
Gauß angenommen wurde. Beim Vergleich mit Abb. 31/1 fällt sofort
auf, daß die Bevorzugung der Mittelwerte und die Vernachlässigung
der Randwerte beim Zusammenfügen weniger deutlich ist. Im mittleren

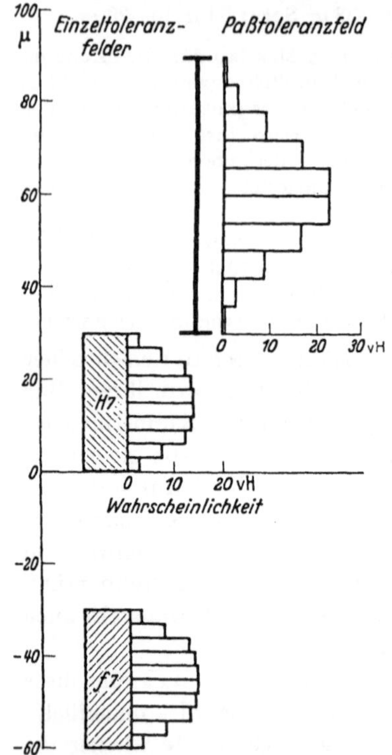

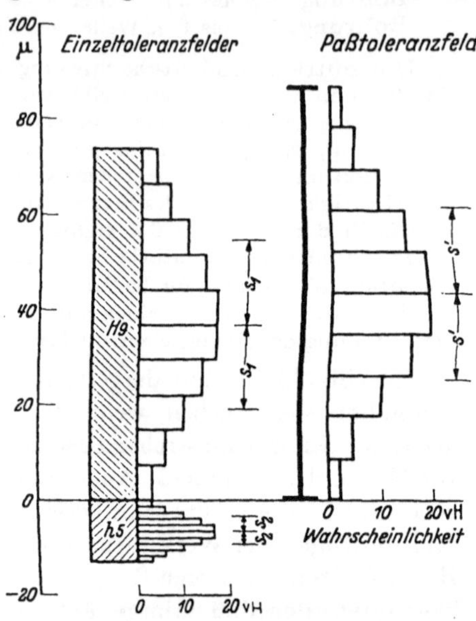

Abb. 34/2. Verteilung der zusammengefügten Werkstücke über das Paßtoleranzfeld bei symmetrischer
Gaußscher Verteilung über die Einzeltoleranzfelder.   Passung 60 H9/h5 (s_1 = 17,9 μ; s_2 = 3,1 μ;
s' = 18,1 μ).

Abb. 34/1. Verteilung der zusammengefügten Werkstücke über das Paßtoleranzfeld bei symmetrischer Verteilung über die Einzeltoleranzfelder,
die einen breiten Rücken hat.

Bereich der Paßtoleranz ist die Wahrscheinlichkeit auf nur 18,8 % gestiegen,
für die Grenzfelder beträgt sie dagegen
immer noch 2 %. Für den Ausfall des
Spieles oder Übermaßes der Paarung
ist also nicht allein die Verteilung
bei den Einzeltoleranzen maßgebend, sondern auch das Größenverhältnis der Toleranzen zueinander. Statistisch gesehen ergibt also
die Passung H9/h5 nicht den gleichen Passungscharakter wie etwa
H8/h8, obwohl beide Passungen nahezu ein gleich großes Paßtoleranzfeld besitzen und demzufolge die Spielgrenzen und die mittleren
Spiele gleich groß sind. Der gleiche Passungscharakter in diesem
Sinne ergäbe sich aber bei H5/h9!

Die Erscheinung wird klar, wenn man folgendes überlegt und mit den oben
gegebenen Erläuterungen vergleicht. Angenommen, das Toleranzfeld von h5

in Abb. 34/2 würde gleich Null, d. h. alle Wellen würden genau auf dem Abmaß Null liegen, so ergibt sich ein Paßtoleranzfeld für die Paarung, das die gleiche Größe und Lage hat wie H9 und die Verteilung über dieses Feld muß offenbar die gleiche sein, wie sie bei H9 vorausgesetzt wurde. Denn da bei den Wellen keine Auswahl mehr vorhanden ist, sondern nur noch Stücke mit dem Abmaß „Null" anfallen, ist die Wahrscheinlichkeit für das Zusammentreffen mit Bohrungen bestimmten Durchmessers ebenso groß, wie die Wahrscheinlichkeit für das Anfallen solcher Bohrungen. Mit größer werdendem Toleranzgebiet von h5 wird der Verteilungsberg über der Paßtoleranz schmaler und steiler; er wird am schmalsten und steilsten, wenn beide Toleranzfelder gleich groß sind.

Diese wenigen Beispiele für statistische Verteilungen beim Fügen von Passungen zeigen dem Gestalter, der ja beim Festlegen von Passungen auf der Zeichnung selten tatsächliche statistische Verteilungen zur Verfügung hat und der im allgemeinen auch mit den Grenzwerten (Paßtoleranz) und den Mittelwerten rechnen wird, wie das anschaulichste Bild des Passungscharakters, der Verteilungsberg zum Paßtoleranzfeld, nachher in der Wirklichkeit wohl aussehen mag und insbesondere, wie selten die Grenzgebiete erreicht werden. Abgesehen von diesen papierenen Unterlagen ist die gefühlsmäßige Beurteilung einer Passung für die jeweils richtige Wahl wichtig, die durch Passungsfühlgeräte vermittelt wird. Dies sind Sammlungen von Wellen und Bohrungen mit verschiedenen Spielen und Übermaßen; eine solche Sammlung sollte in jedem Konstruktionsbüro vorhanden sein, damit die „Achtung vor dem μ" immer wieder gewonnen wird, die leicht einmal verlorengeht, wenn man auf dem Papier ein μ in beliebig großem Maßstab darstellt. Aber auch beim Passungsfühlgerät wird ein Spiel von wenigen Hundertsteln meist überschätzt und als zu groß angesprochen.

343. Größe der Toleranz.

Die Frage der zu wählenden ISA-Qualität, also der Größe der Toleranz, sollte eigentlich gar keiner Erwähnung mehr bedürfen. Sie ist heute mindestens ebenso wichtig wie das Sammeln von Altstoffen, der Ersatz devisenzehrender Werkstoffe, die Ersparnis von Facharbeitskräften, ja, sie schließt alle diese Dinge unmittelbar mit ein. Denn zu kleine Toleranzen bewirken hohe Ausschußzahlen und binden unnötig Arbeitskräfte in der Werkstatt wie in der Arbeitsvorbereitung. Das Schlimmste ist, daß niemand recht diesen Mißbrauch kontrollieren kann; wenn dies möglich wäre, müßten die Toleranzen zu allererst kontingentiert werden. Mit diesen unscheinbaren Passungskurzzeichen ist der großen Schar der Gestalter eine unermeßliche Gewalt übertragen, kraft deren sie zum Guten oder zum Schlechten wirken können, und man mag hieran die Bedeutung einer guten, gründlichen Ingenieurausbildung und nicht weniger der Erziehung der jungen Ingenieure zu Verantwortungsbewußtsein ermessen.

Auch ohne Bezug auf die besondere Lage Deutschlands sind zu kleine Toleranzen sinnlose Vergeudung von Vermögenswerten des eigenen Werkes und des Volkes und gerade in diesem Punkt tritt die überragende konstruktive oder auch destruktive Bedeutung der Passungen deutlich in die Erscheinung. Die gedankenlos hingeschriebenen Hundertstel und Tausendstel verschwenden mehr Geld und Arbeitskräfte als manche fertigungstechnisch recht ungeschickte Gestaltung. Fast auf jeder Zeichnung finden wir eine Anzahl von Passungen und Toleranzen, und es kann nicht geleugnet werden, daß viele Konstrukteure diese alltäglichen Dinge für nebensächlich halten und leichtfertig damit umgehen.

Andererseits muß zugegeben werden, daß der empfindliche Ingenieurmangel und das Tempo, mit dem Neukonstruktionen entwickelt werden müssen, oftmals nicht die Möglichkeit zu einer intensiven ingenieurmäßigen Durcharbeit offen lassen. Allein diese Schwierigkeiten dürfen nicht hindern, sich immer wieder daran zu erinnern, daß Fehler beim Entwurf sich nachher bei der Ausführung in der Werkstatt vervielfältigt wieder in vergeudeter Ingenieur- und Werkmannsarbeit auswirken müssen.

Man wähle also in jedem einzelnen Falle die ISA-Qualität so grob, daß bei Anwendung der nächsthöheren das Teil nicht mehr brauchbar wäre. Die regelmäßige geometrische Stufung mit dem Faktor 1,6 gibt genügend Auswahl in bezug auf die Größe der Toleranzfelder.

344. Abnutzung des Werkstückes.

Bei der Wahl der Qualität muß aber auch an die Abnutzung der Werkstücke beim Gebrauch gedacht werden [117]. Ist die Abnutzung an der Paßstelle erfahrungsgemäß verhältnismäßig klein, so wird man das Toleranzfeld der Spielpassung so wählen, daß die Werkstücke auch nach angemessener Gebrauchsdauer noch einwandfrei arbeiten. In solchen Fällen wird sich also etwa die nächstniedere ISA-Qualität ergeben. In Abb. 37/1 ist dies an einem Beispiel erläutert. Es ist angenommen, daß eine Lagerstelle erfahrungsgemäß gerade noch brauchbar sei, wenn sie etwa 100 μ Spiel aufweist, und daß ein Spiel von 20 μ nicht unterschritten werden dürfe. Mit diesen Werten kommt man beim Nennmaß 25 auf die Paarung H9/f8. Wenn ferner in dem betreffenden Fall Bohrung und Welle mittlere Abnutzungen zeigen, wie sie in die Abbildung eingezeichnet sind, so muß man mit Rücksicht auf die Abnutzung die Toleranzfelder auf H8/f7 verkleinern.

Stellt sich dagegen erfahrungsgemäß nach angemessener Gebrauchsdauer eine starke Abnutzung ein, wie besonders bei ungeschmierten Lagerstellen, so hat es keinen Sinn, etwa IT5 zu wählen, wenn nach kurzer Benutzung vielleicht IT 8 erreicht ist. Dann kann nur empfohlen werden, leicht auszuwechselnde und selbstverständlich austauschbare Lagerbuchsen vorzusehen und auf diese Weise die Abnutzung auf ein einfaches Teil zu lenken.

Die Normung der groben Preßpassungen gibt die Möglichkeit, solche Buchsen auf einfachste Weise und ohne Anwendung kleiner Toleranzen zuverlässig zu befestigen. Die Abb. 37/2 zeigt ein Beispiel; es liegt eine Mehrfachpassung vor, eine Passung zwischen mehr als zwei gefügten Teilen[1]. Einige Beispiele solcher Mehrfachpassungen sollen in diesem Abschnitt behandelt werden.

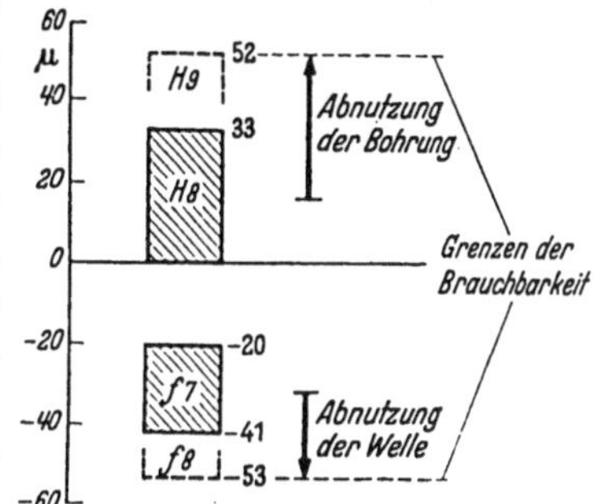

Abb. 37/1. Rücksicht auf Abnutzung bei der Wahl der Toleranzfelder (Nennmaß 25 mm).

Im 6. Abschnitt sind einfache Berechnungsgrundlagen für Preßpassungen gegeben, die auch die Berechnung des Betrages ermöglichen, um den sich die Bohrung der Buchse beim Einpressen verengt. Dieser Betrag wird zunächst infolge der Übermaßschwankungen verschieden groß ausfallen, er ist aber auch durch die in Abb. 37/2 angedeutete verschiedene Wanddicke des Außenpaßteiles mit einer Unsicherheit behaftet. Da diese Wanddicke am unteren Ende sehr groß ist, so ist an dieser Stelle eine stärkere Verengung der Buchse zu erwarten als am oberen Ende, wo die Nabe sich stärker an der elastischen Verformung beteiligen kann. Außerdem haftet der Rechnung und den dabei benutzten Werkstoffkonstanten eine Unsicherheit an.

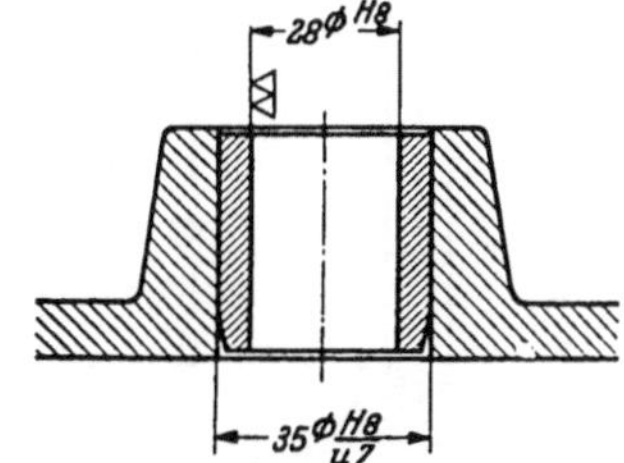

Abb. 37/2. Eingepreßte Buchse als Verschleißteil.

Wenn für die Buchsenbohrung, also für die Lauffläche, in eingepreßtem Zustand nicht eine sehr grobe Toleranz zugelassen werden kann, die sich aus der Fertigungstoleranz und den Verengungsschwankungen zusammensetzen müßte, so ist es besser, der Buchse ein geringes Untermaß zu geben und sie nach dem Einpressen nochmals nachzureiben, besonders wenn mehrere Bohrungen fluchten sollen. In den meisten Fällen würden sich nämlich dann für die Preßpassung (35 ⌀) zu kleine Toleranzen ergeben, wenn man nach dem Einpressen ohne Nacharbeit ein bestimmtes Toleranzfeld in der Bohrung erhalten will.

---

[1] Das dritte Teil, die Welle, ist nicht mit dargestellt.

In diesem Falle hat die Forderung: Austauschbau ohne Nacharbeit einmal — auch bei Massenfertigung — zurückzustehen vor der Forderung nach großen Toleranzen, für die eine unbedeutende Nacharbeit nach dem Zusammenbau in Kauf genommen wird. Die Richtigkeit eines solchen Vorgehens läßt sich durch eine Kostenrechnung erhärten.

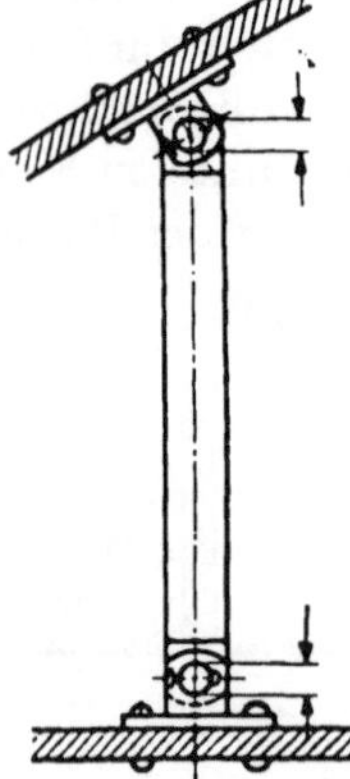

Abb. 38/1. Ausgebuchstes Feder-auge. Bei der Wahl der Preßpas-sung muß die Auffederung berück-sichtigt werden. 27,9 ⌀ + 0,1 ent-steht beim Reiben mit 28 ⌀.

Ein passungstechnisch recht interessantes Beispiel ist in Abb. 38/1 dargestellt. Das angebogene Auge des obersten Blattes von geschichteten Fahrzeugfedern wird meist mit einer Buchse ausgefüttert, weil die Feder-bolzen oft trocken laufen müssen und eine Querschnittschwächung des Federblattes durch Abnutzung gerade an dieser Stelle be-sonders gefährlich wäre. Das angebogene Auge wird im angegebenen Beispiel mit einer Reib-ahle von 28 ⌀ aufgerieben; dabei federt es infolge des Schnittdruckes auf und erfahrungsgemäß entsteht dabei eine Bohrung von 27,9 ⌀ +0,1. Mit der Buchse 28 ⌀ v9 $= \dfrac{+\ 107\,\mu}{+\ \ 55\,\mu}$ ergibt sich ein Paßtoleranzfeld von $\dfrac{-\ \ 55\,\mu}{-\ 207\,\mu}$, das etwa 28 ⌀ H 10/za 10 entspricht und eine genügend feste Passung gewährleistet. Hierbei muß die Bohrung 20 ⌀ H 7 meist nachgerieben werden.

Bezüglich des Verhältnisses zwischen Toleranzgröße und Abnutzung sei noch auf eine Erfahrungstatsache aufmerksam gemacht. Bei Verstrebungen zwischen Bau-teilen von Fahrzeugen (Abb. 38/2), die großen Fahr-erschütterungen ausgesetzt sind, zeigten sich nach sehr kurzer Zeit sehr starke Abnutzungserscheinungen an den Bolzen und an den Augen. Schon nach wenig mehr als 1000 km waren beide Teile so stark ausgeschlagen, daß sie ersetzt werden mußten. Für die Passung war vorgeschrieben worden: F 8/h 9. Ein Versuch mit H 7/h 6 beseitigte diesen Übelstand und erbrachte den Beweis dafür, daß das Spiel zwischen Bolzen und Bohrung zu groß gewesen war. Dadurch konnten sich die einzelnen Bauteile während der Schwingungen auf dem Wege, den die Spiele zuließen, sehr stark gegeneinander beschleunigen. Man kann die Verhältnisse vorher mit einem weitausgeholten Hammerschlag[1]

Abb. 38/2. Verstrebung oder Verspannung. Einfluß zu großer Spiele auf die Abnut-zung bei Erschütte-rungen.

---

[1] Das Spiel wirkt sich insgesamt an vier Stellen aus. Das Gesamtspiel der Verstrebung wird bei 20 mm Bolzendurchmesser im ungünstigsten Falle: $4 \cdot 105\,\mu = 420\,\mu$.

und diejenigen nach der Änderung mit einem kurzen Hammerschlag vergleichen, der wenig Wirkung auszuüben vermag. Mitunter kann man die Toleranzverkleinerung dadurch umgehen, daß man die Bauteile gegeneinander vorspannt, so daß aus der „Verstrebung" eine „Verspannung" wird.

345. Mehrfachpassungen und Passungen aus zusammengesetzten Teilen.

Wenn weder an der Bohrung noch an der Welle eine Abnutzung auftreten darf, so müssen beide mit je einer Buchse versehen werden, welche die Abnutzung aufnimmt. Bei der Schwingschenkellagerung in Abb. 39/1 wäre das Auswechseln des Lagergehäuses, das hier ange-

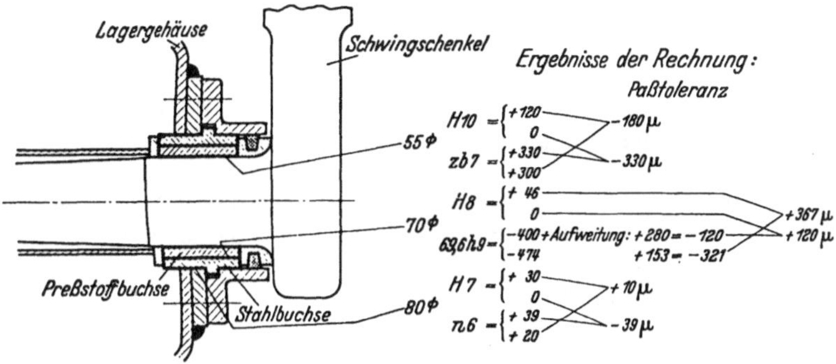

Abb. 39/1. Schwingschenkellagerung mit zwei Buchsen.

schweißt ist, wie auch des Schwingschenkels, der viele Arbeitsgänge enthält, sehr unangenehm. Deshalb wird zunächst auf den Schwingschenkel eine Preßstoffbuchse (Hartgewebe Klasse F) aufgepreßt und mit dem links angedeuteten Rohr und einer Verschraubung in der Achsenrichtung verspannt. Das Lagergehäuse ist mit einer Stahlbuchse ausgefuttert.

Wir haben hier also ein Beispiel für eine Mehrfachpassung mit 4 Paßteilen und 3 Paßfugen vor uns; dieses soll jetzt durchgerechnet werden. Es sei folgende

Aufgabe gestellt: Die Preßstoffbuchse soll mit einem Paßtoleranzfeld von etwa $\frac{-200\,\mu}{-350\,\mu}$ (Erfahrungswert!) aufgepreßt werden. Sie kann innen spanabhebend bearbeitet werden. Außen soll sie möglichst die gepreßte Oberfläche behalten. Messungen haben ergeben, daß ein Übermaß von etwa $300\,\mu$ eine Vergrößerung des Außendurchmessers von etwa $255\,\mu = 85\,\%$ hervorruft. Zwischen Preßstoffbuchse und Stahlbuchse ist ein Paßtoleranzfeld von $\frac{+350\,\mu}{+100\,\mu}$ und zwischen Stahlbuchse und Gehäuse ein solches von etwa $\frac{+10\,\mu}{-30\,\mu}$ zweckmäßig. Paßsysteme: Bis IT 10 Einheitsbohrung, ab IT 11 Einheitswelle (entsprechend DIN Kr 51).

Zunächst muß festgestellt werden, daß die Aufgabe in dieser Form nicht lösbar ist: Für den Außendurchmesser der Preßstoffbuchse ist nach Tafel 67/1 mindestens eine Toleranz von 600 μ erforderlich, wenn die Außenfläche unbearbeitet bleiben soll, das ist weit mehr als die geforderte Paßtoleranz in der Fuge 70 ⌀. Die Aufgabe, die in der Praxis in der obengenannten Form gestellt war, muß deshalb dahin abgeändert werden, daß die Preßstoffbuchse außen nachgearbeitet werden darf, und zwar geschieht dies am besten vor dem Aufpressen, um das nochmalige Bearbeiten des sperrigen Schwingschenkels mit aufgepreßter Buchse zu vermeiden und um unbedingte Austauschbarkeit ohne Nacharbeit zu erzielen.

Für die Fuge 70 ⌀ war eine Paßtoleranz von $^{+\ 350\,\mu}_{+\ 100\,\mu}$ vorgeschrieben. Ihre Größe von 250 μ ergibt sich aus den 4 Einzeltoleranzen in den Fugen 55 ⌀ und 70 ⌀ unter Berücksichtigung des Übermaßverlustes von 15 %. Wir müssen also diese 4 Toleranzen der Größe nach zunächst so festsetzen, daß ihre Summe rd. 250 ergibt. An Hand der Grundtoleranzen (DIN 7151) finden wir als zweckmäßige Aufteilung die folgende:

Welle 55 ⌀	IT 7 =	30 μ, davon 85 % = 25 μ
Preßstoffbuchse innen 55 ⌀	IT 10 =	120 μ, davon 85 % = 102 μ
Preßstoffbuchse außen 70 ⌀	IT 9 =	74 μ
Stahlbuchse innen 70 ⌀	IT 8 =	46 μ
		247 μ

Die angesetzten Toleranzen für das Bearbeiten der Preßstoffbuchse sind ungewöhnlich klein, müssen aber hier ausnahmsweise vorgeschrieben werden, um ohne Bearbeitung nach dem Aufpressen zu einigermaßen brauchbaren Ergebnissen zu kommen. Die Schwankungen des Übermaßverlustes um den Betrag von 15 % herum, sowie die Verengung der Stahlbuchse infolge des Größtübermaßes von 30 μ in der Fuge 80 ⌀ sind klein im Verhältnis zur Paßtoleranz in der Fuge 70 ⌀ und sollen daher unberücksichtigt bleiben.

Wir behandeln nun zunächst die Fuge 55 ⌀. Der Rechnungsgang ist in Abb. 41/1 von links nach rechts fortlaufend dargestellt, die Ergebnisse in Abb. 39/1 angeschrieben. Für die Bohrung war oben IT 10 festgesetzt, sie erhält also — im Einheitsbohrungssystem — das Toleranzfeld 55 H 10 = $^{+\ 120}_{\ \ \ \ 0}$. Da ein Kleinstübermaß von 200 μ vorgeschrieben ist, muß der Abstand des Wellentoleranzfeldes von der Nullinie 120 + 200 = 320 μ betragen. Die Passungtafel enthält zb 7 mit einem Abstand von 300 μ. Wir erhalten dann folgendes Paßtoleranzfeld:

$$55\ ⌀\qquad
\begin{aligned}
\text{H 10} &= \left\{\begin{array}{l} +\ 120 \\ \quad\ 0 \end{array}\right. \\[2ex]
\text{zb7} &= \left\{\begin{array}{l} +\ 330 \\ +\ 300 \end{array}\right.
\end{aligned}
\qquad
\begin{array}{l} -\ 180\,\mu \\[2ex] -\ 330\,\mu. \end{array}$$

Fuge 70 ⌀. Gewünschtes Paßtoleranzfeld: $^{+\,350\,\mu}_{+\,100\,\mu}$. Von den vorstehend berechneten Grenzübermaßen $^{-\,180\,\mu}_{-\,330\,\mu}$ machen sich am Außendurchmesser der Preßstoffbuchse 85% bemerkbar, das sind: $^{153\,\mu}_{280\,\mu}$. Die Buchse wird also durch das Aufpressen um 153 μ bis 280 μ dicker. Die Stahlbuchse erhält die Bohrung 70 ⌀ H8 mit dem unteren Abmaß 0,

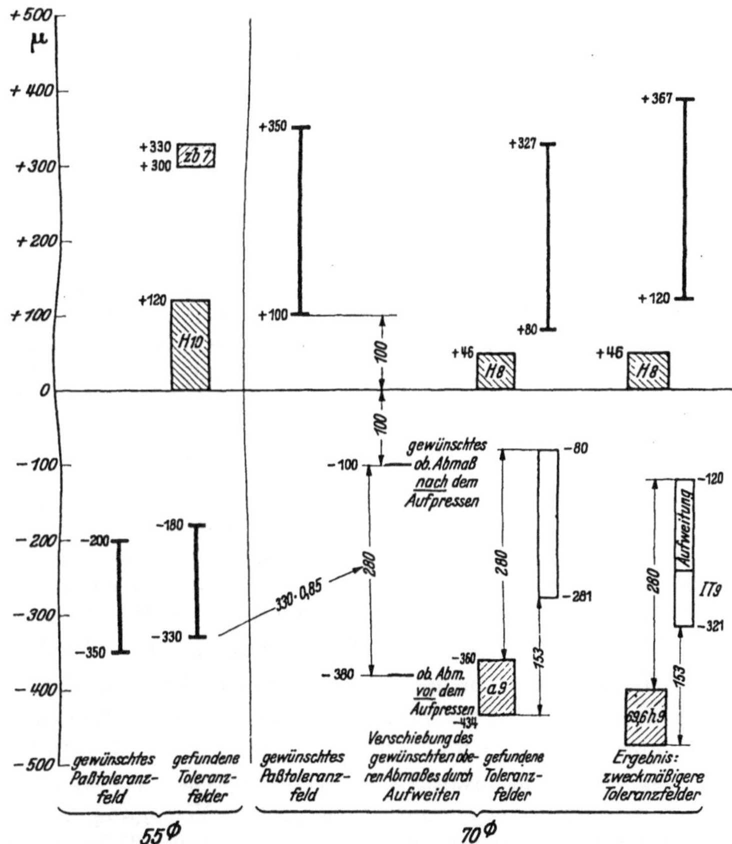

Abb. 41/1. Graphische Darstellung zu Abb. 39/1. Toleranzfelder und ihre Ermittlung.

für die Preßstoffbuchse muß ein Toleranzfeld gesucht werden, das nach dem Aufpressen ein Kleinstspiel von 100 μ ergibt. Das kleinste Spiel ergibt sich aber offenbar, wenn die Preßstoffbuchse vor dem Aufpressen ihr Größtmaß hatte und außerdem am stärksten aufgeweitet wird. Folglich muß der Abstand des Toleranzfeldes von der Nullinie vor dem Aufpressen 100 + 280 = 380 μ betragen. Wir finden zunächst a9 mit $^{-\,360\,\mu}_{-\,434\,\mu}$. Danach berechnen wir nun die

Abmaße, zwischen denen der Außendurchmesser der Preßstoffbuchse schwanken kann:

$$\text{Größtmaß:} \quad -360 + 280 = -\ 80\ \mu$$
$$\text{Kleinstmaß:} \quad -434 + 153 = -281\ \mu.$$

Dieses Feld ist in Abb. 41/1 als leeres Rechteck dargestellt und seine Entstehung gezeigt. Daraus ergibt sich die gefundene Paßtoleranz in der Fuge 70 ⌀ nach dem Aufpressen der Preßstoffbuchse:

$$70 \oslash \left\{ \begin{array}{l} \mathrm{H}\,8 = \left\{ \begin{array}{l} +\ \ 46 \\ \ \ \ \ 0 \end{array} \right\} \; + 327\ \mu \\[2mm] \text{Schwankungs-} \\ \text{bereich der} \left\{ \begin{array}{l} -\ \ 80 \\ -281 \end{array} \right\} \; + \ 80\ \mu. \\ \text{Preßstoffbuchse:} \end{array} \right.$$

Da aber erfahrungsgemäß Kleinstspiele unter 100 μ bei Preßstoffbuchsen wegen der Volumenänderungen des Werkstoffes sehr gefährlich sind und es andererseits Toleranzfelder mit größerem Abstand von der Nullinie als a 9 nicht gibt, setzen wir an Stelle von 70 ⌀ a 9 vorsichtshalber für die Preßstoffbuchse vor dem Aufpressen die Toleranz 69,6 ⌀ h 9 fest und finden in der gleichen Weise wie oben folgende Paßtoleranz:

$$70 \oslash\ \mathrm{H}\,8 \qquad = \qquad + \left\{ \begin{array}{l} 46 \\ 0 \end{array} \right. \; + 367\ \mu$$

$$69,6 \oslash\ \mathrm{h}\,9 = 70 \oslash \left\{ \begin{array}{l} -400 \\ -474 \end{array} \right. + \text{Aufweitg.}: \begin{array}{l} +280 = -120 \\ +153 = -321 \end{array} \; + 120\ \mu.$$

In Abb. 41/1 ist rechts gezeigt, wie sich die Schwankung des Außendurchmessrs der Preßstoffbuchse zusammensetzt, nämlich aus der Bearbeitungstoleranz (IT 9 = 74 μ) und der Schwankung der Aufweitung [$0,85 \cdot (330 - 180) = 127\ \mu$].

Fuge 80 ⌀. Paßtoleranzfeld: $\pm \begin{smallmatrix} 10\,\mu \\ 30\,\mu \end{smallmatrix}$, Paßtoleranz 40 μ. IT 6 + IT 7 = 19 μ + 30 μ = 49 μ. In der Passungstafel findet man H 7/n 6 mit dem Paßtoleranzfeld $\pm \begin{smallmatrix} 10\,\mu \\ 39\,\mu \end{smallmatrix}$. Dieses hat ein mittleres Übermaß von 14,5 μ; nimmt man an, daß sich hiervon etwa 10 μ auf den Bohrungsdurchmesser verengend auswirken, so verringert sich das Spiel in der Fuge 70 ⌀ von 120 μ und 110 μ. Eine größere Verengung kann eintreten, ist aber sehr unwahrscheinlich, da sie von 6 Toleranzen und zwei Aufweitungsschwankungen abhängt.

Dieses lehrreiche Beispiel für eine Dreifachpassung, das nicht nur zum „Durchlesen“, sondern zum Studium empfohlen sei, zeigt, wie man mit Toleranzfeldern umzugehen hat, und man wird bald erkennen, daß die Dinge in Wirklichkeit viel einfacher liegen, als sie sich mit Hilfe der Sprache darstellen lassen. Es sei an dieser Stelle aber darauf hingewiesen, daß sämtliche in diesem Buch angegebenen Passungen nur Beispiele darstellen, die zwar für den Sonderfall auf Erfahrungen zurückgehen, sich aber nicht ohne weiteres verallgemeinern lassen.

Die Abb. 43/1 bringt ein Beispiel, bei dem eine Passung durch das Zusammenfügen mehrerer Teile entsteht. Die Spielschwankung der Zahnräder und der Abstandsbuchse in der Achsenrichtung zwischen den Lagerbuchsen setzt sich aus den Einzeltoleranzen der gefügten Teile zusammen. Die Berechnung des Größt- und Kleinstspieles ist nach dem vom Verfasser an anderer Stelle[1] gegebenen Schema durchgeführt. Dabei sind die Nennmaße in der Ausrechnung

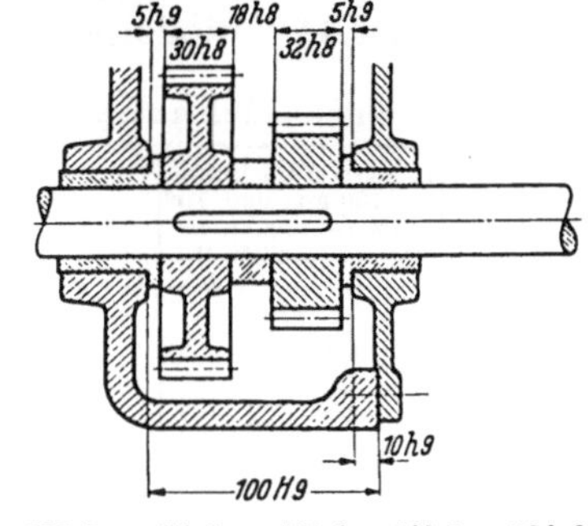

$$S = 100\,H9 - 10\,h9 - 5\,h9 - 32\,h8 - 18\,h8 - 30\,h8 - 5\,h9$$
$$S_g = \quad +87 - (-36) - (-30) - (-39) - (-27) - (-33) - (-30) = \underline{282\,\mu}$$
$$\quad\quad\quad G \quad\quad\; K \quad\quad\; K \quad\quad\; K \quad\quad\; K \quad\quad\; K \quad\quad\; K$$
$$S_k = \quad 0 - 0 - 0 - 0 - 0 - 0 - 0 = \underline{0\,\mu}$$
$$\quad\quad\quad K \quad\quad\; G \quad\quad\; G \quad\quad\; G \quad\quad\; G \quad\quad\; G \quad\quad\; G$$

G = Größtmaß, K = Kleinstmaß.

Abb. 43/1. Passung aus zusammengesetzten Teilen.

fortgelassen und nur mit den Abmaßen in μ gerechnet. Dadurch wird die Rechnung sehr vereinfacht. Diesmal sind auch für Staffelmaße (100 H9 und 10 h9) ISA-Kurzzeichen eingetragen.

Ein Beispiel aus der Feinwerktechnik zeigt die Abb. 43/2, das Spiel einer Uhrwerkswelle in der Achsenrichtung ist an einem Werk mit mehreren Platinen nachgerechnet.

346. Betriebstemperatur.

Ein anderer Punkt, auf den vielfach beim Festlegen der Passungen zu wenig geachtet wird und an dem schon manche sonst gute Konstruktion scheiterte, bei der es allzusehr auf die Passungen ankam, ist die Betriebstemperatur. Sie ist nur dann ungefährlich, wenn die beiden Paßteile immer die gleiche Temperatur haben und wenn auch die Ausdehnungsbeiwerte gleich sind!

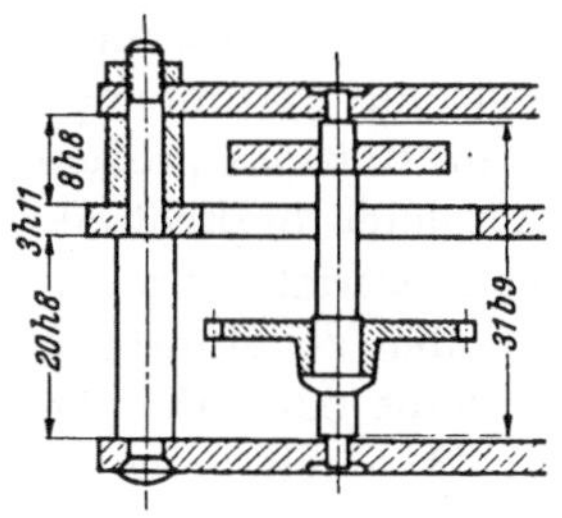

$$S = 20\,h8 + 3\,h11 + 8\,h8 - 31\,b9$$
$$S_g = \quad 0 \quad\quad\; 0 \quad\quad\; 0 - (-232) = \underline{232\,\mu}$$
$$\quad\quad\quad G \quad\quad\; G \quad\quad\; G \quad\quad\quad\quad K$$
$$S_k = (-33) + (-60) + (-22) - (-170) = \underline{55\,\mu}$$
$$\quad\quad\quad K \quad\quad\; K \quad\quad\; K \quad\quad\quad\; G$$

G = Größtmaß, K = Kleinstmaß

Abb. 43/2.
Passung aus zusammengesetzten Teilen.

---

[1] S. 27 und [180] S. 25, 26.

Man muß sich durch Überschlagsrechnungen immer wieder über diese Größenverhältnisse Klarheit verschaffen. Der Ausdehnungsbeiwert für Stahl ist leicht zu merken: 100 mm — 1^0 — $1\,\mu$, genauer: $\alpha = 11{,}5 \cdot 10^{-6}$. Die Werte für die wichtigsten Baustoffe im Maschinenbau sind in Zahlentafel 44/1 wiedergegeben.

Zahlentafel 44/1. Wärmeausdehnungsbeiwerte einiger Werkstoffe.

Werkstoff	Lineare Ausdehnung für 100 mm und 10^0 von 0—100^0 in μ (etwa im Mittel)	Werkstoff	Lineare Ausdehnung für 100 mm und 10^0 von 0—100^0 in μ (etwa im Mittel)
Aluminium	23	Mg-Al DIN 1717 .	24···27
Al-Cu-Mg ⎱	24···26	Ns DIN 1780 . . .	18
Al-Si-Cu ⎰ DIN 1713	⎱ 19···22	Nickel	13
Al-Si-Mg ⎰	⎰	Kunstharz- Preßstoff ⎱ Typ 0	37···60
Blei	29	Typ S	37···60
Bz DIN 1705 . . .	18	Typ T	30···40
Chrom	8	Typ K	40
Gußeisen	11	Stahl	11,5
Kupfer	27	Zink	30
Ms DIN 1709 . . .	19	Zinn	23

Demgemäß bleiben beispielsweise bei Stahl von den ursprünglich bei der Passung 25 ⌀ H7/g6 vorhandenen $7\,\mu$ Kleinstspiel nur noch $4{,}1\,\mu$ übrig, wenn die Welle eine um 10^0 höhere Betriebstemperatur hat; bei 24^0 Temperaturunterschied ist das Spiel (und somit auch der Schmierfilm) verschwunden und die Welle sitzt fest! Bei Messing tritt dieser Fall schon bei 15^0 Unterschied ein und bei Elektron bei 10^0. Temperaturunterschiede von dieser Größe können schon bei Wechsel der Raumtemperatur oder bei Sonnenbestrahlung dadurch auftreten, daß das größere von beiden Teilen längere Zeit zum Temperaturausgleich braucht oder dadurch, daß ein Teil infolge seiner Gestalt die beim Betrieb durch Reibung, Verbrennung, Elektrizität, Dampf erzeugte oder zugeführte Wärme schneller ableitet und infolgedessen kälter bleibt oder aber die Wärme schneller zuleitet und wärmer wird. Es ist z. B. möglich, daß die bei einer Schußwaffe durch die Verbrennung der Pulvergase erzeugte und vom Rohr weitergeleitete oder ausgestrahlte Wärme das Außenteil einer in der Nähe liegenden Lagerstelle schneller erwärmt, als die Welle und dadurch eine Spielvergrößerung hervorruft. Werkzeugmaschinen brauchen bis zur Erreichung einer gleichbleibenden Temperatur aller Teile eine Anlaufzeit bis zu einer Stunde. Erst dann liefern sie gleichmäßige Erzeugnisse. Die Spiele in den Lagern müssen dieser Betriebstemperatur entsprechen und folglich in kaltem Zustand größer oder kleiner sein. Bis zum Ausgleich ergeben sich bei Automaten größere Maßabweichungen [131], die mehrfach auf- und abwärts schwanken können, Schleifmaschinen liefern vielfach schlechtere Oberflächen, Kraftmaschinen laufen anfangs unruhig. Bei manchen

Maschinen, an die hohe Genauigkeitsanforderungen gestellt werden, wird das Schmieröl oder die Lagerstelle künstlich angewärmt.

Bestehen die Paßteile aus verschiedenen Werkstoffen, so macht sich bei Temperaturgleichheit der Unterschied der Ausdehnungsbeiwerte bemerkbar, sofern die Temperatur von der Bezugstemperatur abweicht (20^0 bzw. diejenige, bei der gemessen wurde). Diese Maßänderung überlagert sich der etwa gleichzeitig vorhandenen, von einem Temperaturunterschied hervorgerufenen so, daß sich die Beträge entweder addieren oder subtrahieren. Wenn man beispielsweise eine Stahlwelle von 100 Durchmesser in Leichtmetall lagert und fordert, daß sie sich bei -40^0 auch noch drehen läßt, so muß man ihr bei $+20^0$ ein Kleinstspiel von mehr als $(24-11{,}5) \cdot 100 \cdot 60 \cdot 10^{-3} = 75\,\mu$ zubilligen! Ein Gerät, das solchen Temperaturschwankungen unterliegt und bei dem so große Spielschwankungen unerträglich sind, muß grundsätzlich anders entworfen werden. Der Gestalter darf dann eben nicht Stahl in Leichtmetall lagern, sondern muß Stahllagerbuchsen so anordnen, daß die Kälteschrumpfung des Leichtmetalls den Fügedurch messer nicht beeinflußt. Eine solche Konstruktion erfordert bedeutend mehr Platz, und man erkennt wiederum, daß die Vernachlässigung der Passungen beim Entwurf schlimme Folgen haben kann. Es darf auch nicht vergessen werden, daß das Flankenspiel zwischen Zahnrädern, die z. B. aus Grauguß gefertigt und in einem Leichtmetallgehäuse gelagert sind, von der Temperatur in gleichem Maße beeinflußt wird. Solche Räder, die bei Zimmertemperatur „spielfrei“ laufen, klemmen bei -20^0 erheblich. Der große Ausdehnungsbeiwert der Preßstoffe macht diese für genaue Lagerungen unbrauchbar. Außerdem verändern die Kunstharzpreßstoffe bei schwankender Luftfeuchtigkeit ihr Volumen, so daß solche Lagerungen schon deswegen nur für verhältnismäßig grobe Spielpassungen anwendbar sind, und zwar erfahrungsgemäß nicht unter den d- bis höchstens e-Passungen.

Sobald bei einer Lagerung (Spielpassung) Werkstoffe mit verschiedenen Ausdehnungsbeiwerten gefügt werden und an die Führungsgenauigkeit der Lagerung hohe Anforderungen gestellt werden, müssen die Auswirkungen der Temperaturschwankungen sorgfältig geprüft werden. Bei Rechengeräten z. B. sind oft Stahlwellen in (ausgebuchsten) Leichtmetallbohrungen gelagert. Von solchen Geräten wird oft gefordert, daß sie bei sehr verschiedenen Temperaturen arbeiten. Es muß folglich zunächst dafür gesorgt werden, daß bei der tiefsten vorkommenden Temperatur noch genügend Spiel für einen Schmierfilm vorhanden ist. Dann ist bei Zimmertemperatur und noch mehr bei der höchsten zu berücksichtigenden Temperatur das Spiel wegen der stärkeren Ausdehnung des Werkstoffes des Außenteiles oft so groß geworden, daß die Führungsgenauigkeit des Lagers nicht mehr ausreicht. Mit anderen Worten: Die Welle bewegt sich in der Bohrung bei Kräfteschwankungen oder bei Richtungswechsel so viel hin und her, daß der dadurch entstehende Fehler im Verhältnis zum Meßwert, den die Welle übertragen soll, zu groß wird. Meist wird es nicht möglich sein, nachstellbare Lager einzubauen; dann kann man sich dadurch helfen, daß man der Welle durch entsprechende Über- und Untersetzung eine größere Umdrehungszahl je Maßeinheit gibt und dadurch den prozentualen Fehler, der durch das zu große Lagerspiel hervorgerufen wird, kleiner macht.

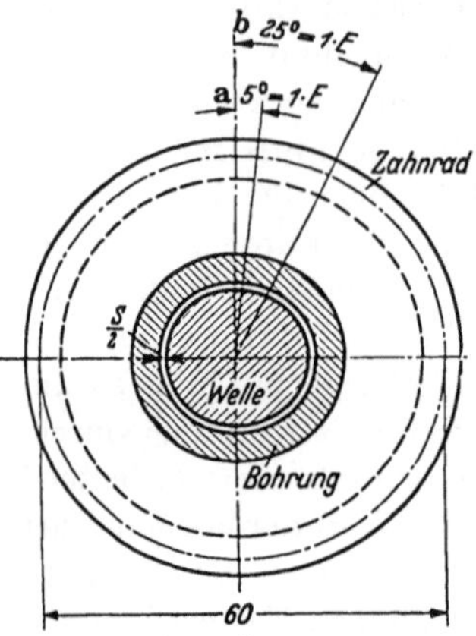

Abb. 46/1. Führungsfehler bei Rechengeräten. Verkleinerung des Einflusses durch erhöhte Drehzahl der Welle.

Beispiel: Mit Hilfe der in Abb. 46/1 im Schnitt gezeichneten Welle soll ein Meßwert, dessen Maßeinheit E sei, von einer Stelle eines Rechengerätes an eine andere, entfernt liegende, geleitet werden. Angenommen der Gestalter hat das Gerät zunächst einmal so entworfen, daß die Maßeinheit E einer Verdrehung der Welle um 5° entspricht; soll also der Meßwert $20\,E$ weitergeleitet werden, so dreht sich die Welle um $20 \cdot 5 = 100°$. Nun rechnete der Gestalter aus, daß im ungünstigsten Falle, d. h. bei größtem Temperaturunterschied und ungünstigster Auswirkung der Toleranzen, ein Lagerspiel von 0,1 mm zu erwarten war.

Das ergibt am Teilkreis eines Zahnrades von 60 Durchmesser, also am Hebelarm 30 mm einen Winkelfehler von $0,1/30 = 11'\,27''$, oder in die Maßeinheit E umgerechnet

$$5° = 300' = 1\,E$$
$$11'\,27'' = 0,038\,E,$$

also ein Fehler von 3,8 % auf die Maßeinheit bezogen. Ist dieser Fehler untragbar, so wäre bei einem zweiten Entwurf die Welle durch eine vorgeschaltete Zahnradübersetzung so schnell anzutreiben, daß nunmehr beispielsweise $25° = 1\,E$ sind. Dadurch wird der Fehler anteilig auf den fünften Teil, d. s. 0,76 % herabgedrückt. Am anderen Ende der Welle müßte dann wieder 5:1 untersetzt werden oder gegebenenfalls die erforderlichen mechanischen Rechenarbeitsgänge ausgeführt und dann erst untersetzt werden, wobei selbstverständlich die dort hinzukommenden anderen Rechenwerte, die mit diesem z. B. addiert oder multipliziert werden, ebenfalls in ihrer Maßeinheit abzustimmen sind.

Hierzu ist jedoch zu bemerken, daß hier wiederum mit ungünstigster Auswirkung der Toleranzen gerechnet wurde, die in Wirklichkeit sehr selten zu erwarten ist. Im Abschnitt 44 wird ferner gezeigt, daß die Welle von Getriebelagerungen bei Richtungswechsel nicht um das volle Spiel wandert. Ist die Welle mehrfach gelagert, so machen noch die unvermeidlichen Fluchtungsfehler der Lagerstellen die Spiele in den einzelnen Lagern mehr oder weniger unschädlich.

Man läßt trotzdem bei solchen Geräten die Wellen so schnell wie möglich laufen und setzt die Geschwindigkeiten erst nach Ausführung aller Rechnungsgänge, also etwa an der Ablesetrommel herab. Dadurch werden auch die Auswirkungen der Spiele bei Zahnradübertragungen und deren Schwankungen bei verschiedenen Temperaturen und aller sonstigen Herstellungstoleranzen im Getriebe, die nichts mit der Temperatur zu tun haben, vermindert.

Wenn bisher vorwiegend von Gleitlagern die Rede war, so gilt selbstverständlich sinngemäß das gleiche für Flachpassungen und auch für Wälzlager. Man wird ohne weiteres einsehen, daß geringere Anforderungen bezüglich der Führungsgenauigkeit erfüllbar sind, wenn das Gehäuse oder die Welle aus einem Werkstoff mit anderem Ausdehnungsbeiwert besteht als das Wälzlager und wenn mit Temperaturschwankungen gerechnet werden muß, sei es nun, daß das ganze Lager oder Teile desselben solchen Schwankungen unterliegt.

Wird durch die hohle Welle Heizdampf, wie bei Papiermaschinen und Wäschemangeln, oder das erhitzte Mahlgut, wie bei Rohrmühlen, zugeführt, oder leitet das Gehäuse die beim Betrieb entstehende Wärme schneller ab, wie bei Verbrennungsmotoren, bei denen das Gehäuse obendrein gekühlt wird, fließt bei elektrischen Maschinen die Läuferwärme zum Teil durch die Welle ab, so muß das Wälzlager eine größere Lagerluft erhalten.

Die Lagerstelle der Abb. 47/1 wurde rechnerisch untersucht für den Fall, daß sich alle Teile gleichzeitig um 40° abkühlen. (Die Passung 32 K 6 ergibt bei Zimmertemperatur mit dem Kugellager-Außenring ein Paßtoleranzfeld von $+\,14\,\mu$ / $-\,13\,\mu$, also ein mittleres Spiel von $+\,0,5\,\mu$). Das Gehäuse besteht aus Al-Si-Mg (DIN 1713), die Schrumpfung ist nach Zahlentafel 44/1 etwa doppelt so groß wie die der eingebetteten Stahlteile: Kugellager und Welle. Dadurch entsteht ein zusätzliches Übermaß an der Paßstelle 32 $\varnothing$ von $32 \cdot 40\,(22 - 11,5)\,10^{-3} = 13,5\,\mu$. Da das

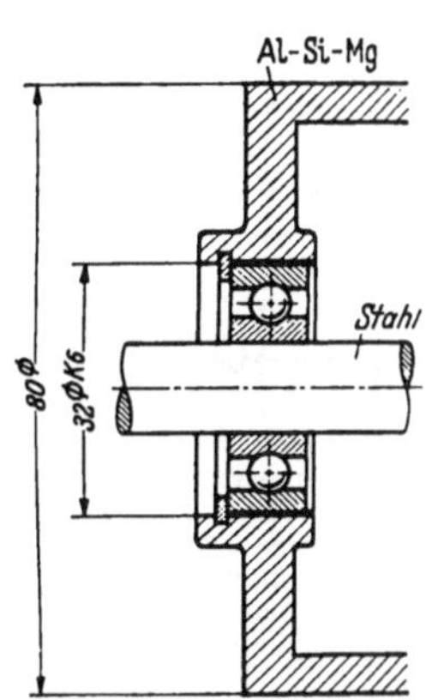

Abb. 47/1. Einfluß verschiedener Wärmedehnung. Bei Abkühlung um 40° wird die Lagerluft im Kugellager um 6,6 μ kleiner.

Lager bei gewöhnlicher Temperatur mit einem mittleren Spiel von 0,5 μ eingebaut wird, kann man annehmen, daß eine nennenswerte Glättung der Oberflächen nicht stattfindet. Es wurde demzufolge mit dem mittleren Übermaß von $13,5 - 0,5 = 13\,\mu$ weitergerechnet, das durch die Temperaturschwankung hervorgerufen wird. Die Rechnung nach den in Abschnitt 62 gemachten Angaben ergibt, daß dieses Haftmaß eine Verengung der Laufbahn des Außenringes um 6,6 μ zur Folge hat. Um diesen Betrag verringert sich also die Lagerluft an den Wälzbahnen, oder wenn die im uneingebauten Zustande vorhandene Luft durch das Aufziehen des Innenringes auf die Welle schon kleiner als 6,6 μ geworden war, tritt im Lager nunmehr eine Pressung ein, die bei großer Drehzahl und vielleicht noch hinzukommender Axiallast und Verkantung der Lagerstelle schon sehr schädlich sein kann.

Daß trotz der ·großen Wanddicke von $^1/_2 : (80 - 32) = 24$ mm, die der Rechnung zugrunde gelegt wurde, nur die Hälfte des Haftmaßes in dem im Verhältnis dazu dünnwandigen Wälzlageraußenring wirksam wird, ist in der großen Verschiedenheit der Elastizitätsbeiwerte begründet. Dieser Wert beträgt für Stahl $E = 22000$, für Aluminiumlegierungen etwa 7000 kg/mm^2, bei Elektron mit $E = 4300$ kg/mm^2 wäre das Ergebnis noch ausgeprägter.

Damit ist dem Gestalter ein elegantes Mittel gegeben, um zu vermeiden, daß entweder bei gewöhnlicher Temperatur zu viel Lagerluft vorhanden ist oder bei Untertemperatur eine unzulässige Pressung eintritt: Man gestaltet das Lagergehäuse nachgiebig. Bei der Ausführung nach Abb. 48/1 mit einem Gehäuseaußendurchmesser von 40 gehen von dem Haftmaß von 13 μ nur noch 3,3 μ in den Kugellageraußenring, also ein kleiner Anteil. Muß auch eine Übertemperatur berücksichtigt werden, so kann das Lager mit einer festeren Passung eingebaut werden, um zu verhindern, daß bei der hohen Temperatur der Außenring lose wird.

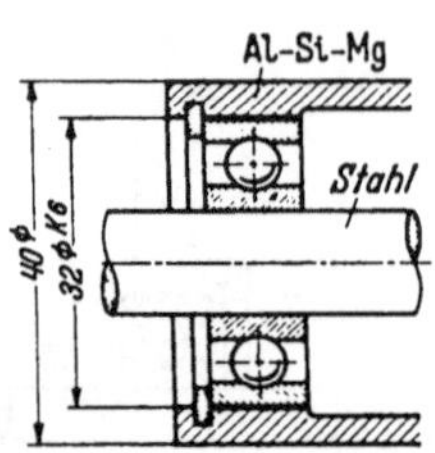

Abb. 48/1. Verringerung des Temperatureinflusses auf die Lagerluft durch nachgiebige Gestaltung. Bei Abkühlung um 40° wird die Lagerluft nur um 3,3 μ kleiner.

Auf Übergangs- und Preßpassungen wirkt die Betriebstemperatur in folgender Weise ein. Bestehen die Paßteile aus Werkstoffen mit dem gleichen Ausdehnungsbeiwert, so wird die Passung loser, wenn im Betrieb das Außenteil wärmer wird als das Innenteil oder dieses sich abkühlt. Die Passung wird fester, wenn das Innenteil eine höhere Temperatur annimmt als das Außenteil. Bestehen die Teile aus Stoffen mit verschiedenen Ausdehnungsbeiwerten, so wird die Verbindung loser oder fester, wenn beide Teile gleichmäßig wärmer oder kälter werden, je nach dem Werkstoff außen und innen.

Der Betriebstemperatur ist deshalb bei der Berechnung von Preßpassungen ganz besondere Aufmerksamkeit zu widmen, um sowohl eine zuverlässige Verbindung zu erhalten, als auch um unzulässige Stoffspannungen zu vermeiden.

Beispiel: Eine Passung 50 H7/s6 hat ein Kleinstübermaß von 18 μ. Ist dieses bei der Paarung einer Stahlwelle mit einer Leichtmetallbohrung zufällig zustande gekommen, so wird es zu Null, wenn beide Teile um 29° erwärmt werden.

Schließlich sei daran erinnert, daß die Temperatur beim Messen ebenfalls große Bedeutung hat. Die Abb. 49/1 veranschaulicht das Verhältnis der halben Herstellungstoleranzen zum Einfluß der Wärmedehnung. Die Treppenlinien stellen die zu den einzelnen ISA-Toleranzen gehörenden H/2- und H$_1$/2-Werte für die Lehren dar, die Strichellinien die Maßänderungen bei 1°, 3° und 5°. Es zeigt sich, daß bei IT5 und IT6 bereits bei 1° Temperaturunterschied nach oben oder unten die Grenze des Lehrenherstellungs-Toleranzfeldes erreicht wird. Man kann daraus ermessen, wie sehr beim Prüfen dieser Lehren auf Temperaturgleichheit geachtet werden muß. Die Strichellinien gelten für den Ausdehnungsbeiwert von Stahl, der zufällig ungefähr der Differenz der Werte für Leichtmetall und Stahl gleichkommt. Prüft

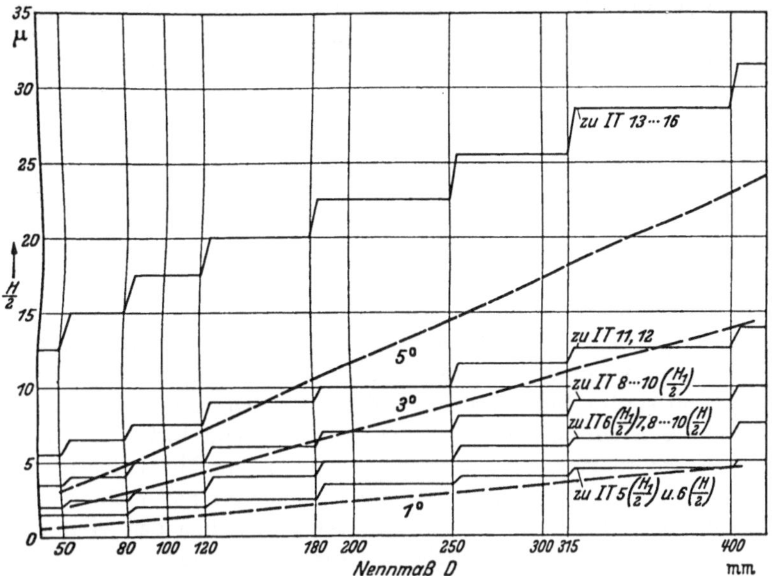

Abb. 49/1. Vergleich der halben Lehrenherstellungstoleranzen mit dem Einfluß der Wärmeausdehnung ($\alpha = 11,5 \cdot 10^{-6}$, oder 100 mm — 1⁰ — 1,15 u für Stahl oder ~ Leichtmetall minus Stahl).

man nicht bei der Bezugstemperatur von 20⁰, so kann man Stahlteile nicht mit Leichtmetallehren prüfen, und man müßte andererseits Leichtmetallteile bei kleinen Toleranzen mit Lehren prüfen, die in der Hauptsache aus Leichtmetall gefertigt sind und deren eingesetzte Meßflächen aus Stahl bestehen.

35. Einbaupassungen der Wälzlager.

Ein Wälzlager ergibt im eingebauten Zustande eine Vierfachpassung; es ist insofern passungstechnisch besonders lehrreich. Die vier Passungen sind bei einem Querlager: Welle-Innenring, Innenring-Wälzkörper, Wälzkörper-Außenring, Außenring-Gehäuse. Es ist unmöglich, im vorliegenden Rahmen das Thema des Wälzlagereinbaues mit ausreichender Gründlichkeit zu behandeln, vielmehr seien nur die passungstechnisch aufschlußreichen Punkte hervorgehoben, die auch für das übrige Passungsgebiet viel Wertvolles bieten. Im übrigen muß auf die erschöpfende Darstellung von Jürgensmeyer verwiesen werden [103, 104], auf

die sich die nachfolgenden Darlegungen im wesentlichen stützen, und
der auch mit freundlicher Zustimmung des Verfassers die Abbildungen
mit geringfügigen Änderungen entnommen sind.

Betrachtet man einmal ein Querlager in ausgebautem Zustand, so
stellt man fest, daß zwischen den Laufbahnen des Innenringes, der
Wälzkörper und des Außenringes bestimmte maßliche Beziehungen bestehen müssen. Das Lager soll weder klemmen, weil dadurch die Reibung erhöht, die Schmierung beeinträchtigt und zusätzliche Werkstoff-
beanspruchungen im Betriebszustand hervorgerufen werden würden, die
die Lebensdauer herabsetzen, noch soll es zuviel Luft haben, weil man
von einem Wälzlager eben eine hohe Führungsgenauigkeit zwischen
Welle und Gehäuse erwartet und ein Lager mit großer Luft stoßemp-
findlicher ist als ein solches mit kleiner Luft. Nun werden aber Wälzlager in großen Stückzahlen gefertigt und sollen billig sein; daher muß
man für die drei Laufbahnen: Innenring, Wälzkörper, Außenring möglichst große Toleranzen zulassen, die sich zu einer verhältnismäßig
großen möglichen Schwankung der Lagerluft addieren. Zudem müssen
die Wälzkörper eines Laufkranzes unter sich möglichst gleich groß
sein, damit sie im Betrieb gleich belastet werden. Das kann nur durch
Sortieren erreicht werden — wobei entsprechend kleine Formabweichungen gefordert werden müssen — weil in der Massenfertigung die
erforderlichen Maßtoleranzen von etwa 1 μ nicht erreicht werden können.
Man geht aber noch einen Schritt weiter und ordnet den Wälzkörper-
gruppen entsprechende Laufringe zu, zumindest soweit es sich um nicht
auseinandernehmbare Lager handelt, wie z. B. ein ganzes Radiaxlager
oder bei normalen Zylinderrollenlagern ein Laufring (mit Borden) mit
Rollen und Käfig. Nur so kann die Schwankung der Lagerluft in den
erwünschten kleinen Grenzen gehalten werden.

Da die Berührungsstellen zwischen den Lagerteilen geometrisch
Punkte oder Linien sind, tritt schon bei geringen Kräften eine Abplattung ein, die bereits beim Messen unter der Einwirkung der Meßkraft eine größere Lagerluft vortäuscht. Während sich die „Lagerluft“
aus dem Durchmesserunterschied der Lagerteile ergibt, also den Luft-
raum zwischen den Teilen in lastfreiem Zustand kennzeichnet, wird die
gesamte Bewegungsmöglichkeit unter einer bestimmten Last, also Luft
und Verformung, „Lagerspiel“ genannt. Auch hier erweist sich wieder
die Betrachtungsweise wichtig, die in den Bauteilen elastische Gebilde
sieht und nicht geometrisch-starre Körper.

Das Radialspiel beträgt beispielsweise bei einem Radiaxlager, mit
über 30 bis 40 Durchmesser der Lagerbohrung, leichte Reihe, 4 bis 12 μ,
bei einem Zylinderrollenlager gleicher Größe 20 bis 37 μ, in der schweren
Reihe 40 bis 60 μ. Solche kleinen Paßtoleranzen, die auf die drei Laufflächen aufgeteilt werden müssen, lassen sich bei entsprechenden An-

forderungen an Formgenauigkeit, Schlagfreiheit usw. nur durch Sortieren und Zuordnen einhalten.

Diese Zahlen mögen zunächst groß erscheinen, vor allem die Kleinstwerte bei den schwereren Lagerarten unverständlich sein. Gehen wir also daran, ein solches Lager einzubauen und überlegen wir, welche Passungen die Anschlußteile, also die Welle, auf die der Innenring geschoben werden soll, und die Bohrung, in der der Außenring gelagert wird, erhalten müssen.

Da erscheint es zunächst am einfachsten, eine Spielpassung zu wählen, denn dadurch wird das Spiel im Lager am wenigsten beeinflußt, und man glaubt im übrigen sicher sein zu können, daß die Welle den Innenring mitnimmt, und daß der Außenring im Gehäuse nicht anfängt zu gleiten, sondern daß die Bewegung in der beabsichtigten Weise auf den Wälzkörpern stattfindet, weil ja rollende Reibung einen viel kleineren Beiwert hat als gleitende. Aber hierbei treten doch noch manche Erscheinungen auf, die ein Spiel unerwünscht machen, obwohl es ja auch den Einbau des Lagers sehr erleichtern würde.

Zunächst wird durch große Einbauspiele die Führungsgenauigkeit herabgesetzt; eine stark klappernde, auf Wälzlagern gelagerte Welle wird nicht nur oft ihren konstruktiven Zweck verfehlen, weil sie keine genaue Lagerung mehr darstellt. sondern die Lagerstelle wird sich auch sehr schnell abnutzen. Außerdem soll eine Lagerkraft (Zahnkraft, Riemenzug, Gewicht usw.) von der Welle auf das Gehäuse oder umgekehrt übertragen werden. Hat der Innenring auf der Welle zu viel Spiel, so ist die Schmiegung zwischen den beiden Paßteilen schlecht; aus der (geometrischen) Berührungslinie kann durch Abplattung nur eine schmale Berührungsfläche werden. Nur auf der Strecke des Umfanges, auf der der Innenring wirklich trägt, kann er auch Kräfte übertragen, weil er viel zu dünnwandig und nachgiebig ist. Ein gut, d. h. mit kleinem Spiel passender Laufring liegt unter Last zweifellos auf einem größeren Teil des Umfanges (bis 180°) satt an. Demnach werden bei großem Spiel nur wenige Kugeln zur Kraftübertragung herangezogen, bei kleinem

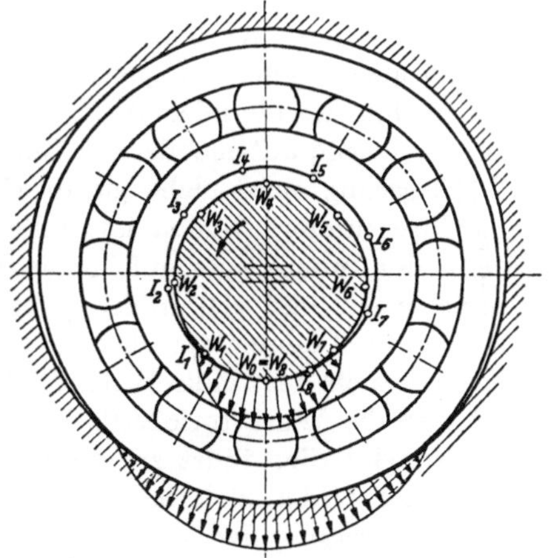

Abb. 51/1. Lastübertragung von der Welle auf das Gehäuse bei lose sitzendem Innen- und Außenring und Wandern des Innenringes.

Spiel dagegen im günstigsten Fall die Hälfte aller Kugeln oder Rollen des Lagers. Dieser Umstand muß sich auf die Lebensdauer des Lagers entscheidend auswirken.

Abb. 51/1 zeigt die Lastverteilung, wenn Innen- und Außenring lose sitzen. Die Darstellung, bei der das Spiel übertrieben groß gezeichnet ist, zeigt aber noch etwas anderes: Denkt man sich die Welle in Pfeilrichtung gedreht, so wälzt sich ihre Oberfläche auf der des Lagerringes ab und nach einer Umdrehung liegen die Punkte W_0 und I_0 nicht wieder aufeinander, sondern infolge des größeren Umfanges ist der Innenring zurückgeblieben, und es kommen jetzt die Punkte W_0 und I_8 aufeinander zu liegen. Der Ring wandert also auf der Welle, indem er sich relativ zu ihr langsam dreht.

Bedeutet: n_r die Drehzahl des wandernden Ringes,

n_w die Drehzahl der Welle oder des Gehäuses,

d_r den Durchmesser der Ringbohrung oder Gehäusebohrung,

d_w den Durchmesser der Welle oder des Außenringmantels,

so ist die Drehzahl des Ringes:

$$n_r = \frac{n_w(d_r - d_w)}{d_r} \text{ für sich drehende Welle,}$$

$$n_r = \frac{n_w(d_r - d_w)}{d_w} \text{ für sich drehende Last.}$$

Daraus errechnet sich beispielsweise bei einer Drehzahl der Welle von 3000 U/min und einem Spiel $d_r - d_w$ in der Fuge von 10 μ für ein Lager mit 30 mm Bohrung eine Drehzahl des Innenringes von

$$n_r = \frac{3000 \cdot 0{,}01}{30} = 1 \text{ U/min}.$$

Obwohl dies eine reine Rollbewegung darstellt, so treten doch wegen der zu übertragenden Lagerkräfte geringe elastische Verformungen an der rundum wandernden Berührungsstelle auf, die ein örtliches Gleiten der Metallteile aufeinander zur Folge haben. Da diese Stellen bei einer Wälzlagerung meist nicht mit Absicht, sondern höchstens einmal durch Zufall geschmiert werden, ist rasche Abnutzung der Welle infolge Wanderns des Innenringes auf ihr die Folge. Die örtlichen Wechselbeanspruchungen sind viel größer als bei satter Anlage zwischen Welle und Laufring und dementsprechend ist nicht nur die Kraft je Flächeneinheit, sondern auch der (mikroskopisch kleine) Reibungsweg viel größer. Dabei wird die Werkstoffoberfläche verquetscht, d. h. plastisch verformt und spröde; dies führt zu Haarrissen und Dauerbrüchen.

Ferner bildet sich bei hoher spezifischer Belastung und geringer Relativbewegung der sog. Passungsrost [306] oder Reibrost (Fe_2O_3), der sehr hart ist und schleifende Wirkung hat und demnach die Abnutzung beschleunigt. Man hat vergeblich versucht, dieses schädliche Wandern der Wälzlagerringe durch mechanische Mittel, wie Kugeln, Stifte, Schrauben oder Keile zu verhindern. Auch durch starkes seitliches Verspannen gelingt dies nicht, denn, wenn man den Reibungsbeiwert mit 0,1 annimmt, so müßte die Spannkraft mindestens zehnmal so groß gemacht werden - wie die Lagerkräfte; dadurch würde aber die Welle wieder sehr stark und eigentlich unnütz auf Zug beansprucht werden. Da andererseits der Ring durch seitliches Verspannen doch nicht gehalten werden kann, besonders wenn Stöße auftreten, so sind an den Seitenflächen Anfressungen oder mindestens starker Verschleiß zu erwarten. Dadurch läßt wieder die Spannung nach und der Ring wandert doch wieder. Außerdem ist bei der Bewegung unter hohem Druck eine starke Erwärmung zu befürchten, die Spannungen im Ring auslöst und die Ursache von Haarrissen, sog. Gleitrissen und Brüchen sein kann.

Man sieht aus alledem, daß die beste Befestigung für die Laufringe eine spiel- und pressungsfreie Passung wäre. Eine solche ist aber im Austauschbau nicht zu erzielen, denn der Wälzlagerring braucht für seine Paßfläche eine Toleranz und ebenso auch das Anschlußteil, Welle oder Gehäuse. Da sich der Lagerring unter der Lagerkraft auch etwas längt und ein genau passender Ring dadurch wieder lose würde und anfangen könnte zu wandern, so führt diese Überlegung auf eine Preßpassung oder mindestens auf eine stramme Übergangspassung, soweit der Ein- und Ausbau nicht eine losere Passung erforderlich macht. Wird auf eine Welle mit Übermaß ein Wälzlagerring aufgezogen, so dehnt er sich und die Welle wird zusammengedrückt. Die Dehnung ist innen an der Paßfläche am größten und nimmt nach außen hin ab. An der Lauffläche tritt also ein bestimmter Teil des Übermaßes in Erscheinung, der sich berechnen läßt (s. Abschnitt 62). Das Maß der Laufflächenvergrößerung hängt ab von den Querschnitten der Welle und des Ringes, vom Paßdurchmesser, den Elastizitätsbeiwerten, dem Übermaß bzw. Durchmesserverhältnis der beiden Teile. Das Übermaß wird beeinflußt durch Formabweichungen von Welle und Ring, die unvermeidlich sind, und mit denen daher gerechnet werden muß. Auf einer ovalen Welle wird sich auch ein Wälzlagerring oval ziehen, und man muß deshalb den mittleren Durchmesser beider Teile in die Berechnung einsetzen, genau genommen den Durchmesser, den ein genau zylindrischer Körper mit dem gleichen Umfang hätte.

Ferner wird das wirksame Übermaß durch die Oberflächengüte stark beeinflußt. Ist die Welle roh gedreht, so werden die Spitzen dieses feinen Gewindes beim Aufziehen des Ringes und noch mehr unter der Wirkung der Betriebslast des Lagers geglättet und eingeebnet. Auf den Spitzen dieses Gewindes wurde aber mit geringer Meßkraft der Durchmesser gemessen. Es muß also von diesem rechnerischen, auf der Messung beruhenden Übermaß ein gewisser Betrag abgezogen werden, leider kein bestimmter, denn wenn auch bei den üblichen Drücken keine vollkommene Einebnung zu erwarten ist, so ist doch dieser Betrag schon deswegen unsicher, weil das Profil der Oberfläche unsicher definiert ist. Man weiß also nicht einmal, wieviel bei vollständiger Einebnung an Übermaß verloren gehen würde, geschweige denn, welcher Grad der Einebnung eingesetzt werden soll.

Andererseits ist es erwünscht, die wirkliche Laufbahnvergrößerung so genau wie möglich zu kennen; folglich muß für die Paßfläche eine möglichst hohe Oberflächengüte, mindestens sauberes Schleifen gefordert werden. Ebenso muß eine hohe Formgenauigkeit verlangt werden, weil sich bei dem dünnen Ring jede größere Formabweichung auf seiner Außenfläche abbildet und dort unruhigen Lauf der Wälzkörper bewirkt.

In gleicher Weise, wie der innere Laufring seinen Laufbahndurchmesser vergrößert, muß der äußere Laufring, wenn er mit Übermaß eingesetzt wird, enger werden. Beide Änderungen sind nicht allein infolge der Übermaßschwankungen (Paßtoleranz), sondern auch, wie wir sahen, noch aus anderen Gründen unsicher. Diese Schwankungsbereiche addieren sich zu den bereits erwähnten Schwankungen der Lagerluft des nicht eingebauten La-

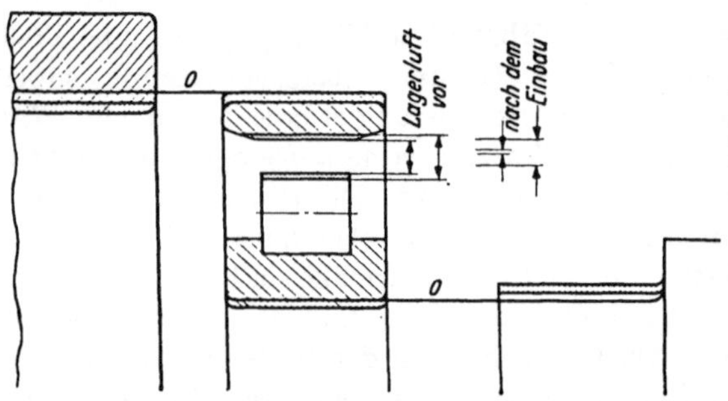

Abb. 54/1. Einfluß der Einbaupassungen auf die Lagerluft.

gers (Abb. 54/1). Die verhältnismäßig großen Kleinstspiele im Lager werden durch den Einbau verkleinert, es kann sogar leicht der Fall eintreten, daß das Lager unter innere Vorspannung gerät, die aber, wenn sie nicht zu groß ist, durch die Lagerkräfte wieder aufgehoben wird. Durch die Vorspannung wird aber die axiale Belastbarkeit gewisser Lagerarten beeinträchtigt.

Diese Überlegungen führen zwangsläufig dazu, für den Wälzlagereinbau im allgemeinen kleine Toleranzen zu fordern, und gerade auf diesem Gebiet bringen die ISA-Toleranzen den dringend nötig gewordenen Fortschritt gegenüber dem DIN-System, indem einmal die Nenntoleranzen verkleinert wurden und dazu eine weitere Einengung kommt, die dadurch hervorgerufen wird, daß die neue Arbeitslehre um den Wert z bzw. z_1 innerhalb des Toleranzfeldes liegt. Es braucht kaum hinzugefügt zu werden, daß die in den Laufringen durch die Übermaße hervorgerufenen Zug- oder Druckspannungen so klein sind im Verhältnis zur Streckgrenze des Lagerwerkstoffes, daß sie auch in den Grenzfällen nicht ins Gewicht fallen und auf die Lebensdauer keinen Einfluß haben. Zahlreiche Versuche, die Toleranzauswirkungen durch Anpassen zu umgehen, haben zu Mißerfolgen geführt, weil dann die erzielten Übermaße dem Gefühl des Anpassenden überlassen sind und folglich

zahlenmäßig überhaupt nicht mehr beherrscht werden. Ohnedies ist
gefühlsmäßiges Anpassen mit Übermaß kaum möglich.

Zur Auswahl stehen im ISA-System die in Abb. 55/1 dargestellten
Toleranzfelder für die Passung des Innenringes auf der Welle und die
in Abb. 55/2 aufgeführten für den Außenring zur Verfügung. Bezüglich
der Wahl im Einzelfalle muß wiederum auf das bereits erwähnte Schrift-

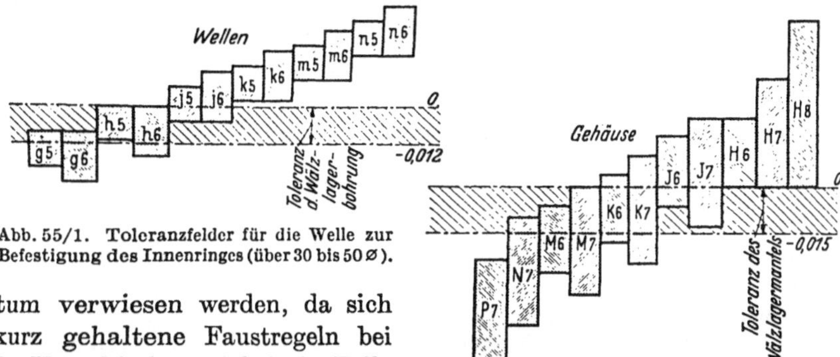

Abb. 55/1. Toleranzfelder für die Welle zur
Befestigung des Innenringes (über 30 bis 50 ∅).

Abb. 55/2. Toleranzfelder für die Bohrung zur Befestigung des Außenringes (über 80 bis 120 ∅).

tum verwiesen werden, da sich
kurz gehaltene Faustregeln bei
der Verschiedenartigkeit der Fälle
nicht aufstellen lassen.

Es ist besonders bemerkens-
wert, daß bei der Normung der Wälzlagertoleranzen zum erstenmal
in großem Umfang auch die Formabweichungen berücksichtigt und
zahlenmäßig festgelegt wurden. So ist neben den Abmaßen für die
Passungsdurchmesser auch noch ein größter und kleinster auffindbarer
Durchmesser angegeben. Ferner sind nicht nur für Radialschlag, Stirnseitenschlag, Rillenseitenschlag die zulässigen Fehler angegeben, sondern,
was hierbei viel wichtiger ist, die Abweichungen durch das Vorschreiben
der anzuwendenden Meßverfahren definiert.

Es mag vielleicht auffallen, daß die Paßflächen am Wälzlager keine ISA-
Passung, sondern eine „wilde Passung" aufweisen. Dies liegt darin begründet, daß
diese Abmaße eher genormt waren, als die ISA-Passungen geschaffen wurden, und
daß es sich hier um eine „primäre Marktware" [142] handelt, für die eine Änderung
große Schwierigkeiten für den Hersteller und mehr noch für den Verbraucher, aber
keinen technischen Fortschritt gebracht hätte. Dies ist auch der Grund, weshalb
die Bohrung des Innenringes ein negatives Abmaß hat, während doch sonst die
Einheitsbohrung ein positives Abmaß aufzuweisen pflegt. Dies rührt noch aus
einer Zeit, als es keine DIN-Passungen gab, als man aber schon erkannt hatte,
daß der Innenring auf der Welle im allgemeinen fest sitzen soll, während die
Passung des Außenringes im Gehäuse loser sein darf, eine Erkenntnis, von der
wir heute wissen, daß sie nur sehr bedingt richtig ist.

Man muß sich darüber klar sein, daß infolge des negativen Abmaßes
der Innenringbohrung die Paßeigenart mit dem dazu jeweils ausgewählten ISA-Toleranzfeld für die Welle eine ganz andere wird, als wenn
dieses mit dem im ISA-System dazugehörigen H-Toleranzfeld gepaart

würde. Während beispielsweise das Toleranzfeld k5 mit der ISA-Bohrung H6 eine Übergangspassung ergibt, bildet es mit der Wälzlagerbohrung eine reine Preßpassung. Dagegen bilden h5 und h6 mit dem Wälzlagertoleranzfeld Übergangspassungen.

Demgegenüber hat der Außenring ein negatives Abmaß wie die Einheitswelle, und zwar stimmt das Abmaß in dem Nennmaßbereich „über 10 bis 150" mit dem ISA-Toleranzfeld h5 überein. Außerhalb dieses Bereiches sind die Wälzlagerabmaße größer. Im wesentlichen haben also die Passungen im Gehäuse die gleiche Paßeigenart wie entsprechende Paarungen im ISA-System.

Es ist verschiedentlich der Wunsch geäußert worden, die Toleranzen für Wälzlager, die in DIN 620 festgelegt sind, für bestimmte Zwecke zu verkleinern. Es ist dabei an die Durchmessertoleranzen von Bohrung und Mantel und besonders an die zulässige Laufungenauigkeit: Radialschlag des Innen- und Außenringes, Rillenseitenschlag, Stirnseitenschlag und an die Radial- und Axialluft gedacht. Mit Bezug auf die Ausführungen im Abschnitt 342 muß auch hier darauf hingewiesen werden, daß die Grenzfälle und erst recht das Zusammentreffen mehrerer Grenzfälle recht wenig Wahrscheinlichkeit für sich haben. Der erwähnte Wunsch geht meist auf theoretische Überlegungen an Hand der Zahlenwerte von DIN 620 zurück; er mag zwar durch praktisch vorgekommene Einzelfälle hervorgerufen sein, beruht aber im übrigen meist auf unzureichender Kenntnis des Passungswesens und der damit zusammenhängenden Erscheinungen. Selbstverständlich kann man durch Aussuchen eine bestimmte Eigenschaft des Lagers schärfer eingrenzen.

Jürgensmeyer hat aber gezeigt[1], daß die Meßunsicherheit im Verhältnis zur Größe des Toleranzfeldes so groß ist, daß eine weitere Verkleinerung der in DIN 620 gegebenen allgemeinen Werte zunächst sinnlos erscheint. Sie ist auch für die weitaus meisten Fälle nicht nötig. Dennoch kann nicht bestritten werden, daß beispielsweise für die Hauptspindellager von Werkzeugmaschinen genauere Lager gebraucht werden. Deshalb wurden in letzter Zeit kleinere Toleranzen für solche Lager aufgestellt, aber gleichzeitig die Prüfverfahren für diese Toleranzen schärfer festgelegt.

Voraussetzung für die Benutzung genauerer Lager ist jedoch, daß auch die Einbaubedingungen für Außen- und Innenring entsprechend verbessert werden, die letzten Endes ihre Grenzen dadurch finden, daß die Formabweichungen nicht beliebig verkleinert werden können.

Die Auswahl aus den zur Verfügung stehenden ISA-Toleranzfeldern muß außer von der Rücksicht auf den Zusammenbau und auf die Möglichkeit des axialen Wanderns des einen Laufringes zum Ausgleich von Wärmedehnungen, der Belastung, den Arbeitsbedingungen, der Lagerart und Lagerluft noch von folgendem abhängig gemacht werden.

Dreht sich bei einem Lager die Welle, während der Außenring still steht, und wirkt die Kraft stets in der gleichen Richtung, wie bei Gewichtsbelastung oder Riemenzug, so ist das Wandern in der beschriebenen Art nur beim Innenring zu erwarten, nicht aber beim Außenring, der höchstens von den geringen Reibungskräften bei der Berührung mit

---

[1] [103] S. 462 und [179] S. 523.

den umlaufenden Wälzkörpern in Bewegung versetzt werden könnte.
Folglich kann der Außenring eine losere Passung im Gehäuse erhalten;
dies trifft aber nur für diesen Belastungsfall zu. Steht die Welle still und
läuft das Gehäuse um, so liegen — wiederum bei gleichbleibender Kraftrichtung — die Verhältnisse genau umgekehrt. In diesem Fall wandert
die Kraftrichtung bei jeder Umdrehung über den ganzen Umfang des
Außenringes, daher nennt man diese Belastungsart Umfangslast;
dagegen wirkt die Kraft beim stillstehenden Innenring immer auf den
gleichen Punkt: Punktlast. Im Gegensatz dazu wies im ersten Fall
(drehende Welle und stehendes Gehäuse) der Außenring Punktlast und
der Innenring Umfangslast auf. Als Resultierende aus mehreren Kräften
kann eine Pendellast entstehen. Wenn sich z. B. zu Kräften mit
gleichbleibender Richtung umlaufende Kräfte infolge einer Unwucht
addieren, so entstehen bei bestimmtem Größenverhältnis der
Kräfte zueinander entweder Umfangslasten von wechselnder Größe oder Pendellasten.

Es ergeben sich also folgende Belastungsfälle:

	Laufring	Last		Laufring	Last
Punktlast:	steht still —	steht still		läuft um —	läuft um
Pendellast:	steht still —	pendelt	oder	pendelt —	steht still
Umfangslast:	läuft um —	steht still		steht still —	läuft um

Die Belastungsart wirkt sich nicht allein in gewissem Maße auf die
Lebensdauer, sondern vor allem auf die zweckmäßigste Passung aus.
Im allgemeinen muß die Passung um so fester gewählt werden, je mehr
die Lastrichtung wechselt, also in der Richtung: Punktlast→Pendel-
last→Umfangslast, je höher und je stoßweiser die Lagerbelastung ist,
und je größer die dem Lager in ausgebautem Zustande eigentümliche
Lagerluft ist.

Wie man gesehen haben wird, ist aus dem Studium des Wälzlagereinbaues passungstechnisch außerordentlich viel zu lernen; es kann daher nur empfohlen werden, sich einmal eingehend damit zu beschäftigen, auch ohne damit den alleinigen Zweck zu verbinden, die Passungen
für Wälzlager richtig angeben zu können, obwohl immer wieder beobachtet werden kann, daß auch auf diesem Gebiet noch sehr viele Fehler
gemacht werden, für die dann oft die Wälzlagerfirma verantwortlich
gemacht werden soll.

36. Passungen für Normteile[1].

Ein einheitliches Paßsystem ist die wichtigste Grundlage für die
Normung von Teilen, Baugruppen und Geräten. Denn diese Normteile

---

[1] Siehe [112].

sollen ja von Spezialwerkstätten in großen Stückzahlen unabhängig hergestellt werden und zu den Anschlußteilen austauschbar passen. So war es selbstverständlich, daß der Normenausschuß der Deutschen Industrie nach seiner Gründung im Jahre 1917 zuerst die Passungsnormen in Angriff genommen hat, und in der internationalen Normungsarbeit ist man ebenso vorgegangen.

Für die Wahl der Passungen innerhalb einer zu normenden Baugruppe oder eines Gerätes gelten die allgemeinen Gesichtspunkte, die auch beim Entwurf eines Gerätes zu beachten sind. Dennoch wird man bei der Festlegung einer Norm, wie auch anderen Gebieten, der Wahl zweckmäßiger Passungen größere Aufmerksamkeit und Sorgfalt widmen, als dies bei einem Sonderbauteil im allgemeinen der Fall ist. Denn dieses kann schnell geändert werden, wenn sich Nachteile herausstellen, von einem Normteil erwartet dagegen ein großer Verbraucherkreis die unbedingte Gewähr für einwandfreie Gestaltung und zuverlässige Funktion. So kommt es, daß der Normung oft eingehende Versuche und Forschungen vorausgehen, und daß sie häufig neue Erkenntnisse und Fortschritte zutage gefördert hat.

Mit dem Begriff der Norm ist deshalb auch im Laufe der Zeit immer mehr die Vorstellung einer bestimmten Güte des Erzeugnisses gedanklich verknüpft worden, nicht zuletzt, weil im Zuge der Entwicklung der Normung besondere Gütevorschriften für genormte Erzeugnisse ausgearbeitet wurden. Es sei hier nur an „DIN 267, Schrauben und Muttern, technische Lieferbedingungen", an die VDE-Vorschriften für elektrische Geräte[1], an die Prüfvorschriften für Teile aus Kunstharzpreßstoffen[2] erinnert. Nun können bei der Fertigung von Normteilen in großen Stückzahlen, wenn dies notwendig oder wünschenswert im Sinne einer Gütesteigerung ist, kleinere Toleranzen vorgeschrieben werden, weil sich Sondereinrichtungen wirtschaftlich um so eher lohnen, je größer die Stückzahl ist, die gefertigt werden soll, und weil Sondereinrichtungen eher für die Einhaltung kleiner Toleranzen ausgestaltet werden können, als wenn man mit der Fertigung auf gewöhnlichen, also universellen Maschinen rechnen muß. Ein Beispiel hierfür sind die Säulenführungsgestelle, wie sie sich im Schnitt- und Stanzenbau vielfach eingeführt haben, die in sehr wenigen Sonderwerkstätten hergestellt werden, und sehr kleine Toleranzen enthalten. Es ist geradezu undenkbar, daß jede Stanzerei sich solche Gestelle in Einzelfertigung selbst herstellen sollte. Mit diesem Hinweis auf die mögliche Einhaltung kleinerer Toleranzen soll aber in keiner Weise ausgedrückt werden, daß nicht auch bei Normteilen die jeweils mögliche größte Toleranz gewählt

---

[1] Diese sind zwar nicht als Normen herausgegeben, haben aber dem Sinne nach den Charakter einer Gütenorm.

[2] DIN 7701, Kunstharz-Preßstoffe, DIN 7703 Lager aus Kunstharz-Preßstoff.

werden soll. Die austauschbare Fertigung der erwähnten Säulenführungsgestelle, die neben manchen anderen Vorteilen auch erhebliche Werkstoffersparnisse bringen, ist eben nur mit Hilfe der Normung möglich[1].

Während die Passungen innerhalb von genormten Baugruppen oder Geräten nichts wesentlich Neues bringen und auch nicht so kritisch sind, weil sie im Bedarfsfall jederzeit verbessert werden können, bedürfen die Anschlußmaße von Normteilen usw. sehr sorgfältiger Überlegungen. Denn hierbei können nachträgliche wesentliche Passungsänderungen meist nicht ohne Schaden für die Austauschbarkeit vorgenommen werden. Ist ein Normblatt erst einmal erschienen, so kommen die Anschlußmaße und -passungen für das genormte Teil von diesem Zeitpunkt an in sehr viele Zeichnungen von Sonderbauteilen hinein, die bei einer Änderung der Norm in den allerwenigsten Fällen erfaßt und berichtigt werden können. Es bleibt dann nur übrig, der Norm eine neue Nummer zu geben, während die bisherige eigentlich auf unbestimmte Zeit daneben weiter bestehen müßte, nämlich so lange, bis in der ganzen Industrie das letzte Gerät ausgestorben ist, das auf der erstmaligen Fassung aufgebaut war. Aus diesem Grunde war es auch für die deutsche Industrie so wichtig, daß das ISA-Passungssystem Toleranzfelder enthält, die in den weitaus meisten Fällen unbedenklich eine vorhandene DIN-Passung ersetzen können. Ohne diesen Umstand wäre die Einführung der ISA-Passungen in Deutschland auf viel größere Schwierigkeiten gestoßen.

Für die zweckmäßige Wahl des Paßtoleranzfeldes bei den Anschlußmaßen von Normteilen liegen meist Erfahrungen vor, oder sie können vor Herausgabe der Norm geschaffen werden. Von entscheidender Bedeutung ist dagegen die Frage, ob im Einzelfall das Einheitsbohrungs-(EB) oder das Einheitswellensystem (EW) genommen werden soll. Allgemein wird die Frage: EB oder EW im Abschnitt 7 dieses Buches behandelt. Hier muß sie für den Sonderfall der Normung getrennt beantwortet werden.

Zunächst kommt es darauf an, wer die Norm herausgibt und noch mehr, wer sie anwenden soll. Die Dinormen gelten grundsätzlich für die ganze deutsche Industrie und werden darüber hinaus von vielen kleinen Staaten fast unverändert übernommen. Ähnliche Bedeutung haben für Deutschland in den letzten Jahren die Normen der Wehrmacht erlangt, weil die Fertigung von Wehrmachtgerät sehr tief auch in die zivile Fertigung eindrang, so daß sich diese beiden Normungswerke in vielen Punkten gegenseitig ergänzen. Weniger einschneidend

---

[1] Die Austauschbarkeit ist zwar bei der Normung nicht durch Toleranzangaben festgelegt, wohl aber für Erzeugnisse der gleichen Firma allgemein vorgeschrieben worden.

ist die Frage für die Werksnormung bei Industriewerken oder bei kleinen Firmen. Gleichwohl ist zu beachten, daß manche Dinorm aus Werksnormen hervorgegangen ist; für das Unternehmen entstehen dann beträchtliche Unannehmlichkeiten, wenn eine Dinorm an die Stelle der Werksnorm tritt, die von Anfang an nicht gründlich durchgearbeitet war und deshalb dann wesentliche Änderungen der Anschlußmaße und -passungen notwendig macht.

Die Größe des Anwendungsgebietes wird aber außerdem durch die Natur des Normungsgegenstandes sehr stark beeinflußt. So werden Paßstifte im ganzen Maschinenbau, vom Großmaschinenbau bis zur Feinwerktechnik benutzt, dagegen wird eine genormte Drehbankspindelnase oder eine Fräserbefestigung ausschließlich im Werkzeugmaschinenbau verwendet werden. Andererseits wird man Sterngriffe für Vorrichtungen mitunter auch an Landmaschinen finden können, oder es werden Pufferachsen für Stangenpuffer an Schienenfahrzeugen für die Trommellagerung von Waschmaschinen (allerdings nur die Rohteile) angewendet. Jedoch wird man darauf bei der Ausarbeitung von Normen im allgemeinen keine Rücksicht zu nehmen brauchen, es sei denn, daß geprüft werden muß, ob die Sterngriffe nicht zweckmäßiger als allgemeinere Norm, ohne Beschränkung auf den Vorrichtungsbau, herausgegeben werden müßten.

Ist das Anwendungsgebiet in diesem Sinne in sich abgeschlossen, und ist dafür bereits ein Passungssystem (EB oder EW) festgelegt, so wird dieses selbstverständlich auch für die Norm zu gelten haben. So wird man Normteile aus dem Lokomotivbau stets nach dem System EB tolerieren, solche aus dem Transmissions-, Landmaschinen- oder Hebezeugbau dagegen nach EW, weil dies die entsprechenden Passungssysteme dieser Fachgebiete sind. Dies ist jedoch der einfachste und auch seltenste Fall. Beispielsweise werden schon Lager, Riemenscheiben, Kupplungen oftmals aus dem Transmissionsbau in andere Gebiete des Maschinenbaues übernommen, für die nicht das Passungssystem Einheitswelle festgelegt ist. Ferner ist für zahlreiche Fertigungszweige noch gar kein bestimmtes Passungssystem genormt. Wir wenden uns also jetzt den Normteilen zu, die im gesamten Maschinenbau oder zumindest in mehreren Zweigen verwendet werden sollen, für welche kein einheitliches Passungssystem festgesetzt ist.

Hierbei ist die Tatsache besonders bemerkenswert, daß die H-Bohrungen und die h-Wellen in beiden Systemen vorkommen und auch in die meisten Auswahlreihen für bestimmte Gebiete aufgenommen worden sind.

Ist für das Anschlußmaß des Normteiles immer eine H/h-Passung, also ein Paßtoleranzfeld mit dem Kleinstspiel „Null“ erforderlich, so braucht nach dem Paßsystem nicht weiter gefragt zu werden. Liegt dagegen fest, daß stets ein anderes Paßtoleranzfeld, also vielleicht eine Spiel- oder eine Preßpassung benötigt wird, so wählt man für die Bohrungsmaße der Normteile zweckmäßig Toleranzfelder der Einheitswelle, für Wellenmaße solche der Einheitsbohrung. Man legt also die Paßeigenart in das Normteil und hat dadurch den Vorteil, daß das Anschlußteil ein h- bzw. H-Toleranzfeld, das in beiden Paßsystemen vorhanden ist, erhalten kann und folglich niemals aus dem Rahmen des im Einzelfall vorliegenden Systems herausfallen kann, immer unter der Voraussetzung, daß das Paßtoleranzfeld in allen Anwendungsfällen das gleiche sein muß.

Beispiele: Fräser nach DIN 858 haben in der Bohrung das Toleranzfeld H7, Fräsdorne nach h6 ergeben damit die gewünschte H/h-Passung. Beilagringe (nicht genormt) brauchen nicht so genau zu passen und haben dementsprechend meist H8.

Vierkantaufsteckschlüssel nach DIN 904 erfordern im Vierkant eine Spielpassung, das zugehörige Sonderteil (oder auch Normteil) hat ein h-Toleranzfeld. Für den Steckschlüssel wurde D11 festgelegt. Ebenso haben Zylinderschrauben mit Innensechskant nach DIN 912 für die Schlüsselweite das Toleranzfeld D12. Folglich muß aber der Sechskantstiftschlüssel nach DIN 911 ein h-Toleranzfeld (h11) erhalten. Dies ist bereits ein Beispiel dafür, daß die beiden zugehörigen Teile genormt sind, in diesem Falle muß man sich auf ein Paßsystem einigen, es wurde die Einheitswelle gewählt.

Paßstifte nach DIN 7 haben als Wellen das Toleranzfeld m6 aus der Einheitsbohrung, das mit H7 das gewünschte Paßtoleranzfeld ergibt.

Sind aber für das gleiche Bauteil je nach dem Verwendungszweck verschiedene Paßtoleranzfelder erforderlich, so ist keine befriedigende Antwort auf die Frage nach dem Paßsystem zu finden. Beispielsweise müssen Zahnräder mit den verschiedensten Passungen eingebaut werden. Es kommen für die Bohrung Spiel-, Übergangs- und auch Preßpassungen in Frage. Wenn man die Zahnräder mit den verschiedenen Toleranzfeldern herstellen und womöglich auf Lager legen wollte, so wäre das höchst unwirtschaftlich, und es wäre schwierig, die gelagerten Räder, die sich nur durch das Toleranzfeld unterscheiden, auseinanderzuhalten. Deshalb ist es, so gesehen, besser, alle Räder mit einer H-Bohrung zu fertigen. Dann muß aber eine Werkstatt, die nach dem Einheitswellensystem arbeitet, von diesem abweichen, und die zum Zahnrad gehörige Welle nach dem Einheitsbohrungssystem fertigen. Die gleiche Schwierigkeit, wie sie bei Zahnrädern geschildert wurde, tritt beispielsweise auch bei den Bohrungen von Lagerbuchsen auf; sie kann in befriedigender Weise nicht überwunden werden. Da Lagerbuchsen sehr oft mit Preßpassung eingesetzt werden, muß besonders bei großen Toleranzen ohnehin meist nachgerieben werden; hierbei kann dann das in dem betreffenden Betriebe übliche Passungssystem angewendet werden.

Nach vorstehendem ergeben sich für die Wahl des Passungssystems bei Normteilen folgende Richtlinien.

Anwendungsbereich des Normteiles	Paßtoleranzfeld		Paßsystem
1. Gesamter Maschinenbau oder mehrere Teilgebiete mit verschiedenen Paßsystemen oder ohne einheitliches System	kann stets gleich sein	H/h	Bohrungen H, Wellen h
		andere Passungen	Bohrungen EW, Wellen EB
	muß je nach Zweck verschieden sein		Bohrungen H, Wellen h (Nachteil: Werkstätten mit abweichendem System müssen neue Werkzeuge und Lehren anschaffen!)
2. Einzelnes Teilgebiet ohne bestimmtes Paßsystem			Entweder: beliebig, aber einheitlich für alle Normteile des Teilgebietes, am besten Paßsystem festlegen. Oder: Wie bei 1.
3. Einzelnes Teilgebiet mit bestimmtem Paßsystem			Paßsystem des Teilgebietes.

Bei der Verwendung von Normteilen mit ISA-Passungen ergibt sich noch eine Möglichkeit, die im DIN-System weniger ausgeprägt war. Beispielsweise ergibt der Zylinderstift m 6 nach DIN 7 mit der Bohrung H 7 die Passung H 7/m 6, die zu den Übergangspassungen gehört. Ordnet man dem Stift m 6 statt dessen die Bohrung J 7 zu, so erhält man eine ungleich festere Passung, die aber in den Grenzfällen immer noch etwas Spiel haben kann. Will man eine reine Preßpassung erzielen, so muß man K 7 oder, da diese Bohrung bis 6 mm nicht genormt ist, im Durchmesserbereich 1 bis 6 mm M 7 wählen. Dieses Verfahren ist aber für Werkstätten, die nach dem Einheitsbohrungssystem arbeiten, nachteilig, weil die vorgeschlagenen Bohrungen dem Einheitswellensystem entstammen.

Ebenso kann zu m 6 durch Paarung mit E 7 eine Spielpassung gebildet werden. Wie ein Vergleich der Passungstafeln in den verschiedenen Nennmaßbereichen zeigt, kann die Bohrung F 7 in den Grenzfällen noch Übermaß ergeben. In Tafel 63/1 sind die verschiedenen Abmaße und Paßtoleranzfelder zusammengestellt, in Abb. 63/1 sind die Paßtoleranzfelder für Nennmaße über 6 bis 10 aufgezeichnet.

Ein ähnliches Beispiel, das noch viel wichtiger ist, und das die Bedeutung der Normteile als „Primäre Marktware" [142], nach der sich die Anschlußteile zu richten haben, in voller Schärfe erkennen läßt, ist das Wälzlager, dessen Einbaupassungen im vorigen Abschnitt bereits behandelt wurden. Es enthält gleichzeitig eine Einheitsbohrung, die

Zahlentafel 63/1.

		Nennmaßbereich in mm				
		1 bis 3	über 3 bis 6	über 6 bis 10	über 10 bis 18	über 18 bis 30
Abmaße in μ	E 7	+ 23 + 14	+ 32 + 20	+ 40 + 25	+ 50 + 32	+ 61 + 40
	F 7	+ 16 + 7	+ 22 + 10	+ 28 + 13	+ 34 + 16	+ 41 + 20
	H 7	+ 9 0	+ 12 0	+ 15 0	+ 18 0	+ 21 0
	J 7	+ 3 — 6	+ 5 — 7	+ 8 — 7	+ 10 — 8	+ 12 — 9
	K 7	—	—	+ 5 — 10	+ 6 — 12	+ 6 — 15
	M 7	0 — 9	0 — 12	—	—	—
	m 6	+ 9 + 2	+ 12 + 4	+ 15 + 6	+ 18 + 7	+ 21 + 8
Paßtoleranzfelder in μ	E 7/m 6	+ 21 + 5	+ 28 + 8	+ 34 + 10	+ 43 + 14	+ 53 + 19
	F 7/m 6	+ 14 — 2	+ 18 — 2	+ 22 — 2	+ 27 — 2	+ 33 — 1
	H 7/m 6	+ 7 — 9	+ 8 — 12	+ 9 — 15	+ 11 — 18	+ 13 — 21
	J 7/m 6	+ 1 — 15	+ 1 — 19	+ 2 — 22	+ 3 — 26	+ 4 — 30
	K 7/m 6	—	—	— 1 — 25	— 1 — 30	— 2 — 36
	M 7/m 6	— 2 — 18	— 4 — 24	—	—	—

aber von der H-Bohrung nach ISA abweicht, und eine Einheitswelle, bringt also in jeden Betrieb, der Wälzlager verwendet, stets beide Passungssysteme hinein.

Ebenso stellt auch der Elektromotor mit seinem Wellenstumpf eine „primäre Marktware" dar. Auf der Welle sollen je nach Bedarf Riemenscheiben, Kupplungshälften oder Zahnräder mit einer Übergangspassung befestigt werden. Technisch gesehen, wäre eine stramme Passung erwünscht; da die Anschlußteile aber oft von unkundigen Leuten ohne geeignete Werkzeuge und Vorrichtungen aufgebracht und entfernt werden und der Motor

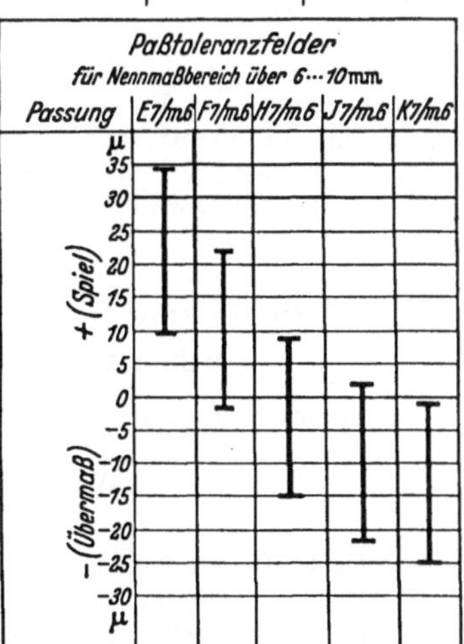

Abb. 63/1. Paßtoleranzfelder, die sich bei Paarung von m 6 mit verschiedenen Bohrungstoleranzfeldern ergeben.

nicht auseinandergenommen werden soll, ist eine losere Passung doch vorzuziehen, damit die Lager nicht beschädigt werden. Streiff zeigte anschaulich [*259*], wie er auf Grund systematischer Versuche bis 50 ⌀ zu der Paarung H7/j6, über 50 ⌀ zu H7/k6 kam, an Stelle der bisher benutzten H7/n6. Für Zahnräder, die strammer sitzen müssen, ergibt sich damit die Paarung K7/j6 bzw. K7/k6. Somit bildet der Wellenstumpf mit der H7-Bohrung für die meisten Fälle die durch Versuche als vorteilhaftest erkannte Passung, für Sonderfälle (Zahnräder) muß dann vom EB-System abgegangen werden. Dies Beispiel möge zur weiteren Veranschaulichung dienen, welche Überlegungen bei der Festsetzung der Toleranzfelder für Normteile anzustellen sind.

Blättert man die Dinormen, soweit sie Teile, Baugruppen und Geräte betreffen, durch, so findet man die vorstehend abgeleiteten Richtlinien im wesentlichen befolgt. Man findet allerdings auch manche Ungereimtheiten, die auch kaum noch mit der Entwicklungsgeschichte der betreffenden Normteile erklärt werden können. So enthält DIN Kr 2461, Flanschlager für Anlasser, für die Größe A am Zentrierrand Passungen nach dem System Einheitsbohrung, Größe B dagegen Einheitswelle.

DIN Kr 3371, Düsenhalter für Dieselmotoren, enthält die Paarung D11/d10. Mit ausreichender Übereinstimmung der Paßtoleranzfelder hätte statt dessen C11/h10 oder B11/h10 eingesetzt werden können, oder wenn man sich an DIN Kr 51, ISA-Passungen im Kraftfahrbau halten will: h11 statt h10!

Die aufgeführten Beobachtungen, die keineswegs den unermeßlichen Wert und die Achtung vor dem Normenwerk herabsetzen sollen, lassen es immerhin angezeigt erscheinen, alle Teilenormen vorher von den im Normenausschuß tätigen Passungsfachleuten prüfen zu lassen.

Am meisten verbreitet sind selbstverständlich in den Normen die H- und h-Toleranzfelder, besonders auch bei den gezogenen Halbzeugen[1].

Auch in den Normen ist zu beobachten, daß Toleranzfelder, die über die bisherige Grenze der 11. ISA-Qualität hinausgehen, recht oft gebraucht werden. Ebenso konnte der Verfasser bei Heergeräten ermitteln, daß auf zahlreichen Gebieten weit mehr Passungen der 12. bis 16. Qualität gebraucht wurden als solche der 5. bis 11.[2]. Daraus entspringt der Wunsch nach baldiger Herausgabe der Normen mit den Abmaßen für die gröberen Toleranzfelder.

37. Toleranzen für spanlos verformte Teile und solche aus nichtmetallischen Werkstoffen.

Die Formel für die Toleranzeinheit i des ISA-Passungssystems:

$$i = 0{,}45 \sqrt[3]{D} + 0{,}001\,D \quad (D \text{ in mm, } i \text{ in } \mu)$$

---

[1] DIN 670 Rundstahl, gezogen oder geschliffen, h8.
   DIN 671 Rundstahl, gezogen oder geschliffen, h9.
   DIN 174 Flachstahl, gezogen, h11.
   DIN 176 Sechskantstahl, blank gezogen, h11.
   DIN 178 Vierkantstahl, blank gezogen, h11.
[2] S. Abb. 204/1.

ist aus der für die Paßeinheit des DIN-Passungssystems:

$$1\,\mathrm{PE} = 5\sqrt[3]{D} \quad (D \text{ in mm, PE in } \mu)$$

auf Grund folgender Überlegungen entstanden[1].

Die 3. Wurzel wurde seinerzeit bei der Schaffung des DIN-Passungssystems aus vielen Beobachtungen als das innere Gesetz der Fertigungsschwierigkeiten bei spangebender Formung gefunden. Dieses Gesetz wurde selbstverständlich im ISA-System beibehalten. Der Faktor 0,45 hat sich aus dem Faktor 5 im Laufe der Entwicklung des ISA-Systems ergeben. Die Feinbohrung mit 1,5 PE, die auch in mehreren anderen Ländern bereits benützt wurde, konnte ohne wesentliche Änderungen als Grundtoleranz übernommen werden. Für die Edelbohrung und die Feinwellen war eine Verfeinerung notwendig, die im Hinblick auf die inzwischen eingetretene Verbesserung der Fertigungsverfahren und besonders für den Wälzlagereinbau erwünscht war. Sie ergab sich auch aus der einheitlichen Stufung der Qualitäten mit dem Faktor 1,6 (Normungszahl!) zu 0,9 PE. Im übrigen besaß die Schweiz bereits ein Toleranzsystem mit entsprechenden Toleranzen. Der Sprung von der Feinbohrung zur Schlichtpassung, nämlich 1,5 zu 3, erschien zu groß und erst recht der von „schlicht" nach „grob": 3 zu 10. Folglich setzte man zunächst die Zahl 3 auf 2,4 herab und hatte nun die Reihe 0,9 — 1,5 — 2,4. Diese entspricht angenähert einer geometrischen Stufung, und um die Übereinstimmung mit den entsprechenden Normungszahlen 1 — 1,6 — 2,5 herbeizuführen, wurde der Faktor 5 auf 4,5 herabgesetzt. Die Änderung dieser Zahl in 0,45 hatte nur den Zweck, die Verwechslungsmöglichkeit mit der Paßeinheit, die ja im DIN-Passungssystem eine andere Bedeutung hat als die Toleranzeinheit im ISA-System, soweit wie möglich auszuschalten.

Nun konnte man für die Schaffung der Toleranzreihen die Normungszahlen 10 — 16 — 25 anwenden und fortsetzen mit der Reihe R 5: 40 — 64 — 100 usw. $100 \cdot i$ stimmt wieder ungefähr mit den 10 PE der DIN-Grobpassung überein.

Das Glied $0{,}001 \cdot D$ wurde eingeführt, um die linearen Unsicherheiten zu erfassen, nämlich den Einfluß der Temperatur und die mit wachsendem Durchmesser größer werdende Meßunsicherheit, die von der Aufweitung der Rachenlehren, der Verbiegung der Ständer usw. herrührt. Dieses Glied hat bei kleinen Nennmaßen nur geringen Einfluß.

371. Spanlos verformte Teile.

Nachdem auf diese Weise auch auf Grund der Erfahrungen anderer Länder die 3. Wurzel in das ISA-Toleranzsystem übernommen ist, darf man als erwiesen ansehen, daß sie für die spangebende Formung charakteristisch ist.

Bei der spanlosen Kaltverformung von Metallen, also beim Biegen und Kaltprägen, ist die Hauptursache von Maßabweichungen am Werkstück in der Fertigungsungenauigkeit und Abnutzung des Werkzeuges zu suchen. Die Werkzeuge werden aber durch spangebende Bearbeitung hergestellt, folglich muß auch hier wieder die Toleranz dem Gesetz der 3. Wurzel aus dem Nennmaß folgen. Die Werkzeugabnutzung scheint zunächst vom Nennmaß unabhängig zu sein; wenn man

---

[1] Nach einer Mitteilung vom Obmann des Passungsausschusses, Prof. Dr.-Ing. Kienzle.

aber berücksichtigt, daß mit dem Nennmaß auch die Werkstoffdicke zunimmt, so kommt man gefühlsmäßig zu ähnlichen Verhältnissen. Denn mit zunehmender Werkstoffdicke wachsen auch die Pressenkräfte und somit ebenfalls die Beanspruchung und Abnutzung an den entscheidenden Stellen des Werkzeuges. Diese Fragen sind noch nicht mit wissenschaftlicher Gründlichkeit untersucht. Aber selbst wenn sich grundsätzlich andere Beziehungen ergeben würden, so stände dennoch nichts im Wege, für solche Bauteile auf der Zeichnung ISA-Kurzzeichen anzugeben, nur dürfte man dann nicht mit einer bestimmten Grundtoleranzenreihe die Vorstellung einer bestimmten innerhalb der Reihe annähernd gleichbleibenden Fertigungsschwierigkeit verbinden, wie dies bei spangebender Formung in gewissem Maße möglich und wünschenswert ist.

Bis zur Klärung wird man ISA-Kurzzeichen anwenden, dabei aber mehr die Größe des Toleranzfeldes betrachten und sie mit den eigenen Fertigungserfahrungen auf dem Gebiet der spanlosen Fertigung vergleichen. Ein Vergleich mit bisher veröffentlichten Toleranztafeln zeigt, daß dies gut möglich ist, wenn gelegentlich ein Sprung zur nächsten Grundtoleranzenreihe vorgenommen wird. Dieser beträgt ja nur 60% und die veröffentlichten Toleranzreihen und die Erfahrungswerte streuen um größere Beträge.

Ganz anders liegen die Dinge bei der Warmbearbeitung des Werkstückes. Hier tritt das Schwinden beim Abkühlen des Werkstückes stärker hervor, und die von der spangebenden Bearbeitung des Werkzeuges herrührende Ungenauigkeit hat einen kleineren Einfluß. Das Schwinden folgt aber linearen Gesetzen, und das Schwindmaß hängt von der Temperatur ab, die das Werkstück beim Verlassen des Werkzeuges hat. Diese unterliegt Schwankungen. Folglich muß hierbei der Faktor 0,45 der 3. Wurzel gegen den Faktor des linearen Gliedes in der Toleranzformel zurücktreten. Man wird aber auch bei spanlos warm verformten Teilen ISA-Toleranzen auf Grund eigener Erfahrungswerte auswählen können und hat dazu bis zur 16. Qualität mannigfache Möglichkeiten. Allerdings haben die Lehren für die groben Toleranzen verhältnismäßig sehr kleine Herstellungstoleranzen, die man für geschmiedete und warmgeprägte Teile nicht recht verstehen wird. Es wurde aber bei deren Festlegung von der Lehrenindustrie angeführt, daß von einer bestimmten Herstellungstoleranz an eine Lehre durch weitere Vergröberung nicht mehr merklich billiger wird. Bauteile aus Spritzguß und Preßguß lassen sich mit verhältnismäßig recht kleinen Toleranzen fertigen, für die ISA-Kurzzeichen ohne weiteres anwendbar sind.

372. Kunstharzpreßteile.

Für die Toleranzen, die bei Preßstoffteilen noch eingehalten werden können, lagen bisher unterschiedliche Firmenangaben und die VDI-Richtlinien für die Gestaltung von Kunstharzpreßteilen [273] vor. Aus diesen entstand in Gemeinschaftsarbeit das Normblatt „DIN E 7710 Kunstharzpreßteile, Toleranzen", das in den wesentlichen Punkten nachstehend besprochen und auszugsweise wiedergegeben ist[1].

Die kleinstmöglichen Toleranzen hängen ab von der Herstellungstoleranz und Abnutzung der Preßform, von Schwankungen der Werkstoffeigenschaften, insbesondere des Schwindens und vom Formenschluß (Gratdicke), soweit die Maße in der Preßrichtung liegen. Die Schwind-

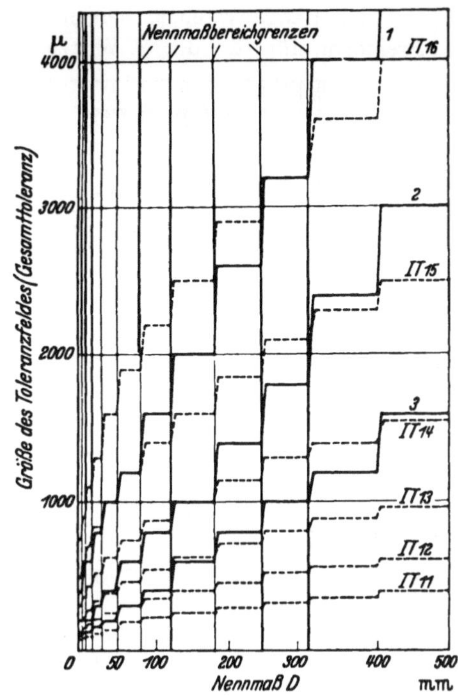

Abb. 67/1. Vergleich der Toleranzen für Kunstharzpreßteile nach DIN E 7710 mit den ISA-Grundtoleranzen.

maße, die bei den verschiedenen Werkstoffen zwischen 0,25 und 1 % liegen, schwanken um 0,1 ··· 0,2 % innerhalb des gleichen Werkstoffes [273]. Für Toleranzreihen für Kunstharzpreßteile müssen andere Gesetze gelten als für bearbeitete Metallteile, weil der Schwindeinfluß, der linear

Zahlentafel 67/1. Toleranzen für Kunstharzpreßteile.

Nennmaßbereich mm			1 ohne Toleranzangabe mm	2 mit Toleranzangabe mm	3 Sonderfälle mit Toleranzangabe mm
	bis	6	± 0,2	± 0,1	± 0,05
über	6 ,,	18	± 0,3	± 0,1	± 0,06
,,	18 ,,	30	± 0,4	± 0,15	± 0,08
,,	30 ,,	50	± 0,5	± 0,2	± 0,1
,,	50 ,,	80	± 0,6	± 0,3	± 0,15
,,	80 ,,	120	± 0,8	± 0,4	± 0,2
,,	120 ,,	180	± 1	± 0,5	± 0,3
,,	180 ,,	250	± 1,3	± 0,7	± 0,4
,,	250 ,,	315	± 1,6	± 0,9	± 0,5
,,	315 ,,	400	± 2	± 1,2	± 0,6
,,	400 ,,	500	± 2,5	± 1,5	± 0,8

[1] Mit Genehmigung des Deutschen Normenausschusses. Maßgebend ist nur die jeweils neueste Ausgabe des Normblattes, das beim Beuth-Vertrieb G.m.b.H., Berlin SW 68, erhältlich ist. VDI-Richtlinien für die Gestaltung von Spritzgußteilen aus nichthärtbaren Kunststoffen sind in Arbeit.

mit der Länge wächst, hervortritt und die Herstellungstoleranz der Preßform, für die die 3. Wurzel aus der Länge maßgebend ist, demgegenüber klein ist.

Im Normblatt sind unterschieden:

1. Maße ohne Toleranzangabe, die ohne Nacharbeit eingehalten werden können. Für diese gilt die Zahlenreihe 1 der Zahlentafel 67/1.

2. Maße mit Toleranzangabe. Die Zahlrenreihe 2 gilt für wichtige Einbau- und Anschlußmaße.

3. Sonderfälle mit Toleranzangabe, z. B. Drehkörper mit regelmäßigem Querschnitt und Bohrungen. Hierfür gibt Zahlenreihe 3 die kleinsten Werte.

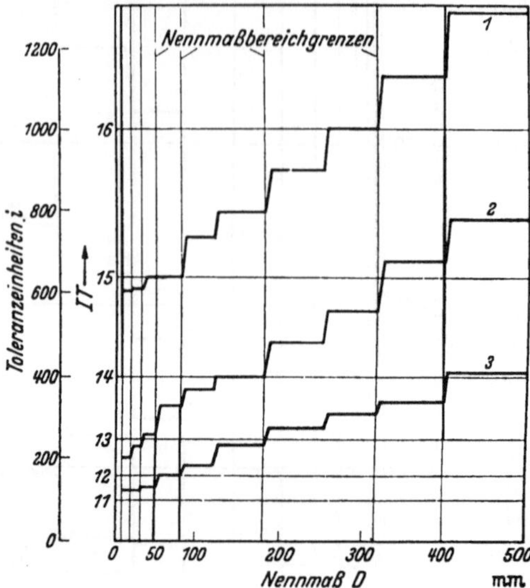

Abb. 68/1. Toleranzen nach Abb. 67/1, umgerechnet in Toleranzeinheiten $i = 0{,}45 \sqrt[3]{D} + 0{,}001\,D$ (i in μ, D in mm).

Statt der $\pm$-Toleranzen können auch $+$- oder $-$-Toleranzen bei gleicher Größe des Toleranzfeldes angegeben werden, z. B. gegeben: $\pm\,0{,}2$, eingetragen: $+\,0{,}4$ oder aber: $-\,0{,}4$. Diese Gesamtwerte sind in Abb. 67/1 für die Toleranzreihen 1, 2 und 3 als Treppenlinien aufgetragen und mit den ISA-Grundtoleranzen verglichen. Die gröbste Toleranzgüte 1 liegt bei kleinen Nennmaßen etwa bei IT 15, steigt beim Nennmaßbereich „über 80···120" über diese hinaus und übersteigt dann allmählich die 16. ISA-Qualität. Noch deutlicher wird dieser Vergleich, wenn man eine andere Darstellungsweise wählt. Zu diesem Zweck sind in Abb. 68/1 die gegebenen Toleranzwerte der Treppenlinien 1, 2 und 3 in Toleranzeinheiten i umgerechnet. Dadurch werden die Treppenlinien der

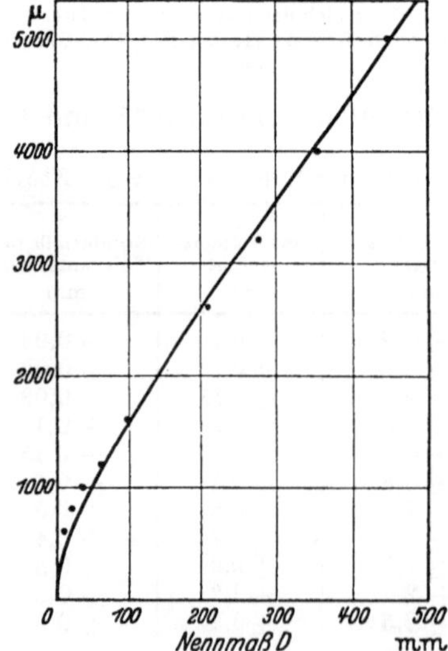

Abb. 68/2. Mittelwerte der Kurve 1 aus Abb. 67/1. Sie folgen angenähert dem Gesetz: $i' = 0{,}153 \sqrt[3]{D} + 0{,}0085\,D$,

$$i' = 8{,}5 \cdot (0{,}018 \sqrt[3]{D} + 0{,}001\,D).$$

ISA-Toleranzreihen (IT 11···IT 16) zu waagerechten geraden Linien, und man erkennt deutlich, wie die Preßstofftoleranzen zwischen diesen emporklettern.

Die Umrechnung wurde wie folgt vorgenommen. Man bestimmt für jeden Durchmesserbereich die genauen Werte für i nach der Grundtoleranzenformel auf S. 64, in dem man für D das geometrische Mittel der Nennmaßbereichgrenzen einsetzt, also z. B. für den Nennmaßbereich „über 80 bis 120": $\sqrt{80 \cdot 120} = 97{,}98$. Daraus erhält man $i = 0{,}45 \sqrt[3]{97{,}98} + 0{,}001 \cdot 97{,}98 = 2{,}173$. Die so berechneten Zahlenwerte geben an, wieviel μ eine Toleranzeinheit in dem betreffenden Nennmaßbereich beträgt. (DIN 7151 enthält die gerundeten Werte dieser Grundtoleranzen. Bei ihrer Benutzung würden sich Abweichungen infolge der Rundungsbeträge ergeben.) Nun werden die gegebenen Toleranzen für Preßstoffe durch die so erhaltenen Genauwerte der Grundtoleranzen dividiert. Diese Zahlenwerte sind in Abb. 68/1 dargestellt.

Um die Abweichung der Preßstofftoleranzreihen von den ISA-Grundtoleranzen zu studieren, wurden in der Abb. 68/2 die Werte der Reihe 1 nochmals in μ aufgetragen und eine Näherungsgleichung vom gleichen Aufbau wie die Formel für i gesucht, nämlich:

$$i' = a \cdot \sqrt[3]{D} + b \cdot D \, .$$

deren graphische Darstellung angenähert durch die gegebenen Punkte geht. Dabei müssen die Punkte am linken Ende etwas oberhalb der Kurve fallen, weil die Toleranzwerte hier „angehoben" (vergrößert) worden sind.

Es ergab sich

$$i' = 0{,}153 \sqrt[3]{D} + 0{,}0085\,D$$

oder

$$i' = 8{,}5 \cdot (0{,}018 \sqrt[3]{D} + 0{,}001\,D) \, .$$

Das Verhältnis der Faktoren im ISA-System:

$$a : b \ = \mathbf{0{,}45} : 0{,}001 \, ,$$

ist also auf

$$a' : b' = \mathbf{0{,}018} : 0{,}001$$

gesunken, der Anteil der 3. Wurzel ist im Verhältnis

$$0{,}018 : 0{,}45 = 4 : 100$$

kleiner geworden, er beträgt nur noch 4% desjenigen in der ISA-Formel. Man kann aus der Formel ablesen, wie groß der Einfluß des Schwindens und wie gering der Einfluß der Herstellungstoleranz der Preßform ist.

Die in Zahlentafel 67/1 wiedergegebenen Toleranzreihen gelten für formgepreßte Teile aus den Stoffen S, S*, 11, 12, M, T1, T2, T3, Z1, Z2, Z3 und K (Bezeichnungen nach DIN 7701), für die Stoffe 6, 7, 8, Y, 2, 4 und X gelten um 50% größere Toleranzen als Reihe 1 der Zahlentafel, wenn keine Toleranz auf der Zeichnung angegeben wird. Kleinere Toleranzen als die der Reihe 1 dürfen bei den zuletzt genannten Stoffen nicht vorgeschrieben werden.

Für den Preßgrat müssen die Toleranzen der Reihen 1 bis 3 um einen Betrag vergrößert werden, der von der Größe des Nennmaßes unabhängig ist, weil der Formenschluß von der Größe des Teiles nicht wesentlich beeinflußt wird. Dieser Zuschlag, um den das Toleranzfeld zu vergrößern ist, beträgt:

0,3 mm für Preßstoff Typ S, 11, 12 und K,
0,5 mm für Preßstoff Typ T1, T2, T3, Z1, Z2, Z3 und M.

Er ist bei Maßen, die nicht im gleichen Formenteil (z. B. Ober oder Unterteil) liegen, die also vom Formenschluß beim Preßvorgang abhängen oder durch Beilagen oder Schieber beeinflußt werden, zu berücksichtigen.

Die wiedergegebenen Toleranzgrößen stellen zweckmäßige Kleinstwerte dar. Die Werte der Reihe 3 werden zweckmäßig vorher mit dem Lieferwerk vereinbart, bei ihrer Festlegung ist vorwiegend an spanabhebende Nacharbeit gedacht. Dabei können Mittenabstände von Bohrungen nach Tafel 3, aber nicht mit einer kleineren Toleranz als $\pm 0,1$, die Bohrungen selbst auch nach IT 11, hergestellt werden. Für die Mittenabstände eingepreßter Metallteile können die Toleranzen der Reihe 2 nicht unterschritten werden.

Bei der Angabe von Toleranzen für Wanddicken ist zu unterscheiden zwischen Wänden, die parallel zur Preßrichtung verlaufen, und solchen, die senkrecht dazu liegen. Für die erste Art gelten die Toleranzen der Reihe 2, jedoch nicht unter 0,4 mm. Dabei darf man beim Benutzen der Zahlentafel 67/1 jedoch nicht die Wanddicke als Nennmaß einsetzen, sondern die lichte Höhe des Preßteiles, weil bei der erstgenannten Art von Wänden die Wanddickentoleranz offenbar sehr von der Länge der Wand in der Preßrichtung beeinflußt wird, während bei der zweiten Art die Schwankungen des Formenschlusses auf die Größe der einhaltbaren Toleranz einwirken. Wände, die quer zur Preßrichtung liegen, werden bei der Tolerierung folglich auch behandelt wie nichtformgebundene Maße.

Große Wände wölben sich bei Preßteilen oft entweder nach außen oder ziehen sich nach innen ein. Hierfür gibt das Normblatt über die bisher erwähnten Toleranzen hinaus Abweichungen nach Reihe 1 an. Dabei ist als Nennmaß das größte Maß der sich wölbenden Fläche einzusetzen. Das Toleranzfeld kann in gleicher Größe auch einseitig gelegt werden, wenn beispielsweise wohl ein Einziehen der Wand, aber keine Ausbuchtung zulässig ist.

Ferner wird erwähnt, daß sperrige und große flache Preßstoffteile sich leicht verwinden. Wegen der Verschiedenartigkeit der Teile können hierfür keine allgemeingültigen Regeln angegeben werden. Es ist aber erfreulich, daß der Formabweichungen, sowie der Notwendigkeit von Formtoleranzen auch hier gedacht wurde.

373. Teile aus keramischen Baustoffen.

Wegen der zunehmenden Bedeutung der keramischen Baustoffe, besonders in der elektrotechnischen Industrie, werden in der Zahlentafel 71/1 die Toleranzen für Teile aus solchen Stoffen wiedergegeben und in

Zahlentafel 71/1. Toleranzen für keramische Werkstoffe.
± Abmaße in mm.

Die fett eingerahmten Zahlen sind mit Genehmigung des Deutschen Normenausschusses aus DIN 40680, die übrigen aus [1] entnommen. Maßgebend ist nur die neueste Ausgabe des Normblattes, die beim Beuth-Vertrieb G.m.b.H., Berlin SW 68, erhältlich ist. Die hier mit MTb und MTc bezeichneten Toleranzen sind künftig als Richtlinien für nicht genormte, bei Bestellung besonders zu vereinbarende Feintoleranzen aufzufassen.

Durchmesser oder Längenbereich		Grobtoleranzen (ohne Toleranzangabe hinter der Maßzahl)		Mitteltoleranzen (mit Toleranzangabe hinter der Maßzahl)		
über	bis	GTa. für Gießen, Drehen, Grobtoleranz nach DIN 40680	GTb. für Strangpressen Naß- und Trockenpressen	MTa. für Strangpressen nur bis 60 ⌀, bis 200 mm Mitteltoleranz nach DIN 40680	MTb. für Naßpressen, Trockenpressen (Höhe)	MTc. für Trockenpressen (Länge und Breite)
	2	0,2	0,2	0,1	0,1	0,1
2	4	0,4	0,25	0,15	0,15	0,1
4	6	0,6	0,3	0,2	0,15	0,1
6	8	0,7	0,35	0,25	0,15	0,1
8	10	0,8	0,4	0,3	0,2	0,1
10	13	1,0	0,5	0,35	0,25	0,15
13	16	1,2	0,6	0,4	0,25	0,2
16	20	1,2	0,7	0,45	0,3	0,2
20	25	1,5	0,8	0,5	0,35	0,25
25	30	1,5	1,0	0,55	0,4	0,25
30	35	2,0	1,2	0,6	0,5	0,3
35	40	2,0	1,2	0,65	0,6	0,35
40	45	2,0	1,4	0,7	0,7	0,4
45	50	2,5	1,6	0,8	0,8	0,5
50	55	2,5	1,6	0,9	0,8	0,5
55	60	2,5	1,8	1,0	0,9	0,6
60	70	3,0	2,0	1,2	1,0	0,7
70	80	3,5	2,2	1,4	1,2	0,8
80	90	4,0	2,5	1,6	1,4	0,8
90	100	4,5	2,8	1,8	1,4	1,0
100	110	5,0	3,0	2,0	1,6	1,0
110	125	5,5	3,5	2,2	1,8	1,2
125	140	6,0	4,0	2,5	2,0	1,4
140	155	6,5	4,5	2,8	2,2	1,6
155	170	7,0	5,0	3,0	2,5	1,8
170	185	7,5	5,5	3,4	2,8	2,0
185	200	8,0	6,0	3,8	3,0	2,0
200	220	9,0	6,5	4,5	3,4	2,2
220	250	9,0	7,0	5,0	3,8	2,5
250	300	10,0	8,0	5,5	4,0	2,8
300	350	11,0	9,0	6,5	5,0	3,5
350	400	12,0	10,0	7,5	5,5	4,0
400	450	13,0	11,0	8,5	6,5	4,5
450	500	14,0	11,0	8,5	7,0	5,0

Abb. 72/1 dargestellt; es handelt sich hier um die im günstigsten Falle ohne Nacharbeit einhaltbaren Toleranzen, wobei noch bestimmte Voraussetzungen gemacht werden müssen. Bei dieser Fertigung verschwindet der Einfluß der Form (Herstellungstoleranz und Abnutzung) vollständig gegen die Maßänderungen, die durch das Schwinden beim Trocknen und Brennen hervorgerufen werden. Daraus ergibt sich von selbst der fast genau lineare Verlauf der Kurven für die drei Mittel-

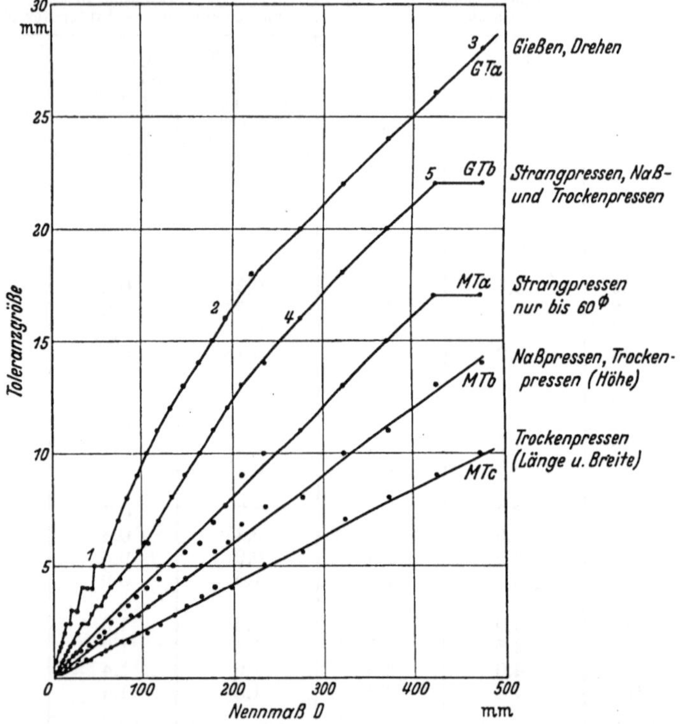

Abb. 72/1. Toleranzen für Teile aus keramischen Baustoffen. (Nach DIN 40 680 und E. Albers-Schönberg, Hochfrequenzkeramik, 1939. Dresden und Leipzig: Theodor Steinkopff.)

toleranzen MTa, MTb und MTc, die Abweichungen der Kurvenpunkte rühren nur von Zahlenrundungen her. Da die Schwindung verhältnisgleich mit der Länge des betreffenden Maßes zunehmen muß, gehen die Kurven durch den Nullpunkt. Auch die oberen Teile 2···3 und 4···5 der Kurven GT a und GT b verlaufen geradlinig, und zwar eigenartigerweise parallel zu der Linie MT a.

In der Feinkeramik werden wesentlich kleinere Toleranzen in zunehmendem Umfang durch Bearbeitung nach dem Vorglühen erreicht. Hierfür, sowie für das Bearbeiten der fertiggebrannten Teile können z. Z. noch keine allgemein gültigen Zahlen gegeben werden.

374. Holzteile.

Man glaubte lange Zeit, daß bei der Holzverarbeitung eine austauschbare Fertigung nach tolerierten Einzelteilen nicht durchführbar sei, und begründete dies mit der Eigenart des Werkstoffes. Man darf hinzufügen, daß der Grund auch in der Eigenart der holzverarbeitenden Betriebe, in persönlicher Einstellung und in den benutzten Meßmitteln zu suchen ist. Andererseits gab es in der vielleicht mitunter zu sehr geschmacksbetonten Erzeugung der Möbelindustrie bis vor einigen Jahren wenig Objekte für eine größere Fertigung des gleichen Erzeugnisses.

Der erste Schritt wurde vor rund 15 Jahren von der Wehrmacht getan, die bei Holzgegenständen „nach Maschinenbauerart" alle Einzelteile herauszeichnete, mit dem Ergebnis, daß nach einiger Zeit solche Zeichnungen großen Anklang gefunden hatten.

Bereits im Jahre 1930 wurde behauptet, daß die Nacharbeit bis zu 40 bis 60% der gesamten Montagearbeit ausmache [207]. Im Verhältnis dazu fällt die Anschaffung geeigneter Lehren wenig ins Gewicht, wenn die Fertigungsstückzahl nicht allzu klein ist. In diesem Sinne muß aber mit der Normung der Toleranzen und Passungen eine Normung der Abmessungen einhergehen, um die Zahl der anzuschaffenden Lehren klein zu halten, und um sie immer wieder verwenden zu können. Diese Lehren müssen besonders große Meßflächen aufweisen, und der Taylorsche Grundsatz läßt sich insofern nicht durchführen, als kleine Meßflächen auf der Ausschußseite falsche Ergebnisse bringen, weil der weiche Werkstoff eingedrückt wird.

Es ist recht lehrreich, daß bei diesen Bestrebungen der Zusammenhang zwischen Oberflächengüte und Toleranz untersucht wurde. Man förderte neue Erkenntnisse bezüglich der Werkzeugform und Schnittgeschwindigkeit zutage [207], und wir haben wieder ein Beispiel, daß der Austauschbau den Anlaß zu einem weiteren technischen Fortschritt gab.

Holz ist für eine austauschbare Fertigung insofern ein schwieriger Werkstoff, als er nach der Bearbeitung bei Feuchtigkeitsaufnahme oder -abgabe quillt oder schwindet, und zwar in den verschiedenen Wachstumsrichtungen in sehr verschiedenen Größen. Außerdem sind die Beträge bei den einzelnen Holzarten sehr verschieden. Nachstehende Zahlen sind Angaben von Schlüter und Fessel [238] entnommen, auf die sich auch die nachfolgenden Ausführungen mit Zustimmung der Verfasser im wesentlichen stützen. Es wurde für besonders notwendig und wichtig erachtet, gerade die austauschbare Holzbearbeitung hier nochmals kurz zu behandeln und zur Diskussion zu stellen, denn ihre Vorteile sind noch längst nicht allenthalben mit der wünschenswerten Deutlichkeit erkannt.

Die Maßänderung von Buchenholz in den drei Hauptrichtungen
beträgt bei einer Feuchtigkeitsänderung um 1%:

Faserrichtung: 0,01%

Radial: 0,16%

Tangential: 0,36%

Die Maßänderung in tangentialer Richtung bei einer Feuchtigkeitsänderung um 1% beträgt bei:

Fichte: 0,16%

Tanne: 0,24%

Eiche : 0,32%

Buche: 0,36%

Man darf mit hinreichender Genauigkeit die Maßänderung verhältnisgleich zur Feuchtigkeitsänderung setzen. Dies gilt bis zu einer Holz-
feuchte von 25%, während die mittlere Feuchte bei der Verarbeitung
zu 6···10% angenommen werden kann. Somit ist für die Aufstellung
eines Toleranz- und Passungssystems als erstes die Bedingung zu stellen,
daß der Feuchtigkeitsgehalt sich nach der Bearbeitung nur um
bestimmte Höchstbeträge ändern darf, damit nicht die in kleinen Toleranzen gefertigten Maße sich nachträglich so weit verändern, daß sich
die Paßeigenart völlig verändert. Schlüter und Fessel [238] setzten
als Grundlage eines Toleranz- und Passungssystems einen Feuchtegehalt
von $7 \pm 1\%$ fest, also ziemlich enge Grenzen, die eine zweckentsprechende Werkstoffbehandlung vor, während und nach dem Fer-
tigungsablauf erfordern und stillschweigend auch nur sehr geringe
Feuchteschwankungen beim Gebrauch des Erzeugnisses voraussetzen[1].
Nach der künstlichen Trocknung muß der Rohstoff in richtig tempe-
rierten und belüfteten Räumen so lange gelagert werden, daß diese
vorausgesetzte Mindestschwankung nicht überschritten wird. Die Prüfung der gefertigten Maße hat unmittelbar nach der Herstellung zu geschehen, denn es muß hier eindeutig zwischen Fertigungstoleranzen und
nachträglichen Maßänderungen unterschieden werden, bei denen ungewiß
ist, ob und in welcher Richtung sie eintreten. Diese nachträglichen Maßänderungen werden auf diese Weise bei der Lehrung ausgeschaltet,
führen also nicht zu einer Einengung der Fertigungstoleranz; bei der
Festlegung des Passungssystems und bei der Betrachtung der Paßeigenart
sind sie dagegen einzubeziehen. Bis zum Zusammenbau müssen die Paßteile dann ebenfalls so gelagert werden, daß die bei der Aufstellung des
Passungssystems vorausgesetzten Werte nicht überschritten werden.

Ferner muß man sich darüber einig werden, welche von den drei
Wachstumsrichtungen man berücksichtigen will und welche Holzarten.

---

[1] Prof. Graf hat in eingehenden Versuchen nachgewiesen, daß in bewohnten
Räumen die Feuchtigkeit zwischen 8,5 und 18,1 % schwankt (Holztechn. 1938,
Heft 11).

Die Vorschläge beziehen sich auf die meist verarbeiteten Hölzer Fichte, Kiefer, Tanne, Eiche und Buche. Die sehr große Maßänderung in tangentialer Richtung, besonders bei Buche und Eiche, wurde bei größeren Nennmaßen außer Betracht gelassen; man muß also darauf achten, daß Seitenbretter in der Querrichtung und Kernbretter in der Dicke größere Maßänderungen aufweisen. Das beste Mittel, um diese Änderung unschädlich zu machen, ist das auch aus anderen Gründen vielfach angewendete Absperren der Holzteile.

Auf Grund aller dieser Voraussetzungen und Einschränkungen kommen Schlüter und Fessel [238] zu einer Formel für eine Toleranzeinheit, welche die gleiche Struktur hat wie bei der Metallbearbeitung:

$$i' = 0{,}03 \cdot \sqrt[3]{D} + 0{,}001 \cdot D \quad (D \text{ in mm}, \ i \text{ in mm}) .$$

Hierin sind bewußt die Faktoren so eingesetzt, daß sich i' in mm ergibt, weil in der Holzbearbeitung das Rechnen mit μ nicht in Betracht kommt und auch wohl auf gefühlsmäßigen Widerstand der Benutzer stoßen würde. Ferner läßt sich die Formel in der gegebenen Form besser mit derjenigen für Metallbearbeitung vergleichen. Man sieht nämlich sofort durch Vergleich der Faktoren 0,03 und 0,45 (für Metalle), daß der Anteil der 3. Wurzel nur noch $^1/_{15}$ oder 6,7 % desjenigen bei spanabhebender Bearbeitung beträgt, während der Faktor 0,001 des linearen Gliedes gleichgeblieben ist. Damit wird das Hervortreten des linear wirkenden Einflusses, nämlich des Schwindens und Quellens, sehr deutlich.

Die danach berechneten und gerundeten Werte sind in Zahlentafel 75/1 aufgeführt und in Abb. 76/1 dargestellt. Dabei wurde die

Zahlentafel 75/1. Grundtoleranzen für Holz[1].
Werte in mm.

Toleranz einh. i'	1 bis 3	über 3 bis 6	über 6 bis 10	über 10 bis 18	über 18 bis 30	über 30 bis 50	über 50 bis 80	über 80 bis 120	über 120 bis 180	über 180 bis 250	über 250 bis 315	über 315 bis 400	über 400 bis 500
0,5	0,02	0,025	0,035	0,045	0,055	0,07	0,09	0,12	0,15	0,2	0,25	0,3	0,35
1	0,04	0,05	0,065	0,085	0,11	0,14	0,18	0,24	0.3	0,4	0,5	0,6	0,7
1,5	0,06	0,08	0,1	0,13	0,17	0,21	0,27	0,36	0,45	0,6	0,70	0,9	1,0
2	0,08	0,1	0,13	0,17	0,22	0,28	0,36	0,48	0,6	0,8	1,0	1,2	1,4
2,5	0,1	0,12	0,16	0,21	0,28	0,35	0,45	0,6	0,75	1,0	1,2	1,5	1,8
3	0,12	0,15	0,2	0,25	0,33	0,42	0,55	0,7	0,9	1,2	1,5	1,8	2,1
3,5	0,14	0 18	0,23	0,3	0,39	0,5	0,63	0,8	1,0	1,4	1,7	2,1	2,5
4	0,16	0,2	0,26	0,34	0,44	0,55	0,7	0,95	1,2	1,6	2,0	2,4	2,8
4,5	0,18	0,22	0,29	0,38	0,5	0,63	0,8	1,1	1,4	1,8	2,2	2,7	3,2
5	0,2	0,25	0,32	0,42	0,55	0,7	0,9	1,2	1,5	2,0	2,5	3,0	3,5
6	0,25	0,3	0,4	0,5	0,65	0,85	1,1	1,4	1,8	2.4	3,0	3,6	4,2

[1] Abweichend von den in [238] angegebenen Werten wurde hier die gleiche Durchmesserstufung wie im ISA-System gewählt und D in der Formel für i' als geometrisches Mittel der Nennmaßbereichgrenzen D_1 und D_2 eingesetzt: $D = \sqrt{D_1 \cdot D_2}$. Dadurch ergeben sich etwas kleinere Zahlenwerte.

Stufung und Berechnungsweise der ISA-Grundtoleranzen übernommen. Die graphische Aufzeichnung im Vergleich mit den Maßänderungen

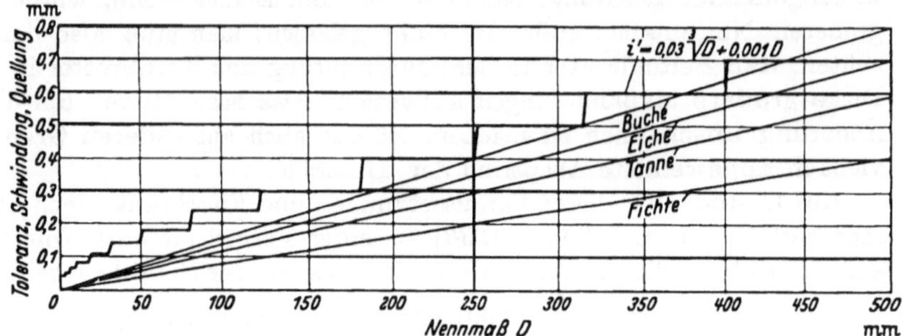

Abb. 76/1. Grundtoleranzen für Holz und Maßänderung einiger Holzarten in radialer Richtung bei einer Feuchteänderung um 1%.

verschiedener Holzarten für eine Feuchteschwankung von 1% läßt erkennen, daß bei kleinen Nennmaßen die Maßänderung wesentlich ge-

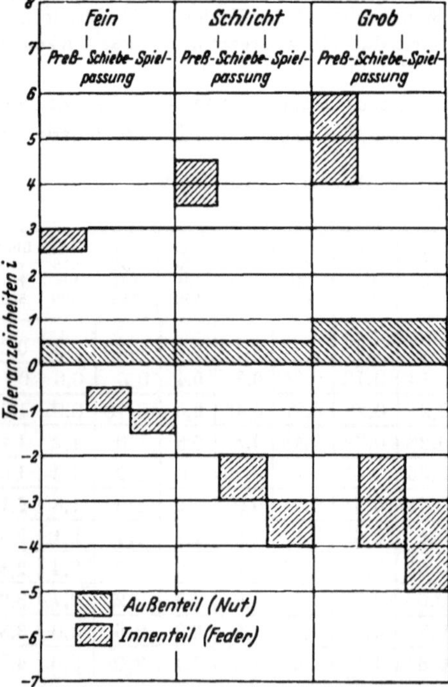

Abb. 76/2. Passungssystem für Holzteile.

ringer ist als die Toleranzeinheit. Über 500 mm ist die Formel nicht mehr anwendbar und bei solchen Maßen scheint zur Zeit die Anwendung des Austauschbaues überhaupt in Frage gestellt zu sein, schon mit Rücksicht auf die Winkelabweichungen.

Diese Toleranzeinheit i' wurde weiterhin auch als eine Paßeinheit zum Aufbau eines Passungssystems benutzt, das in Abb. 76/2 wiedergegeben ist und für das die Zahlenwerte in der Tafel 77/1 enthalten sind. Es ist dabei in erster Linie an die Passung zwischen Nut und Feder, aber auch an flache Verzapfungen, an Schübe und Deckel gedacht, weniger jedoch an die bei der Holzverarbeitung selten vorkommenden Rundpassungen. Es wurde entsprechend der Einheitsbohrung das System der Einheitsnut gewählt, da werkstattmäßig leichter mit ihm zu arbeiten ist und das Maß der Nut immer in einem

Zahlentafel 77/1. Passungssystem für Holzteile, vorwiegend für Flachpassungen (Nut und Feder).

		≀	1 bis 3	über 3 bis 6	über 6 bis 10	über 10 bis 18	über 18 bis 30	über 30 bis 50	über 50 bis 80	über 80 bis 120	über 120 bis 180	über 180 bis 250	über 250 bis 315	über 315 bis 400	über 400 bis 500
Fein	Nut	+0,5 0	+0,02 0	+0,025 0	+0,035 0	+0,045 0	+0,055 0	+0,07 0	+0,09 0	+0,12 0	+0,15 0	+0,2 0	+0,25 0	+0,3 0	+0,35 0
	Feder Preß-passung	+3 +2,5	+0,12 +0,1	+0,15 +0,12	+0,2 +0,16	+0,25 +0,21	+0,33 +0,28	+0,42 +0,35	+0,55 +0,45	—	—	—	—	—	—
	Feder Schiebe-passung	−0,5 −1	−0,02 −0,04	−0,025 −0,05	−0,035 −0,065	−0,045 −0,085	−0,055 −0,11	−0,07 −0,14	−0,09 −0,18	−0,12 −0,24	−0,15 −0,3	−0,2 −0,4	−0,25 −0,5	−0,3 −0,6	−0,35 −0,7
	Feder Spiel-passung	−1 −1,5	−0,04 −0,06	−0,05 −0,08	−0,065 −0,1	−0,085 −0,13	−0,11 −0,17	−0,14 −0,21	−0,18 −0,27	−0,24 −0,36	−0,3 −0,45	−0,4 −0,6	−0,5 −0,7	−0,6 −0,9	−0,7 −1,0
Schlicht	Nut	+0,5 0	+0,02 0	+0,025 0	+0,035 0	+0,045 0	+0,055 0	+0,07 0	+0,09 0	+0,12 0	+0,15 0	+0,2 0	+0,25 0	+0,3 0	+0,35 0
	Feder Preß-passung	+4,5 +3,5	+0,18 +0,14	+0,22 +0,18	+0,29 +0,23	+0,38 +0,3	+0,5 +0,39	+0,63 +0,5	+0,8 +0,63	—	—	—	—	—	—
	Feder Schiebe-passung	−2 −3	−0,08 −0,12	−0,1 −0,15	−0,13 −0,2	−0,17 −0,25	−0,22 −0,33	−0,28 −0,42	−0,36 −0,55	−0,48 −0,7	−0,6 −0,9	−0,8 −1,2	−1,0 −1,5	−1,2 −1,8	−1,4 −2,1
	Feder Spiel-passung	−3 −4	−0,12 −0,16	−0,15 −0,2	−0,2 −0,26	−0,25 −0,34	−0,33 −0,44	−0,42 −0,55	−0,55 −0,7	−0,7 −0,95	−0,9 −1,2	−1,2 −1,6	−1,5 −2,0	−1,8 −2,4	−2,1 −2,8
Grob	Nut	+1 0	+0,04 0	+0,05 0	+0,65 0	+0,85 0	+0,11 0	+0,14 0	+0,18 0	+0,24 0	+0,3 0	+0,4 0	+0,5 0	+0,6 0	+0,7 0
	Feder Preß-passung	+6 +4	+0,25 +0,16	+0,3 +0,2	+0,4 +0,26	+0,5 +0,34	+0,65 +0,44	+0,85 +0,55	+1,1 +0,7	—	—	—	—	—	—
	Feder Schiebe-passung	−2 −4	−0,08 −0,16	−0,1 −0,2	−0,13 −0,26	−0,17 −0,34	−0,22 −0,44	−0,28 −0,55	−0,36 −0,7	−0,48 −0,95	−0,6 −1,2	−0,8 −1,6	−1,0 −2,0	−1,2 −2,4	−1,4 −2,8
	Feder Spiel-passung	−3 −5	−0,12 −0,2	−0,15 −0,25	−0,2 −0,32	−0,25 −0,42	−0,33 −0,55	−0,42 −0,7	−0,55 −0,9	−0,7 −1,2	−0,9 −1,5	−1,2 −2,0	−1,5 −2,5	−1,8 −3,0	−2,1 −3,5

Zahlenwerte in mm. Sie sind der Grundtoleranzentafel 75/1 entnommen.

einzigen Werkzeug enthalten ist, das aber durch Nachschleifen sein Maß nicht verändern darf. Solche Werkzeuge gibt es bereits. Ferner muß darauf geachtet werden, daß das Werkzeug möglichst wenig Stirnschlag hat.

Es sind drei Gütegrade unterschieden: Feinpassung mit einer Toleranzgröße von $0,5 \cdot i'$, Schlichtpassung mit $1 \cdot i'$ und Grobpassung mit $2 \cdot i'$. Ferner sind drei Passungsarten gebildet, und zwar je eine Spiel-, Schiebe- und Preßpassung.

Die Feinpassung mit einer Toleranzgröße von $0,5 \cdot i'$ ist nur dort zu empfehlen, wo die nachträglichen Maßänderungen vernachlässigt werden können, also bei abgesperrten Teilen oder bei Maßen, die in der Faserrichtung liegen. Entsprechend den besonderen Bedingungen ist die Preßpassung nur bis zum Nennmaß 80 mm aufgeführt. Die Toleranzfelder stellen die Grenzen für die Fertigung dar, sie können durch nachträgliche Feuchtigkeitsänderungen überschritten werden und sind mit Ausnahme der Feinpassung so gelegt, daß die Paß‐eigenart durch diese nachträglichen Maßänderungen bei $\pm 1\%$ Feuchteänderung noch einigermaßen erhalten bleibt. Diese Änderung der Paß‐eigenart ist jedoch verschieden je nach der Größe des Maßes und nach der Holzart und Wachstumsrichtung.

Um die nachträglichen Änderungen möglichst unschädlich zu machen, wurde der Einheitsnut bei der Schlichtpassung nur eine Toleranz von $0,5 \cdot i'$ und bei der Grobpassung nur $1 \cdot i'$ zugestanden, weil diese Toleranzen mit geeigneten Maschinen und Werkzeugen und bei einiger Sorgfalt und Aufmerksamkeit gut eingehalten werden können.

Im allgemeinen sind für die Feinpassung besonders hochwertige Maschinen nötig, Grobpassungen können auch an älteren Maschinen erzeugt werden. Für die Winkelabweichungen, die sich innerhalb der Toleranzfelder halten müssen, genügt ein großer Teil der heute auf dem Markt befindlichen Maschinen noch nicht. Besondere Pflege muß man bei Massenfertigung im Austauschbau den Werkzeugen zukommen lassen.

Die richtige Ausbildung der Werkzeuge im Zusammenhang mit der Oberflächengüte, die bei dem weichen Werkstoff Holz großen Einfluß auf die Paßeigenart hat, war bereits erwähnt worden. Hierbei ist auch die Größe der Bearbeitungszugabe und ihre Auswirkung auf die Maßgenauigkeit zu beachten. Die Zugabe soll vor allem nicht zu groß sein und nicht zu sehr schwanken, weil sonst Werkzeug und Werkstück ungleichmäßig nachgeben.

Die Anwendung der hier ausdrücklich als Vorschlag zur Erprobung gegebenen Toleranzfelder ist so gedacht, daß die Preßpassung dort angewendet wird, wo Teile unverleimt fest ineinander passen sollen. Dabei wird bei großem Übermaß die Nut leicht „sperren“,

d. h. sie wird aufgebogen. Die Schiebepassung ist für verleimte Teile vorgesehen und für solche beweglichen Teile, bei denen das Kleinstspiel bei Feuchteänderungen um $\pm 1^0/_0$ auch Null werden kann. Dabei ist das Verziehen oder Krümmen von Seitenbrettern infolge der verschiedenen Schwindmaße radial und tangential nicht in Betracht gezogen. Es sei beim Sammeln von Erfahrungen besonders auf die Bedeutung hingewiesen, die der Dicke der Leimschicht zukommt, weder eine zu dicke Leimschicht, noch zu große Pressung in der Leimfuge ergibt eine gut haltbare Verbindung. Die Spielpassung wird dann verwendet, wenn die Teile in jedem Fall noch Spiel haben sollen. Dabei wird nach Aufbringen eines Anstriches oder einer Politur noch eine Schiebepassung erreicht werden. Auf der Zeichnung werden bis zur Aufstellung eines vielfach erprobten Passungssystems zweckmäßig die Abmaße aus der Zahlentafel 77/1 eingetragen.

Es ist zu wünschen und zur Ersparnis von Arbeitskraft und Arbeitszeit zu fordern, daß weite Kreise der holzverarbeitenden Industrie sich mit dem Gedanken der austauschbaren Fertigung vertraut machen und ihre gesammelten Erfahrungen bekanntgeben. Der Reichsausschuß für wirtschaftliche Fertigung (AWF) Berlin W 9, Linkstraße 18, befaßt sich seit längerer Zeit mit diesen Fragen und ist für jede Mitarbeit und Anregung dankbar. Die dort vorliegenden Unterlagen wurden bei vorstehenden Ausführungen neben dem Schrifttum [*27, 107, 195, 207, 237, 238*] benutzt.

38. Abweichungen von ISA-Passungen.

Es wird dem Gestalter selten einmal vorkommen, daß ihm ein geeignetes ISA-Toleranzfeld nicht zur Verfügung steht. Die Stufung der Toleranzen mit dem Stufungsfaktor 1,6 ist bereits so eng, daß kaum ein Fall denkbar ist, in dem sowohl die nächstgelegene feinere als auch die gröbere Toleranz der Größe nach für den betreffenden Zweck unbrauchbar wäre. Auch für die Lage der Toleranzfelder ist die Auswahl so groß, daß sie sich in der Nähe der Nullinie gegenseitig erheblich überdecken. Je größer das Spiel oder das Übermaß wird, desto weiter rücken die Toleranzfelder auseinander, wie dies die graphische Darstellung auf DIN 7153 und 7154 sehr anschaulich zeigt. Es ist z. B. kaum denkbar, daß zwischen a 9 und b 9 noch ein Toleranzfeld gebraucht wird. Vielmehr sind bei der Auswahl gerade die Toleranzfelder fortgelassen worden, die sich allzusehr ihren Nachbarn nähern, um die Anzahl nicht zu groß und unübersichtlich zu machen. Ferner liegt im allgemeinen kein Bedürfnis für Toleranzfelder mit großem Abstand von der Nullinie, aber kleiner Toleranz vor.

Im übrigen besteht an sich die Möglichkeit, diese Toleranzfelder selbst wieder zu bilden, weil die ISA-Passungen ein System darstellen, das jederzeit die Bildung von Zwischenwerten oder auch außerhalb liegenden Werten ermöglicht. Hierzu wurde in DIN 7152 eine

Anleitung gegeben. Von diesem Blatt sollte jedoch so selten wie irgend möglich Gebrauch gemacht werden[1].

Denn einmal liegen der getroffenen Auswahl die Erfahrungen zahlreicher Industrieländer zugrunde, ferner würden durch häufige Abweichung vom Vorhandenen Sinn und Nutzen der Passungsnormung verloren gehen, die im wesentlichen die Ersparnis von Werkzeugen und Lehren in der Werkstatt, ihre bequeme Verwaltung und Wiederverwendbarkeit für andere Zwecke zum Ziele hatte. Dies Ziel wird auch dann nicht erreicht, wenn im Einzelfall für das Toleranzfeld nicht eine handelsübliche Lehre benutzt, sondern eine Sonderlehre angefertigt wird; denn auch diese oder auch vielleicht nur die Lehrenzeichnung kann dann an anderer Stelle wieder verwendet werden, wenn sie ein ISA-Toleranzfeld enthält. Es muß aber befürchtet werden, daß ein anderer Konstrukteur, wenn er die gleiche Aufgabe wieder erhält, nichts vom Bestehen der Sonderpassung weiß und seinerseits eine neue, eigene Passung „erfindet", für die wiederum eine Sonderlehre gezeichnet und gefertigt werden muß.

Die Frage, wann in der Zeichnung für eine Toleranz Kurzzeichen angegeben werden sollen und wann die Toleranz zahlenmäßig anzugeben ist, ist von der Wehrmacht (Heergerätnorm HgN 10606) in dem Sinne beantwortet worden, daß Kurzzeichen „bei Außen- oder Innenmaßen anzuwenden sind, wenn ihre Abmaße dem ISA-Toleranzsystem angehören und in DIN 7160 oder DIN 7161 aufgeführt sind".

Ausgenommen sind also Staffelmaße (Tiefenmaße), Lochabstände usw. Die früher außerdem gestellten Bedingungen für die Anwendung der Kurzzeichen sind weggefallen, nämlich die Anwendungsmöglichkeit genormter oder handelsüblicher Lehren und die Übereinstimmung des Nennmaßes mit einem Normaldurchmesser nach DIN 3.

Vorstehende Regelung kann allgemein empfohlen werden, denn sie fördert weitgehend die Verwendung der ISA-Kurzzeichen. Es ist auch ohne weiteres möglich, z. B. für einen Treppenabsatz, also ein „Staffelmaß", das zahlenmäßig toleriert ist, die Herstellungs- und Abnutzungstoleranzfelder der Lehren nach DIN 7162 zu entnehmen, vorausgesetzt natürlich, daß die Abnutzungsverhältnisse ähnliche sind wie bei Grenzrachenlehren und Grenzlehrdornen. Man kann dann also die Toleranz durch Abmaße angeben und die Werte für die Lehren nach DIN 7162 für den nächsthöheren Toleranzwert bestimmen. Noch besser ist es, gleich die Abmaße entsprechend einer ISA-Passung zu wählen.

---

[1] Sehr wohl kann es jedoch dazu dienen, den Aufbau des ISA-Systems zu studieren.

Dabei stören nun häufig die unrunden Zahlen, wie z. B. 39 μ, 58 μ, 1150 μ usw. Zwar sind dies schon gerundete Werte der Zahlen, die sich aus den Formeln ergeben, auf denen das ISA-System aufgebaut ist. Die Rundung konnte und durfte aber nicht weiter getrieben werden, als es geschehen ist, weil sonst die schon recht eng beieinander liegenden Toleranzgrößen und Abstände von der Nullinie in ihren Unterschieden zu sehr verwischt worden wären. Zudem bezieht sich das System in seinem ganzen Aufbau in erster Linie auf die Anwendung von Festmaßlehren, die infolge der z-Werte ohnehin unrunde Maße erhalten. Für den Lehrenbauer ist es ziemlich gleichgültig, wie stark gerundet ist, er ist daran gewöhnt, beim Arbeiten mit vielstelligen Zahlen achtzugeben und die Einteilung der Endmaßsätze in Hundertstel- und Tausendstel-Stufen hilft Fehler beim Zusammensetzen vermeiden.

Unabhängig davon, ob sie durch Kurzzeichen ausgedrückt oder zahlenmäßig ausgeschrieben sind, sind die unrunden Zahlen zunächst für den Gestalter unbequem, der lieber mit runden Zahlen rechnen würde. Auf die Zeichnung zu s c h r e i b e n braucht er sie ja nur, solange er keine Kurzzeichen verwendet.

Für die Werkstatt, die keine Festmaßlehren hat, sind ungerundete Abmaße unangenehm, besonders wenn die letzte Stelle hinter dem Komma kleiner ist als der Skalenwert oder gar die Meßunsicherheit des Meßgerätes.

Eine Toleranz für eine Welle 25 $\varnothing_{-0,84}$ = 25 $\varnothing$ h 15 kann man ihrer Größe nach unbedenklich mit einer Schieblehre mit $^1/_{10}$-Nonius messen. Diese gestattet aber keine einwandfreie Feststellung, ob die Toleranzgrenze von 0,84 eingehalten oder überschritten ist. Man würde also das Abmaß auf 0,8 abrunden. Der weggestrichene Rundungsbetrag von 0,04 deckt sich zufällig auch mit der Meßunsicherheit einer Schieblehre mit $^1/_{10}$-Nonius. Diese darf nach DIN 862 für Maße bis 100 einen Meßfehler von höchstens 75 μ haben, dessen Erreichung aber eine seltene Ausnahme sein wird; man kann also im Mittel mit einem Meßfehler von etwa 40 μ rechnen.

Auf der Gutseite wird man im allgemeinen Werkstücke durchlassen, die, mit der Schieblehre gemessen, 25,0 zeigen. Eine Einschränkung des Toleranzfeldes im Hinblick auf die Meßunsicherheit des anzeigenden Meßgerätes wird man im allgemeinen nur dort vornehmen, wo eine Abnahme durch den Besteller ein gewisses Risiko bringt.

Für die Rundung der ISA-Toleranzen und -abmaße hat Kienzle Regeln aufgestellt [137]. Um die Austauschbarkeit nicht zu gefährden, wird dort, wo nicht schon runde Zahlen stehen, stets in d a s T o l e r a n z f e l d h i n e i n gerundet, wenn man nicht durch Einbeziehung der Werte y und y_1 auf der Gutseite zu runden Zahlen kommt. In diesem Fall würde also das Toleranzfeld um y oder y_1 überschritten werden können, wie dies ja auch bei Festmaßlehren sein kann. Selbstverständlich muß man sich bei der Auswahl des Meßgerätes nach der Größe der Toleranz richten und auch beim Runden dessen Meßunsicherheit beachten.

Kienzle schlägt beispielsweise vor, die Abmaße der h-Wellen (blanke Stangen) bis zu einem Abmaß von 100 μ auf halbe und ganze Hundertstel, darüber hinaus auf halbe und ganze Zehntel Millimeter zu runden. Das Ergebnis ist in Zahlentafel 82/1 wiedergegeben[1].

Zahlentafel 82/1. Rundungswerte (*kursiv*) für die Toleranzen und Abmaße (stehende Zahlen) von blanken Stangen (h-Wellen). Im fett umrahmten Teil ist auf halbe und ganze zehntel, sonst auf halbe und ganze hundertstel Millimeter gerundet. Die Prozentzahlen geben die gerundeten Toleranzen in Anteilen der nicht gerundeten ISA-Toleranzen.

ISA-Qualität	Durchmesserbereich mm							
	1 bis 3	über 3 bis 6	über 6 bis 10	über 10 bis 18	über 18 bis 30	über 30 bis 50	über 50 bis 80	über 80 bis 100
6	7 *—* —	8 *—* —	9 *—* —	11 *10* 91 %	13 *10* 77 %	16 *15* 94 %	19 *15* 79 %	22 *20* 91 %
7	9 *—* 	12 *10* 83 %	15 *15* 100 %	18 *15* 83 %	21 *20* 95 %	25 *25* 100 %	30 *30* 100 %	35 *35* 100 %
8	14 *10* 71 %	18 *15* 83 %	22 *20* 91 %	27 *25* 93 %	33 *30* 91 %	39 *35* 90 %	46 *45* 98 %	54 *50* 93 %
9	25 *25* 100 %	30 *30* 100 %	36 *35* 97 %	43 *40* 93 %	52 *50* 96 %	62 *60* 97 %	74 *70* 95 %	87 *85* 98 %
10	40 *40* 100 %	48 *45* 94 %	58 *55* 95 %	70 *70* 100 %	84 *80* 95 %	100 *100* 100 %	120 *120* 100 %	140 *140* 100 %
11	60 *60* 100 %	75 *75* 100 %	90 *90* 100 %	110 *100* 91 %	130 *100* 77 %	160 *150* 94 %	190 *150* 79 %	220 *200* 91 %
12	90 *90* 100 %	120 *100* 83 %	150 *150* 100 %	180 *150* 83 %	210 *200* 95 %	250 *250* 100 %	300 *300* 100 %	350 *350* 100 %

Beim Runden ist zu prüfen, ob nicht die Toleranz zu sehr verkleinert worden ist. Die Prozentzahlen der Tafel geben die gerundeten Toleranzen in Anteilen der nicht gerundeten ISA-Toleranzen. Die Rundungsbeträge fallen sehr verschieden groß aus, ohne daß hierfür ein technischer Grund vorliegt.

Es fragt sich nun noch, ob der Gestalter schon die gerundeten Werte in die Zeichnung eintragen soll. Die Frage muß dahin beantwortet werden, daß dies nur dann zweckmäßig ist, wenn man mit Sicherheit weiß, daß die Werkstatt keine Festmaßlehren hat. Andernfalls wird aus 390 μ durch Aufrunden 400 μ und damit erhält nach DIN 7162 die Festmaßlehre ohne weiteres die Werte z, y, H der nächsten Spalte:

---

[1] Entnommen aus [*137*].

620 μ zugeordnet. Die Zahl 520 dagegen würde beim Einschreiben auf 500 μ abgerundet werden. Es kann also nur empfohlen werden, die unrunden Abmaße in enger Anlehnung an ISA einzuschreiben. Wird dann mit Istmaßlehren gemessen, so muß die Werkstatt von sich aus „in das Toleranzfeld hinein" runden.

Das Messen von ISA-Toleranzen mit geeigneten Istmaßlehren ist besonders bei sehr kleiner Toleranz vorteilhafter, denn, wie im Abschnitt 51 gezeigt wird, betragen hier Herstellungstoleranz und Abnutzung der Festmaßlehre einen beträchtlichen Anteil der Werkstücktoleranz. Dieser kann einmal dadurch verkleinert werden, daß das Meßgerät nachstellbar eingerichtet und dadurch der Einfluß der Abnutzung beseitigt wird. Ferner kann ein Meßgerät gewählt werden, das eine geringere Meßunsicherheit aufweist als Herstellungstoleranz und fedrige Aufbiegung einer Rachenlehre zusammengenommen. Die Abb. 130/1 zeigt, daß unterhalb der 5. Qualität Herstellungstoleranz und Abnutzung der Festmaßlehren bereits so groß werden, daß diese nicht mehr anwendbar sind. Unterhalb IT5 müssen also zum mindesten Wellen unbedingt mit anzeigenden Meßgeräten geprüft werden.

Nun fragt es sich, ob solche Toleranzfelder bei Werkstücken überhaupt benötigt werden. Bevor man sich zur Anwendung entschließt, prüfe man reiflich zunächst die Einbauverhältnisse. Bestehen die beiden Paßteile aus Werkstoffen mit verschiedenen Wärmeausdehnungsbeiwerten, und sind sie im Betriebe Temperaturschwankungen unterworfen, so rechne man nach, was bei diesen Schwankungen aus der Passung wird und ob sie dann noch die gewünschten Bedingungen erfüllt. Es erscheint von vornherein abwegig, wenn man die Toleranz nur einengt, weil etwa im Betriebe Temperaturschwankungen eintreten und man auch dann noch die gewünschte Passung erhalten will. Man sollte dann auf konstruktive Mittel zur Abhilfe sinnen. Ferner prüfe man sorgfältig das beabsichtigte Fertigungsverfahren auf Einhaltung kleiner Formtoleranzen, denn die Formtoleranz geht stets auf Kosten der Fertigungstoleranz, folglich muß sie so klein sein, daß für jene noch ein nennenswerter Betrag übrigbleibt. Schließlich sind noch die Verschleißverhältnisse im Betriebe zu untersuchen, denn es ist widersinnig, eine kleine Toleranz da zu fordern, wo nach kurzer Gebrauchsdauer das Vielfache davon als Verschleiß in Erscheinung tritt. Es hat sich schon oft gezeigt, daß die Überschreitung der ISA-Toleranzen nach der feinen Seite hin bei einer ernsthaften Prüfung nach diesen wesentlichsten drei Gesichtspunkten als unzweckmäßig erkannt werden mußte. Wenn schon engbegrenzte Passungen notwendig sind, dann lehne man sich jedenfalls an das ISA-System an oder man sucht aus, wie im Abschnitt 383 beschrieben.

Sehr häufig ist eine Überschreitung der in den Normen festgelegten

Toleranzen nach der groben Seite, d. h. über die 11. Qualität oder auch besonders über die bisher festgelegten Preßpassungen hinaus erforderlich. Es ist deshalb sehr zu hoffen, daß die Normen in dieser Richtung bald erweitert werden. Für manche Fachgebiete ist IT11 bereits zu fein; dies zeigte sich auch im Abschnitt 37. Es ist daher zu wünschen, daß dem Deutschen Normenausschuß recht viele Anregungen in dieser Richtung zugeleitet werden, damit entschieden werden kann, welche Toleranzfelder vorwiegend für eine Erweiterung der deutschen Normen in Betracht kommen. Das gleiche gilt für die Nennmaße über 500 mm, die ebenfalls in Bearbeitung sind.

381. Kleine Fertigungsstückzahlen.

Es ist oft die Frage gestellt worden, ob man sich bei kleiner Reihenfertigung und bei Einzelfertigung auch der Passungen bedienen soll. Es ist darauf hingewiesen worden, daß die Toleranzen und Passungen eine Angelegenheit seien, die aus der Massenfertigung und für die Massenfertigung geschaffen sind. So einfach ist die Frage aber nicht abzutun, sondern sie muß im Einzelfalle nach den gegebenen Umständen von verschiedenen Seiten beleuchtet werden.

Zunächst ist es zweckmäßig, sich immer wieder bei solchen Gelegenheiten die Entwicklung und den ursprünglichen Zweck der Passungen vor Augen zu führen: Getrennte Fertigung, Ersatzteile, Beherrschung der Abweichungen, hier erst in zweiter Linie außerdem Einschränkung des Betriebsmittel- und Lehrenbedarfes. Sollen bei kleinen Stückzahlen irgendwelche Teile als Ersatz nachgeliefert werden, so ist die Frage nach der Anwendung von Toleranzen und Passungen damit ohne weiteres im positiven Sinne entschieden. Wird ein einzelnes Gerät beispielsweise als Versuchsmuster angefertigt, so brauchen wohl nicht Toleranzen vorgeschrieben zu werden, sofern die Anfertigung in einer Hand oder bei einer kleinen zusammenhängenden Gruppe von Arbeitern liegt. Müssen Einzelteile oder einzelne Arbeitsgänge in eine andere Werkstatt vergeben werden, so wird bereits die Angabe von Toleranzen nicht zu umgehen sein. Soll das Baumuster später nach Erprobung und Vervollkommnung in größeren Stückzahlen gefertigt werden, so ist es zweckmäßig, auch das Versuchsstück schon nach Toleranzen zu fertigen, wenngleich man entgegenhalten kann, daß Toleranzen nicht am einzelnen Stück erprobt werden können, sondern nur an großen Stückzahlen. Man muß sich aber darüber klar sein, daß die Tolerierung genau so zur Gesamtkonstruktion gehört wie die richtige Dimensionierung der Teile, und daß sie folglich auch mit erprobt werden muß, soweit dies an einzelnen Stücken überhaupt möglich ist. Zum mindesten wird man dabei feststellen können, wenn mit einem Spiel oder Übermaß sehr daneben gegriffen worden ist oder wenn eine Toleranz zu klein gewählt wurde. In bezug auf die Größe von Toleranzen oder vielmehr deren Kleinheit, vermögen aber oft die Hersteller von Versuchsstücken Erkleckliches zu leisten, das nachher in der Massenfertigung nicht wiederholt werden kann. Im Gegensatz dazu kann aber auch oft mit einer zweckmäßigen Sonderbetriebseinrichtung in bezug auf Genauigkeit mehr erreicht werden, als bei Einzelfertigung mit Anpassen von Hand und nach Gefühl zu erzielen ist.

Ein Beispiel hierfür zeigt die Abb. 85/1. Die nach einer bestimmten Kurve geformte Nut in dem röhrenförmigen Körper ist als Einzelteil nur sehr schwierig mit großer Genauigkeit anzufertigen. Eine zweckmäßig gestaltete Vorrichtung mit Musterkurve, der die Nut nachgeformt (kopiert) wird, liefert mit geeigneten Werkzeugen genaue und gleichmäßige Werkstücke. Sie gestattet auch in behelfsmäßiger Form schon ein Urteil über die Größe der einhaltbaren Toleranzen. An Teilen, die mit Feile und Handschleifeinrichtung schlecht zugänglich sind, wird bei Einzelanfertigung die Form der Flächen meist erheblich von der idealen abweichen und infolgedessen die einwandfreie Funktion der gewählten Kurve nur sehr unsicher beurteilt werden können. Deshalb wird oft auch bei Versuchsgeräten eine behelfsmäßige Vorrichtung für solche schwierigen Arbeitsgänge nicht zu entbehren sein. Diese kann so ausgebildet werden, daß je nach dem Ausfall des Versuches die Form der Kurve leicht geändert werden kann.

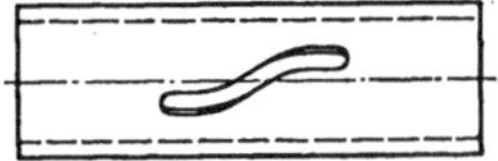

Abb. 85/1. Schwierig einzeln zu fertigende Kurve.

Geräte, für die ihrer Natur nach nur Einzelfertigung in Betracht kommt, wie z. B. Großkraftmaschinen, müssen, wenn die Ersatzteilfrage unwichtig ist, anders betrachtet werden. Hier spielen die erreichbaren Toleranzen und Formabweichungen und bei großen Maßen auch die Meßunsicherheit eine wesentliche Rolle. Fast immer wird auch hier aber der Kolben oder die Kolbenstange von einem anderen Mann bearbeitet als die Zylinderbohrung oder die Stopfbuchsenteile. Schon deshalb empfiehlt sich die Angabe von Toleranzen in den Zeichnungen, deren Einhaltung mit Istmaßlehren nachgeprüft werden kann, wenn keine Festmaßlehren vorhanden sind. In größeren Betrieben werden die Einzelteile noch dazu in verschiedenen Werkstätten oder Meistereien bearbeitet. Vor einiger Zeit fand man noch in manchen Betrieben eine Art Normallehrung. Nach einem Stichmaß wurde z. B. die Zylinderbohrung und der Kolben (dieser durch Übertragen des Maßes mittels Tastzirkel) gefertigt und das hierbei sich ergebende Spiel dem Gefühl oder Belieben des Arbeiters oder Meisters überlassen, der „sein Fach beherrschte". Ohne Frage spielt bei einem solchen Objekt ein wenig mehr Anpaßarbeit beim Zusammenbau keine große Rolle; ebenso sicher ist aber, daß der Konstrukteur nicht überzudimensionieren brauchte, und daß weniger Lager ausliefen, wenn man vorher sicher wüßte, wie die Lager eingeschabt werden, d. h. wieviel der Lagerfläche wirklich trägt. Es ist gewiß, daß bei jeder Art Anpassen und Zufeilen die Genauigkeit, die die Maschine gegeben hat oder zu geben imstande ist, nicht verbessert, sondern verschlechtert wird, und dies ganz besonders in bezug auf die geometrische Form.

Nun gibt es hier eine Möglichkeit, von der an vielen Stellen Gebrauch gemacht wird, die **Angabe der Paßtoleranz.** Das am schwierigsten zu fertigende Teil wird zuerst bearbeitet, gemessen und für das zugehörige Paßteil das Kleinst- und Größtspiel oder -Übermaß vorgeschrieben. Dazu ist Voraussetzung, daß die Teile nicht ersetzt zu

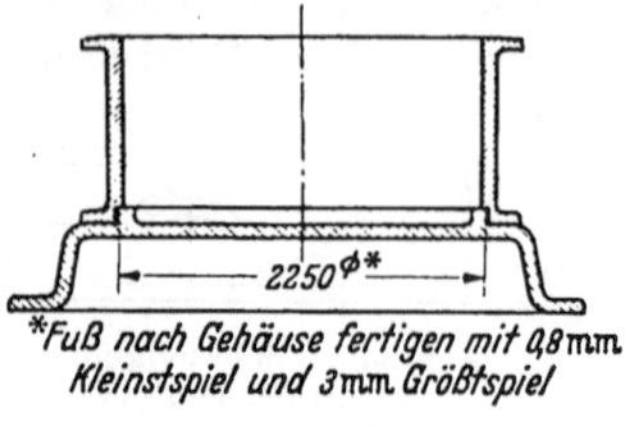

Abb. 86/1.
Anpassen mit Paßtoleranz.

werden brauchen oder aber die Istmaße festgehalten und aufbewahrt werden, und ferner, daß das erste Teil wirklich zuerst fertig wird. Diese Bedingung kann oft zu Lieferverzögerungen führen, wenn an irgendeiner Stelle, z. B. in der Gießerei, eine unvorhergesehene Schwierigkeit auftritt. Ein Beispiel für eine solche Gestaltung zeigt Abb. 86/1. Außerdem würde man bei austauschbarer Tolerierung

beider Teile nicht ein Teil, das oft einen großen Wert darstellt, verwerfen, sondern sich zu helfen versuchen. Das Arbeiten nach Paßtoleranz stellt diese Selbsthilfe in geordneter Form dar. Auch bei Schrumpfpassungen wurde von dieser Möglichkeit schon vor mehreren Jahrzehnten Gebrauch gemacht. Allerdings bereitet, wie schon gesagt, die Messung so großer Maße erhebliche Schwierigkeiten. Temperatur,

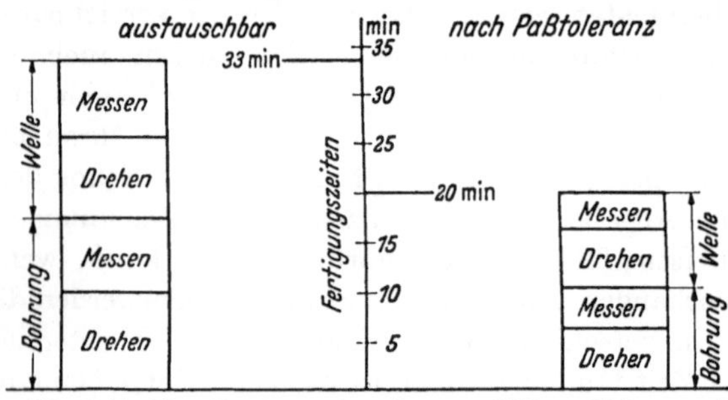

Abb. 86/2. Einzelfertigung einer Passung 2250 ⌀, 15 lang nach verschiedenen Verfahren. Vergleich der Stückzeiten.

Durchbiegung der Meßmittel, Meßgefühl und Art der Meßgeräte beeinflussen das Meßergebnis entscheidend, zumal selbstverständlich der Taylorsche Grundsatz hier nicht anwendbar ist.

Abgesehen davon und von der Ersatzteillieferung ist die Frage, ob im Einzelfall austauschbar oder mit Paßtoleranz oder mit Anpassen nach Gefühl gefertigt werden soll, in erster Linie wirtschaftlicher Natur. An dem Beispiel der Abb. 86/1 ist daher in Abb. 86/2 untersucht, wie die Bearbeitungs- und Meßzeiten sich zueinander verhalten. Bei austauschbarer Fertigung, wobei beide Teile nach Toleranz gefertigt werden müssen, ist häufigeres Messen und Drehen notwendig. Im zweiten Fall kann die Bohrung in der Nähe des Maßes 2250 beliebig ausfallen, sie braucht also genau und sorgfältig nur einmal gemessen zu werden. Bearbeitungs- und Meßzeiten für die Welle (Fuß) sind kürzer, weil jetzt die ganze Paßtoleranz von 2,2 mm auf dieses eine Teil angewendet werden kann. Man erhält also statt zweier kleiner (z. B. 1,2 und 1) eine große Toleranz (2,2). Das Verhältnis der so errechneten Stückzeiten für diesen Arbeitsgang zeigen die beiden Balken der Abb. 86/2.

Danach mag es scheinen, als ob das Anpassen nach Paßtoleranz ganz außerordentliche Vorteile bietet, und man kommt in Versuchung zu fragen, warum es nicht auch bei größeren Stückzahlen angewendet wird. Es war schon auf die Notwendigkeit hingewiesen worden, daß zuerst das eine Teil, in diesem Fall die Bohrung (Gehäuse), fertiggestellt wird und dann erst das zweite aufgespannt wird. Das kann bei einer Stückzahl, die größer als eins ist, schon zu betrieblichen Schwierigkeiten führen. Dazu kommt dann die Notwendigkeit, die aufeinander abgestimmten Teile zu kennzeichnen und beim Zusammenbau richtig zusammenzuführen. Wird die Stückzahl noch größer, ist die Stückzeit kleiner, die Meßschwierigkeiten und auch die Schwierigkeit bei der Einhaltung eines bestimmten Maßes kleiner, so werden diese zahlenmäßig nicht erfaßbaren Betriebsschwierigkeiten so groß, daß das Verfahren des Anpassens mit Paßtoleranz nicht mehr lohnt.

Gleichwohl gibt es Fälle, wo es in ähnlicher Form auch bei Reihenoder Massenfertigung mit Vorteil benutzt werden kann. Dies ist zum Beispiel dann möglich, wenn das eine Paßteil leicht mit großer Genauigkeit hergestellt werden kann, die Einhaltung kleiner Toleranzen beim zugehörigen zweiten Teil jedoch sehr schwierig und ferner eine sehr kleine Paßtoleranz notwendig ist. Dann dient das erste Teil, z. B. die Welle, gewissermaßen als Lehre (oder es wird eine besondere Lehre mit einem kleineren oder größeren Maß eingesetzt), die wie eine Normallehre benutzt wird und nach der die Bohrung von Hand gerieben wird. Auf diese Weise kann sogar praktisch Austauschbarkeit erreicht werden.

382. Einlaufenlassen, Einläppen.

Wo Austauschbarkeit nicht gefordert wird, macht man oft auch von der Möglichkeit des Einläppens Gebrauch. Es dient in erster Linie der Verbesserung der Oberflächengüte. Das Einlaufenlassen, wie es z. B. bei Gleitlagern und Verzahnungen üblich ist, ist praktisch dasselbe, mit dem einen Unterschied, daß kein besonderes Läppmittel verwandt wird. Hierbei und auch beim paarweisen Einläppen ist zu beachten, daß dadurch die Formgenauigkeit nicht immer verbessert, sondern durch allzu langes Läppen sogar verschlechtert wird. Auch beim Einläppen der Kolben von Brennstoffpumpen, die gleichzeitig leichtgängig und bei hohem Druck flüssigkeitsdicht sein müssen, muß der geometrischen Form der vorgearbeiteten Teile große Sorgfalt gewidmet werden. In diesem Zusammenhang sei bemerkt, daß gut geschliffene

Gewindelehren ein genaueres Gewindeprofil aufweisen als geläppte; dies rührt besonders daher, daß die Voraussetzung für einen einwandfreien, formverbessernden Läppvorgang an der Gewindeflanke nicht gegeben ist. Diese Voraussetzung besteht darin, daß jeder Punkt der zu läppenden Oberfläche gleichviel und mit gleicher Geschwindigkeit bestrichen wird. Auch dieser Frage muß beim Einläppen, das nur da am Platze ist, wo wegen der hohen Forderungen nicht mehr nur mit Toleranzen gearbeitet werden kann, Aufmerksamkeit geschenkt werden.

In manchen Fällen kann mit dem Einlaufenlassen oder Einläppen das vorherige Sortieren verbunden werden.

383. Aussuchen und Sortieren.

Bei einer H/h-Passung kann es vorkommen, daß infolge Abnutzung der Lehren und Überschreitung des Toleranzfeldes bei der 5. bis 8. Qualität (y- bzw. y_1-Werte) oder aus einem anderen Grunde zwei Paßteile zusammentreffen, die nicht zusammengehen. Ebenso kann bei jeder anderen Passung beim Zusammenbau ein Grenzfall zustande kommen, der nach Abb. 31/1 bis 34/2 allerdings sehr selten sein wird. Dann nimmt der Arbeiter beim Zusammenbau einfach ein anderes Teil, wenn nicht gerade Einzelfertigung vorliegt; dieses Teil wird dann sehr wahrscheinlich „passen“. Wegen solcher Grenzfälle wird man bei größeren Stückzahlen unbesorgt geringe Überschreitungen der gewünschten Grenzspiele oder -Übermaße bei der Festlegung der Toleranzfelder zulassen dürfen, eben weil sie selten zustande kommen. Dies ist schon eine einfache Art des Aussuchens, die jeder Arbeiter ohne besondere Anleitung oder Anweisung selbständig vornimmt.

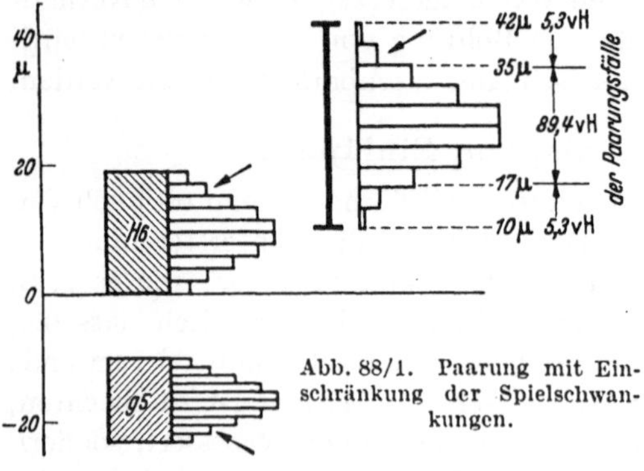

Abb. 88/1. Paarung mit Einschränkung der Spielschwankungen.

Werden bei Vermeidung zu kleiner Einzeltoleranzen die Grenzgebiete mit den unzulässigen Spielen oder Übermaßen so groß, daß dieser Fall schon häufiger eintritt, so kann man das Aussuchen nach bestimmten Passungsbedingungen vorschreiben. Ein Beispiel zeigt Abb. 88/1. Für die Einzelteile seien die Toleranzfelder H6 und g5 vorgeschrieben, die im Nennmaßbereich „über 50 bis 80“ eine Paßtoleranz von $\begin{smallmatrix} +\,42\,\mu \\ +\,10\,\mu \end{smallmatrix}$ ergeben. Für den Zusammenbau ist nun die Einschränkung gemacht, daß nicht dieses ganze Paßtoleranzfeld ausgenutzt werden darf, sondern nur der Bereich zwischen 17 und 35 μ. Dies wird — unter der

Voraussetzung, daß eine dem Gaußschen Gesetz folgende Verteilung vorliegt — in etwa 89,4 % aller Fälle ohne besonderes Aussuchen eintreffen. In 5,3 % aller Fälle wird sich ein Spiel ergeben, das zwischen 35 und 42 μ liegt, und in ebensoviel Fällen ein Spiel, das zwischen 10 und 17 μ liegt. Hat der Arbeiter beim Zusammenbau eine Bohrung gegriffen, die zwischen $+15,2$ und $+17,1$ μ liegt, und das wird in 6,1 % aller Fälle eintreten, und dazu eine Welle, die zwischen $-20,4$ und $-21,7$ μ liegt, so ergeben die beiden Teile zusammen ein Spiel zwischen 35,6 und 38,8 μ. (Die betreffenden Felder sind in Abb. 88/1 durch Pfeile gekennzeichnet.) Die Wahrscheinlichkeit dafür, daß er diese Welle findet, ist 6,1 %, diejenige, daß er eine Welle findet, die im untersten Feldchen von g 5 liegt, ist nur 3,1 %. Er wird also in $3,1 + 6,1 = 9,2$ % aller Fälle zu der Bohrung ein „falsches" Stück finden, in 90,8 % dagegen ein „passendes". Die Wahrscheinlichkeit, zweimal hintereinander zu der genannten Bohrung eine „falsche" Welle zu finden, ist aber nur 0,85 %.

Die Feststellung, ob im einzelnen Paarungsfalle der Spielbereich von 17 bis 35 μ eingehalten ist, könnte zunächst gefühlsmäßig gemacht werden. Bei einiger Übung erhält man ein gutes Gefühl für kleine Spiele, wenn diese Übung immer wieder messend kontrolliert wird. Man wird aber zugeben müssen, daß das Verfahren reichlich unsicher ist. Besser wäre schon, wenn es gelänge, für den Zusammenbau ein Meßgerät zu bauen, das das Spiel zahlenmäßig nachzuprüfen gestattet. Exakter, bequemer und sicherer als alle diese Möglichkeiten ist das Sortieren der Bohrungen und Wellen nach bestimmten Bereichen des Toleranzfeldes.

Der Arbeiter wird also ein Gerät erhalten, mit dem er das Spiel prüfen kann, oder, wo dies nicht möglich ist, gestufte Dorne und Rachenlehren, mit deren Hilfe er zu einer Welle, die im oberen Bereich des Toleranzfeldes liegt, eine ebensolche Bohrung suchen kann. Dies letztere Verfahren kommt auf Sortieren heraus.

Teilt man die Toleranzfelder $H 6$ und g 5 der Abb. 88/1 in zwei gleich große Teile, so erhält man beim Fügen entsprechender Teile die in Abb. 89/1 graphisch ermittelten Paßtoleranzen. Beim Paaren der jeweils in der oberen Hälfte der Toleranzfelder liegenden Sorten ergibt sich ein Spiel zwischen

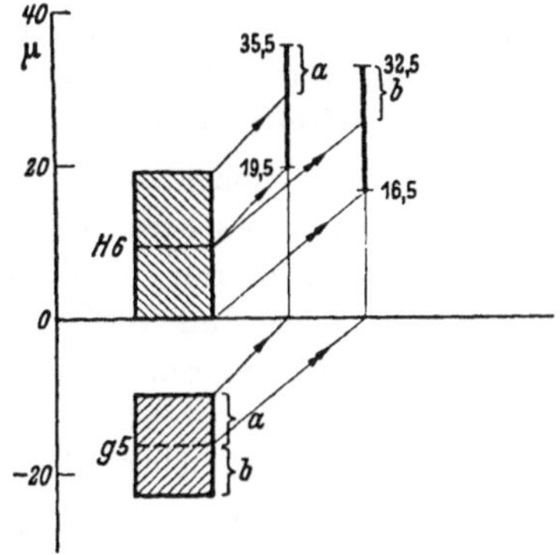

Abb. 89/1. Einschränkung der Paßtoleranz durch Sortieren.

19,5 und 35,5 μ, beim Paaren der unteren Sorten ein Spiel zwischen 16,5 und 32,5 μ. Dieser Unterschied rührt von der verschiedenen Größe der Toleranzfelder H6 und g5 her, er beträgt die halbe Differenz der Toleranzen, in dem Beispiel: $\dfrac{19-13}{2} = 3\,\mu$. Die ganze Paßtoleranz beim Sortieren wird also $35,5 - 16,5 = 16 + 3 = 19\,\mu$. Will man den Unterschied vermeiden, so muß man die Toleranzfelder für Bohrung und Welle gleich groß machen, das ist im ISA-System, das auf den Grundtoleranzen aufgebaut ist, leicht möglich.

Die Abb. 90/1 und 90/2 zeigen dies für eine Spiel- und eine Preßpassung. Es ist g6 statt g5 eingesetzt und die Berechnung ergibt für die Paarung der oberen und der unteren Hälften der Toleranzfelder zueinander die gleiche Paßtoleranz: $\begin{array}{l} +\,38,5\,\mu \\ +\,19,5\,\mu \end{array}$. Ebenso ergibt die Paarung H6/n6 bei Sortierung in zwei Gruppen die Paßtoleranz: $\begin{array}{l} -\,10,5\,\mu \\ -\,29,5\,\mu \end{array}$. Die Abbildungen zeigen, daß das Kleinstspiel $10\,\mu$ von H6/g6 beim Fügen sortierter Teile ein Kleinstspiel von $19,5\,\mu$

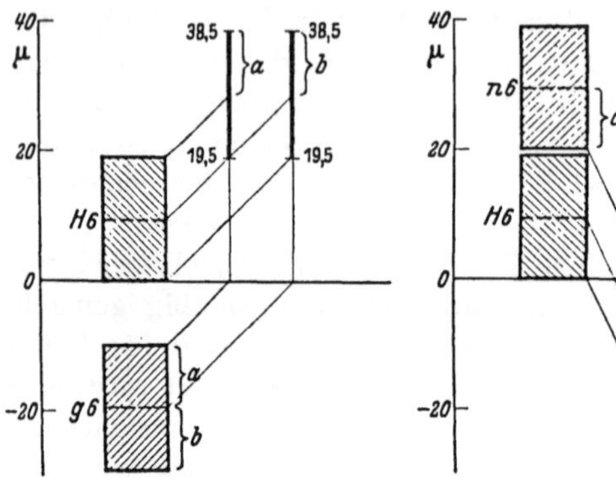

Abb. 90/1. Sortieren bei gleichen Toleranzen für Bohrung und Welle, Spielpassung.

Abb. 90/2. Sortieren bei gleichen Toleranzen für Bohrung und Welle, Preßpassung.

ergibt und das Kleinstübermaß $1\,\mu$ von H6/n6 entsprechend ein Kleinstübermaß von $10,5\,\mu$. Die Spiele und Übermaße nehmen also beim Sortieren ganz andere Werte an. Meist ist nun aber das Paßtoleranzfeld gegeben, und daraus sollen geeignete Werkstücktoleranzfelder gefunden werden. Hierfür lassen sich leicht die folgenden Beziehungen ableiten.

S_g = gewünschtes Größtspiel mit $+$, Kleinstübermaß mit $-$,

S_k = gewünschtes Kleinstspiel mit $+$, Größtübermaß mit $-$,

T = Größe der (gleich groß zu wählenden) Toleranzfelder für Bohrung und Welle,

n = Anzahl der Sortiergruppen,

S = Kleinstabstand (wenn $+$) bzw. Größtüberdeckung (wenn $-$) der gesuchten Werkstücktoleranzfelder.

$$T = \frac{S_g - S_k}{2} \cdot n$$

$$S = S_k - \frac{T\,(n-1)}{n}$$

Diese Formeln gelten für Spiel-, Übergangs- und Preßpassungen, wenn nur Spiele positiv und Übermaße negativ eingesetzt werden;

sie gelten auch gleichermaßen für das System Einheitswelle wie für Einheitsbohrung.

Beispiele: Gegeben $S_k = +5$, $S_g = +25$, $n = 3$, Nennmaß $= 6$ mm.

$$T = \frac{25-5}{2} \cdot 3 = 30; \quad S = 5 - \frac{30 \cdot 2}{3} = -15$$

(d. h. ein Übermaß von $15\,\mu$). Toleranzfelder: H9/j9 oder J9/h9 (Abb. 91/1).

Gegeben: $S_k = -23$, $S_g = -3$, $n = 3$, Nennmaß $= 6$ mm.

$$T = \frac{-3+23}{2} \cdot 3 = 30; \quad S = -23 - \frac{30 \cdot 2}{3} = -43$$

(d. h. ein Übermaß von $43\,\mu$). Toleranzfelder: H9/p9 oder P9/h9 (Abb. 91/2).

Ferner kann man sich für die Wahl von n merken:

Paßtoleranz $P = 2\,T/n$,

d. h. wird in zwei Gruppen sortiert, so ist die Paßtoleranz gleich der Einzelfertigungstoleranz, bei drei Gruppen ist sie zwei Drittel davon, bei vier Gruppen die Hälfte. Man hat also hier für besondere Fälle ein ausgezeichnetes Mittel, um kleine Toleranzen zu umgehen, muß sich aber darüber klar sein, daß austauschbare Ersatzteile nur noch geliefert werden können, wenn die Gruppennummer des Gegenstückes bekannt ist. Manche Firmen liefern auch bei laufenden Teilen als Ersatz mit Rücksicht auf die Abnutzung auf Grund von Erfahrungen immer die Wellen aus der Gruppe, in der sie am dicksten sind

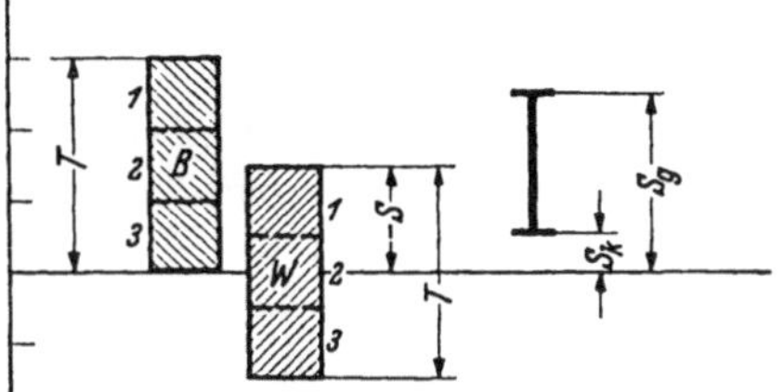

Abb. 91/1. Sortieren, Spielpassung. $n = 3$

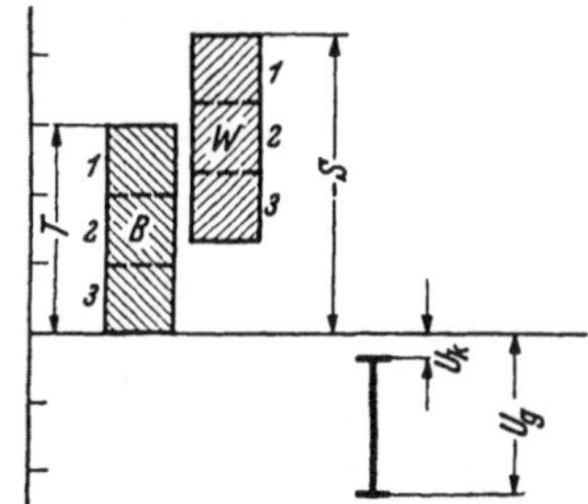

Abb. 91/2. Sortieren, Preßpassung. $n = 3$.

$(U_k = -S_g, \quad U_g = -S_k.)$

und die Bohrungen aus der Gruppe, wo sie am kleinsten sind.

Durch Umkehrung der Formel erhält man:

$$T = \frac{n}{2}\,P$$

und kann daraus bei gegebener Paßtoleranz und Gruppenzahl die Einzeltoleranz berechnen. Ferner ergibt sich:

$$n = 2\,T/P$$

Ist beispielsweise eine Paßtoleranz von $4\,\mu$ gefordert und lassen sich die Werkstücke im äußersten Fall noch mit $5\,\mu$ wirtschaftlich fertigen, so errechnet sich:

$$n = \frac{2 \cdot 5}{4} = 2,5 = \text{aufgerundet: } 3\,.$$

$$T = \frac{3}{2} \cdot 4 = 6\,\mu\,.$$

Für die Anwendung des Sortierverfahrens müssen jedoch noch einige Bedingungen gestellt werden, die z. T. recht unangenehm werden können. Die erste war bereits erkannt worden.

1. Die Toleranzfelder müssen bei Innenpaßteil und Außenpaßteil gleich groß sein.

2. Die Verteilung über die beiden Werkstücktoleranzfelder muß gleich sein; dies beweist ein Blick auf Abb. 32/1. Denn bei einer Verteilung nach Abb. 32/1 würden in der oberen Hälfte des Wellentoleranzfeldes 78% Teile anfallen, im entsprechenden oberen Bereich der Bohrung dagegen nur 22%. Man würde also mehr als die Hälfte der Teile übrigbehalten. Eine Verteilung nach Abb. 34/1 dagegen, die einen breiten Rücken aufweist, aber symmetrisch ist, geht auf, denn in gleichen Bereichen der Toleranzfelder finden sich die gleichen Werkstückzahlen.

3. Überschreiten die Formabweichungen der Werkstücke die Sortierungstoleranz, so wird das Sortieren sinnlos. Daher muß jedes Werkstück nach dem Taylorschen Grundsatz geprüft werden.

Die Sortierung wird mit Festmaßlehren vorgenommen, sofern deren Meßunsicherheit — z. B. Aufbiegung der Rachenlehre — nicht zu groß ist, oder mit Istmaßlehren oder mit selbsttätigen Sortiervorrichtungen, die ebenfalls Festmaßlehren darstellen.

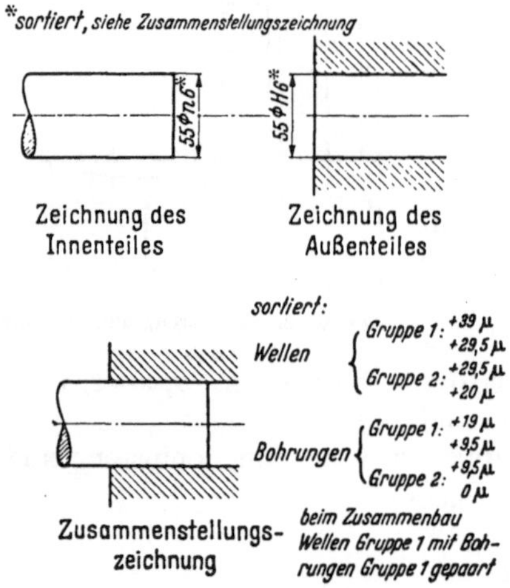

In dieser Weise werden beispielsweise auch die Wälzkörper und entsprechend die Laufringe von Wälzlagern sortiert, um die Lagerluft auf möglichst kleine Beträge herabzudrücken, die bei rein austauschbarer Fertigung, die hier auch nicht erforderlich ist, nicht erreichbar wären.

Sind die erreichbaren Toleranzen für die zu paarenden Teile sehr verschieden groß, z. B. für eine Bohrung das Dreifache der Welle, so kann man kleine Paßtoleranzen dadurch erzielen, daß man die Bohrungsteile beispielsweise in drei Gruppen sortiert und die Wellen in drei entsprechenden Sorten fertigt. Dadurch wird die Wellenfertigung unabhängig von der der Bohrungsteile.

Abb. 92/1. Beispiel für die Zeichnungsangaben beim Sortieren.

Für den gewöhnlichen Fall des Sortierens mit gleichen Toleranzfeldern, wie in Abb. 90/1 bis 91/2, sind die Ausschnitte aus den Teilzeichnungen und der Zusammenstellungszeichnung in Abb. 92/1 mit den zugehörigen Bemerkungen dargestellt. Kommt das Sortieren häufiger vor, so empfiehlt es sich, dafür eine allgemeine Vorschrift für die

Werkstatt aufzustellen. Man kann sich dann die umfangreichen Bemerkungen auf der Zeichnung sparen und mit wenigen Stichworten auf die Vorschrift hinweisen.

4. Einfluß der Passungen auf die Umgebung der Paßstelle, auf Gestaltung und Berechnung.

Die Erkenntnis, daß auch verwickelte technische Erzeugnisse nur auf der Grundlage der Massenfertigung mit einem Mindestaufwand an Arbeitszeit und an hochwertiger Arbeitskraft für das einzelne Stück hergestellt werden können, ist in der amerikanischen Kraftwagenindustrie allgemeines Gedankengut geworden. Freilich waren dort reichlich Mittel für kostspielige Betriebseinrichtungen vorhanden und vor allem eine breiteste Absatzbasis gesichert, während Europa zwar auch großen Bedarf, aber mancherlei Hemmungen zwischen den zahlreichen großen, mittleren und kleineren Staaten durch politische und wirtschaftliche Wirrnisse hatte. Die Entwicklung des Volksempfängers und des Volkswagens und das starke Streben nach einer Typenverminderung auf vielen Gebieten zeigt, daß die erwähnte Erkenntnis sich auch in Europa, und zwar ausgehend von Deutschland und seinem genialen Führer, kraftvoll durchzusetzen beginnt. Eine weitere Beschleunigung in dieser Entwicklung ist durch die aufs äußerste angespannte Massenfertigung von Wehrmachtsgeräten zu erwarten.

Eine Massenfertigung ist jedoch undenkbar ohne Austauschbau. Allerdings erfordern Austauschbau und Massenfertigung eine viel sorgfältigere Durcharbeitung der Konstruktion, vor allem in fertigungstechnischer Hinsicht, und eine längere Anlaufzeit bis zum Beginn des Ausstoßes. Die Grundlagen des Austauschbaues sind Toleranzen und Passungen.

Die wichtigste Voraussetzung für das Arbeiten mit Toleranzen ist die Vorstellung, daß jede Begrenzungsfläche eines Körpers, den wir herstellen, bezüglich ihrer Größe, Form und Lage in der laufenden Fertigung Schwankungen unterworfen ist. Diese Unterschiede zwischen den anfallenden Teilen müssen eingegrenzt werden, und das geschieht eben dadurch, daß das Konstruktionsbüro Toleranzen vorschreibt. Damit ist eine grundsätzliche gedankliche Umstellung der Gestaltungs- und Fertigungsingenieure notwendig geworden.

Nachdem durch die Beschäftigung mit Toleranzen die Tatsache, daß jedes Maß ungenau ist und die zulässigen Abweichungen angegeben werden müssen, erst einmal mit voller Klarheit erkannt worden ist, und weil bei Massenfertigung jedwede Nacharbeit beim Zusammenbau soweit wie irgend möglich vermieden werden muß, können Forderungen, wie „spielfrei" oder „zügig gehend" oder „stramm passend", die man bisher oft auf Zeichnungen fand, nicht mehr in dieser Form gestellt werden. Man wird infolgedessen bei einer Konstruktion oft an einen Punkt kommen, wo eine solche Forderung aus funktionellen Gründen eigentlich gestellt werden müßte; sie ist aber nicht erfüllbar, weil so kleine Toleranzen, wie sie dann vorgeschrieben werden müßten, entweder gar nicht oder nur mit einem untragbar großen Aufwand an Arbeitszeit und Betriebseinrichtungen eingehalten werden können. Dabei bleibt es sehr dahingestellt, mit welcher Vollkommenheit die Forderung früher durch Handarbeit und Nacharbeit ohne zahlenmäßige Angaben nur nach dem Gefühl erfüllt wurde.

Der Verfasser hat sich von einer angesehenen Firma, die von den üblichen Angaben: „stramm gepaßt“, „zügig gepaßt“ und „fallend gepaßt“ nicht abgehen zu können glaubte, eine Anzahl Musterstücke für diese drei verschiedenen Passungsarten anfertigen lassen. Diese Musterstücke wurden in der Physikalisch-Technischen Reichsanstalt auf das sorgfältigste gemessen. Das Ergebnis war folgendes: Es war zwar in den Mittelwerten ein Unterschied um einige μ zwischen den drei Passungsarten erkennbar, oft hatte aber auch an diesen Musterstücken eine losere Passung weniger Spiel als eine festere; die gefühlsmäßig gefertigten Passungen gingen also sehr ineinander über. Ferner waren die Formabweichungen bei zahlreichen Stücken weit größer als die Unterschiede der Passungsarten untereinander. Dies ist — in Anbetracht dessen, daß es sich um Musterstücke handelte — nur eine Bestätigung für die Vermutung des Verfassers, die den Anlaß zu dem Versuch gab.

Es sei noch hinzugefügt, daß die Paßstücke so temperaturempfindlich waren, daß in einem Falle eine verhältnismäßig lose Passung im angelieferten Zustande so fest saß, daß sie nur durch Anwendung von Kohlensäureschnee und Erwärmung des Ringes getrennt werden konnte. Nach dem Auseinandernehmen zeigten sich keinerlei Beschädigungen der Oberflächen oder gar Anfressungen. Die Erscheinung kann nur so erklärt werden, daß die Teile bei verschiedenen Temperaturen gefühlsmäßig zusammengefügt worden waren.

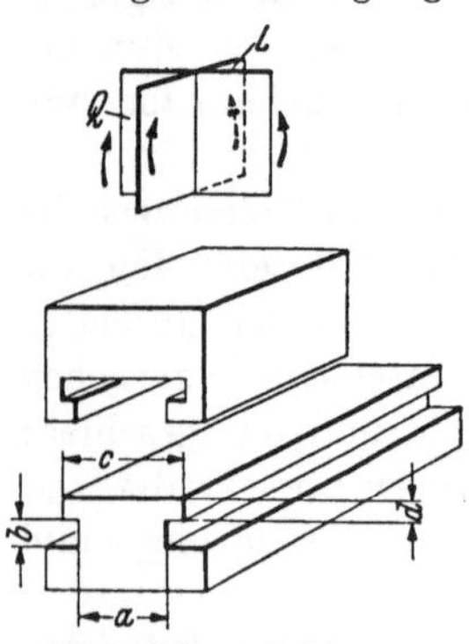

Abb. 94/1.   Spielpassung, Einfluß der Führungslänge auf die Passung.

Die Beschäftigung mit Toleranzen hat also die Stellen eines Gerätes, an denen eine zu hohe Genauigkeit nötig oder erwünscht wäre, erkennen lassen, und die nächste Aufgabe des Gestalters ist, diese kleinen Toleranzen durch entsprechende zweckmäßige Umgestaltung zu vermeiden. Dies ist der Kernpunkt dieses Kapitels, das auch überschrieben werden könnte: „Vermeidung kleiner Toleranzen“ und eigentlich auch, neben der richtigen Anwendung der ISA-Passungen, das Kernproblem dieses Buches.

Die Abb. 94/1 veranschaulicht diese Zusammenhänge an dem Beispiel einer T-förmigen Führung. Die Güte der Führung wird bestimmt durch die Winkelbeträge, um die der Schlitten in der Längsebene L und in der Querebene Q schlottern kann, wenn — im ungünstigsten Falle — Größtspiel entsteht. Der Gestalter wird zunächst entscheiden müssen, welchen größten Betrag er hierfür zulassen kann. Daraus und aus einem mit Rücksicht auf die Gängigkeit festzusetzenden Kleinstspiel ergibt sich die Paßtoleranz, die dann, entsprechend den Fertigungsschwierigkeiten, für beide Teile gleich oder ungleich, auf die beiden Paßteile aufgeteilt werden muß.

Kommt man hierbei auf Einzeltoleranzen, die in der Massenfertigung durch Fräsen oder Hobeln gut einzuhalten sind, so müssen an den Enden der Führung entsprechende Ausläufe oder Freiarbeitungen für die Werkzeuge vorgesehen werden, wenn die Führungen nicht so glatt durchgehen wie in der Abbildung. Bei kleineren Toleranzen muß geräumt werden, dabei muß das Räumwerkzeug freigehen. Werden die Teile gehärtet, so ist an Schleifen und Schleifeinstiche zu denken, die wiederum die Festigkeit beeinträchtigen können. Ferner verziehen sich die Teile bei der Wärmebehandlung, deshalb wäre in diesem Falle ein größeres Kleinstspiel erforderlich oder eine Lehre von der Länge und Steifheit des Gegenstückes: Beides kommt auf dasselbe heraus. Mit einer Verlängerung der Führung, also des Oberteiles, wird der Winkel, um den die Führung schlottern kann, im gleichen Verhältnis kleiner, wenn das Größtspiel beibehalten wird. Eine solche Verlängerung, die sich vielleicht aus der Toleranzprüfung als notwendig ergibt, bedeutet oft eine vollständige Umgestaltung. Das gleiche tritt ein, wenn zum Ausgleich der Toleranzen oder der Abnutzung eine Nachstellung mit Keilleisten angebaut werden muß.

Man erkennt an diesem einfachen Beispiel, in welche Gebiete die Passungs- und Toleranzfrage hineingreift: Fertigung, Festigkeit, Werkstoffe, Wärmebehandlung, Prüfung; kurzum alles, was der Gestalter beim Entwurf neben der Sorge um die einwandfreie Funktion zu beachten hat.

In der Abb. 95/1 ist an einem Beispiel gezeigt, wie die Einhaltung kleiner Toleranzen erleichtert werden kann. Als Anlage für den Wälzlageraußenring ist statt

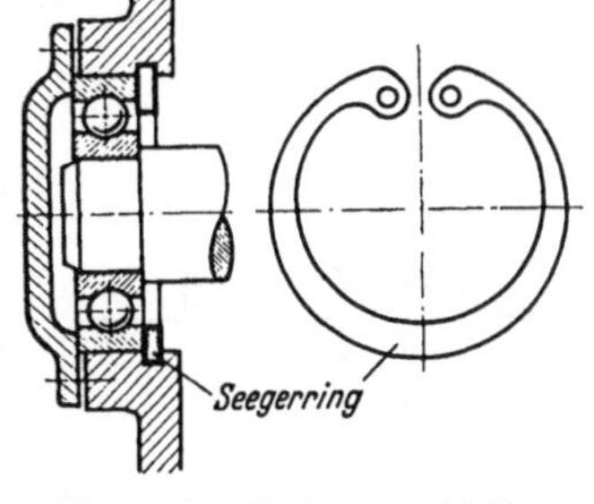

Abb. 95/1. Fertigungserleichterung bei kleinen Toleranzen durch eingelegten federnden Ring.

eines Bohrungsabsatzes eine Rille eingestochen, in die ein federnder Ring (Seegerring) eingelegt ist. Infolgedessen kann die kleine Toleranz für den Sitz des Wälzlagerringes leichter eingehalten werden, weil man durchreiben kann. Hier wird also durch eine zweckentsprechende Bauweise eine wesentliche Fertigungserleichterung erzielt. Dies ist ein Punkt, den sich der Gestalter allgemein mehr als bisher angelegen sein lassen sollte. Zum gleichen Thema gehören allzu kurze Zentrierungen ohne Schleifeinstiche, lange enge Passungen, die nur mit schwachen

Werkzeugen bearbeitet werden können oder solche an nachgiebigen Werkstücken.

Ein weiteres Beispiel für den Einfluß der Passungen auf die Gestaltung zeigt Abb. 96/1. Während man früher das Drehmoment durch eine Paßfeder zu übertragen pflegte, zu der als Sicherung in der Achsenrichtung noch ein Querstift hinzukam, gibt die rechnerische Beherrschung der Preßpassungen heute die Möglichkeit, das gleiche gestalterische Ziel viel einfacher zu erreichen und dabei Arbeitszeit, Platz, Werkstoff und Gewicht zu sparen. Außerdem werden die bei Wechselbeanspruchung gefährlichen Kerben vermieden, wenn die Kanten der Bohrung etwas ausgerundet werden. Infolgedessen

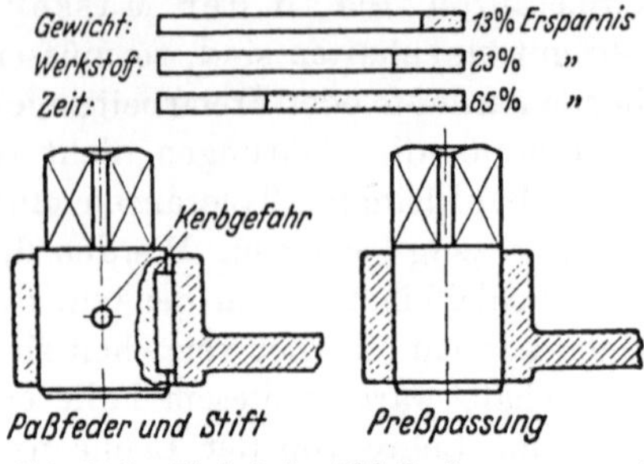

Abb. 96/1. Einfluß der ISA-Preßpassungen auf die Gestaltung.

kann der Vierkantbolzen dünner werden. Man braucht auch nicht mehr an dem Bolzen die für Verdrehungsbeanspruchung wichtigste äußere Zone stellenweise wegzufräsen und zu durchschneiden, sondern erhält eine gleichmäßige Kraftverteilung auf den ganzen Umfang.

41. Mehrfaches Tragen und Führen.

Wir wollen an dem Beispiel eines Kammlagers einige toleranztechnische Überlegungen anstellen. Zunächst sind in Abb. 96/2 bei a die Maße von einem Bund zum anderen so eingetragen, daß sie Außenmaße darstellen, also mit einer Rachenlehre geprüft werden können. Man könnte ebensogut auch die Schlitzbreiten (Flachpassung-Außenteil) bemaßen, tolerieren und prüfen.

Man kann an der Abbildung abzählen, daß sich von der Anlagefläche des ersten bis zu der des vierten Bundes die Toleranzen von 6 Maßen addieren. Dies gilt für Welle und Bohrung, folglich kommen zwölf Toleranzen zusammen. Bemaßt man aber so, wie es in der Abbildung bei b angedeutet ist, so kommen an Welle und Bohrung je nur 2 Toleranzen zusammen, nämlich der Abstand von der gemeinsamen Ausgangsfläche links und die Breite der Nut bzw. des Bundes.

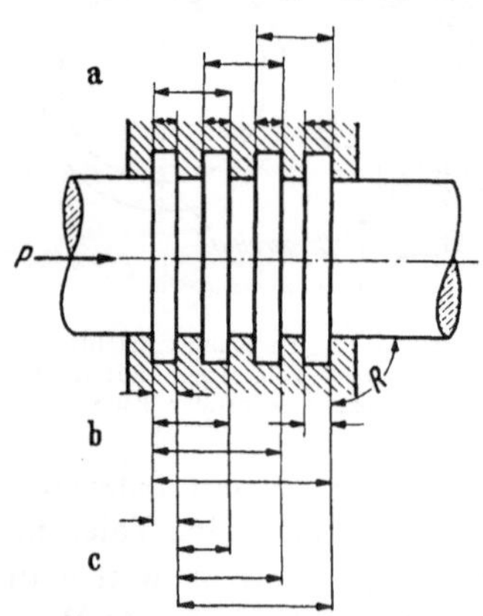

Abb. 96/2. Tolerierung eines Kammlagers. Toleranzgeometrisch können nicht alle Kämme tragen.

Auch dann noch und selbst wenn man die Abstände gleichgerichteter

Flächen, die ja möglichst gleichzeitig tragen sollen, unmittelbar tolerieren würde (Fall c), hat man zwar nur je eine Toleranz, muß sich aber darüber klar sein, daß nicht alle Kämme gleichmäßig tragen können. Bei „Staffelmaßen" (Tiefenmaßen), d. h. den Abständen gleichgerichteter Flächen ist aber die Meßunsicherheit größer. Bei der elastischen Verformung der beiden Bauteile unter Last können dann trotzdem alle Kämme zur Anlage kommen und, mehr oder weniger stark, aber nie ganz gleichmäßig, zur Kraftübertragung herangezogen werden. Es ist ferner zu bedenken, daß bei geringen Abweichungen von der Rechtwinkligkeit R bei beiden Bauteilen zunächst nur ein Bund oder eine Nut an der äußersten Kante anliegt und dadurch eine zusätzliche Biegungsbeanspruchung hervorgerufen wird.

Man muß also in solchen Fällen die Bemaßung so vornehmen, daß sich möglichst wenige Toleranzen addieren und nebenbei auch die Meßunsicherheit beachten.

Der Fall, daß mehrere Flächen an der Kraftübertragung beteiligt sein sollen, die durch tolerierte Maße zueinander in Beziehung stehen, kommt sehr oft vor. Es sei beispielsweise an Zahnräder erinnert, bei denen stets mehrere Zähne im Eingriff sind. Dabei haben die Zähne noch eine verwickelte Kurvenform und sind toleranzmäßig nur schwierig zu erfassen. Durch die Zahnkraft werden die Zähne elastisch abgebogen, es wird aber verlangt, daß ein Zahn den anderen bei großer Geschwindigkeit ohne Geräusch ablöst.

Ein anderes Beispiel ist die Keilwelle (Abb. 97/1), bei der die Breitentoleranzen von Nut und Leiste und die Winkelabweichungen, die auch Symmetrietoleranzen einschließen, beachtet werden müssen. Nur durch elastische Verformung kann eine größere Anzahl der Leisten wirklich je einen Teil des Drehmomentes übertragen, wobei die elastische Vorbeanspruchung von der Tragfähigkeit abzuziehen ist. Dementsprechend ist in den Dinormen für Keilwellen schon bei Angabe der Tragfähigkeit zugrunde gelegt, daß nur drei Viertel der Keile tragen.

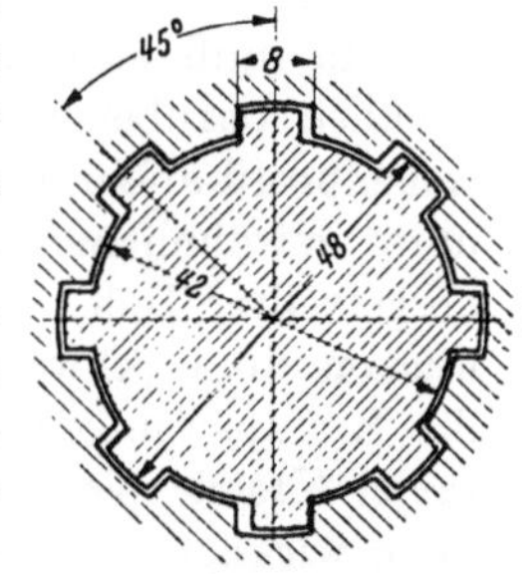

Abb. 97/1. Keilwelle. Infolge von Teilungsfehlern (übertrieben dargestellt) tragen nicht alle Flanken.

Infolge der Teilungsfehler und der Spiele zwischen Nuten und Stegen liegt die Nabe nicht mittig zur Keilwelle, wenn nur in den Nuten zentriert ist. Ist die Keilnabe beispielsweise mit einem Stirnrad verbunden, so wird der Gestalter oft die so sich ergebende Zentrierungsgenauigkeit nicht für ausreichend halten, um in der Verzahnung einen möglichst kleinen Radialschlag und folglich auch geringes Geräusch im Betriebe zu erzielen. Es kommt hinzu, daß auch beispielsweise bei Zentrierung im Innendurchmesser die Ausgangsbohrung der Keilnabe zur Verzahnung außermittig verlaufen kann, und, wenn die Räumnadel in dieser Ausgangsbohrung geführt wird, hier wiederum ein geringes Spiel notwendig ist, das Außermittigkeit der Nuten zum Innendurchmesser im Gefolge haben kann, weil die Räumnadel stets irgendwelchen weicheren Stellen im Werkstoff nachfolgt.

Dies bringt den Gestalter oft auf den Gedanken, in diesem Falle vor und hinter dem Keilwellenprofil noch eine besondere runde Zentrierung anzuordnen (Abb. 98/1). Dadurch werden die Verhältnisse in toleranztechnischer Hinsicht noch komplizierter und undurchsichtiger. Denn es muß jetzt auch noch die außermittige Lage dieser Rundpassungen zum Keilwellenprofil berücksichtigt werden. Die Gutlehre muß nach dem Taylorschen Satz, um die Möglichkeit des Zusammenfügens sicherzustellen, das Keilwellenprofil und die beiden Rundpassungen enthalten. Dies ist beim Lehrdorn möglich, er kann mit genügender Genauigkeit gefertigt und gemessen werden.

Abb. 98/1. Keilwelle mit beiderseitiger Zentrierung. (Die vordere Rundpassung ist durch die durchgehenden Keilnuten der Nabe unterbrochen.)

Für die Welle ist eine entsprechende Ringlehre in fertigungstechnisch und meßtechnisch einwandfreier Form sehr schwierig zu entwerfen.

Man muß sich bei der Konstruktion nach der Abb. 98/1 Zahlenangaben darüber verschaffen, wieviel die Rundpassungen zum Keilwellenprofil außermittig liegen können, am besten durch Messen einiger unter gewöhnlichen Bedingungen, d. h. nicht besonders sorgfältig hergestellter Teile. Mit einem genügend großen Zuschlag (50 bis 100 %) müssen diese Abweichungen so berücksichtigt werden, daß nunmehr die Rundpassungen wirklich zentrieren und zwischen Leiste und Nut soviel Kleinstspiel ist, daß — unter Beachtung der Teilungsfehler — diese wirklich nur Drehmoment übertragen. Es ist sinnlos, wenn, wie dies oft zu hören ist, die Werkstattleute behaupten, sie arbeiteten an dieser oder jener Stelle ohne irgendwelche Abweichungen. Eine solche Äußerung kann nur von vollkommener Unkenntnis der wahren Abweichungen herrühren.

Wenn die beiden Teile der Abb. 99/1, die durch zwei Bolzen miteinander verbunden werden sollen, so starr sind, daß sie beim Zusammenbau nicht nachgeben können, und wenn gleichzeitig die Verbindung nur wenig Spiel haben darf, so kommt man auf sehr kleine Lochabstandtoleranzen. Um diese zu vermeiden, wählt man besser einen Weg, der jedem Vorrichtungsbauer geläufig ist: Man flacht den einen Bolzen ab (Abb. 99/2 a). Ist dies unzweckmäßig, etwa weil der Bolzen dann besonders gegen Verdrehen gesichert werden muß, so ersetzt man die eine Bohrung durch einen Schlitz wie in Abb. 99/2 b. Da sich in beiden Fällen für die Kraftübertragung praktisch nur sehr kleine Berührungsflächen ergeben,

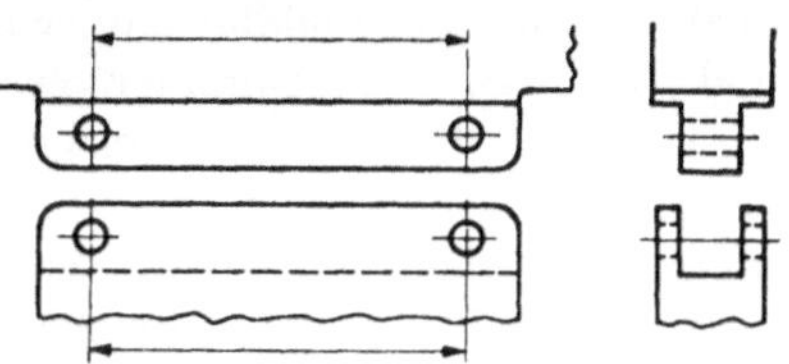

Abb. 99/1. Verbindung zweier Bauteile durch zwei Bolzen ergibt sehr kleine Lochabstandstoleranzen, wenn nur kleine Spiele zulässig sind.

stellt Ausführung c die beste Lösung dar, bei der auf einer Seite die Rundpassung durch eine Flachpassung ersetzt wurde. Hierbei brauchen nur die Fluchtungsfehler zwischen beiden Passungen durch entsprechendes Spiel berücksichtigt zu werden.

Mitunter werden solche im Durchmesser und Abstand mit kleinen Toleranzen gefertigten Bohrungen als Aufnahme- und Ausgangsbohrungen für die folgenden Arbeitsgänge benutzt. Wenn die engen Toleranzen nicht aus anderen funktionellen Gründen erforderlich sind, so empfiehlt es sich auch hier, nach Abb. 99/2 b oder c zu gestalten.

Eine Parallelführung auf zwei Rundpassungen findet man auch im Werkzeugmaschinenbau. So wird bei einer Sonderfräsmaschine der Querträger mit dem Werkzeug auf zwei senkrechten runden Säulen geführt. Dagegen ist nur dann nichts einzuwenden, wenn entweder Ständer und Querträger mit der gleichen Vorrichtung gefertigt werden, so daß die Abweichungen im Lochabstand sehr klein werden, oder wenn an irgendeiner Stelle eine Nachstellmöglichkeit geschaffen wird. Im ersten Falle sind die Teile dann nur so lange austauschbar, wie die gleiche Vorrichtung benutzt wird.

Bei einem Säulenführungsgestell für Schnitt- und Stanzwerkzeuge liegt die Führung ebenfalls in zwei Rundpassungen, die sehr eng toleriert werden müssen (Abb. 99/3). Bei dem entsprechenden Fertigungsverfahren, das auf große Mengen zugeschnitten ist, ist es nicht schwierig, auch den Lochabstand im Ober- und Unterteil in engen Grenzen einzuhalten. Diese wenigen hundertstel Millimeter

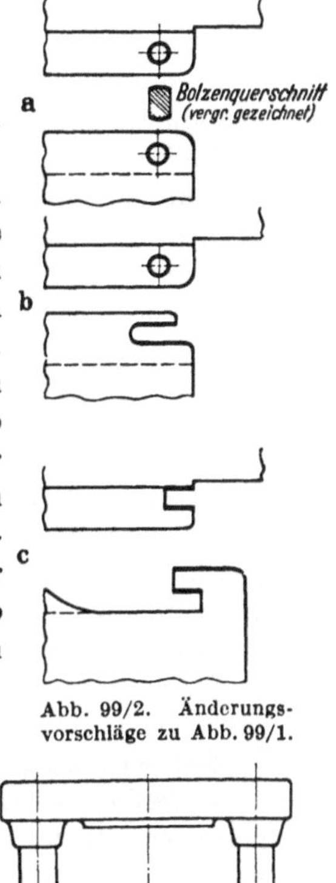

Abb. 99/2. Änderungsvorschläge zu Abb. 99/1.

Abb. 99/3. Säulenführungsgestell.

werden durch elastische Verformung von Ober- und Unterteil über-brückt, da das Oberteil von der Presse bewegt wird und infolgedessen nicht leicht verschiebbar zu sein braucht. Praktisch sind so Ober- und Unterteil gegeneinander vertauschbar.

Der Fall, daß mehrere Bolzen gleichzeitig tragen müssen, liegt auch bei jeder Nietreihe vor. Für die Fertigung der Nietlöcher in den zu-sammengehörigen Teilen gibt es drei Möglichkeiten:

1. Die Teile werden gemeinsam nach Anriß oder mit einer Vor-richtung gebohrt. Ersatzteile müssen dann ungebohrt geliefert werden, die Nietlöcher werden beim Anbringen der Ersatzteile von den Anschluß-teilen abgebohrt.

2. Die Teile werden getrennt in Vorrichtungen gebohrt, die auf-einander abgestimmt sind. Dabei wird auf die Lage der Löcher nach den Zeichnungsmaßen weniger geachtet, sondern nur auf die übereinstimmende in den zusammengehörigen Teilen. Mitunter kann auch eine Bohrvorrichtung so ausgebildet werden, daß sie für beide Werkstücke anwendbar ist.

Die Teile sind nur so lange austauschbar, als Vorrichtungen mit den gleichen Maßen benutzt werden, und nur insoweit, als Erzeugnisse der gleichen Werkstatt als Ersatzteile angebracht werden.

3. Die Teile werden in Vorrichtungen gebohrt, die die Einhaltung von entsprechend gewählten Toleranzen gewährleisten. Die Teile sind dann austauschbar. Die beim Bohren entstehenden Durchmesser-abweichungen wie auch die Lageabweichungen der Löcher innerhalb der Toleranz werden beim Stauchen des Nietes ausgeglichen. Fall 3 wird im Eisenbahnwagenbau in großem Umfange für alle Teile an-gewendet, die Verschleiß- oder Bruchgefahr unterliegen, wie z. B. Achs-halterhälften, Achshaltergleitbacken, Federböcke, Knotenbleche usw. Dadurch ist getrennte Fertigung in verschiedenen Waggonfabriken und Zusammenbau an einer dritten Stelle möglich. Außerdem wird die In-standsetzung der Fahrzeuge sehr erleichtert und beschleunigt.

Eine T-förmige Führung nach Abb. 94/1 enthält mehrere Flach-passungen. Man muß sich hierbei von vornherein darüber schlüssig werden, welche Flachpassungen die Führung übernehmen sollen, denn sonst werden unnötig viele kleine Toleranzen vorgeschrieben, von denen praktisch nur die Hälfte zur Wirkung kommt. Sollen die Teile in der Breite a tragen, so muß bei c so viel Kleinstspiel vorgesehen werden, daß Mittigkeitsabweichungen, mit denen bei der Fertigung gerechnet werden muß, nichts schaden. Ebenso muß man sich entscheiden, ob das Paßmaß in der Höhe bei b oder bei d liegen soll. Bei dieser Auswahl wird man das Fertigungsverfahren und die Prüfung mit Lehren zu be-rücksichtigen haben. Die nicht an der Führung beteiligten Flächen erhalten große Spiele und grobe Toleranzen (Abb. 101/1).

Es hat im Hinblick auf Festigkeit und Verschleiß der Teile keinen
Zweck, alle Flächen eng zu tolerieren, weil doch immer nur in jeder
Richtung ein Flächenpaar anliegen wird, zum mindesten am neuen
Gerät, so lange, bis die anliegenden Flächen
so weit abgenutzt sind, daß die übrigen eben-
falls anliegen.

Wir haben also gesehen, daß das Tragen,
Führen, Zentrieren usw. auf mehreren Paßflächen
gleichzeitig nur durch elastische (oder plastische)
Verformung oder durch Abnutzung, die auch
künstlich durch Einlaufenlassen hervorgerufen
werden kann, zu bewerkstelligen ist.

Dies führt dazu, die Bauteile so elastisch zu
gestalten, daß tatsächlich, wie es ja oft dringend
erforderlich ist, mehrere Flächen an der Kraftübertragung teilnehmen.

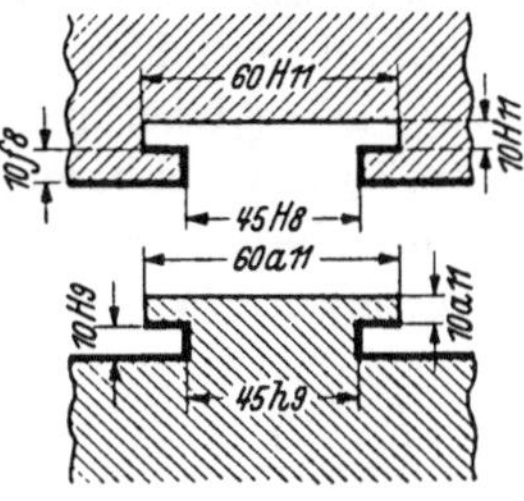

Abb. 101/1. Tolerierung
an einer T-förmigen Füh-
rung. Waagerecht und
senkrecht trägt nur je ein
Flächenpaar.

42. Elastische Bauweise.

Im Beispiel der Abb. 101/2 ist das Kurvenstück an der Schwinge
durch mehrere Paßschrauben befestigt. Wenn Austauschbarkeit verlangt wird, etwa weil das Kurvenstück schnell verschleißt und dann
ohne Nacharbeit ausgewechselt werden soll,
so muß die Passung zwischen Schraube und
Paßloch mit der Lochabstandtoleranz abgestimmt werden. Die gewählte Passung
20 H 7/b 9 hat eine Paßtoleranz von $\begin{array}{l}+\ 233\ \mu\\ +\ 160\ \mu\end{array}$.
Damit die Paßbolzen eingeführt werden
können, darf jede Bohrung von ihrer idealen
Lage nach beliebiger Richtung um 80 μ abweichen, entsprechend dem Kleinstspiel von
160 μ[1]. Es ergibt sich also eine Lochabstandtoleranz von $\pm$ 0,08, die auf $\pm$ 0,1 abgerundet wurde. (Die Teile sind folglich nicht
unbedingt austauschbar; wegen der Unwahrscheinlichkeit für das Zusammentreffen
der Grenzfälle können solche Vernachlässi-
gungen vielfach unbedenklich vorgenommen

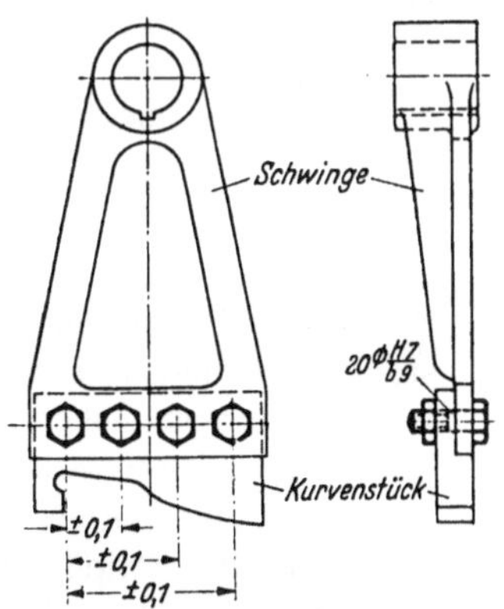

Abb. 101/2. Vier Paßschrauben
können bei austauschbarer Fertigung nicht gleichzeitig Scher-
beanspruchung aufnehmen.

werden.) Wenn man an die möglichen äußersten Abweichungen der
Werkstücke innerhalb dieser Toleranzen denkt, aber auch andererseits
an die Möglichkeit, daß die Bohrungen sehr wenig von ihrer idealen

---

[1] [180], S. 116.

Lage abweichen, so wird klar, daß keinesfalls alle vier Paßschrauben in ihren Bohrungen so zur Anlage kommen, daß das Verschieben des Kurvenstückes um geringe Beträge mit Sicherheit unmöglich ist. Die Lage der beiden Teile zueinander kann folglich nur durch Reibungsschluß gesichert werden.

Diese Überlegung führt zu dem Schluß, daß die vier Paßschrauben bei austauschbarer Fertigung nach Toleranzen gar keinen rechten Sinn mehr haben. Man könnte sie also durch gewöhnliche Sechskantschrauben ersetzen. Was soll aber nun geschehen, um die beiden Bauteile gegeneinander festzulegen? Eine von den vier Schrauben könnte als Paßschraube belassen werden; sie würde zweckmäßig eine enge Spielpassung oder eine Übergangspassung erhalten. Dann könnte sich das Kurvenstück aber um diese Achse um die durch die Spiele und Toleranzen der übrigen (gewöhnlichen) Schrauben gegebenen Beträge verdrehen. Ist das konstruktiv und funktionell unzulässig, so bietet Abb. 102/1 ein Beispiel für eine Lösung dieser Aufgabe. Im unteren Teil der Schwinge ist der Mittelsteg herausgeschnitten, die Arme und die Paßschrauben sind etwas verstärkt worden, und es wurde die Passung H 7/k 6 und eine Lochabstandtoleranz von $\pm$ 0,1 mm vorgeschrieben. Um diesen geringen Betrag können die beiden Arme beim Zusammenbau ohne weiteres zusammen- oder auseinandergebogen werden, so daß sich die Paßschrauben einführen lassen. Die Schwinge, die für sich gesehen unstarr aussieht, wird durch das Kurvenstück genügend versteift und die Austauschbarkeit des Kurvenstückes ist vollkommen sichergestellt. Nebenbei ist bei dieser Konstruktionsänderung an der Schwinge noch ein überflüssiges Stück Werkstoff abgefallen und das Gesamtgewicht ist vermindert worden. Im Zweifelsfall muß die Biegungsbeanspruchung in den Armen nachgerechnet werden, manchmal wird sich dabei ergeben, daß die Abstandstoleranz von $\pm$ 0,1 unbedenklich noch vergrößert und dadurch die Fertigung noch mehr erleichtert werden kann.

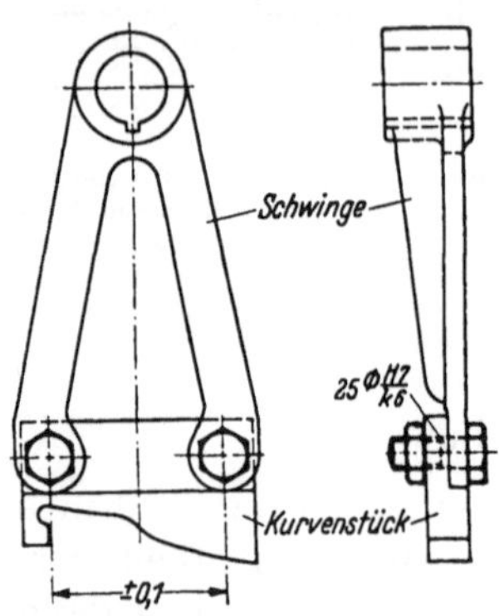

Abb. 102/1. Befestigung des Kurvenstückes mit zwei Paßschrauben, Lochabstandstoleranz wird durch elastische Verbiegung der Arme ausgeglichen.

In der Abb. 103/1 soll eine Axialkraft P möglichst von beiden Lagerständern aufgenommen werden. Dies scheint zunächst toleranztechnisch unmöglich zu sein. Eine Toleranzuntersuchung an Hand der zunächst eingesetzten Passungen ergibt, daß an den Bunden der Welle außen bei ungünstiger Auswirkung aller Toleranzen eine Pressung von 0,206 mm auftritt, während an den inneren Stirnflächen der Lagerschalen im anderen Grenzfalle gerade noch keine Pressung erfolgt. Die rechnerische Pressung von 0,206 mm ruft beim Einlegen der Welle eine Verbiegung jedes der beiden Ständer um 0,103 mm nach innen hervor, die aus Festigkeitsgründen tragbar ist, aber ein geringes Schiefstehen der Lagerachsen zur Folge hat, das bei der Bemessung des Kleinstspiels im Lagerdurchmesser beachtet werden muß.

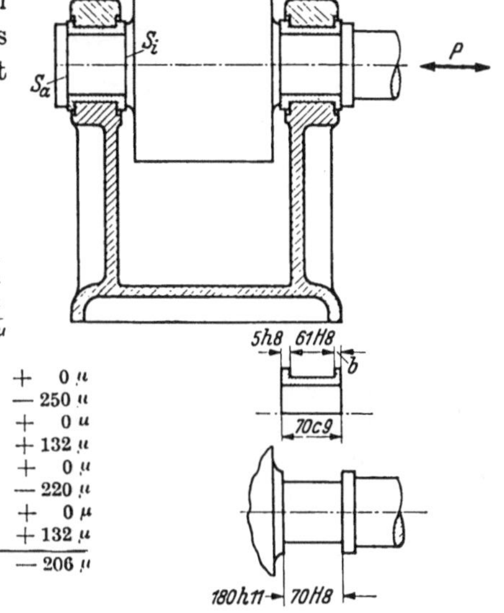

Toleranzuntersuchung:
(G) = Größtmaß, (K) = Kleinstmaß.

a) Bunddicke b:

$$
\begin{aligned}
b\,(G) = 70\,c\,9 \;\;(G) \;\;= &\;\; 70\ \text{mm} &&- 150\ \mu\\
- \;\; 5\,h\,8 \;\;(K) &- 5 &&+ \;\; 18\ \mu\\
- \;\; 61\,H\,8\,(K) &- 61 &&- \;\;\;\; 0\ \mu\\
\hline
= &\;\;\; 4\ \text{mm} &&- 132\ \mu
\end{aligned}
$$

b) Kleinstspiel außen:

$$
\begin{aligned}
S_a\,(K) = \;\; 70\,H\,8 \;\;(K) = &\;\; 70\ \text{mm} &&+ \;\;\;\; 0\ \mu\\
+ 180\,h\,11\;(K) &+ 180 &&- 250\ \mu\\
+ \;\; 70\,H\,8\;(K) &+ 70 &&+ \;\;\;\; 0\ \mu\\
- \;\;\;\; b \;\;\;\;\;\;(G) &- 4 &&+ 132\ \mu\\
- \;\; 61\,h\,8\;(G) &- 61 &&+ \;\;\;\; 0\ \mu\\
- 190\,H\,11\,(G) &- 190 &&- 220\ \mu\\
- \;\; 61\,h\,8\;(G) &- 61 &&+ \;\;\;\; 0\ \mu\\
- \;\;\;\; b \;\;\;\;\;\;(G) &- 4 &&+ 132\ \mu\\
\hline
&\;\; 0\ \text{mm} &&- 206\ \mu
\end{aligned}
$$

d. h.: max. **0,206 mm** Pressung.

c) Kleinstspiel innen:

$$
\begin{aligned}
S_i\,(K) = - \;\;\;\; 5\,h\,8 \;\;(G) = - &\;\; 5\ \text{mm} &&+ 0\ \mu\\
+ 190\,H\,11\,(K) &+ 190 &&+ 0\ \mu\\
- \;\;\;\; 5\,h\,8\;(G) &- 5 &&+ 0\ \mu\\
- 180\,h\,11\,(G) &- 180 &&+ 0\ \mu\\
\hline
&\;\; 0\ \text{mm} &&\;\; 0\ \mu
\end{aligned}
$$

d. h.: min. **0 mm** Spiel.

Abb. 103/1. Die **Kraft** P in der Achsenrichtung wird von beiden Ständern aufgenommen, und zwar je nach Auswirkung der Toleranzen außen (S_a) oder innen (S_i).

Die Abb. 101/2 bis 103/1 waren Beispiele für den Fall, daß die Werkstücke nachgeben mußten, um die Toleranzen auszugleichen. Die Abkehr vom Streben nach unbedingt starrer Bauweise, der Leichtbau, die Verwendung hochfester Werkstoffe, die wegen der dadurch möglichen kleineren Querschnitte der Bauteile größere Formänderungen ermöglicht, die weitgehende Benutzung der Leichtmetalle und Preßstoffe, die beide sehr kleine Elastizitätsbeiwerte und folglich ein großes Arbeitsvermögen haben, dies alles sind Gesichtspunkte, die auch die Wahl der Passungen beeinflussen müssen.

So muß z. B. in Abb. 104/1 die Durchbiegung der Welle, die übertrieben angedeutet ist, beim Kleinstspiel des Lagers berücksichtigt werden, damit die Welle nicht an den Kanten klemmt. Die Lagerfläche ist in jedem Falle ungleich beansprucht, und man hat deswegen schon den Lagerbohrungen rechts und links geringe Vorweiten gegeben. Am sichersten, aber auch am verwickeltsten im Aufbau sind Lager, die sich bei Wellendurchbiegungen selbsttätig einstellen, Pendelrollen- oder Pendelkugellager oder einstellbare Gleitlager mit kugelförmiger Druck-

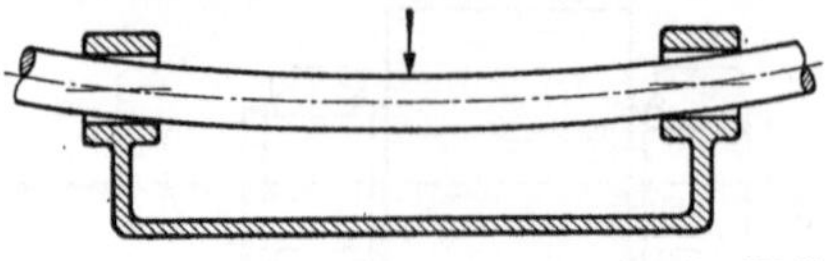

Abb. 104/1. Die elastische Verbiegung der Welle im Betrieb muß bei der Bemessung der Kleinstspiele in den Lagern berücksichtigt werden (übertrieben dargestellt).

fläche. Die Entscheidung hierüber hängt von der Wichtigkeit der Lagerstelle im Verhältnis zur Gesamtkonstruktion, von der Lagerbeanspruchung und von der erforderlichen Führungsgenauigkeit ab.

Der umgekehrte Fall kann bei der mehrfach gelagerten Welle zum Fahrantrieb eines Laufkranes auftreten, wenn sich das Fahrwerk unter dem Eigengewicht und der Kranlast durchbiegt. Da die Welle diese Biegung mitmachen muß, treten in ihr neben den rechnungsmäßigen reinen Drehbeanspruchungen zusätzlich Biegungsbeanspruchungen auf. Beide Spannungen, zu einer ideellen Hauptspannung zusammengesetzt, können Werte ergeben, die eine dickere Welle erfordern, damit die zulässige Beanspruchung nicht überschritten wird.

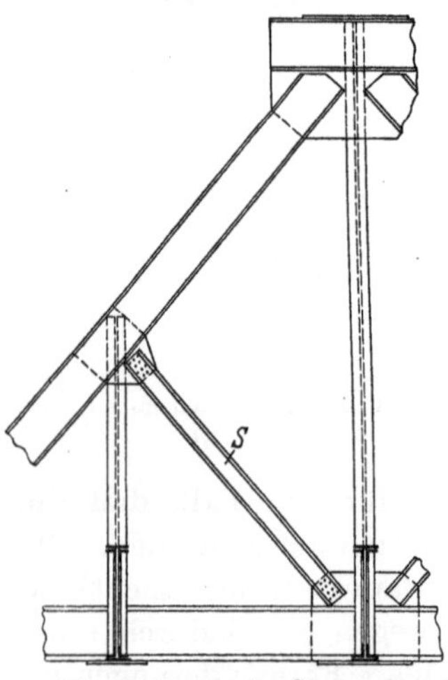

Abb. 104/2. In der Strebe S und den anschließenden Knotenblechen können für die Lage der Lochgruppen grobe Toleranzen angegeben werden, weil die Brücke beim Einbau der Strebe elastisch nachgeben kann.

Da es nicht möglich ist, den Lagern so viel Spiel zu geben, wie der Durchbiegung entspricht, müssen bei langen durchlaufenden Wellensträngen besondere Maßnahmen für die Lagerung getroffen werden. Diese können sein:

1. Die Lagerstellen zwischen den Endlagern werden um so viel überhöht angebracht, daß der Wellenstrang gerade verläuft, wenn die Krankonstruktion sich unter dem Eigengewicht und einem Teil der Nutzlast durchgebogen hat.

2. An den Stoßstellen der Wellenstücke werden allseitig bewegliche Kupplungen eingeschaltet.

Ein Beispiel anderer Art aus einem verwandten Fachgebiet zeigt Abb. 104/2, einen Ausschnitt aus einer zerlegbaren Brücke. Die Strebe S kommt an der Brücke mehrfach vor und muß austauschbar sein. Da alle Schraubenbolzen, mit denen sie befestigt wird, möglichst gleichmäßig zur Kraftübertragung herangezogen werden sollen, müssen sie mit nur geringem Spiel in ihre Bohrungen passen. Dies führt rechnungsmäßig zu Abstandstoleranzen zwischen den beiden

Lochgruppen an den Enden der Strebe, die bei der Länge dieses Bauteiles von mehreren Metern unmöglich gefertigt, ja nicht einmal genügend sicher gemessen werden können. Sie können auch unbedenklich viel gröber festgesetzt werden, als sich aus der Rechnung ergibt, weil sich durch Dornen die übrigen Fachwerkstäbe unbedenklich so weit elastisch verformen lassen, bis sich die zusammengehörigen Löcher decken und damit das Einführen der Bolzen möglich wird. Innerhalb der Lochgruppen müssen kleinere Toleranzen gefordert werden, um das Einstecken aller Bolzen zu ermöglichen. Man kann sich an Hand dieses einfachen Beispieles vorstellen, daß beim Entwurf zerlegbarer Brücken schwierige Toleranzfragen auftreten, die beim Bau fester Brücken, bei denen alle zusammengehörigen Teile benummert und zusammen aufgerieben werden können, keine Rolle spielen.

Daß auch bei Rundpassungen mit Vorteil elastische Bauformen verwendet werden können, zeigt der Spannstift und die Spannhülse[1] (Abb. 105/1). Ein Stück Federstahlblech ist zu einem längsgeschlitzten Hohlzylinder gebogen, der beispielsweise bei seiner Verwendung an Stelle eines Paßstiftes sehr grobe Bohrungstoleranzen durch seine

Abb. 105/1. Spannstift.

Federwirkung auszugleichen vermag. Während für den Vollstift mit dem Toleranzfeld m 6 nach DIN 7 eine Bohrung H 7 erforderlich war, genügt nach Angaben der Herstellerfirma eine Toleranz von IT 14. Da ein den Vorschriften der Firma entsprechendes Toleranzfeld im ISA-System nicht vorhanden ist, muß man für die Bohrung H 12 wählen, um in allen Fällen mit Sicherheit einen festen Sitz zu erreichen. Dies bedeutet eine Toleranzvergrößerung auf das Zehnfache. Untermaßbohren und Reiben fallen fort. Außerdem wird an Werkstoff und Gewicht gespart. Es gibt eine Ausführung als Leichtspannstift und eine solche als Schwerspannstift[2], die sich durch die Wanddicke unterscheiden. Der Schwerspannstift vermag größere Scherkräfte aufzunehmen als der Vollstift nach DIN 7. Vermöge seiner Elastizität vermag der Spannstift Stöße etwas abzufedern, be-

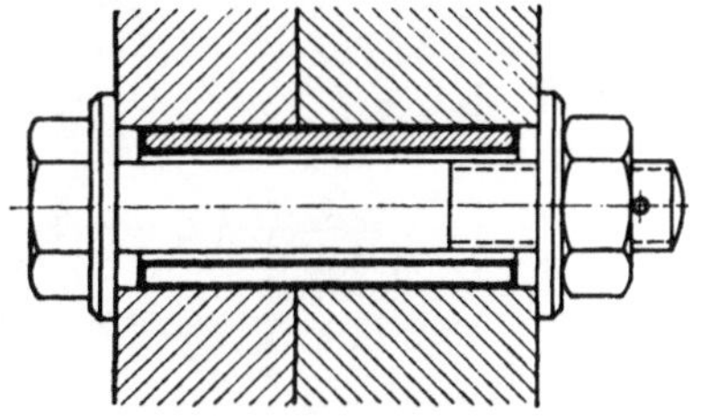

Abb. 105/2. Spannhülse.

ansprucht deshalb die zu verbindenden Bauteile weniger und verringert die Abnutzung. Während die Durchmessertoleranzen für die Bohrungen

---

[1] Hersteller: Wilhelm Hedtmann, Hagen-Kabel. Deutsches Reichspatent. Abb. 105/1 bis 106/2 nach Unterlagen der Firma, Abb. 106/3 von der Firma zur Verfügung gestellt.

[2] Schwerspannstifte sind in HgN 15206 genormt.

sehr grob sein können, müssen begreiflicherweise die Lageabweichungen, also der Versatz der Bohrungen zueinander nach wie vor ziemlich klein sein.

Abb. 105/2 zeigt die Anwendung als Spannhülse: Eine Paßschraube (kein Normteil) wird durch eine gewöhnliche genormte Schraube und eine Spannhülse ersetzt. In ähnlicher Weise werden geschlitzte federnde

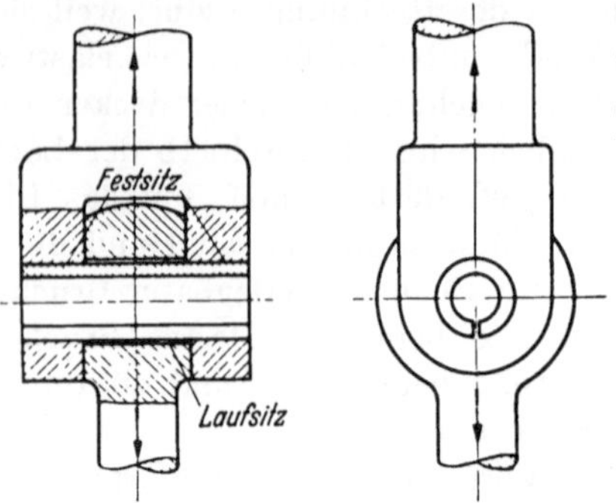

Abb. 106/1.   Spannbolzen als Gelenkbolzen.

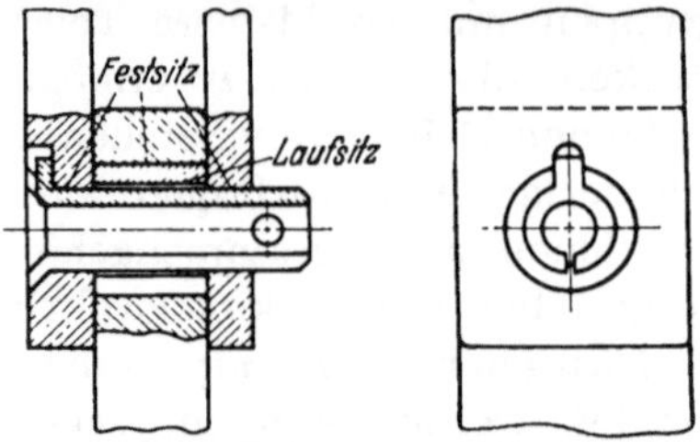

Abb. 106/2.   Federnde geschlitzte Hülsen an der Schakenkette eines Baggers.

Hülsen als Lagerbuchsen und als Gelenkbolzen, Achsen und Wellen benutzt. Beispiele zeigen die Abb. 106/1 bis 106/3.

Abb. 106/3.   Einspannbuchse als Verschleißteil an einem Bremsnocken.

In der gleichen Richtung wie der federnde Spannstift und die Spannhülse liegt der seit langem bekannte Kerbstift und der Kerbnagel[1] (Abb. 106/4). Bei diesen tritt neben der elastischen Verformung meist eine plastische ein. Der Stift liegt in der Bohrung an den durch die Kerben gebildeten Wülsten

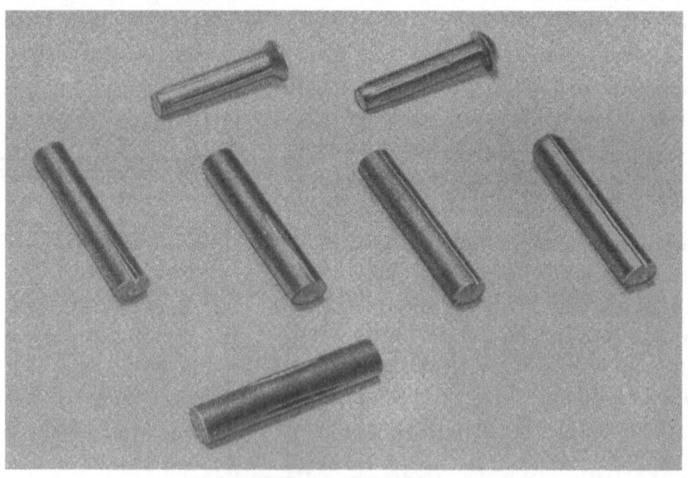

Abb. 106/4.   Kerbstifte und Kerbnägel.

____

[1] Als HgN 15211 genormt.

an. Auch hier genügt eine grobe Bohrungstoleranz und der Kerbstift und der Kerbnagel haben sich in vielen Fällen bewährt, wie zum Befestigen von Hebeln auf Wellen, als Paßstift für nicht besonders wichtige Teile, als Kerbnagel zum Anbringen von Leistungs- und Firmenschildern usw.

In der Abb. 107/1 ist die Aufgabe gelöst, eine federnde Passung zwischen einer Hülse und einem Rohr unter Vermeidung kleiner Toleranzen zu schaffen, wobei die Hülse ohne Spiel sitzen soll, während es auf die genau mittige Lage nicht allzusehr ankommt. Das dünnwandige Rohr ist an 6 Stellen auf dem Umfang, die in der Achsenrichtung gegeneinander versetzt sind, so geschlitzt,

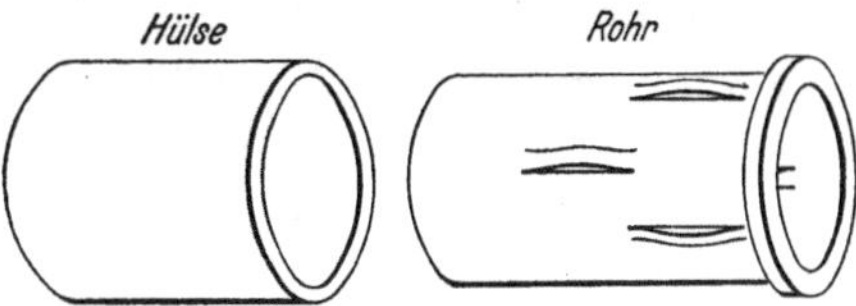

Abb. 107/1. Ausgleich von Toleranzen durch federnde Stege.

daß Stege stehen bleiben, die nach außen durchgebogen werden. Die Stege federn um die Toleranz der Hülsenbohrung und durch die Versetzung der Stege gegeneinander wird die Hülse spielfrei gehalten, ohne pendeln zu können.

Gleichfalls durch Aufschlitzen sind in Abb. 107/2 kleine Toleranzen für die Passung des Deckels auf dem rohrförmigen Teil vermieden. Dabei ist es gleichgültig, ob der Deckel abnehmbar sein soll oder durch Punkt-

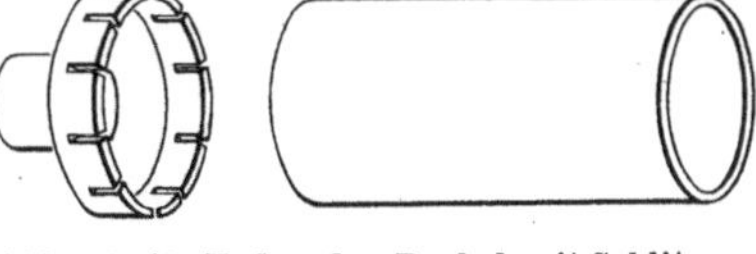

Abb. 107/2. Federnder Deckel mit Schlitzen.

schweißen oder Löten mit dem Rohr verbunden wird. Gerade beim Schweißen und besonders bei der Nahtschweißung wird durch diese Anordnung die unangenehme Faltenbildung vermieden.

Da eine Schwalbenschwanzpassung schwieriger zu fertigen ist als eine Flachpassung und folglich gröbere Toleranzen erfordert, wurde die Ausführung nach Abb. 107/3a, an die bei einem optischen Gerät sehr hohe Anforderungen gestellt wurden, durch die Form b ersetzt, weil in diesem Fall nur Wert auf eine gute seitliche Führung gelegt werden mußte und Kräfte in senkrechter Richtung, die ein Abheben entgegen der Blattfeder zur Folge hätten, nicht auftraten.

Beispiele für einen Spielausgleich durch elastische Bauweise bei Gewindepassungen zeigen die

Abb. 107/3. Ersatz einer Schwalbenschwanzpassung durch eine Flachpassung.

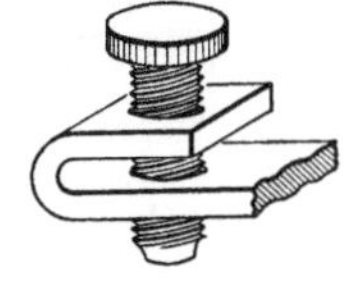

Abb. 107/4. Spielausgleich bei Gewinde durch federnde Mutter.

Abb. 107/4 und 108/1. Bei der federnden Mutter nach Abb. 107/4 wird das Gewinde oben und unten zunächst gemeinsam geschnitten, sodann das Blech etwas auf- oder zugebogen. Der Schraubenbolzen, der ohne diese Maßnahme bei austauschbarem Gewinde schlottern würde, sitzt spielfrei. Die Anordnung wird in der Feinwerktechnik oft für Stellschrauben benutzt. In Abb. 108/1 wird das Spiel im Gewinde durch die in eine entsprechende Ausfräsung eingelegte Feder ausgeglichen. Die Konstruktion wird beispielsweise zum Einstellen des Elektrodenabstandes bei den in der Hochfrequenztechnik als Schwinger gebräuchlichen Quarzkristallen angewendet.

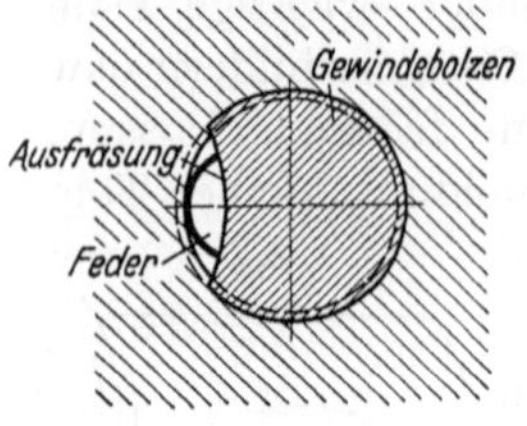

Abb. 108/1. Spielausgleich bei Gewinde durch eingelegte Feder.

Den Ausgleich der Lagerluft von Wälzlagern durch ein elastisches Zwischenglied zeigt die Abb. 108/2. Die Scheibe aus Federstahl verspannt die beiden Kugellager elastisch gegeneinander und sichert den gleichbleibenden Plattenabstand eines Drehkondensators; bekanntlich ist ein Drehkondensator gegen solche Änderungen bei der Betätigung außerordentlich empfindlich, so daß eine ausreichende Spielfreiheit mit Toleranzen kaum erreichbar ist.

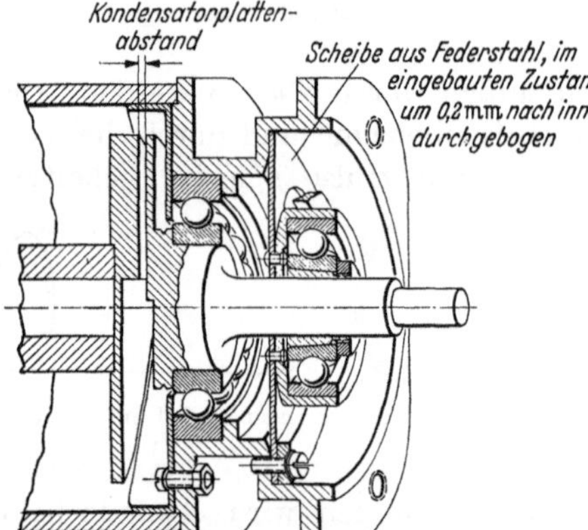

Abb. 108/2. Ausgleich der Lagerluft durch federnde Scheibe.

Bei einer Steckerverbindung zur Stromübertragung müßten bei starrer Ausführung sehr kleine Toleranzen vorgeschrieben werden, um einen guten Stromübergang sicherzustellen, und zwar für die Durchmesser der Steckerstifte und -buchsen wie auch für den Abstand der Stifte und Buchsen untereinander. Bezüglich der Durchmesser wurde die Aufgabe durch Schlitzen der Stifte oder durch den allgemein bekannten Bananenstecker gelöst. Die Abstandstoleranzen können dadurch erheblich vergrößert werden, daß man entweder die Stifte oder die Buchsen nachgiebig anordnet, wie dies in Abb. 108/3 für eine zwei-

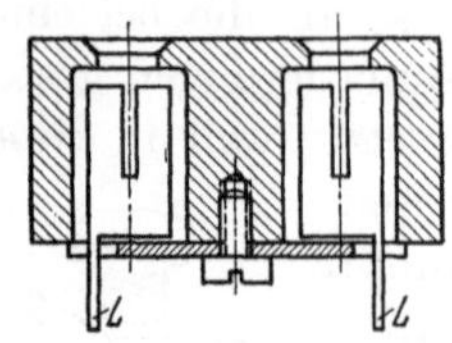

Abb. 108/3.   Bewegliche Buchsen in einer Steckdose.

polige Steckdose gezeigt ist. Die geschlitzten und federnden Buchsen haben in ihren Bohrungen im Gehäuse Spiel und können sich demgemäß zum Ausgleich von Abstandsabweichungen der Steckerstifte darin parallel verschieben (oder auch schiefstellen); sie werden gehalten durch die federnden Lappen L, die gleichzeitig als Lötösen dienen. Ähnliche Lösungen sind in vielfältiger Form durchgebildet worden.

Bei dem in Abb. 109/1 dargestellten Werkzeug wird Weichgummi benutzt, um an einem Körper aus keramischem Werkstoff eine Blechkappe zu befestigen, die früher festgekittet wurde. Der Keramikkörper läßt sich wegen des Schwindens beim Brennen nur mit groben Toleranzen verarbeiten, und die Blechkappe würde deshalb auf der Kegelform schlottern, oder das Innenteil würde beschädigt werden, wenn sie mit einem starren Werkzeug eingebördelt würde. Die gezogene Kappe wird durch den Weichgummiring, der von oben dem Pressendruck ausgesetzt wird und nach innen ausweicht, verformt und schmiegt sich dabei dem Keramikkörper an, so daß sie festsitzt.

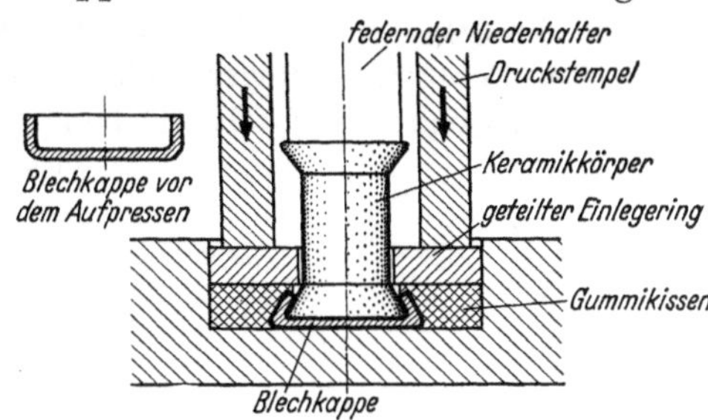

Abb. 109/1. Aufpressen einer Blechkappe auf einen Körper aus keramischem Werkstoff mittels Gummikissen.

Von Zahnradgetrieben wird sehr oft, vor allem in Rechengeräten, Visieren usw. ein spielfreier Eingriff verlangt, der besonders bei einem so verhältnismäßig schwierigen Gebilde, wie es der Evolventenzahn darstellt, austauschbar auf keine Weise erzielt werden kann. Eine Lösung für diese Aufgabe zeigt die Abb. 109/2, bei der das Stirnrad geteilt ist; die beiden Hälften werden durch Federn um geringe Beträge gegeneinander verdreht und dadurch das Flankenspiel auf dem ganzen Umfang ausgeschaltet. Wesentlich ist dabei, daß auch der stets unvermeidliche Rundlauffehler der Verzahnung zur Bohrung und Drehachse des Zahnrades dadurch unschädlich gemacht ist, insofern als kein Spiel mehr auftreten kann. Es bleibt nur die durch den Rundlauffehler hervorgerufene Schwankung der Übertragungsgeschwindigkeit.

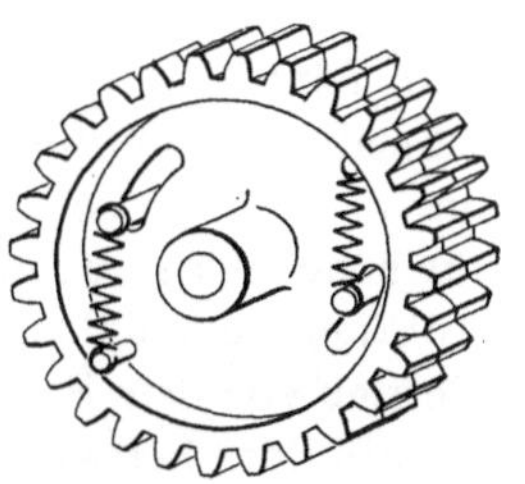

Abb. 109/2. Spielausgleich bei einem Zahnrad.

Ebenso werden Schneckenräder geteilt und gefedert ausgeführt oder auch die Schnecke so gelagert, daß sie durch eine Feder ständig in die Verzahnung des Schneckenrades hineingedrückt wird. In ähnlicher Weise werden Muttern und Schraubenbolzen geteilt ausgeführt und durch Federn gegeneinander versetzt. Die Beispiele für Spielausgleich durch Federung ließen sich beliebig vermehren. Hier sei nur noch an die Führung der Zunge beim Rechenschieber und an die Schieblehre erinnert, bei der die genaue Parallelführung des beweglichen Meßschnabels ebenfalls durch eine Feder bewirkt wird.

43. Nachstellbare Bauformen.

Wenn im Beispiel der Abb. 109/2 die Federung unvorteilhaft ist, mit Rücksicht auf die zu übertragenden Kräfte und die demzufolge notwendige große Kraft der Federn, so können die beiden Hälften des geteilten Rades zum Spielausgleich gegeneinander versetzt und dann verschraubt und verstiftet werden. Dies ist also ein Beispiel für eine **nachstellbare Anordnung.** Die Nachstellbarkeit ist überdies häufig nicht allein zur **Vermeidung kleiner Toleranzen,** sondern auch zum **Ausgleich des Verschleißes** erwünscht oder erforderlich.

Bei Feinbearbeitungsmaschinen hängt die am Werkstück erzielte Formgenauigkeit und Oberflächengüte von den Lagerstellen ab; in gewissem Grade ist z. B. bei einer Feinstdrehbank das Werkstück ein Abbild des Lagers. Dies führt zur Forderung kleinster Lagerspiele bei hohen Drehzahlen. Wie diese Forderung verwirklicht werden kann, zeigt das Beispiel des **Mackensen-Lagers,** von dem Abb. 110/1 eine Ausführungsform zeigt[1]. Die Lagerbuchse und die sie tragenden Stege sind kegelig, die massive Buchse kann durch Anziehen einer Mutter in der Achsenrichtung verschoben und dadurch um geringe Beträge so verspannt werden, daß sie sich etwas der Dreieckform nähert. An den Stellen, wo sich die drei Stege im Lagergehäuse befinden, wird auf diese Weise die Lagerfläche der Welle bis auf ein Spiel von wenigen μ genähert, das sehr feinfühlig eingestellt werden kann. Dazwischen entstehen sehr schmale sichelförmige Spalte, in denen sich Schmierkeile ausbilden, die das Lager bei entsprechender Gestaltung mit Druckschmierung für hohe Belastung und große Drehzahlen geeignet machen. Bei großer Führungsgenauigkeit ist der Verschleiß sehr gering, da die Welle im Betrieb von dem Schmiermittel getragen wird, also nur flüssige Reibung stattfindet. Selbstverständlich erfordert die Bearbeitung der Einzelteile immer noch sehr kleine Toleranzen und noch kleinere Formabweichungen. Aber ein gewöhnliches Gleitlager mit einer Lagerluft von nur $2\,\mu$ würde für große Drehzahlen nicht betriebssicher ausführbar sein. Hier werden also erst durch die Nachstellbarkeit die hohe Führungsgenauigkeit und gleichzeitig die sehr günstigen Schmierverhältnisse erzielt.

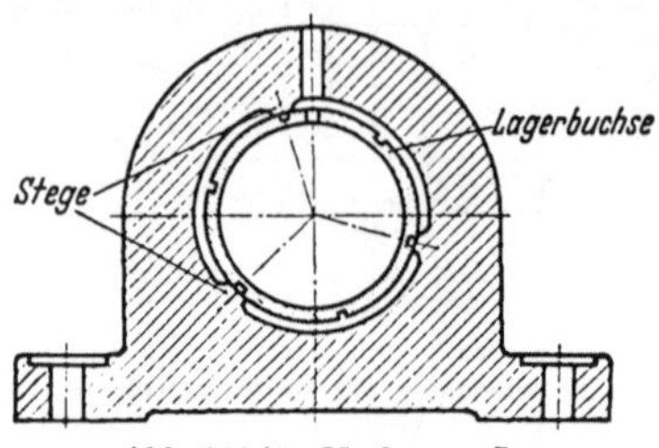

Abb. 110/1. Mackensen-Lager.

Bei Drehbänken von **Gildemeister** wird das für die jeweilige Belastung und Geschwindigkeit zweckmäßige Lagerspiel an dem kegeligen Hauptspindellager nach einer Skala eingestellt.

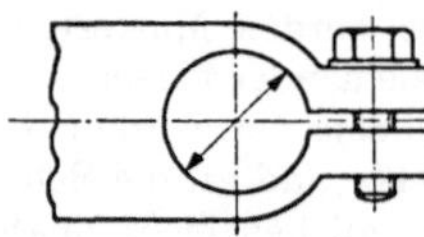

Abb. 110/2.   Geschlitzte Bohrung.

Allgemein bekannt sind die mit einem Keil nachstellbaren Lager-

---

[1] Die Abbildung stellt eine ältere Bauweise dar, die aber deutlicher das Wesentliche zeigt.

schalen an den Triebwerksteilen von Lokomotiven. Eine oft benutzte
Form einer nachstellbaren Rundpassung ist in Abb. 110/2 dargestellt.
Die Bohrung ist von einer Seite aufgeschlitzt und die beiden Lappen
werden durch die Schraube elastisch zusammengezogen. Zum Festhalten von Rohren, Bolzen, Buchsen wird so eine leicht lösbare Preßpassung erzielt, die allerdings infolge der Verformung nicht allseitig
gleichmäßig anliegt. Da dies aber meist unbedenklich ist, können die
Toleranzen von IT 7 bis IT 12 gewählt werden, je nach Größe und Querschnitt der Halterung und der Empfindlichkeit des zu spannenden Teiles.

Nachstellbare Flachpassungen werden zur Erzielung eines möglichst spielfreien Ganges und zum Ausgleich des Verschleißes häufig an Werkzeugmaschinen
vorgesehen. In Abb. 111/1 kann die seitliche Führung durch Längsverschieben des
sehr schlanken Keiles mit den zwei Muttern
eingestellt werden. Abb. 111/2 stellt eine
nachstellbare Schwalbenschwanzpassung
dar, bei der durch Anziehen mehrerer auf
die Länge verteilter Schrauben die Toleranzen ausgeglichen werden. Während die
beiden gezeigten Nachstelleisten biegungssteif sind und vor allem auf ihrer ganzen
Fläche eine Gegenlage haben, gibt es auch
Ausführungsformen, bei denen verhältnismäßig dünne Leisten nur von einigen
Schrauben angedrückt werden. Sie werden
infolgedessen durchgebogen, nutzen sich

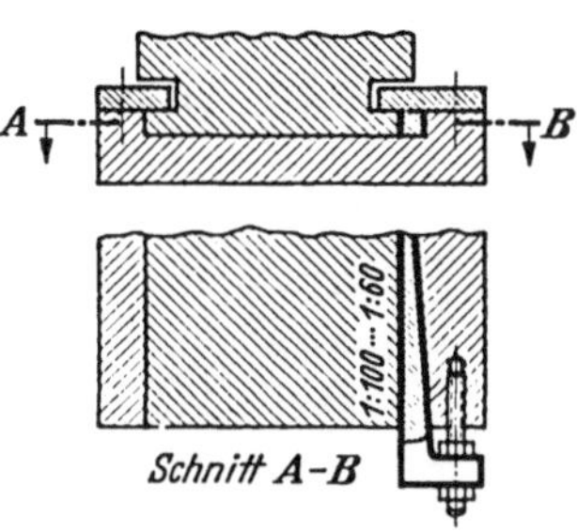

Abb. 111/1.　Seitlich nachstellbare
T-Führung.

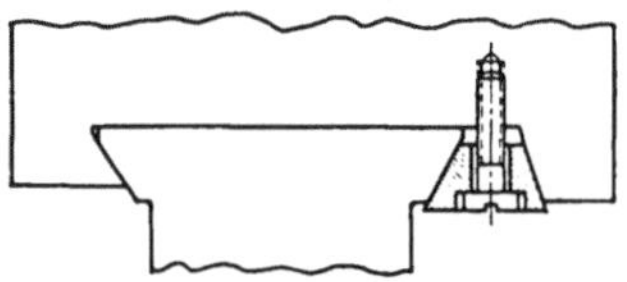

Abb. 111/2.　Nachstellbare
Schwalbenschwanzführung.

nicht gleichmäßig ab und außerdem ist die Erzeugung eines gleichmäßig kleinen Spieles auf der ganzen Länge durch Einstellen der
Schrauben schwierig.

Bei allen nachstellbaren Konstruktionen müssen die Toleranzen der
Einzelteile so gewählt oder darauf nachgeprüft werden, daß die Verstell-
möglichkeit in jedem Falle zu ihrem Ausgleich ausreicht. Es muß aber
darauf hingewiesen werden, daß die Formabweichungen hier be-
sondere Aufmerksamkeit verdienen: Sie müssen kleiner sein, als die
Maßtoleranzen, sonst verliert die Nachstellbarkeit ihren Sinn. Diese
Forderung bezieht sich bei den letzten Beispielen auf die Ebenheit,
Geradheit und Winkligkeit aller Paßflächen.

Bei einer Teilscheibe nach Abb. 112/1 a müssen nicht nur die Teilungswinkel von Bohrung zu Bohrung, bezogen auf die Drehachse, mit engen
Toleranzen gefertigt werden, sondern auch der Teilkreisdurchmesser,
damit sich der Indexstift einführen läßt. Da hierbei für die Kleinheit

der Toleranzen eine Grenze gesetzt ist, so muß sich das Kleinstspiel zwischen Indexstift und Bohrung nach dieser Toleranz richten. Die Folge davon ist, daß die Teilscheibe sich um geringe Winkelbeträge verdrehen kann, wenn die Teilkreisdurchmessertoleranz nicht ausgenutzt ist, also die Bohrung zufällig recht genau auf dem Teilkreis liegt. Entsprechendes gilt auch für die Ausführung b; hier greift der Indexstift radial ein und Stift und Bohrung müssen auf gleicher Höhe stehen. Macht man die Bohrungen und den Stift kegelig, so wird die Prüfung der Teilscheibe schwieriger und die Stellung der Teilscheibe ist ebenfalls nicht sicher festgelegt, wenn die Stiftachse nicht mit der Bohrungsachse

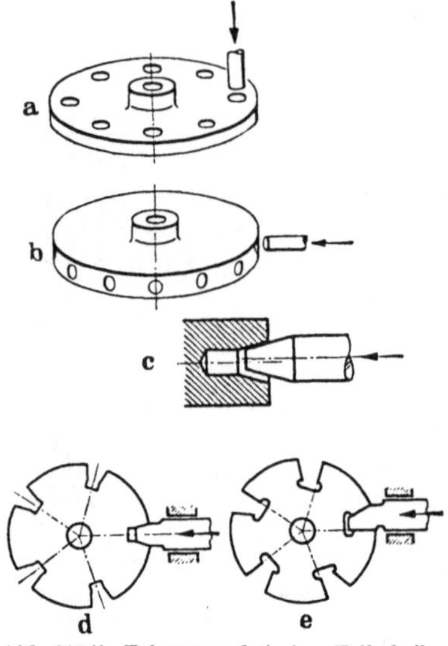

Abb. 112/1. Toleranzen bei einer Teilscheibe.

fluchtet, wie in Abb. 112/1c übertrieben dargestellt. Immerhin ist dadurch das Wackeln der Scheibe infolge des Spieles im wesentlichen beseitigt, besonders wenn der Stift durch eine Feder in die Bohrung gedrückt wird. Besser und auch fertigungstechnisch einfacher ist die Ausführung d, bei der der Indexstift unter Federwirkung steht und in keilförmige Ausschnitte der Teilscheibe eingreift. Die Weite der Keile kann nun in groben Grenzen gehalten werden; wenn an einzelnen Flächen Nacharbeit infolge von Teilungsfehlern nötig wird, so wird die Keilweite größer, der Stift rutscht tiefer hinein, ohne daß dadurch Nachteile entstehen. Kann mit gleichmäßiger Abnutzung der beiden Keilflächen gerechnet werden, so wird diese Anordnung auch durch Abnutzung nicht ungenauer, wenn man Keilnut und Stift entsprechend freiarbeitet, so daß die durch Abnutzung entstehenden Absätze nicht schädlich werden. Ist nur geringe Abnutzung zu erwarten, so ist Ausführung e vorzuziehen, weil beim Prüfen nur die eine radiale Flanke der Aussparung beachtet zu werden braucht, und nicht wie bei Ausführung d die Winkelhalbierende zweier Keilflächen der Messung zugrunde liegt. Dieses Beispiel der Teilscheibe zeigt sehr anschaulich, wie man immer dann, wenn an einer Stelle nur kleine Abweichungen zugelassen werden können, auch die sonst noch auftretenden Abweichungen in Betracht ziehen und auf Mittel sinnen muß, um sie für den beabsichtigten Gestaltungszweck auszuschalten oder unschädlich zu machen.

Da besonders eine Hohlkugel aus Fertigungsgründen verhältnismäßig große Toleranzen erfordert, ist in der Abb. 113/1, die ein Kugelgelenk darstellt, das Gehäuse innen kegelig gestaltet und außerdem nachstellbar eingerichtet. Die Tragfläche wird dadurch gegenüber der Hohlkugel zwar verkleinert, die größere Abnutzung kann jedoch durch häufigeres Nachstellen wieder unschädlich gemacht werden. Hierbei sind aber noch zwei andere Gesichtspunkte bemerkenswert, die das Gewinde betreffen. Da ein Gewinde wegen der fertigungstechnisch bedingten großen Flankendurchmessertoleranz nur eine geringe zentrierende Wirkung hat, wurde eine besondere Rundpassung vorgesehen, die die mittige Lage des oberen Kegels zum unteren gewährleistet. Bei längeren Gewindeteilen müssen sogar zwei solcher Passungen, vor und hinter dem Gewinde, angeordnet werden. Ferner ist zu beachten, daß ebenfalls infolge der Flankentoleranz

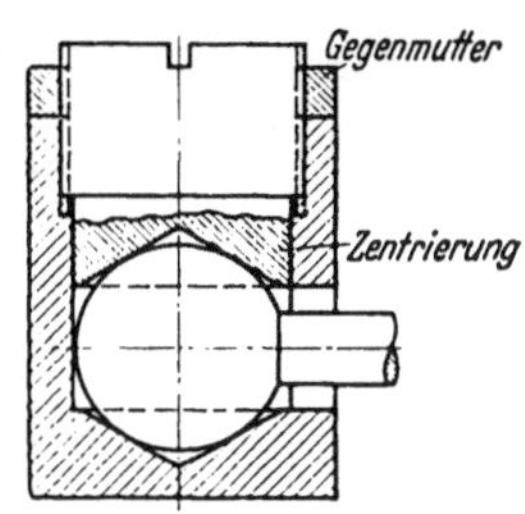

Abb. 113/1. Nachstellbares Kugelgelenk.

ein Gewinde auch ein großes Spiel in axialer Richtung haben kann. Dies ist bei seiner Verwendung zum Einstellen, wie im vorliegenden Falle, nachteilig. Ist beispielsweise an der Kugel ein Spiel von 50 μ eingestellt, so kann nicht nur die Kugel, sondern auch die Stellschraube sich noch um einen Betrag von etwa der gleichen Größe in der Achsenrichtung bewegen. Infolgedessen bestehen bezüglich des Kugelspieles etwas unklare Verhältnisse, weil das ganze System klappern kann, und es ist in jedem Falle besser, dafür zu sorgen, daß das Gewinde an der tragenden Flanke jederzeit anliegt. Dies kann wie im Beispiel durch eine Gegenmutter bewirkt werden. Abgesehen davon muß ja auch der Gewindebolzen gegen Lösen gesichert werden.

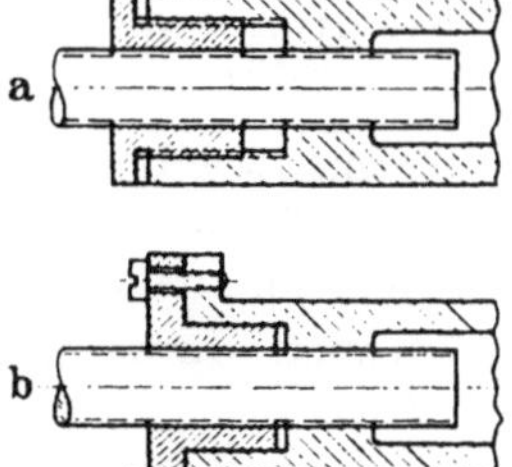

Abb. 113/2. Spielausgleich bei Gewinde.

Eine Gegenmutter hat noch den Nachteil, daß sich die Teile beim Gegeneinanderspannen elastisch verformen, so daß die Einstellung des Schraubenbolzens beim Anziehen der Gegenmutter geändert wird. Dem kann nur durch eine gefühlsmäßige „Vorgabe" beim Einstellen des Bolzens begegnet werden.

In Abb. 113/2a und b soll das Gewindespiel durch zwei Muttern ausgeschaltet werden, die um geringe Beträge gegeneinander verstellt werden können. Die Stellmutter der Ausführung a hat außen und innen Gewinde mit verschiedenen Steigungen. Die Einstellung ist nur dann zuverlässig, wenn die Einstellmutter durch eine Gegenmutter oder gegen einen anzupassenden Unterlegering festgezogen wird. Will man die Nacharbeit vermeiden, so kann beispielsweise die Einstellmutter in einer Rundpassung gelagert und dann durch Verdrehen verstellt und mittels des Flansches, der Langlöcher enthält, festgezogen werden. Auch bei diesen nachstellbaren Einrichtungen bleibt ein Fehler übrig, der nicht ausgeglichen werden kann und unbedingte Spielfreiheit der Konstruktion unmöglich macht: Der periodische oder aber der unregelmäßige Steigungsfehler der Gewinde.

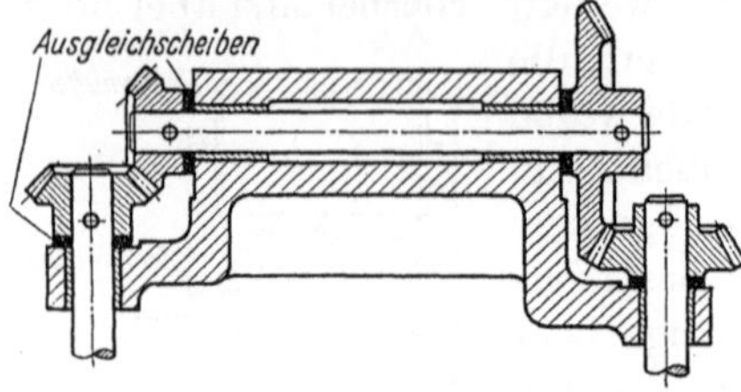

Abb. 114/1. Ausgleichscheiben zum Einstellen von Kegelradverzahnungen.

Die Unterlegscheibe zur möglichst spielfreien Einstellung wird bei Kegel-, Schrauben- und Schnekkenradverzahnungen häufig angewendet, wie Abb. 114/1 ein Beispiel zeigt. Um die Anpaßarbeit zu vermeiden, werden jedoch die Scheiben nach der Dicke gestuft und beim Zusammenbau nach Bedarf ausgesucht. Mehrere dünne Scheiben haben sich nicht bewährt.

Von der amerikanischen Firma Laminated Shim Company INC., New York, werden Unterlegbleche und -scheiben in den Handel gebracht,

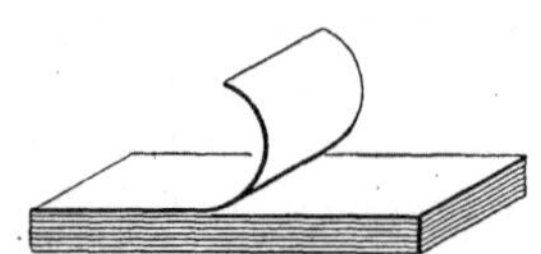

Abb. 114/2. Beilagbleche aus verlöteten Lamellen.

die aus dünnen Blechen zusammengelötet sind (Abb. 114/2). Die einzelnen Lamellen lassen sich leicht abziehen und das Paket, das einen kompakten Körper darstellt, kann auf diese Weise auf das erforderliche Maß gebracht werden.

In der Fertigung müssen sehr oft Maß- und Formabweichungen ausgeglichen werden, sei es durch nachgiebige oder einstellbare Spannmittel, wie pendelnde Schraubstockbacken, oder, wenn man Maßänderungen der Werkzeuge durch Nachschliff hinzurechnet, durch nachstellbare Reibahlen und Schneideisen, oder durch

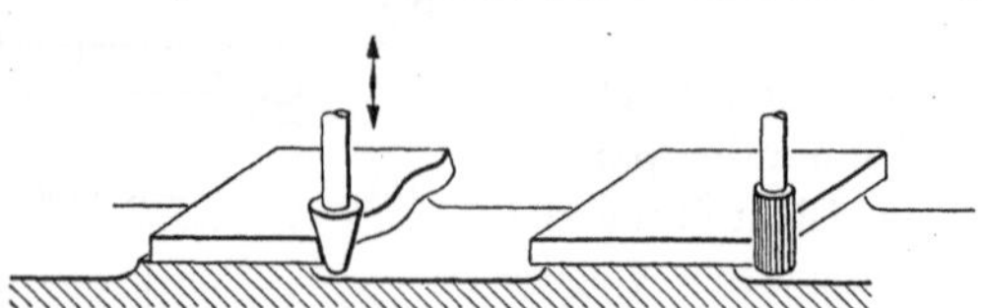

Abb. 114/3. Ausgleich der Toleranzen und der Abnutzung (Abschliff) des Fräsers durch kegeligen Kopierstift.

den kegeligen Kopierstift in der Abb. 114/3. Ist der rechts angedeutete Fräser durch Schärfen dünner geworden, so wird der Kopierstift um einen entsprechenden Betrag nach oben gerückt, so daß sich der Durchmesserunterschied des Fräsers an der gefrästen Kurve nicht bemerkbar macht. Der in der Höhe verstellbare kegelige Stift wird dazu benutzt, um die Nachformeinrichtung so einzustellen, daß die Istkurve innerhalb des Toleranzfeldes liegt.

Zur Einstellung von Lochabständen werden manchmal zwei außermittige Buchsen benutzt. Man muß sich jedoch darüber klar sein, daß hierbei zwei Passungen, die Spiel haben können, zusammenkommen, und deshalb in vielen Fällen der beabsichtigte Zweck nur unvollkommen erreicht werden wird. In Abb. 115/1a ist von dieser Möglichkeit zum Einstellen einer Strichplatte in einem optischen Gerät beim Zusammenbau Gebrauch gemacht. Da sich sehr kleine Toleranzen ergeben mußten und die Einstellung einige Schwierigkeiten bereitet, wurde statt dessen die Justierung der Fassung mit drei Schrauben nach Abb. 115/1b vorgesehen. Dadurch werden kleine Toleranzen vermieden und gleichzeitig der Zusammenbau erleichtert. Die Gewindestifte sind so angeordnet, daß sie die Strichplattenfassung stets gegen die Stirnfläche ziehen.

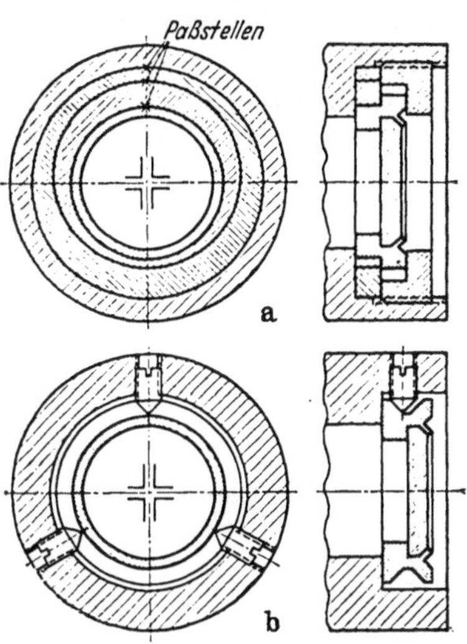

Abb. 115/1. Einstellung einer Strichplatte auf die optische Achse
a) mit 2 außermittigen Buchsen,
b) mit 3 Gewindestiften.

44. Wellenverlagerung infolge des Lagerspieles.

Wirken auf eine Getriebewelle, die in ihren Lagern Spiel hat, stets die gleichen Kräfte, so wird sich die Welle an einer bestimmten Stelle der Lagerbohrung anlegen und diese Lage nicht verändern. Diese Anlagestelle wird durch die Richtung der auf die Welle wirkenden resultierenden Kraft und durch die Reibungsverhältnisse bestimmt. Das Lagerspiel wird folglich in diesem Falle die Führungsgenauigkeit nur in sehr geringem Maße beeinträchtigen; geringe Schwankungen sind nur infolge Änderung der Reibungsverhältnisse im Getriebe und dadurch hervorgerufene Richtungsänderungen der Resultierenden und durch Änderung der Reibungsverhältnisse im Lager möglich.

Wird bei dem Getriebe, beispielsweise einem Zahnradgetriebe, aber die Drehrichtung umgekehrt, so verlagert sich die Welle innerhalb ihres Lagerspieles um größere Beträge, weil sich die Kraftrichtungen umkehren. Dies war bereits auf S. 46, Abb. 46/1, bei einem Zahnradgetriebe, an das hohe Genauigkeitsanforderungen gestellt werden, untersucht worden. Dabei wurde der volle Betrag des Größtspieles in die Rechnung eingesetzt. Hier sollen nun diese Beziehungen in etwas allgemeinerer Form, soweit das möglich ist, genauer untersucht und dabei die Zahneingriffs- und Reibungsverhältnisse berücksichtigt werden. Die Betrachtung möge auch als Beispiel dienen, wie man bei der toleranztechnischen Untersuchung solcher und andersartiger Getriebe vorzugehen hat. Sie gilt aber nur für langsamlaufende Getriebe, bei denen es nicht zur Ausbildung eines Schmierkeiles kommt, also für halbflüssige Reibung im Lager (vgl. Abschnitt 61).

Als Beispiel werde das Rad *II* der Abb. 116/1 untersucht, das ein Verhältnis der Zähnezahlen von $z_1 : z_2 = 3 : 1$ hat. Es wird angetrieben vom Rade *I*, das sich in der Pfeilrichtung (Uhrzeigersinn) dreht. Es treibt seinerseits auf das Rad *III*, das zum Rade *I* unter dem Winkel ϑ angeordnet ist. Dann wirken auf das Rad *II* folgende Kräfte:

1. Die Kraft *P* an der Eingriffstelle mit dem Rad *I*, die um 70⁰ gegen die Mittenlinie geneigt ist, wenn bei Evolventenverzahnung der Eingriffswinkel (nach DIN 867) 20⁰ beträgt.

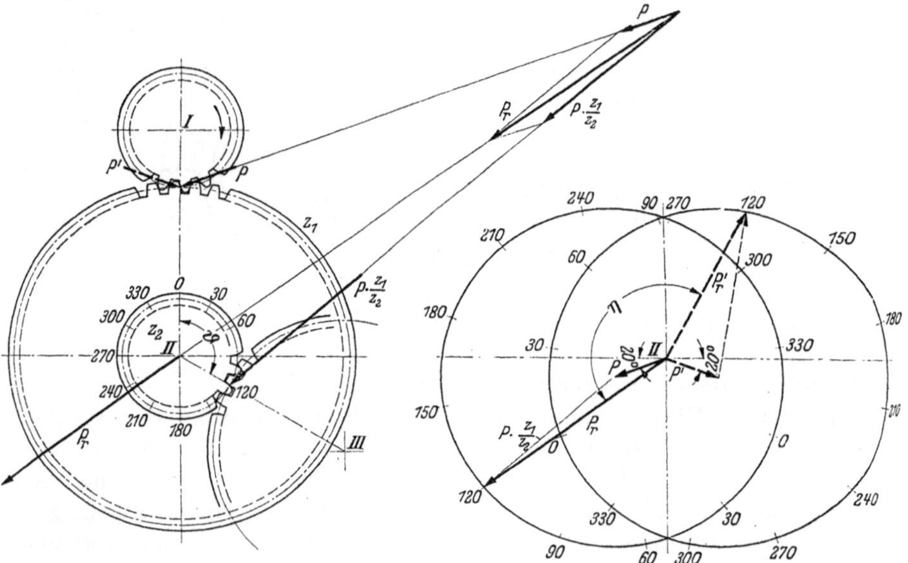

Abb. 116/1. Kräfte an einem Zahnradgetriebe. Richtungsänderung der Resultierenden *Pr* bei Umkehr der Drehrichtung.

2. Das angetriebene Rad *III* übt auf *II* eine Reaktionskraft aus, deren Größe im Verhältnis der Zähnezahlen z_1/z_2 größer ist, also gleich $P \cdot z_1/z_2$ und deren Richtung sich aus dem Winkel ϑ, unter dem *I* zu *III* steht, und dem Eingriffswinkel 20⁰ ergibt.

Hierbei ist die Reibungskraft im Zahneingriff aus folgenden Gründen unberücksichtigt gelassen. Wenn ein Zahn des treibenden Rades *I* (in der Abbildung von rechts kommend) in Eingriff tritt, so gleitet seine treibende Flanke auf der Gegenflanke des getriebenen Rades *II* vom Zahnkopf bis zum Wälzkreis und übt folglich auf das Rad *II* eine Reibungskraft aus, die auf das Rad zu gerichtet ist und auf der Eingriffslinie senkrecht steht. Demnach müßte in der Abb. 116/1 die Praft *P* nicht unter dem Eingriffswinkel von 20⁰ zur Wälzkreistangente gezeichnet werden, sondern unter einem Winkel, der sich zusammensetzt aus dem Eingriffswinkel und dem Reibungswinkel.

Wenn das treibende Rad I aus dem Eingriff tritt (links von der Mittenverbindungslinie), so wirkt die Reibungskraft vom Rade II weg; folglich müßte hier die Kraft P unter einem Winkel zur gemeinsamen Tangente an die beiden Wälzkreise eingezeichnet werden, der um den Reibungswinkel kleiner ist als 20^0.

Man kann also wohl, um die Frage allgemein zu behandeln, die Kraft P im Mittel als unter dem Eingriffswinkel wirkend annehmen. Es treten jedoch während des Abwälzvorganges Schwankungen in der Richtung der Zahnkraft auf die sich auch als periodische Schwankungen auf die Verhältnisse in der Lagerung auswirken. Die gleichen Erscheinungen treten am Eingriff zwischen den Rädern II und III auf, und die hier hervorgerufenen Schwankungen überlagern sich im Endergebnis denen zwischen I und II.

Die beiden auf das Rad II wirkenden Kräfte P und $P \cdot z_1/z_2$ ergeben, wie das Kräfteparallelogramm oben rechts in der Abbildung zeigt, die Resultierende P_r; diese geht durch die Mitte von II.

Daraus ist nun der rechte Teil der Abbildung abgeleitet. Der etwas nach links verschobene Kreis gibt die Endpunkte der Resultierenden P_r für verschiedene Stellungen des Rades III zum Rade I ($\vartheta = 0^0$, 30^0, 60^0, . . .) an. Eingezeichnet ist wegen der Übersichtlichkeit nur P_r für $\vartheta = 120^0$, entsprechend der Anordnung links.

Wird die Drehrichtung umgekehrt, so wirkt auf II die Kraft P' und vom Rade III her eine Reaktionskraft $P' \cdot z_1/z_2$ in entsprechender Richtung. Hierfür gibt der rechte Kreis die Endpunkte der Resultierenden P_r' an, wiederum für $\vartheta = 0^0$, 30^0, 60^0 usw. Eingezeichnet ist wieder nur P_r' für $\vartheta = 120^0$. Bei dem hier als Beispiel gewählten Getriebe wirkt also auf die Welle II bei Rechtsantrieb eine Kraft von der Größe und Richtung P_r, bei Linksantrieb P_r'. Dabei ist vereinfachend angenommen, daß das ganze Getriebe in einer Ebene liege, was praktisch nicht ausführbar ist. Wirkt P_r oder P_r' in der Mitte der Welle II, so entfällt auf jedes Lager $P_r/2$ oder $P_r'/2$. Die Größe ist auch unwesentlich, wie wir noch sehen werden, maßgebend für unsere Betrachtungen ist nur die Richtung. Den Winkel zwischen P_r und P_r' bezeichnen wir mit η.

Die Abb. 117/1 zeigt nun die Welle, die in der Bohrung mit übertrieben großem Spiel dargestellt ist. Die Resultierende P_r wirke senkrecht nach unten. Dann wird sich zunächst die Welle im untersten Punkt der Bohrung anlegen. Da sie sich aber in der Pfeilrichtung dreht, entsteht an

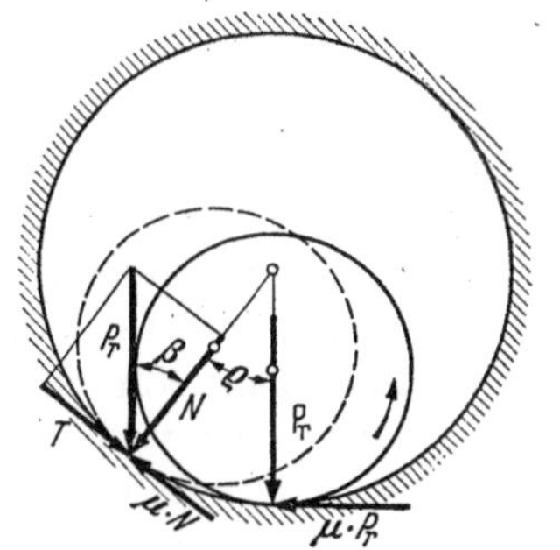

Abb. 117/1. Verlagerung der Welle infolge Reibung.

der Berührungsstelle eine Reibungskraft von der Größe $\mu \cdot P_r$ ($\mu =$ Reibungsbeiwert), die der Drehrichtung entgegengesetzt gerichtet ist. Infolgedessen rollt die Welle in der Bohrung ein Stück nach links, und zwar so lange, bis sich P_r in die beiden Teilkräfte N und T

$= \mu \cdot N$ zerlegen läßt, von denen N die Normalkraft an der Berührungsstelle darstellt und T senkrecht zu ihr steht. In diesem Augenblick hält T gerade dem entgegengesetzt gerichteten Reibungswiderstand $\mu \cdot N$ das Gleichgewicht und die Welle hat in der Bohrung einen Winkel ϱ zurückgelegt, der sich aus $\mathrm{tg}\,\varrho = \mu$ ergibt; er stellt also den Reibungswinkel dar.

Kehrt die Bewegungsrichtung um, so rollt die Welle um den Winkel ϱ nach rechts. Nun entnimmt man der Abb. 116/1 die Winkel η für verschiedene ϑ und muß von diesen je den Winkel $2 \cdot \varrho$ abziehen, um die wirkliche Verlagerung der Welle in der Bohrung zu erhalten. In der Abb. 118/1 sind die Winkel η in Abhängigkeit von ϑ aufgetragen und ebenso $\eta' = \eta - 2\,\varrho$ für $\mu = 0{,}1$. Aus η' läßt sich die Verschiebung der Welle in mm in einfacher Weise errechnen. Es ergibt sich die Kurve in der Abb. 118/1 unten, die die wahre Verschiebung für das Spiel *1* angibt. Man braucht also nur für einen gegebenen Wert von ϑ der Abbildung den Wert V/S zu entnehmen, multipliziert mit dem gegebenen Spiel S und erhält die Verschiebung der Welle infolge des Lagerspieles. Selbstverständlich gelten die Werte nur für die angenommenen Verhältnisse: Zähnezahlen, Eingriffswinkel, Reibungsbeiwert. Man ersieht

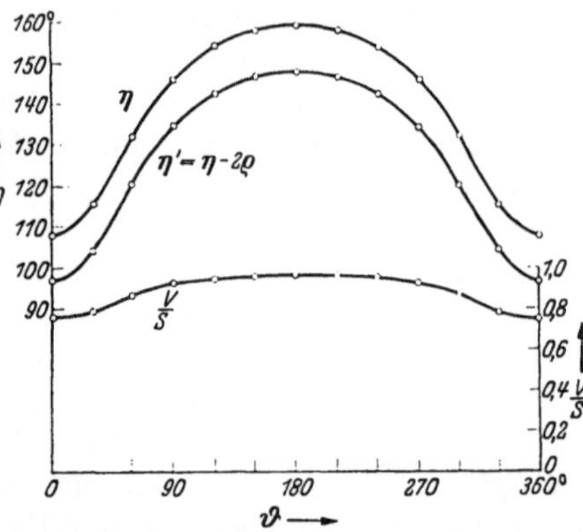

Abb. 118/1. Verlagerungswinkel η und η' und Verlagerungsstrecken V/S in Abhängigkeit vom Winkel ϑ der Abb. 116/1.

aber aus Abb. 118/1, daß fast das ganze Lagerspiel als Fehler eingeht. Am kleinsten ist der Anteil bei 0°, jedoch ist diese Anordnung konstruktiv nicht immer durchführbar und es wird auch nicht viel dabei gewonnen. Eine große Veränderung von ϑ in der Nähe von 180° bewirkt kaum eine Veränderung des Spieleinflusses. Eine Voraussetzung für die vorstehenden Überlegungen ist, daß die Verzahnung auch wirklich eine Verlagerung der Welle zuläßt, d. h. daß das Flankenspiel eine Bewegung der Welle in der Bohrung um die errechneten Beträge gestattet. Dies wird bei 0° und 180° praktisch immer zutreffen, weil dann die Welle nach der Seite auswandert.

Infolge der bei Zahnrädern in besonderem Maße hervortretenden Rundlauffehler wird ein zusätzliches periodisches Wandern der Welle in ihrem Lager hervorgerufen. Dementsprechend muß das Flankenspiel genügend groß gewählt werden, um solche Verklemmungen zu vermeiden. In diesem Zusammenhang sei bemerkt, daß eine „spielfreie"

Verzahnung austauschbar nicht gefertigt werden kann, weil eine Verzahnung nicht ohne Fehler, besonders nicht ohne Rundlauffehler, hergestellt werden kann.

Für das Flankenspiel werden als Anhalt die Werte der Zahlentafel 119/1 angegeben. Aus den gegebenen Mittelwerten ist in der letzten

Zahlentafel 119/1. Anhaltswerte für das Flankenspiel von Verzahnungen. Nach [211][1]. Werte in μ.

Modul	Kleinstmaß	Größtmaß	Schwankung	Mittelwert	$\varDelta a$
1	50	100	50	75	110
1,5	50	100	50	75	110
2	75	130	55	103	151
2,5	75	130	55	103	151
3	100	150	50	125	183
4	130	200	70	165	241
5	150	250	100	200	293
6	200	300	100	250	366
8	250	400	150	325	475
10	300	500	200	400	585
12	400	600	200	500	731
16	500	800	300	650	950
24	750	1250	500	1000	1462

Spalte die Verschiebungsmöglichkeit des einen Rades zum anderen in Richtung der Mittenlinie berechnet; hierzu dient die Gleichung

$$\varDelta a = \frac{S_f}{2 \cdot \sin \alpha} = 1{,}462 \cdot S_f \; (\alpha = 20^0) \, ,$$

die sich aus der Abb. 119/1 leicht ableiten läßt. Die Toleranz des Flankenspiels muß aufgeteilt werden auf die Achsabstandstoleranz, die Zahndickentoleranzen der beiden Räder und die Rundlauffehler der beiden Verzahnungen.

Die Beträge werden so aufgeteilt, daß zunächst der Achsabstand im Gehäuse eine Toleranz erhält, die vom Nennmaß nach + geht[2] und deren Größe den Fertigungsmöglichkeiten entspricht, sodann erhält die Zahndicke ein Toleranzfeld, das einen entsprechenden Betrag von der Nullinie nach Minus entfernt liegt.

Schließlich sei noch als Ergebnis der vorstehenden Betrachtung über die Wellenverlagerung bei Getrieben fest-

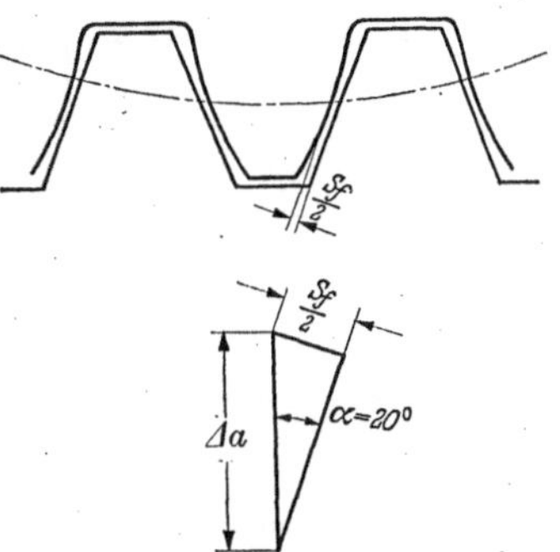

Abb. 119/1. Flankenspiel S_f und Änderung $\varDelta a$ des Achsenabstandes.

---

[1] Nach Untersuchungen eines Mitarbeiters des Verfassers, die noch nicht abgeschlossen sind, müssen für den allgemeinen Maschinenbau, besonders bei kleinen Moduln, größere Werte eingesetzt werden.

[2] oder z. B. 180,06 ± 0,06 statt 180 + 0,12 (entsprechend HgN 10606).

gestellt, daß die Verlagerung sehr klein wird, wenn die Drehrichtung nicht umkehrt, oder wenn durch entsprechende Anordnung dafür gesorgt wird, daß die Kräfte stets in der gleichen Richtung wirken. Dies geschieht z. B. bei der Meßuhr dadurch, daß eine besondere Feder die Zahnräder stets in die gleiche Richtung drückt, so daß immer die gleichen Flanken anliegen, unabhängig davon, ob der Tastbolzen hinein- oder herausgeht. In diesem Falle verschiebt sich die Welle in der Bohrung nur noch um den Betrag $2\,\varrho$.

Für diesen Fall hat Barz[1] vorgeschlagen, den Wellenzapfen in einem prismenförmigen Ausschnitt zu lagern, dessen Winkel dem Winkel η entspricht. Dadurch wird der Meßfehler infolge der Wellenverlagerung ausgeschaltet. Der Wellenzapfen wird von einer Feder in das Prisma gedrückt. Die Anordnung ist wegen der kleinen Berührungsfläche nur in bestimmten Fällen in der Feinwerktechnik brauchbar.

Man wird bemerkt haben, daß bei Getrieben mit kleiner Drehzahl die hier untersucht wurden, dem Spiel in den Lagern für die Genauigkeit einer Zahnradübertragung nicht die Bedeutung zukommt, die ihm vielfach von den Gestaltern beigelegt wird, die sich emsig mühen, durch kleine Toleranzen das Getriebe genau zu gestalten. Viel größer sind die Verzahnungsfehler, aus dem einfachen Grunde, weil eine Verzahnung ein viel verwickelteres Gebilde darstellt und infolgedessen schwieriger genau zu fertigen ist als eine runde Welle und eine Bohrung. Ebenso ist es schwieriger, den Abstand einer Lagerbohrung von einer anderen in kleinen Toleranzen zu fertigen.

Hierbei sind noch zwei Erscheinungen zu beachten, die auf das wirksame Spiel und die Wellenverlagerung verkleinernd wirken. Es sind dies

1. die unsymmetrische Lage oder Schiefstellung der Wellenzapfen zueinander und

2. die unsymmetrische oder Schiefstellung der Lagerbohrungen zueinander.

Wird die Welle an den beiden Lagerstellen in einer Aufspannung gefertigt, so werden diese im allgemeinen angenähert fluchten. Muß dagegen die Welle bei der Bearbeitung umgespannt werden, so sind verhältnismäßig beträchtliche Abweichungen zu erwarten. Das gleiche gilt für die Bohrungen. Werden sie im Gehäuse mit einer Bohrstange ohne Umspannen gefertigt, so sind die Fehler klein. Anderenfalls sind sie auch durch nachträgliches gemeinsames Nachreiben nicht

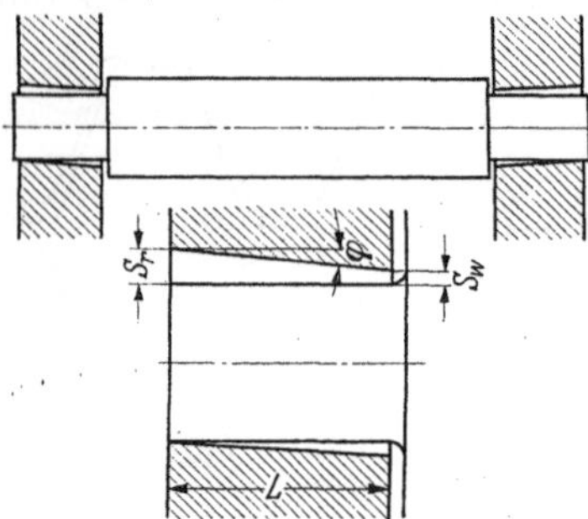

Abb. 120/1. Wirkung der Fluchtungsfehler auf das wirksame Spiel.

---

[1] Die Meßeigenschaften der Meßuhr. Dissert. Berlin 1938.

wieder ganz zu beseitigen, weil die Reibahle den schief vorgebohrten Löchern folgt und sich in geringem Maße elastisch verbiegt.

Abb. 120/1 zeigt die Verkleinerung des wirksamen Spieles infolge Schiefstehens der Wellenzapfen oder der Bohrungen an einem Beispiel. Ist das rechnerische Spiel S_r und steht die Bohrung oder die Welle um den Winkel φ schief, so ist das wirksame Spiel

$$S_w = S_r - \varphi \cdot L \ (\varphi \text{ im Bogenmaß}).$$

Beispiel: Ein Lager von 30 Durchmesser und 45 Länge mit der Passung H 7/f 6 hat ein Kleinstspiel von 20 μ. Dieses wird bereits infolge Schiefstehens der Bohrung oder der Welle um $0^0\,1'\,32''$ zu einem wirksamen Spiel von Null! Weil diese Beziehungen oft viel zu wenig beachtet werden, sind sie in den Abb. 121/1 und 121/2 in Kurvenscharen für verschiedene Lagerlängen aufgetragen. Dabei ist noch zu bedenken, daß das Schiefstehen sowohl der Bohrung als auch des Wellenzapfens addiert werden muß. Ferner sind noch Fluchtungsfehler, die sich ebenso auswirken, zu berücksichtigen. Man braucht sich also kaum zu wundern, wenn eine mehrfach gelagerte Welle, die ein verhältnismäßig kleines Spiel aufweist, mitunter überhaupt nicht in beide Lagerstellen eingeführt werden kann.

In diesem Abschnitt wurde ein wichtiger Zweig

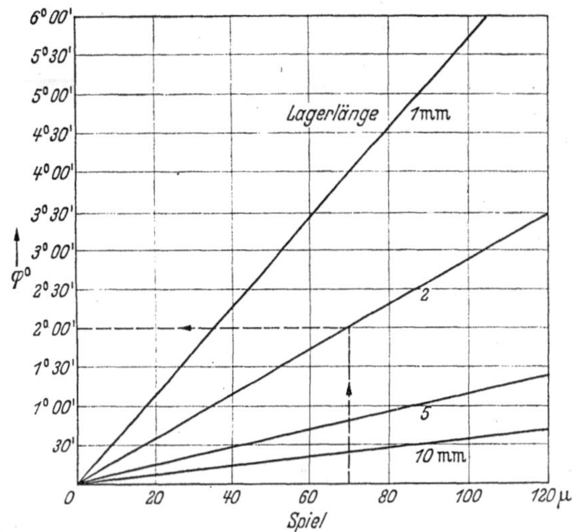

Abb. 121/1. Aufhebung oder Verkleinerung des wirksamen Spieles infolge Schiefstehens der Bohrung oder der Welle. Beispiel: Ein rechnerisches Spiel von 70 μ wird bei einer Lagerlänge von 2 mm und Schiefstehen um 2^0 zu einem wirksamen Spiel von 0 μ.

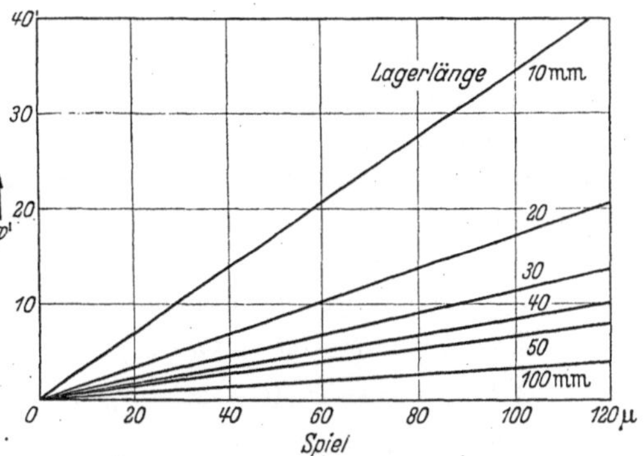

Abb. 121/2. Aufhebung oder Verkleinerung des wirksamen Spieles infolge Schiefstehens der Bohrung oder der Welle. Lagerlänge 10 bis 100 mm.

der Passungskunde gestreift, für den die theoretischen Grundlagen vorhanden sind und praktische Zahlenwerte zur Zeit ermittelt werden[1], nämlich die „Verzahnpassungen". Nach Abschluß dieser Arbeiten wird

---

[1] Vgl. [291].

die austauschbare Fertigung von Zahnrädern, die bislang nur auf Grund eigener Erfahrungen von einzelnen Firmen gepflegt wurde, auf eine ungleich breitere Grundlage gestellt sein.

45. Selbsthemmung und Spiel bei Parallelführungen.

An einer Parallelführung mit runden oder flachen Führungsflächen tritt Selbsthemmung auf, wenn die Reibungskräfte größer sind als die außermittig angreifende Antriebskraft P. Diese Reibungskräfte stehen zur Außermittigkeit des Kraftangriffs, als deren Folge ein Verkanten der Führung auftritt, in einem bestimmten Verhältnis, das von einer gewissen Größe an größer als 1 wird; dann vermag keine noch so starke Vergrößerung von P die Führung zu bewegen.

Um die Grenzbedingungen für die Bewegbarkeit einer Führung zu finden, sind zunächst in der Abb. 122/1 die Kräfte an einer einfachen Parallelführung, die rund oder kantig sein kann, untersucht, und zwar

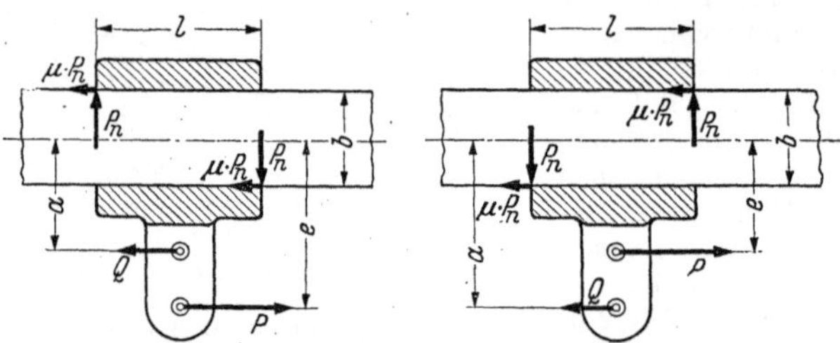

Abb. 122/1. Kräfte an einer Parallelführung.

1. für den Fall, daß die Last Q näher zur Mitte der Führung angreift als die Kraft P und

2. daß die Last Q weiter außerhalb als die Kraft P angreift; dabei ist als Last die Mittelkraft aller der Kraft entgegenwirkenden Kräfte einschließlich Massen- und Reibungskräften (ausgenommen die Kräfte $\mu \cdot P_n$) zu verstehen. Für den Fall 1 ergeben sich als Gleichgewichtsbedingungen folgende Gleichungen:

$$\Sigma H = 0 = P - Q - 2\,\mu \cdot P_n,$$
$$\Sigma M = 0 = -P \cdot (e-a) + P_n \cdot l - \mu P_n \cdot (a-b/2) - \mu P_n \cdot (a+b/2).$$

Darin ist ΣH die Summe aller waagerecht wirkenden Kräfte, ΣM die Summe aller Momente; die Summe aller senkrecht wirkenden Kräfte ist: $+P_n - P_n = 0$.

Daraus folgt:

|Gl. 122/1|
$$P - Q = P\,\frac{e-a}{l/2\,\mu - a} = P \cdot F_1.$$

Für Fall 2 ergibt sich:

$$\Sigma H = 0 = P - Q - 2\,\mu \cdot P_n,$$
$$\Sigma M = 0 = +P\,(a-e) - P_n \cdot l - \mu P_n\,(a-b/2) - \mu P_n\,(a+b/2)$$

und:

|Gl. 123/1|
$$P - Q = P\,\frac{a - e}{l/2\,\mu + a} = P \cdot F_2.$$

In der Abb. 123/1 sind diese Gleichungen hinsichtlich der Faktoren F_1 und F_2 im Bereich von $F < 0$ bis $F = \infty$ untersucht. Es zeigt sich, daß das brauchbare Gebiet, in dem der Schlitten sich bewegen läßt, zwischen den Grenzen $F = 0$ und $F = 1$ liegt. Als Grenzbedingungen gelten $a = e$ und $\pm e = l/2\,\mu$. Die letzte Formel gibt die Grenzbedingung für Selbsthemmung. Greift also die Kraft P weiter außerhalb an

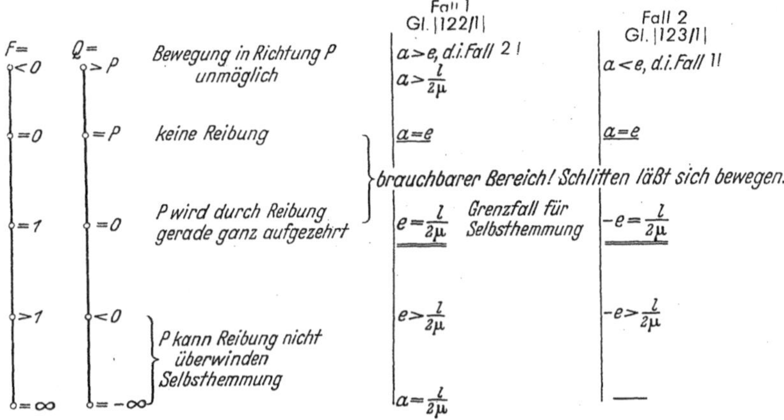

Abb. 123/1. Untersuchung der Gleichungen |122/1| und |123/1| für die Kräfte an einer Parallelführung.

als in der Entfernung $e = l/2\,\mu$, so eckt die Führung, und der Schlitten läßt sich nicht bewegen; es empfiehlt sich daher, unter diesem Wert zu bleiben. P darf hierbei sowohl auf der gleichen wie auch auf der entgegengesetzten Seite von Q angreifen (e negativ).

In dem Falle $a = e$ tritt keine Reibungskraft auf. Praktisch wird jedoch die Mittelkraft aus den P entgegenwirkenden Teilkräften $Q_1 + Q_2 + \cdots = Q$ stets geringen Schwankungen unterliegen, vor allem, wenn Reibungskräfte beteiligt sind; dann tritt während der Bewegung ein Schwanken zwischen Fall 1 und Fall 2 ein. Die Führung, die überdies theoretisch ihren Sinn verloren hat, klappert infolge ihres Spiels hin und her. Aus Abb. 123/1 ergibt sich, daß nur der Hebelarm e der Kraft, nicht aber der Hebelarm a der Last, der im Fall 1 auch in beliebiger Größe negativ werden kann, von Bedeutung ist. Die Breite b oder der Durchmesser der Führung erscheinen in den Gleichungen nicht. Sie sind jedoch aus drei Gründen wichtig:

1. Die Toleranzen und Spiele für Führungsbahn und Schlitten nehmen im ISA-System etwa mit der 3. Wurzel zu. Folglich ist eine schmale Führung „genauer" als eine breite.

2. Sieht man statt der breiten Führung (wie z. B. meist bei einem Drehbankbett) eine schmale vor, deren Mittellinie, auf die sich der Abstand e bezieht, sich näher an der Kraftangriffsstelle befindet, so wird dadurch die Gefahr der Selbsthemmung vermindert. Von dieser Möglichkeit wird bereits im Werkzeugmaschinenbau mit der sog. Schmalführung Gebrauch gemacht.

3. Der Einfluß etwaiger Temperaturschwankungen auf die Führungsgenauigkeit ist bei der Schmalführung geringer.

Man kann die Grenzbedingung für Selbsthemmung $e = l/2\,\mu$ so veranschaulichen, wie dies in Abb. 124/1 geschehen ist. Es zeigt sich, daß im Grenzfalle der Winkel ϱ gleich dem Reibungswinkel wird $(\mathrm{tg}\,\varrho = \mu)$.

Abb. 124/2a zeigt übertrieben die drückende Kante einer Parallelführung mit großem Spiel, bei der also der Vereckungswinkel φ verhältnis-

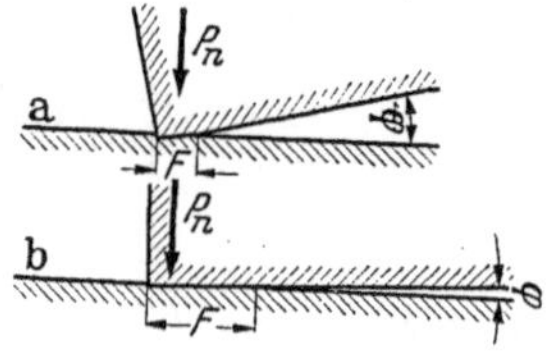
Abb. 124/2. Abplattung an der Druckstelle.

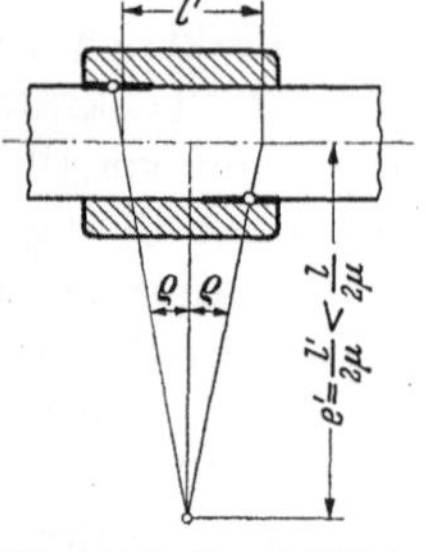

mäßig groß wird. Unter der Einwirkung der Kraft P_n tritt an der Kante des Schlittens eine Verformung ein, von der wir annehmen wollen, daß sie im elastischen Bereich des Werkstoffes verbleibt. Ebenso wird auch die Führungsbahn durch die Kraft P_n elastisch eingedrückt. Wie der Vergleich mit der gleichfalls schematischen Darstellung b erkennen läßt, ist die gedrückte Fläche um so kleiner, je größer φ wird.

Die bisherigen Überlegungen müssen demgemäß insofern berichtigt werden als für die Angriffsstelle der Kraft P_n nicht die mathematische Kante, sondern die Wirkungslinie der Mittelkraft aus den auf die Fläche F ungleichmäßig verteilten Teilkräften eingesetzt werden muß. Diese Wirkungslinie rückt um so näher an die Kante heran, je größer φ ist. Demgemäß muß in Abb. 124/3 l durch l' ersetzt werden, das kleiner als l ist, und es ergibt sich dann der Grenzabstand $e' < e$. Nach Vorstehendem scheint es zunächst so, als ob eine Führung mit kleinerem Spiel leichter ecke als eine solche mit großem Spiel. Dies widerspricht jedoch der Erfahrung. Die Erklärung liegt in folgendem: Je größer φ

Abb. 124/1. Beziehung zwischen der Selbsthemmung einer Parallelführung und dem Reibungswinkel ϱ.

Abb. 124/3. Parallelführung mit kleinem Spiel.

wird, desto größer wird auch der Flächendruck $p = P_n/F$. Die Kante preßt sich also um so mehr in die Führungsbahn hinein, je größer das Spiel ist. Bei großem Flächendruck p, wie im Fall 124/2a, wird also die Führungsbahn stärker eingekerbt, und dadurch wird eine scheinbare Vergrößerung der Reibungskräfte hervorgerufen.

Wenn es gelänge, die Abplattung infolge P_n bei bestimmtem Winkel φ rechnerisch zu ermitteln, so könnten daraus vielleicht weitere Bedingungen für den Eintritt der Selbsthemmung hergeleitet werden. Allerdings läßt Abb. 124/2 erkennen, daß eine als scharf angenommene Kante bei Bewegung des Schlittens nach links starke Schubspannungen in der Bahn hervorrufen und wie ein Werkzeug einen Span abheben müßte. Dagegen ist eine Bewegung des Schlittens nach rechts sehr gut vorstellbar. An einer Führung treten die beiden Fälle an den beiden drückenden Kanten auf. Das bedeutet, daß die Reibungsbeiwerte, mit denen man zu rechnen hätte, eine verschiedene Größe annehmen. Die Überlegung führt aber auch zu der Erkenntnis, daß die in der Wirklichkeit immer vorhandene Abrundung an der Kante einen großen Einfluß auf die Größe dieses in die Rechnung einzusetzenden Reibungsbeiwertes hat. Bei gleichen Werkstoffeigenschaften oder bei härterer Führungsbahn ist zu erwarten, daß bei großem φ an der Kante die Fließgrenze überschritten und eine Abrundung herbeigeführt wird, soweit sie nicht schon durch die Bearbeitung erzeugt wurde.

Die Betrachtung der Geradführungen hat also gezeigt, daß bei einfacher Betrachtungsweise die Breite b möglichst klein gewählt werden muß, daß dagegen das Spiel in den Formeln für die Selbsthemmung gar nicht auftritt. Unter Berücksichtigung der Abplattung an den drückenden Kanten hat sich ergeben, daß mangels mathematischer Unterlagen und infolge der ganz ungeklärten und schwer übersehbaren Verhältnisse unmittelbar an der Kante nur durch Versuche im Einzelfall ein Aufschluß über das zulässige Spiel der Führung gewonnen werden kann.

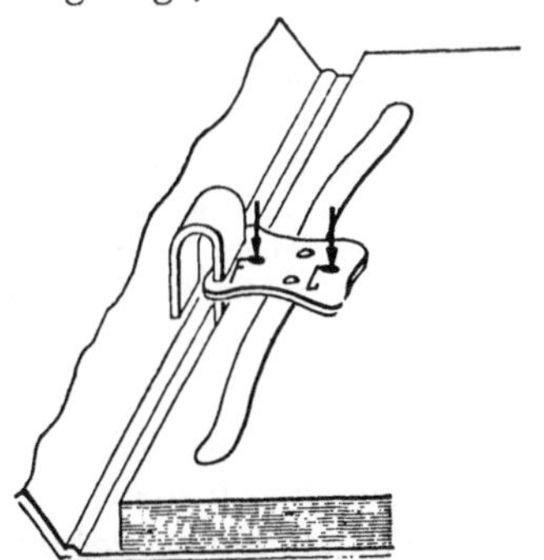

Abb. 125/1. Anwendung der Selbsthemmung bei einer Parallelführung an einem Schnellhefter.

Es gibt auch Fälle, in denen das Ecken einer Geradführung erwünscht ist. Ein Beispiel hierfür zeigt die Abb. 125/1. Die Anordnung wird bei einer Schnellhefter-Konstruktion benutzt. Ein Druck mit dem Finger auf die Stelle F bewirkt, daß die weit außerhalb der Grenzbedingung angreifende Kraft der Feder Selbsthemmung hervorruft und die Akten zusammenhält. Ein Druck auf die Stelle L löst den Aktenhalter. Eine weitere Anwendung findet sich beim Deckelhalter von Einkochgeräten, wie sie im Haushalt benutzt werden.

5. Passungsgeometrie.

Zum Prüfen, ob an einem Werkstück die in der Zeichnung vom
Gerätgestalter vorgeschriebenen Toleranzen eingehalten oder überschritten sind, kann man Festmaßlehren oder Istmaßlehren benutzen.
Man könnte meinen, daß diese Frage und ebenso die Gestaltung der
Lehre für einen bestimmten Zweck den Gerätgestalter gar nichts an-
gehe und nach Fertigstellung der Gerätzeichnung der Arbeitsvorbereitung und dem Lehrenbüro überlassen werden könne. Dem ist entgegen-
zuhalten, daß man ein Maß der Zeichnung oder eine Toleranz auf sehr
verschiedene Weise messen oder prüfen kann, und daß dabei je nach
der Größe und Form der Meßflächen, nach der Form und Handhabungs-
weise der Lehre sehr verschiedene Ergebnisse erzielt werden können, die
für die Brauchbarkeit des Werkstückes durchaus nicht gleichgültig sind.
Hierbei ist zunächst nicht an die dem Meßverfahren eigene Meßunsicherheit und an die Meßfehler gedacht.

An der Hinterkante eines Flugzeugflügels sind Querruder und Landeklappe
beweglich angebracht. Hierzu dienen je mehrere Gelenkgabeln und Gelenkaugen.
Zwischen Gabel und Auge soll möglichst kein Spiel sein, man hat deshalb eine
Passung mit dem Kleinstspiel Null gewählt. Das würde, theoretisch gesehen,
bedeuten, daß für die Abstände der Gabeln und Augen untereinander keine Toleranz
zugelassen werden kann. In Wirklichkeit geben sowohl der Flügel als auch besonders die Ruder elastisch so viel nach, daß sich die Bauteile auch bei ziemlich
großen Abweichungen noch fügen lassen. Nun kann man beispielsweise die Lehre
zum Prüfen der Abstände am Flügel so elastisch nachgiebig entwerfen, wie
das Ruder oder die Landeklappe. Macht man die Lehre starrer, so wird nachher das Steuerungsteil leichter beweglich sein, als die Lehre, wenn diese sich einführen ließ. Eine andere Möglichkeit besteht darin, mit einer starren Lehre in
spannungsfreiem Zustande die Istabweichungen in solchen Grenzen zuzulassen
von denen man weiß, daß sie durch die Nachgiebigkeit der Bauteile ausgeglichen
werden können. Hier ist also die Starrheit der Lehre von grundsätzlicher Bedeutung für die Anwendungsart der Lehre und für die praktische Brauchbarkeit
des Prüfergebnisses.

Man muß sich stets vor Augen halten, daß die Zeichnung nur ein
Ausdrucksmittel ist, das sich aber im Vergleich mit der Schrift vieler
Kurzzeichen bedient. Auch die Maßangabe ist ein solches Kurzzeichen.
Es kommt hinzu, daß auf der Zeichnung dreidimensionale Gebilde not-
gedrungen zweidimensional dargestellt werden. Wenn zwischen zwei
Linien einer Zeichnung ein Maß angegeben ist, so wird dadurch der
Wille des Gestalters ausgedrückt, daß zwei Flächen des herzustellenden
Gegenstandes einen bestimmten Abstand haben sollen oder daß ein
Zylinder einen bestimmten Durchmesser haben soll, oder es werden
andere, vielleicht verwickeltere Forderungen damit ausgesprochen. Ebenso wie aber das angegebene Maß nicht mit mathematischer Genauigkeit
eingehalten werden kann, sind auch für die Parallelflächigkeit, zylindrische, kugelige oder kegelige Form Abweichungen unvermeidlich und

daher Toleranzen erforderlich. Aber auch diese räumliche Betrachtungsweise ist am einzelnen Werkstück, das für sich betrachtet wird, noch bedeutungslos; was erzielt werden soll, ist vielmehr eine Paarung zwischen zwei oder mehreren Werkstücken, die ganz bestimmte Bedingungen erfüllen soll. Diesem einzigen Zweck dienen die Maßdarstellung auf der Zeichnung, das Fertigungsverfahren und die Prüfung, und sie haben sich ihm unterzuordnen.

Man mißt oder prüft also nicht um des Maßes willen, sondern um der Fügung oder der Funktion willen. Daher hat sich das Meßverfahren nach dem Meßzweck zu richten. Dieser ist beispielsweise bei einer runden Lagerstelle dadurch gegeben, daß die Welle sich im Lager leicht drehen lassen, eine möglichst gleichmäßige Schmiermittelschicht aufnehmen und eine gute Führung geben soll. Daraus ergibt sich die Forderung, daß ein bestimmtes Kleinstspiel nicht unterschritten und ein Größtspiel nicht überschritten werden darf, und daß die Fuge möglichst an allen Stellen gleich dick sein soll. Dieses Ziel darf beim Messen oder Prüfen nie vergessen werden, und es ist besonders bemerkenswert, daß schon die letzte Forderung einer gleichmäßigen Schmierfuge in kaum einer Zeichnung vermerkt ist. Insofern ist es für den Gerätgestalter schon wichtig, zu wissen, was die Werkstatt mit der in der Zeichnungskurzschrift gemachten Toleranzangabe anfängt. Im Grunde genommen wird es ihm in gewissen Grenzen aber gleichgültig sein, ob an den Werkstücken die Maße absolut eingehalten werden, in den meisten Fällen kommt es ihm nur auf das Maßverhältnis oder die Maßdifferenz an. Die Innehaltung der Einheit in den verschiedenen Werkstätten ist dagegen eine Angelegenheit der Werkstatt, die die beiden Teile möglichst unabhängig voneinander fertigen will. In den meisten Fällen wird es dem Gestalter auch vollkommen gleichgültig sein, ob das Urmaß des Werkes stimmt oder um einige μ vom Urmeter abweicht. Den Schaden von einer solchen Unstimmigkeit hat nur der Betrieb und nur dann, wenn Bauteile von außerhalb bezogen werden oder die gefertigten Teile zu anderen außerhalb gefertigten passen müssen.

Die vorstehend angedeutete Passungsgeometrie ist deswegen so schwierig darzustellen und zu begreifen, weil es sich um die räumliche Beziehung zweier Körper zueinander handelt. Es kommt wohl auch hinzu, daß der Konstrukteur zwar mit Hilfe seiner Vorstellungskraft räumlich gestalten, schöpferisch tätig sein muß, sobald er aber seine Vorstellungen festhalten und zu Papier bringen will, ist er gezwungen, dies zweidimensional auf der Papierfläche seines Reißbrettes zu tun. Daher und von der rein geometrischen Schulung unserer Ingenieure rührt es wohl auch, daß die meisten bisher versuchten Darstellungen der Passungsgeometrie entweder zu sehr von der raumgeometrischen oder gar von ebengeometrischer Betrachtungsweise ausgehen oder immer wieder in diese abgleiten, denn die Gefahr dieses Abgleitens ist sehr groß.

Im Nachstehenden sind deswegen zunächst getrennt die rein maßlichen Beziehungen der ISA-Lehren zum Toleranzfeld betrachtet, um dann zur räumlichen Anschauung der geprüften Werkstücke und schließlich im nächsten Kapitel zur Passungsmechanik überzugehen.

51. Die Maße der Lehren.

Die Herstellungstoleranzen und zulässigen Abnutzungen für Festmaßlehren sind in den ISA-Empfehlungen festgelegt und in die Dinormen aufgenommen. Die Abb. 129/1, die DIN 7162 entnommen ist, zeigt die Lage des Herstellungstoleranz- und des Abnutzungsfeldes zum Werkstücktoleranzfeld. Die Lehren, die zweifellos im Idealfalle genau an der Grenze des Werkstücktoleranzfeldes liegen müßten, sind also stets mit einem unvermeidlichen Fehler behaftet, sofern sie nicht auf der Gutseite durch Abnutzung zufällig gerade die Toleranzgrenze erreicht haben oder auf der Ausschußseite bei der Herstellung zufällig das Nennausschußmaß getroffen wurde.

Infolge dieses Fehlers, der sowohl innerhalb wie außerhalb des Werkstücktoleranzfeldes liegen kann, wie die Abbildung zeigt, wird also das Nenntoleranzfeld eingeschränkt oder überschritten. Geht man davon aus, daß das Werkstücktoleranzfeld richtig und zweckentsprechend gewählt wurde, so muß eine Einschränkung desselben eine Zusammendrängung des Verteilungsberges und somit eine Verteuerung der Fertigung zur Folge haben, die vom Werkstück aus gesehen ungerechtfertigt ist; eine wesentliche Toleranzüberschreitung dagegen kann die Brauchbarkeit des Werkstückes in Frage stellen. Beide Abweichungen von der Nenntoleranzgrenze müssen zur Zeit noch in der festgelegten Größe in Kauf genommen und vom Gestalter auch in die Überlegungen bei der Wahl der Toleranzen einbezogen werden. Man hofft aber, daß die Beträge mit den Fortschritten der Lehrenfertigung und mit der Verwendung abnutzungsfesterer Lehrenwerkstoffe einmal kleiner werden können. Es steht heute schon nichts im Wege, eine mit Hartmetall bestückte Lehre nach einem Herstellungstoleranzfeld zu fertigen, das an der Werkstücktoleranzgrenze liegt, und auf die Abnutzung wenig oder gar keine Rücksicht zu nehmen, wenn eine solche erfahrungsgemäß bei der zu prüfenden Stückzahl kaum oder gar nicht zu erwarten ist.

Während beim DIN-System die neue Arbeitslehre an der Toleranzgrenze lag und ihre Herstellungstoleranz in das Feld hineinragte (entgegen der Abnutzung), die Abnutzung dagegen Toleranzüberschreitungen ermöglichte, ist man beim ISA-System von anderen Überlegungen ausgegangen. Man wollte die **Nenngrenzmaße** als die **äußersten Grenzen für die Abnahmefähigkeit der Werkstücke**

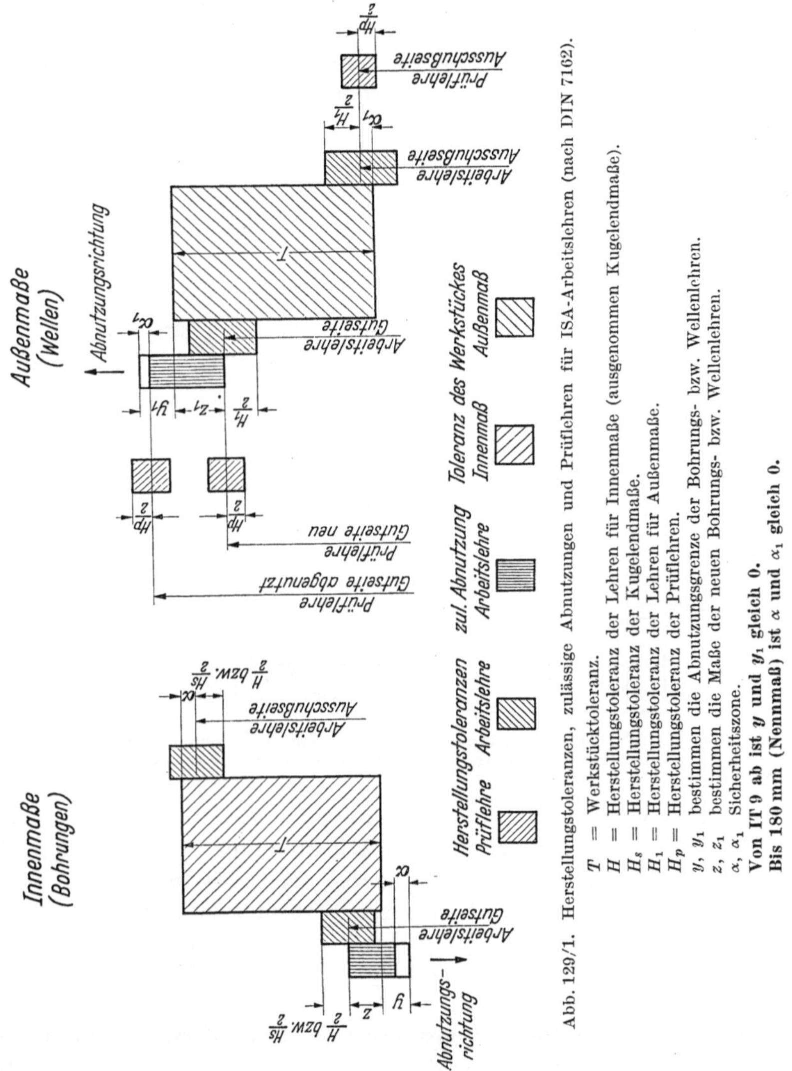

Abb. 129/1. Herstellungstoleranzen, zulässige Abnutzungen und Prüflehren für ISA-Arbeitslehren (nach DIN 7162).

T = Werkstücktoleranz.
H = Herstellungstoleranz der Lehren für Innenmaße (ausgenommen Kugelendmaße).
H_s = Herstellungstoleranz der Kugelendmaße.
H_1 = Herstellungstoleranz der Lehren für Außenmaße.
H_p = Herstellungstoleranz der Prüflehren.
y, y_1 bestimmen die Abnutzungsgrenze der Bohrungs- bzw. Wellenlehren.
z, z_1 bestimmen die Maße der neuen Bohrungs- bzw. Wellenlehren.
α, α_1 Sicherheitszone.
Von IT 9 ab ist y und y_1 gleich 0.
Bis 180 mm (Nennmaß) ist α und α_1 gleich 0.

festgelegt wissen und hat dies auch bei der 9. bis 16. Qualität durchgeführt. Bei kleineren Toleranzen, IT 5 bis IT 8, hätte dies im Grenzfalle allzu kleine Resttoleranzen ergeben, so daß man sich entschloß, die Beträge y und y_1 als Überschreitungen zuzulassen, in der Hoffnung, diese eines Tages weglassen zu können. Die Abb. 130/1 zeigt, wie sich Herstellungstoleranz und Abnutzung in Prozenten zur Werkstücktoleranz verhalten. Auch diese Darstellung ist unter statistischen Gesichtspunkten zu betrachten. Wenn nämlich bei IT6 im ungünstigsten äußersten Falle 50% der Toleranz T für die Fehler der Lehren verbraucht werden, so muß bedacht werden, daß dieses Zusammentreffen aller ungünstigen Fälle äußerst selten zu erwarten ist, daß vielmehr im Mittel etwa 90 bis 100% zur Verfügung stehen werden.

Andererseits läßt die Darstellung doch erkennen, daß Werkstücke unterhalb IT 5 zweckmäßig nur noch mit Istmaßlehren gemessen werden. Man sieht auch, wie klein der Anteil bei den gröberen

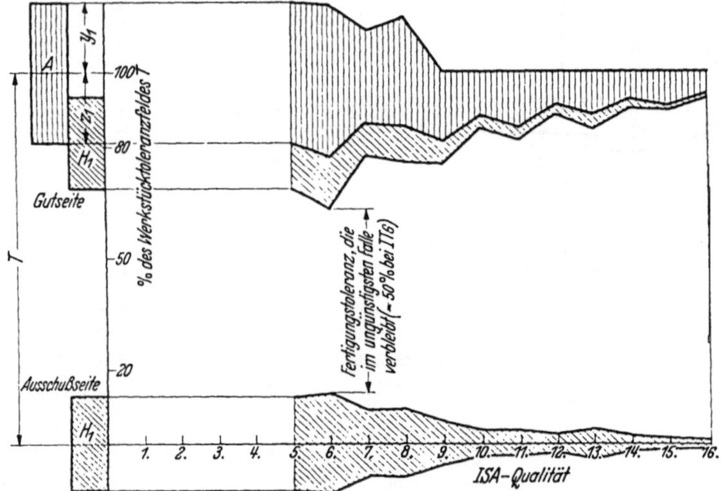

Abb. 130/1. Verhältnis von Herstellungstoleranz und Abnutzung der ISA-Lehren zur Werkstücktoleranz. (Nennmaßbereich: über 10 bis 18 mm.)

Toleranzen wird. Die Herstellungstoleranz wird bei der 16. Qualität verschwindend klein gegen die Werkstücktoleranz. Das hat schon dazu geführt, an einzelnen Stellen für Lehren der 9. bis 16. Qualität gröbere Toleranzen vorzuschreiben[1], um ihre Fertigung zu erleichtern und zu beschleunigen. Ein Vorgriff auf die verbesserte Lehrenfertigungstechnik, der im ISA-System gemacht wurde, mußte also zeitweise wieder rückgängig gemacht werden.

Die Größe der Herstellungstoleranzen und zulässigen Abnutzungen beruht auf Erfahrungswerten der an der Ausarbeitung des ISA-Systems beteiligten Länder und entspricht etwa der des DIN-Systems. Sie muß in jedem Falle eine Ausgleichslösung darstellen zwischen wirtschaft-

---

[1] Vgl. HgN 21110 Ausgabe Mai 1940.

licher Herstellung und Ausnutzung der Lehren und der Beeinflussung
des Werkstücktoleranzfeldes. Ob dann diese Felder an der Toleranzgrenze einseitig in das Gebiet von T hinein- oder herausgelegt werden
oder ob sie gleichmäßig oder beliebig verteilt werden, ist dann im
Grunde vollkommen belanglos und willkürlich. Es muß lediglich festgehalten werden, daß mit der Einschreibung der Kurzzeichen
in die Gerätzeichnung auch schon unmittelbar die Größen H,
z, y, α, H_p für die Festmaßlehren gegeben sind.

Diese Werte können auch für zahlenmäßig eingeschriebene Toleranzen ohne weiteres benutzt werden. Ist die Toleranz in DIN 7162
nicht unmittelbar enthalten, so werden die Lehren mit den dem nächst-
größeren T entsprechenden Werten ausgeführt.

Festgelegt in den ISA-Empfehlungen und den Dinormen sind nur
Arbeitslehren. Es bleibt folglich jedem Benutzer überlassen, wie er den

weiteren Bedarf an Zwischenrevisionslehren,
Revisionslehren und Abnahmelehren eingliedert.
Es wäre theoretisch ideal, wenn es möglich
wäre, die Anordnung nach Abb. 131/1 zu treffen, nämlich alle Lehrenarten mit ihren Ab-
nutzungsbereichen sauber voneinander zu tren-
nen, damit niemals ein Werkstück beanstandet
wird, das bei einer vorangegangenen Prüfung
als brauchbar befunden wurde; allein mit Rücksicht auf die erwähnte notwendige Ausgleichslösung muß auf diesen Idealzustand vorläufig
verzichtet werden. Im allgemeinen wird man
dem Zwischenrevisor Lehren geben, die bereits
etwas abgenutzt sind, dem Revisor solche, die
mehr abgenutzt sind, aber die Abnutzungsgrenze noch nicht erreicht haben. Für die
Wehrmacht sind die Abnahmelehren, die der

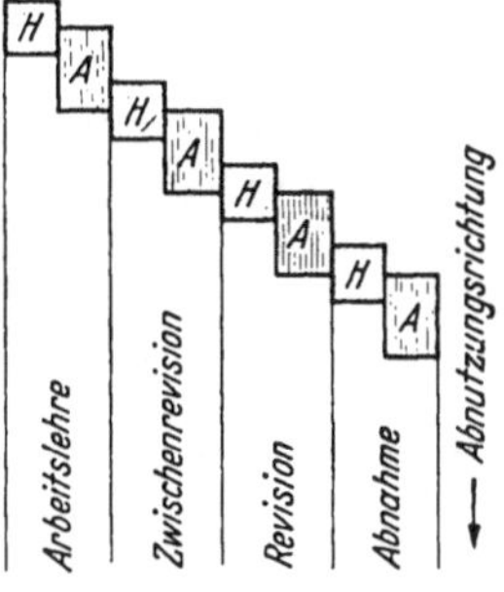

Abb. 131/1. Anordnung der
Herstellungstoleranz- und Ab-
nutzungsfelder bei Trennung
der verschiedenen Lehrenarten.

Besteller zum Nachprüfen der Werkstücke benutzt, im neuen Zustand
an die Grenze des Abnutzungsfeldes der Arbeitslehre gelegt worden.
Ihr eigenes Abnutzungsfeld beträgt, von da aus gerechnet: $\dfrac{3}{2}\,H$.

Für die Werkstatt und die Abnahme muß unbedingt an folgenden
Forderungen festgehalten werden:

1. Alle Werkstücke sind als gut zu bezeichnen, bei denen
die äußersten Grenzmaße nicht überschritten sind.

Das äußerste Grenzmaß ist auf der Gutseite durch eine Lehre gegeben, die die
Abnutzungsgrenze gerade noch nicht erreicht hat, auf der Ausschußseite durch
eine Lehre, die an der außerhalb von T liegenden Grenze des Herstellungstoleranz-
feldes liegt. Bei der Prüfung mit Istmaßlehren müssen alle Werkstücke als gut

bezeichnet werden, die mit den vorstehend genannten Festmaßlehren als gut befunden sein würden.

Die Regel 1 ist schwer durchführbar und wird deshalb im strengen Sinn nur bei Streitfällen um besonders hochwertige Werkstücke angewendet werden.

2. Alle Werkstücke, bei denen die äußersten Grenzmaße überschritten sind, müssen bedingungslos zurückgewiesen werden.

Aus 2 folgt wieder die schon oft erhobene Forderung an das Konstruktionsbüro: Toleranzen so groß wie möglich! Zu 1 ist noch zu bemerken: Eigentlich besteht keine Veranlassung, bei der Benutzung von Istmaßlehren auch die Abnutzung der Festmaßlehren zu berücksichtigen, weil bei jenen ja die Abnutzung meist durch Nachstellen ausgeglichen werden kann. Für Streitfälle muß jedoch eine einheitliche Richtlinie bestehen. Im allgemeinen hat folgender Grundsatz zu gelten, der sich besonders auf die Verwendung von Istmaßlehren bezieht.

3. Der Hersteller hat vom Nenntoleranzfeld (T) die Meßunsicherheit (MU) der benutzten Meßmittel abzuziehen, der Abnehmer hat sie zum Nenntoleranzfeld zuzuschlagen (Abb. 132/1).

Setzt man statt Nenntoleranzfeld die äußersten Grenzmaße ein, so ist dieser Grundsatz auch bei den für die Wehrmacht festgelegten Abnahmelehren durchgeführt, wenn man von der Überschneidung um $H/2$, die bedeutungslos ist, absieht.

Bei den in Abb. 132/1 angenommenen Meßunsicherheiten für die Istmaßlehren darf also der Hersteller nur Werkstücke durchlassen, die innerhalb der Ablesung T' liegen, der Abnehmer (Besteller) muß dagegen alle Werkstücke abnehmen, die innerhalb der Ablesung T'' liegen. Hierbei ist selbstverständlich vorauszusetzen, daß die Meßunsicherheit in einem vernünftigen und wirtschaftlichen Verhältnis zur Werkstücktoleranz steht.

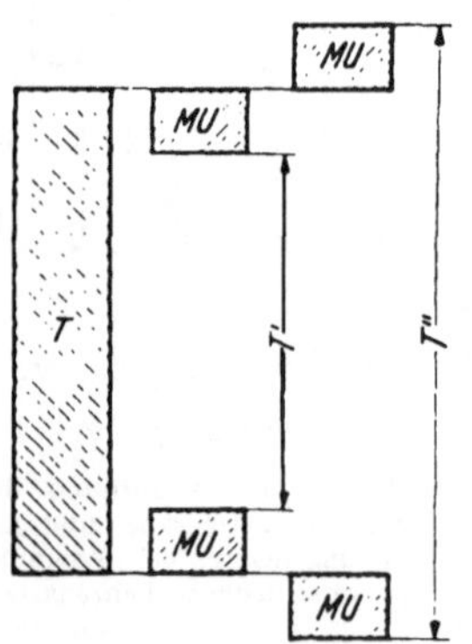

$\boxed{T}$ Werkstücktoleranz

$\boxed{MU}$ Meßunsicherheit

T' Resttoleranz für den Hersteller

T'' Abnahmetoleranz für den Besteller

Abb. 132/1. Berücksichtigung der Meßunsicherheit bei Verwendung von Istmaßlehren.

Da die Ausschußseite im allgemeinen nicht ein- oder übergeführt wird, ist nur eine geringe Abnutzung zu erwarten. Ein Abnutzungsfeld ist deswegen hierfür nicht vorgesehen. Da hier eine Abnutzung das Toleranzfeld des Werkstückes einschränken würde, bringt sie keine Gefährdung der Brauchbarkeit. Eine stark abgenutzte Ausschußlehre würde vom Betrieb von selbst ausgeschieden werden, wenn diese Toleranzeinschränkung merkbar wird.

Für die Prüflehren (Meßscheiben) für Rachenlehren sind ebenfalls Herstellungstoleranzfelder angegeben. Es fällt in der Abb. 129/1 auf, daß diese symmetrisch zum Herstellungstoleranzfeld der Rachenlehre liegen, und man könnte auf den Gedanken kommen, für die Rachenlehre zwei Prüflehren vorzusehen, die die Grenzmaße der neuen Rachenlehre darstellen. Allein die Meßunsicherheit beim Prüfen einer Rachenlehre, die bekanntlich in der jetzt üblichen Form recht wenig biegungssteif ist, ist so groß, daß dann im Grenzfalle nicht viel Herstellungstoleranz für die Lehre übrigbleibt, selbst wenn man die Prüflehre mit noch kleinerer Toleranz fertigen würde.

Die Abb. 133/1 zeigt die Zuordnung der ISA-Qualitäten 2 bis 7 zu den Werkstücktoleranzen und ebenso die zugehörigen Prüflehren. Die

etwa entsprechender DIN-Gütegrad		fein, 1···3											
PE		edel,0,75···1			schlicht, 3-5,5			grob,10						
Werkstücktoleranz IT		5	6	7	8	9	10	11	12	13	14	15	16
Lehren IT	Lehrd. u. Flachl.	—	2	3				5			7		
	Rachenlehren	2			4								
	Kugelendmaße	—		2				4			6		
Prüflehren IT		1			2					(3)			

Abb. 133/1. Zuordnung der Lehrenqualitäten (Herstellungstoleranz H) zu den Werkstücktoleranzen IT 5 bis IT 16. Vergleich mit den DIN-Gütegraden.

Abbildung zeigt gleichzeitig das Verhältnis der bisherigen DIN-Toleranzen zu den ISA-Qualitäten.

Die vorstehenden Ausführungen über die äußersten Grenzmaße lassen eine Frage offen, die uns nun eingehender zu beschäftigen hat: Der Einfluß der Größe der Meßfläche auf das Meßergebnis. Es ist gewiß ein Unterschied, ob eine Bohrung mit einem vollen Lehrdorn geprüft wird oder mit einem Meßgerät, das nur in zwei gegenüberliegenden Punkten des Prüflings zur Anlage kommt. Dies rührt daher, daß die Bohrung keinen idealen Zylinder darstellt, sondern von dieser Form abweicht; ferner spielt der Anlagefehler und bei kleinen Berührungsflächen die Abplattung eine Rolle.

52. Die Oberflächengestalt der Werkstücke.

Wir wollen zunächst die Oberfläche eines technischen Gegenstandes eingehend betrachten und nehmen als einfaches Beispiel einen Zylinder von der Länge L und dem Halbmesser R, wie er in der Abb. 134/1 idealisiert dargestellt ist. Hier interessiert uns aber nicht die mathematisch gedachte Gestalt einer Zylinderoberfläche, die in dem gewählten Koordinatensystem ϱ, t, z der einfachen Gleichung folgt: $\varrho = R$, wobei z in den Grenzen zwischen $z = O$ und $z = L$ liegt, sondern wir wollen uns mit der wirklichen Oberflächengestalt befassen, die

durch Gießen, durch warme oder kalte spanlose oder durch spangebende Formung entstanden sein kann. Die Tätigkeit soll also eine ausschließlich beschreibende sein. Es würde deshalb besser an Stelle der
Abb. 134/1 ein realer Gegenstand mit einer realen Oberfläche gezeich-
net worden sein, die durch punktweises Ausmessen gefunden wurde. Allein dann würde man das Produkt sehr vieler spezieller oder zufälliger Einflüsse vor Augen haben, von denen nur einige genannt sein mögen: schwankende Werkstoffeigenschaften, Bearbeitungsverfahren, Werkzeugmaschine, Werkzeug. Nicht zuletzt würde es auch unmöglich sein, die Oberfläche in mathematischen Punkten abzutasten und aufzuzeichnen, sondern man müßte mit einer endlichen Fläche messen und würde dadurch wiederum ein ver-

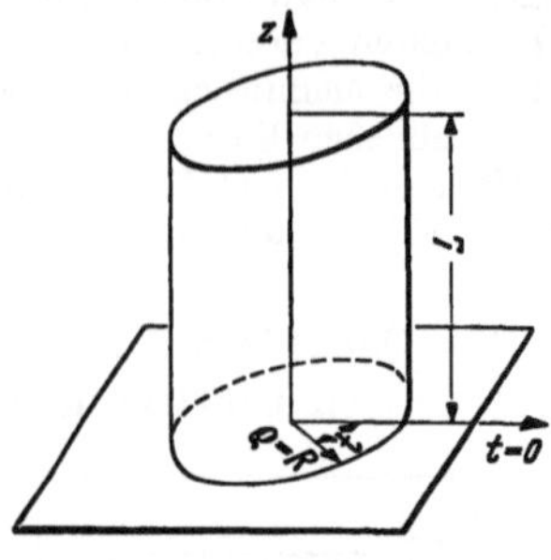

Abb. 134/1. Ideal-geometrischer Zylinder.

zerrtes Bild der Oberfläche erhalten. Außerdem hätten wir dann einen
einzigen realen Fall vor Augen, der „Zufallsprodukt" ist und könnten
nur wenig über alle anderen Werkstücke der gleichen Art aussagen.

Es bleibt also nichts anderes übrig, als daß wir uns zunächst ganz
allgemein mit den Möglichkeiten beschäftigen, die für die Oberflächengestalt unseres Zylinders als technisch-realer Gegenstand vorhanden sind. Erst nachdem wir dies getan haben, wird es uns möglich
sein, das Ergebnis der Betrachtung mit den technischen Erfordernissen
zu vergleichen und da und dort, wo Wirklichkeit und technisches Bedürfnis auseinanderklaffen, die Sonde der Kritik anzulegen und Ver-
besserungsvorschläge für den Einzelfall mit seinen speziellen Erfordernissen anzubringen.

Die Betrachtungsweise muß eine dreifache sein, wenn wir nicht Gefahr laufen wollen, etwas Wichtiges zu übersehen:

1. kristallographisch,
2. mikrogeometrisch[1],
3. makrogeometrisch[1].

521. Kristallographisch.

Im Atom, das aus dem Kern und den ihn umkreisenden Elektronen
besteht, sind bedeutende Energien gebunden, von denen beträchtliche

---

[1] Die von Schmaltz geprägten Ausdrücke „mikrogeometrisch" und „makrogeometrisch" wurden beibehalten, weil sie gut sind und um nichts Neues zu schaffen.
Es muß jedoch in diesem Zusammenhang besonders darauf hingewiesen werden,
daß es sich hier nicht um „Geometrie" als Zweig der mathematisch-abstrahieren-
den Wissenschaften handelt, sondern um eine Erfassung realer, unebener, un-
zylindrischer usw. Gegenstände. Gemeint ist also mehr eine „mikrostereometrische"
und „makrostereometrische" Betrachtungsweise.

Teile allerdings erst bei Kernreaktionen frei werden. Das „Planetensystem Atom" übt auch nach außen auf Nachbaratome Kräfte aus, die aber erheblich kleiner sind. Es kann als sicher angenommen werden, daß das Atom nicht nach allen Richtungen hin gleiche Kräfte aussendet, sondern seinem inneren Aufbau gemäß Vorzugsrichtungen hat. Dasselbe gilt für Atomgruppen: Moleküle. Innerhalb einer Flüssigkeit sind nun die Atome oder Atomgruppen regellos — statistisch zufällig — angeordnet. Beginnt die Flüssigkeit zu erstarren — weil die Temperatur so weit sinkt, daß die Atome oder Moleküle ihre freie Beweglichkeit verlieren — so setzen sie sich in bestimmten Richtungen vorzugsweise an und bilden ein regelmäßiges Kristallgitter. Wenn sie dabei nicht irgendwie gestört werden, entsteht ein regelmäßiger Kristall. Alle Baustoffe außer den Gläsern, bei denen Vorzugsrichtungen nicht ausgeprägt sind, bilden beim Übergang in den festen Aggregatzustand solche Kristalle, deren Gestalt offensichtlich mit dem atomaren oder molekularen Aufbau in Zusammenhang steht.

Da Störungen bei der Bildung eines Kristalles sehr verschiedenartig und folglich auch sehr zahlreich sind und z. B. schon seismische Erschütterungen genügen, weichen die Kristalle von ihrer regelmäßigen Gestalt bei den meisten Baustoffen erheblich ab, so daß mitunter sogar die Grundform kaum noch erkennbar ist.

Betrachten wir nun die Oberflächengrenzschicht des Bauteiles. Hier liegen beim gegossenen Körper die winzigen Kristallebenen offen zutage und treten mit der Umwelt, der Atmosphäre oder anderen Stoffen chemisch und physikalisch in Beziehung. Hier muß gleich bemerkt werden, daß auch in festem Aggregatzustand Kristallisationserscheinungen auftreten. Die Moleküle sind bei der Erstarrung des Stoffes durchaus nicht unverrückbar verankert worden, sondern es treten auch dann noch Umund Rekristallisationserscheinungen auf, zwar in viel längeren Zeiträumen, besonders aber dann, wenn den Molekülen beim Erstarren nicht genügend Zeit gelassen wurde, sich ihrer Eigenart gemäß auszurichten. Erst recht ist dies bei höheren Temperaturen unterhalb des Schmelzpunktes der Fall, bei der Wärmebehandlung der Werkstoffe. Bei der mechanischen Bearbeitung werden einzelne Kristalle aus dem Verband herausgerissen, andere zertrümmert oder verschoben und dadurch wieder Umlagerungen ausgelöst.

Es kann also angenommen werden, daß die Moleküle in einem Kristall mit der dem Stoff eigentümlichen Regelmäßigkeit angeordnet sind, abgesehen von einzelnen durch die erwähnten Störungen hervorgerufenen Unregelmäßigkeiten. An der Grenzfläche zu einem anderen Stoff, beispielsweise einem Schmiermittel, lagern sich ihnen Moleküle dieses Stoffes an. Die Kohlenwasserstoffmoleküle der Schmierstoffe sind sehr lang gestreckt und besitzen oft an ihren Enden besonders hohe Restvalenzen, sie haben dann die Eigenschaften eines Dipols oder sie erhalten diese nach Einwirkung eines elektrischen Feldes, z. B. durch Reibung. Sie lagern sich nun so an die Metallmoleküle an, daß sie parallel gerichtet sind. Der Zusammenhang zwischen Metall- und Kohlenwasserstoffmolekülen ist sehr fest, so daß sogar Metallteilchen beim Versuch gewaltsamer Entfernung mit herausgerissen werden können. An diese ausgerichteten Kohlenwasserstoffmoleküle lagern sich wieder solche poligen Moleküle an, so daß eine Art „Molekülpelz" entsteht. In weiterer Entfernung von der Grenzschicht, innerhalb der Schmierflüssigkeit geht diese parallele Ausrichtung der langen Moleküle mehr und mehr verloren, es tritt wieder die regellose Anordnung auf, wie sie eingangs im Innern der Flüssigkeit geschildert wurde.

In diesem Zusammenhang sei auf das Ansprengen und Anhaften von Endmaßflächen[1] hingewiesen, das auf die gleichen Erscheinungen zurückzuführen ist. Die molekularen Anziehungskräfte sind hierbei so groß, daß sie die plötzliche Annäherung der beiden Flächen hervorrufen und dann Abreißkräfte bis zu 33 kg/cm² erfordern. Absolut, d. h. mit allen erdenklichen Vorsichtsmaßregeln gereinigte Flächen haften nicht aneinander.

Dies ist so zu erklären, daß bei Fehlen einer Zwischenschicht aus Schmiermitteln wegen der auch bei Endmaßen immer noch viele Moleküllagen betragenden Unebenheit nur wenige Punkte der Oberflächen einander so nahe kommen, daß sie miteinander agieren. Adsorbierte Gasschichten erzeugen nur geringe Haftkräfte. Zwischenschichten von Kohlenwasserstoffen (z. B. Paraffinöl) aber gleichen die Unebenheiten aus und bilden Molekülketten, die bei nicht zu großer Länge bis zur nächsten Metalloberfläche reichen und so die kraftschlüssige Verbindung herstellen. Wird die Zwischenschicht zu dick, so tritt die obenerwähnte Unordnung in dem „Molekülpelz", mit dem die Oberfläche bedeckt ist, ein und die Haftkraft wird geringer.

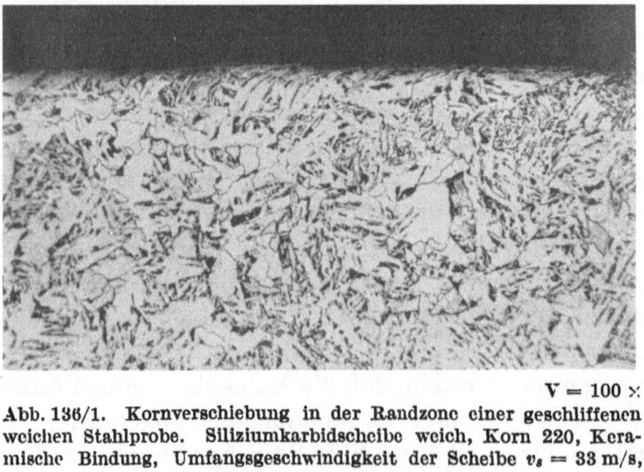

Nunmehr wird offenbar, daß der molekulare und kristalline Aufbau der Werkstoffoberfläche von großer Bedeutung für alle Schmiervorgänge sein muß und infolgedessen auch auf die Passungen Einfluß hat. In bezug auf die Meßtechnik haben wir erkannt, daß keine

V = 100 ×

Abb. 136/1. Kornverschiebung in der Randzone einer geschliffenen weichen Stahlprobe. Siliziumkarbidscheibe weich, Korn 220, Keramische Bindung, Umfangsgeschwindigkeit der Scheibe v_s = 33 m/s, des Werkstückes v_w = 0,2 m/s.

metallische Berührung, also keine unmittelbare Annäherung der beider-

---

[1] [106].

seitigen Grenzschichten, stattfindet, sondern in der Praxis stets andersartige Schichten zwischengeschaltet sind, die dem Gegenstand von der Bearbeitung oder durch Handübertragung anhaften und mehrere Moleküllagen dick sind.

Bei der mechanischen Bearbeitung der Oberfläche werden selten Kristallkörnchen ganz aus ihrem Verband herausgerissen, wobei die Bindungen an den Korngrenzen zu überwinden sind. In der Regel verlaufen die Bruchflächen durch die Körner und dabei werden beim spröden Trennungsbruch kristallographisch bestimmte Reiß- oder Spaltflächen, beim zähen Gleitungsbruch hingegen Gleit- und Scherflächen bevorzugt. Die Mikro-Oberflächengestalt wird folglich von innerkristallinen Kräften sowie vom Bearbeitungsverfahren, der Form des Werkzeuges, der Dicke des Spanes und der Bearbeitungsgeschwindigkeit beeinflußt. Die Art der Spanbildung und

a

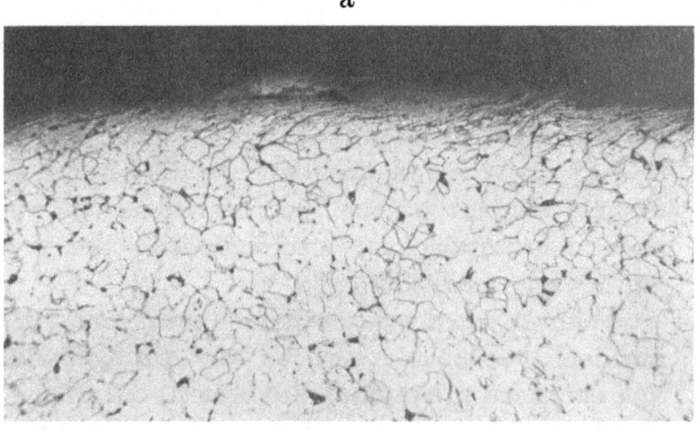

b

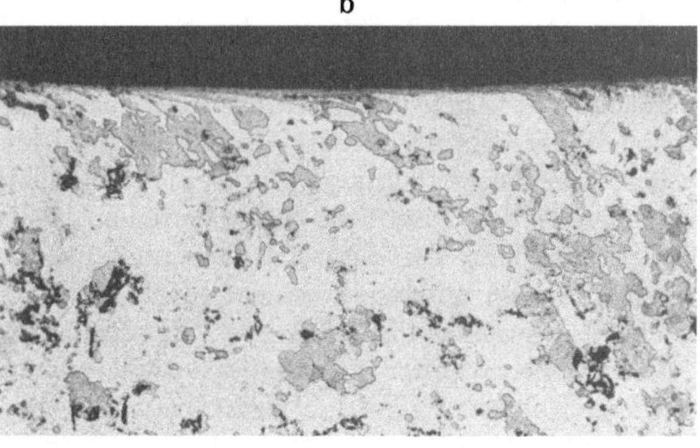

Abb. 137/1. Kornverschiebung in der Randzone bei mit stumpfem Stahl gedrehten Flächen. a) weicher Stahl, b) Duralumin.

ihr Einfluß auf die Oberflächengestalt ist vorwiegend eine Folge der geschwindigkeitsabhängigen Reibungszahl und der dadurch bedingten Art der Beanspruchung der Randschicht und weiterhin der Abhängigkeit der Werkstoffeigenschaften von der Formänderungsgeschwindigkeit. Der Vorgang des Abtrennens wirkt bis zu einer beträchtlichen Tiefe auf den Gefügezustand ein. Dies wird beispielsweise an einem Querschliff durch eine geschliffene Oberfläche sichtbar (Abb. 136/1). Die freiliegenden schneidenden Körner der Schleifscheibe haben wohl

vorwiegend einen negativen Spanwinkel und man sieht, wie das Kristallgefüge unter der Oberfläche verändert, verschoben und zerschlagen
worden ist. Noch deutlicher wird das gleiche Bild bei (absichtlich) mit
grobem Span und stumpfem Stahl gedrehten Oberflächen (Abb. 137/1).
Man kann sich vorstellen, daß in dieser Schicht auch nachträglich
noch wieder mikroskopische Änderungen in der Lage und Form der
Kristallite zu erwarten sind, die vielleicht auch die Oberflächengestalt
beeinflussen.

522. Mikrogeometrisch[1].

Wir betrachten den zylindrischen Körper der Abb. 134/1 nunmehr
in bezug auf seine zusammenhängende, unregelmäßige Oberfläche, und zwar wollen wir die Größe des betrachteten Flächenelementes dadurch nach oben begrenzen, als wir zu seiner Betrachtung
noch einer optischen, mechanischen oder sonstwie gearteten Vergrößerung bedürfen.

Nehmen wir die gegossenen Werkstücke vorweg, so beobachten wir
auf der Oberfläche Abdrücke von Unregelmäßigkeiten der Gießform,
von einzelnen gröberen Sandkörnern, oder bei Kokillen- und Spritzguß
Bearbeitungsspuren der Form. Bei zusammengesetzten Gießformen
oder solchen mit beweglichen Teilen (Ziehkernen) läuft der Werkstoff
oft in kleine Spalte hinein, das gleiche geschieht an der Trennfuge,
diese Stellen werden nachträglich durch mechanische Bearbeitung fort-
genommen. Auch die Abdrücke von Auswerferstiften machen sich oft
bemerkbar. Ferner ist die Oberfläche der Ausgangspunkt für die be-
ginnende Kristallbildung. Es ist nicht gesagt, daß die Kristallebenen
immer mit der Oberfläche zusammenfallen, weil sich bei fortschreitender
Kristallbildung die Kristalle zusammendrängen müssen (Abb. 139/1).
Infolgedessen entstehen weitere Unebenheiten, die sich z. B. bei Zink-
und Leichtmetallspritzguß in Kristallisationserscheinungen auf der
Oberfläche mitunter mit bloßem Auge erkennen lassen (Abb. 140/1).
Dieser Fehler tritt verhältnismäßig selten auf. Hingegen zeigen sich
bei unsachgemäßer Ausführung des Spritzgusses zahlreiche andere
Fehler in der Oberfläche. Abb. 141/1 stellt z. B. den Schnitt durch
eine Hülse mit sog. „Wellen" und Freßerscheinungen auf der Innen-
wand dar.

Wichtiger für die Passungstechnik sind warm und kalt spanlos
geformte Werkstücke. Hier unterscheidet Schmaltz[2] zwischen freien

---

[1] Im Rahmen dieses Buches kann dieser Abschnitt nur die wichtigsten Punkte
streifen aus der ausgezeichneten und gründlichen Darstellung in Schmaltz, Technische Oberflächenkunde [239]. Diesen Ausführungen konnte hier nichts eigenes
hinzugefügt werden, gleichwohl durften sie nach meiner Meinung deswegen nicht
überschlagen werden, vor allem wegen ihrer Bedeutung für die Passungsmechanik.

[2] [239] S. 163ff.

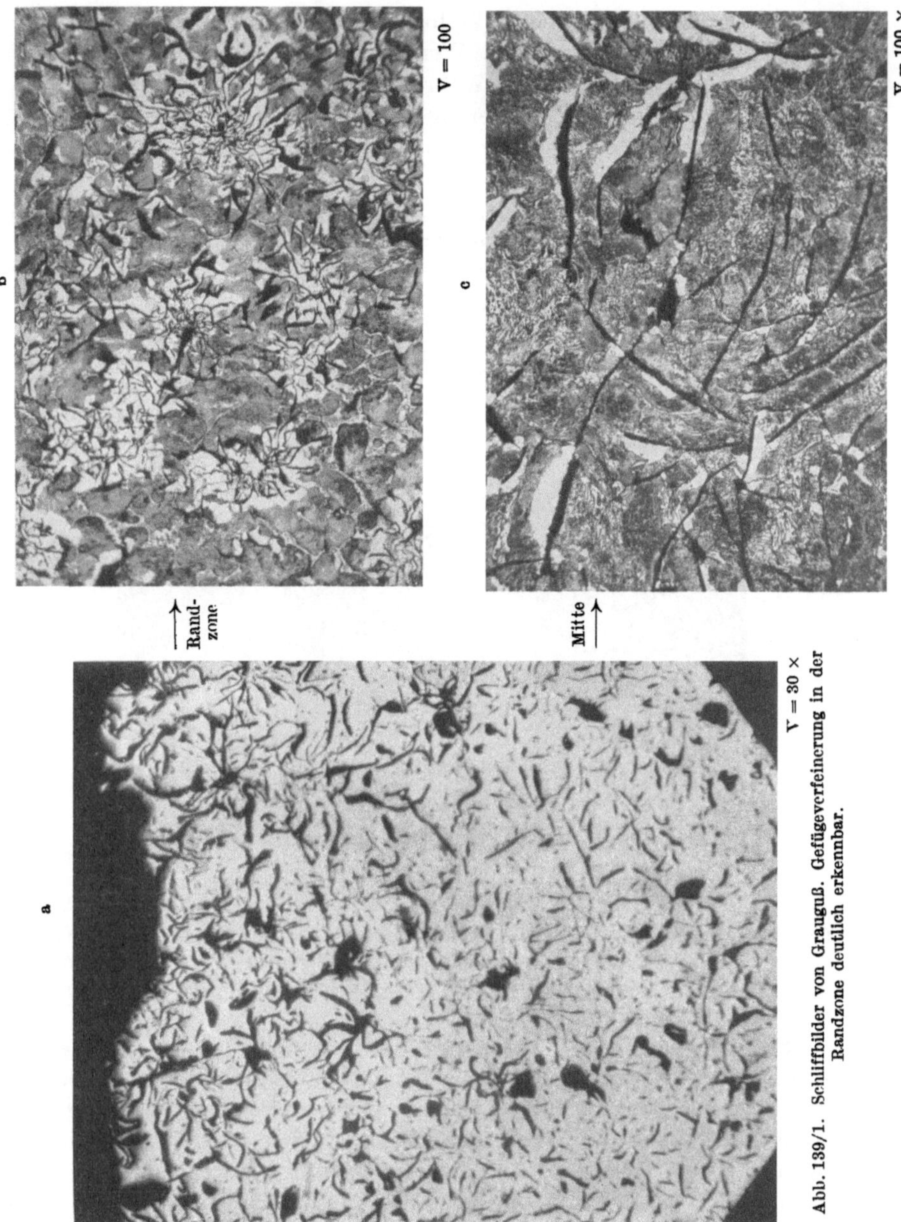

Abb. 139/1. Schliffbilder von Grauguß. Gefügeverfeinerung in der Randzone deutlich erkennbar.

und gebundenen Oberflächen und versteht unter freien Oberflächen solche, die während der Verformung wenigstens innerhalb gewisser Grenzen sich beliebig bewegen können. Gebundene Oberflächen hingegen entstehen, wenn beim Verformungsvorgang die Bewegung des Werkstoffes durch ein ruhendes Werkzeugteil eingeschränkt oder durch ein bewegtes bestimmt wird. Während bei den freien Oberflächen die Gestalt durch die Stoffwanderung im Innern des Werkstückes zustande kommt, hängt die der gebundenen Oberfläche von der Form des Werkzeuges ab.

Beim Walzen eines Flachstabes zwischen nicht kalibrierten Walzen ist die Oberfläche, die mit der Walze in Berührung kommt, gebunden, die seitliche ist frei. Beim Schmieden und Prägen findet ein Übergang von freien und gebundenen

Abb. 140/1. Kristallisationserscheinungen an einem Spritzgußteil.

Oberflächen statt, bis am Ende des Bearbeitungsvorganges nur noch an der Gratnaht freie Oberflächenteile vorhanden sind. Übergänge zwischen freien und gebundenen Oberflächen kommen vor beim Kaltspritzen, aber auch beim Tiefziehen, Streckziehen und Kümpeln.

Bei der spanlosen Verformung und besonders bei der Kaltverformung ist zu bedenken, daß der Werkstoff nicht homogen und isotrop ist, vielmehr werden die regelmäßig oder unregelmäßig gelagerten Kristallite gezwungen, sich gegeneinander und in sich zu verschieben. Bei der innerkristallinen Verschiebung werden bestimmte Richtungen bevorzugt. Dabei werden die Kristallite in die Länge gezogen wie beim Walzen, oder gestaucht wie beim Prägen, in Wirklichkeit aber sind die Verformungsvorgänge selten einfach, sondern, besonders beim Tiefziehen, sehr verwickelter Natur. Dies zeigt sich selbstverständlich auch bei richtiger Bearbeitung in der mikrogeometrischen Oberflächengestalt.

Daß die Textur des Werkstoffes dann nicht mehr statistisch-unregelmäßig ist, läßt sich mit Hilfe der Röntgeninterferenzen deutlich machen.

Es entstehen äußerlich unangenehm erkennbare Riefen, auch an verhältnismäßig wenig verformten Stellen, wie auf dem Boden eines tiefgezogenen Hohlkörpers, die mit dem vorhergegangenen Walzprozeß zusammenhängen. Ferner sei an die Faltenbildung beim Tiefziehen mit ungenügendem Halterdruck erinnert.

Abbilder der Werkzeugform finden wir bei gewalzten Teilen, wenn die Walze nicht glatt war. Gezogene und stranggepreßte Teile enthalten Ziehriefen, die von abgenutzten oder ausgebröckelten Ziehdüsen herrühren (Abb. 141/2), ebenso zeigen sich Riefen an tiefgezogenen und kaltgespritzten Teilen, wenn der Ziehring oder die Form nicht glatt ist. Beim Glühen können Gaseinschlüsse zu Auftreibungen Veranlassung geben.

Beim Stanzen und Prägen werden die Kristallite bis zu einer gewissen Tiefe zerstört, dies führt bei nachträglichem ungenügendem Glühen zur Rekristallisation, der Bildung sehr großer Kristalle an den Grenzgebieten der Verformung.

Zusammenfassend ist zu sagen, daß bei der spanlosen Verformung das inhomogene Kristallgefüge der Baustoffe komplizierte Veränderungen erfährt, die auf die Oberflächengestalt nicht ohne Rückwirkung bleiben und sich in Rauhigkeit, Riefen, Falten usw. bemerkbar machen. Daneben bilden sich Oberflächenfehler des Werkzeuges auf dem Werkstück ab.

In gleicher Weise ist auch bei spanabhebender Bearbeitung die Oberflächengestalt durchaus nicht ein getreues Abbild des Werkzeuges, sondern sie wird von der Inhomogenität des Stoffes und dem Ablauf des Zerspanungsvorganges weitgehend beeinflußt.

Beim Drehen einer Welle werden zunächst Gewinderillen geschnitten,

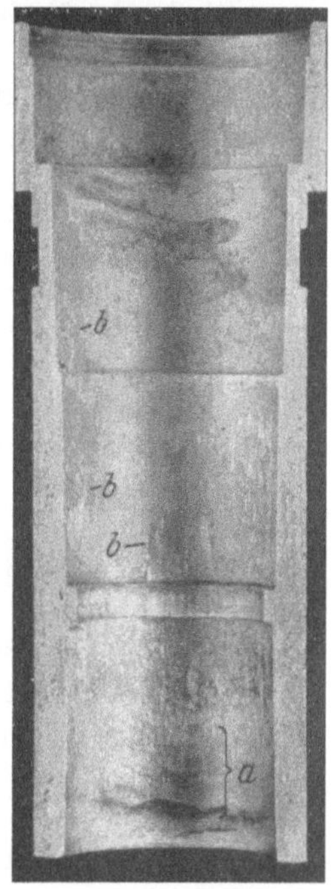

Abb. 141/1. Schnitt durch eine Spritzgußhülse mit „Wellen" (a) und „Fraß" (b).

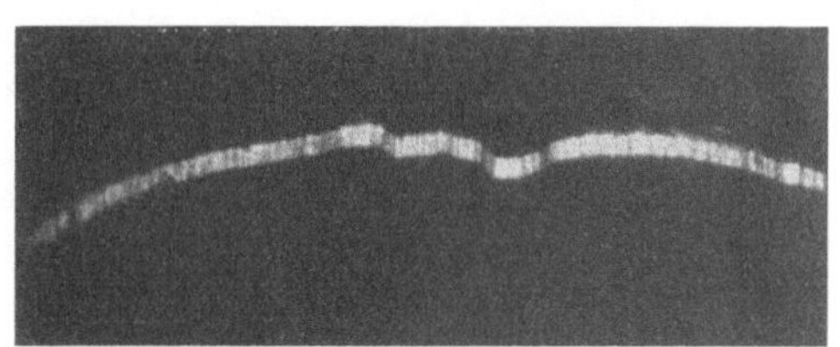

V = 25 ×

Abb. 141/2. Lichtschnitt einer gezogenen Fläche mit ausgeprägten Riefen. Werkstoff: Messing.

deren Querschnitt von der Schneidenform und der Vorschubgröße abhängt. Beim Hobeln entstehen entsprechende parallele und beim Stirn-
fräsen bogenlinige Rillen. Beim Walzenfräsen werden achsenparallel
zum Werkzeug ähnliche Rillen erzeugt, die von der Zahnteilung und
dem Vorschub, aber auch von dem unvermeidlichen Unrundlaufen des
Fräsers wesentlich beeinflußt werden. Beim Schleifen, Polieren und
Läppen werden wegen der ungeordneten Verteilung der Schleifkörner
zahlreiche unregelmäßig verteilte und verschieden tiefe Rillen erzeugt.

Es mag in diesem Zusammenhang interessant sein, daß auf einer geschlichteten
und nachher geschliffenen Fläche nach dem Ein- und Auspressen mit Übermaß der
Vorschub des Schlichtstahles wieder deutlich durch blanke Stellen zu erkennen war.
Daraus kann man schließen, daß wahrscheinlich sowohl die Körner der Schleifscheibe wie auch örtlich Teile des Werkstückes bei der Bearbeitung zurückfedern.

Es muß an dieser Stelle darauf verzichtet werden, den Schneidvor-
gang bei der Spanabnahme eingehend zu beleuchten. Es mag genügen,
darauf hinzuweisen, daß das Kristallhaufwerk an der Schnittstelle plastisch so lange verformt wird, bis eine Trennung oder Zerreißung eintritt. Dabei wird der abgetrennte Span gebogen, gestaucht und ineinander geschoben, und es kann diese plastische Verformung auch an
tieferliegenden Stellen der entstehenden Oberfläche, der „inneren
Grenzschicht" nicht spurlos vorübergehen. Wie die Abb. 136/1 und
137/1 a und b zeigen, werden die Kristallite je nach dem Schnittdruck
mehr oder weniger tief ebenfalls plastisch verformt, dann folgt eine
Übergangszone mit Verformung innerhalb der Elastizitätsgrenze und
schließlich das unbeeinflußte Gefüge. Daraus ergibt sich schon, daß
weder die Rillen das geometrisch genaue Abbild der Drehmeißelschneide
sein können, zumal der Werkstoff auch seitlich ausweicht, noch längs
der Schnittrichtung eine glatte Fläche entstehen kann. Die in letzter
Zeit eingehend erforschte Aufbauschneide[1] wirkt ebenfalls sehr stark
auf die Rauhigkeit des bearbeiteten Werkstückes ein. Ihre Entstehung
hängt sehr von der Schnittgeschwindigkeit ab.

Diese wiederum beeinflußt die Temperatur an der Schneide und die
Möglichkeit des Auseinandertrennens der Kristalle. Dabei können diese
verschieden hart sein oder verschieden fest in ihrem Gefüge verankert
sitzen. Dadurch federn Werkstück, Werkzeugmaschine und Werkzeug
mit Werkzeughalter oder auch nur das Werkstück örtlich augenblick-
lich zurück und, wenn dabei Eigenschwingungen angeregt werden, erzeugt die Resonanz die bekannten Rattermarken. Die Abb. 143/1···4
u. 144/1···2 geben einige Beispiele für die Mikrogestalt spanabhebend
erzeugter Oberflächen.

Für die mikrogeometrische Prüfung der Oberfläche von Werkstücken
gibt es zahlreiche Verfahren und Geräte, von denen aber nur wenige

---

[1] F. Schwerd, Handbuch der Werkstoffprüfung II. Berlin 1939.

werkstattbrauchbar erscheinen. Man kann die Fläche mit einer feinen Nadel abtasten und ein vergrößertes Profilbild aufzeichnen. Da die Nadel eine, wenn auch kleine, Rundung an der Spitze haben muß, werden kleinste Unebenheiten übergangen. Außerdem besteht die Gefahr, daß durch das Übergleiten der Nadelspitze die Oberfläche selbst verletzt oder in ihrer ursprünglichen Gestalt verändert wird, wenn nicht mit sehr kleiner Anpreßkraft gearbeitet wird. Das bekannteste Verfahren besteht darin, einen schmalen Lichtspalt schräg auf die Oberfläche zu projizieren, der durch ein ebenfalls geneigt stehendes Mikroskop betrachtet und photographiert werden kann. Die schematische Darstellung des Verfahrens zeigt Abb. 144/3. Auf diese Weise sind die Abb. 143/1···4 und 144/1···2 entstanden[1].

Ferner haben Mikroskope[2] Verbreitung gefunden, die im Okular die zu prüfende Oberfläche unmittelbar neben einer Vergleichsfläche zeigen und so eine allerdings ausschließlich subjektive Vergleichsmöglichkeit bieten, zumal die räumliche Anschauung der Oberflächengestalt fehlt.

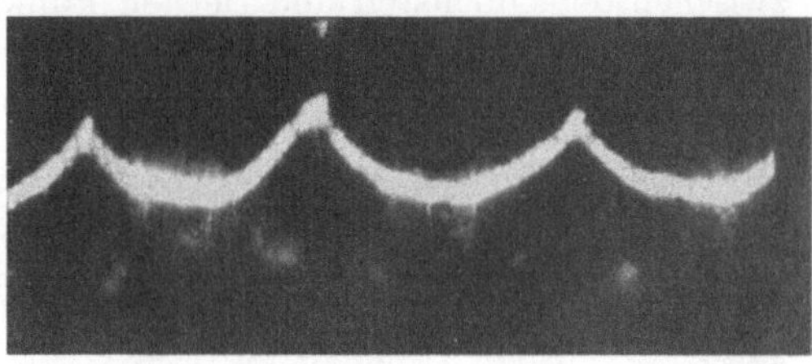

Abb. 143/1. Lichtschnitt einer grobgedrehten Fläche. Vorschub $s = 0,8$ mm, Rauhigkeit $H = 160$ μ. Werkstoff: Stahl.

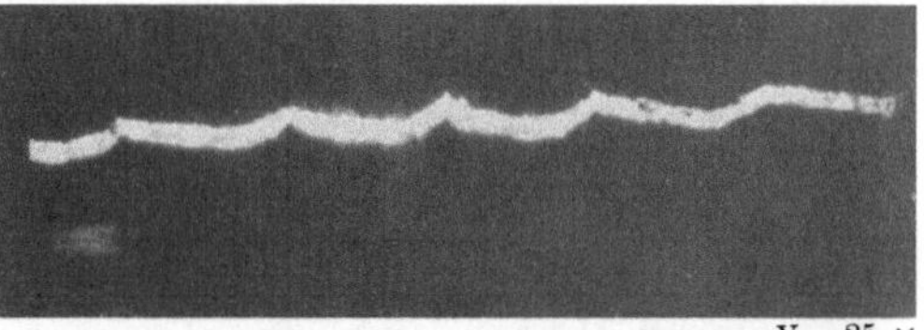

Abb. 143/2. Lichtschnitt einer gedrehten Fläche. Vorschub $s = 0,4$ mm, Rauhigkeit $H = 45$ μ. Werkstoff: Stahl.

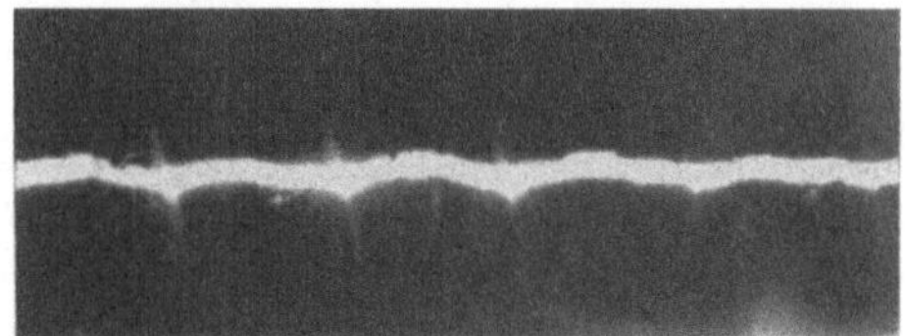

Abb. 143/3. Lichtschnitt einer mit Stirnfräser bearbeiteten Fläche. Vorschub $s = 0,5$ mm, Rauhigkeit $H = 30$ μ. Werkstoff: Stahl.

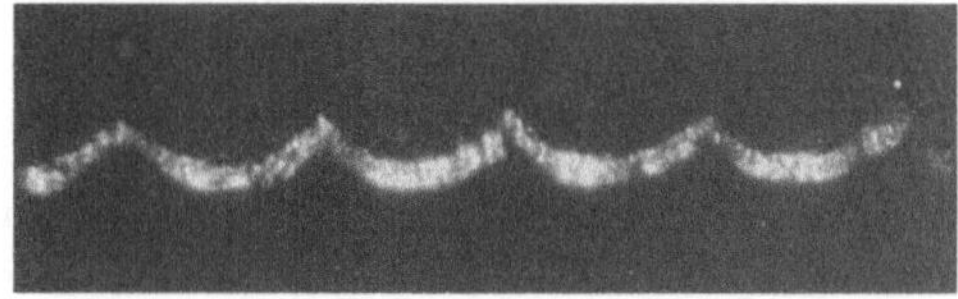

Abb. 143/4. Lichtschnitt einer gehobelten Fläche. Vorschub $s = 0,4$ mm, Rauhigkeit $H = 55$ μ. Werkstoff: Stahl.

---

[1] Es ist kürzlich gelungen, Oberflächen auch mit dem Übermikroskop nach dem Rückstrahlungsverfahren zu studieren. Die ersten Versuche ergeben bei Vergrößerungen bis 14000fach recht plastische Bilder [*30*].

[2] Emil Busch A.-G., Rathenow. Ernst Leitz, Wetzlar.

Ein beachtenswerter Normungsvorschlag für Oberflächengüten wurde von Schmaltz [*239, 242*] gemacht, der im wesentlichen die Höhe H zwischen dem höchsten und tiefsten Punkt des Profilbildes zur Grundlage hat.

Dabei werden einzelne besonders herausfallende höchste oder tiefste Punkte außer acht gelassen. Hat eine Fläche in verschiedenen Richtungen verschiedene Rauhigkeiten, wie z. B. gedrehte, gehobelte und gefräste Flächen, so wird die größte vorkommende Rauhigkeit zur Einordnung der Fläche in die Normungsreihe benutzt. Deshalb müssen besonders bei solchen Flächen mehrere Messungen in mehreren Richtungen gemacht werden.

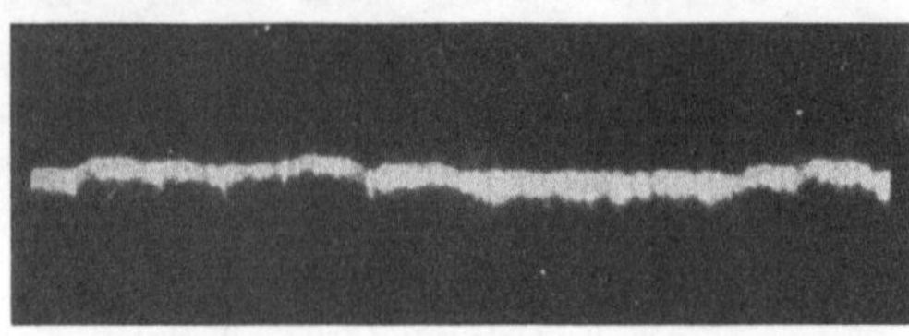

Abb. 144/1. Lichtschnitt einer gebohrten Fläche. Vorschub von Hand, Rauhigkeit H = 30 μ. Werkstoff: Stahl.

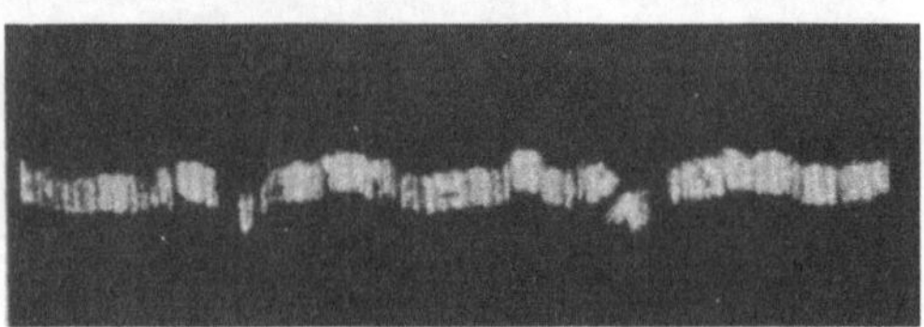

Abb. 144/2. Lichtschnitt einer mittelfein geschliffenen Fläche. Rauhigkeit H = 10 μ. Werkstoff: Stahl.

Der Vorschlag, der das Ergebnis zahlreicher Messungen ist, ist in Abb. 145/1 in vereinfachter Form wiedergegeben. Der Stufung liegt wie bei den ISA-Qualitäten die Fünferreihe der Normungszahlen mit dem Faktor 1,6 zugrunde. Für die meisten Bedürfnisse wird diese Stufung zu fein sein, und man wird mit den Hauptstufen (Obergruppen) SA bis SD auskommen. In Anbetracht der dem Vorschlag zugrunde gelegten größten Höhe (abgesehen von Ausreißern) erscheint die

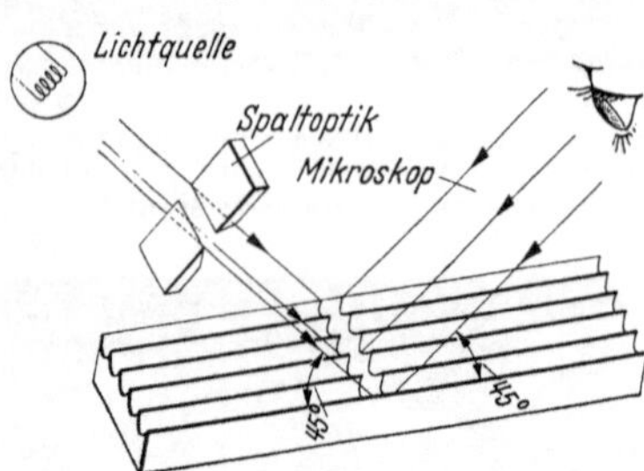

Abb. 144/3. Schema des Lichtschnittverfahrens.

obere Grenze der jeweils vorgeschriebenen Gütegruppe als die wichtigste, und man wird im allgemeinen ein Werkstück nicht zurückweisen, das eine bessere Oberflächengüte aufweist. Es gibt aber zahlreiche Fälle, in denen auch die Einhaltung der unteren Rauhigkeitsgrenze wichtig ist; mitunter darf ein bestimmter Reibungsbeiwert nicht unterschritten werden, wie besonders bei Querpreßpassungen, manche Flächen dürfen nicht glänzen, andere müssen eine bestimmte Mindestrauhigkeit haben wegen eines aufzubringenden Oberflächenschutzes.

Neben der Profilhöhe H (Abb. 146/1) ist für Sonderfälle die mittlere Höhe h_m als kennzeichnendes Merkmal vorgeschlagen, die sich durch Planimetrieren des Profilbildes ergibt und die mittlere Höhe der

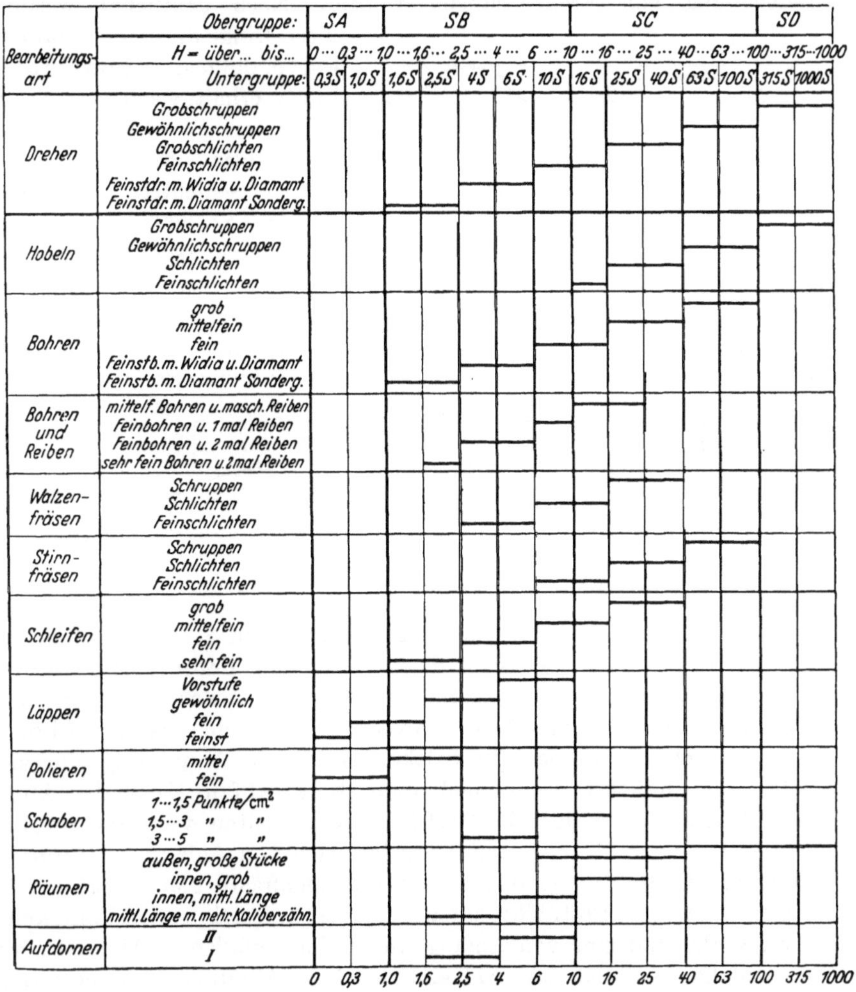

Bearbeitungs-art	Obergruppe: H = über... bis... Untergruppe:	SA 0···0,3 0,3S	SB ···1,0···1,6···2,5···4···6···10 1,0S | 1,6S | 2,5S | 4S | 6S | 10S	SC ···16···25···40···63···100 16S | 25S | 40S | 63S | 100S	SD ···315···1000 315S | 1000S
Drehen	Grobschruppen Gewöhnlichschruppen Grobschlichten Feinschlichten Feinstdr. m. Widia u. Diamant Feinstdr. m. Diamant Sonderg.				
Hobeln	Grobschruppen Gewöhnlichschruppen Schlichten Feinschlichten				
Bohren	grob mittelfein fein Feinstb. m. Widia u. Diamant Feinstb. m. Diamant Sonderg.				
Bohren und Reiben	mittelf. Bohren u. masch. Reiben Feinbohren u. 1 mal Reiben Feinbohren u. 2 mal Reiben sehr fein Bohren u. 2 mal Reiben				
Walzenfräsen	Schruppen Schlichten Feinschlichten				
Stirnfräsen	Schruppen Schlichten Feinschlichten				
Schleifen	grob mittelfein fein sehr fein				
Läppen	Vorstufe gewöhnlich fein feinst				
Polieren	mittel fein				
Schaben	1···1,5 Punkte/cm² 1,5···3 " " 3···5 " "				
Räumen	außen, große Stücke innen, grob innen, mittl. Länge mittl. Länge m. mehr. Kaliberzähn.				
Aufdornen	II I				

0   0,3   1,0   1,6   2,5   4   6   10   16   25   40   63   100   315   1000

Abb. 145/1. Normungsvorschlag für die Oberflächengüte mit Erfahrungswerten für die Rauhigkeit von Oberflächen bei verschiedenen Bearbeitungsarten. Danach wird auf der Zeichnung eine Oberflächengüte bezeichnet durch die Obergruppe, z. B. SC, d. i. $H = 10$ bis $100\,\mu$, oder wo dies erforderlich erscheint, durch die Untergruppe, z. B. 16S, d. i. $H = 10$ bis $16\,\mu$.

Ordinaten der Profilkurve darstellt, bezogen auf die gerade noch im vollen Werkstoff liegende Grundlinie; ferner der Völligkeitsgrad $K = h_m/H$, der die Ausfüllung mit Werkstoff der durch die größte Höhe H gegebenen Rauhigkeitszone kennzeichnet, sowie die Rillenzahl Z je

Längeneinheit. Schließlich ist für bestimmte Fälle noch die Bearbeitungsrichtung oder die Richtung der Rillen wichtig. Der Völligkeitsgrad K ist besonders für die Beurteilung der Abnutzung und für die Berechnung von Preßpassungen wichtig. Noch deutlicher werden

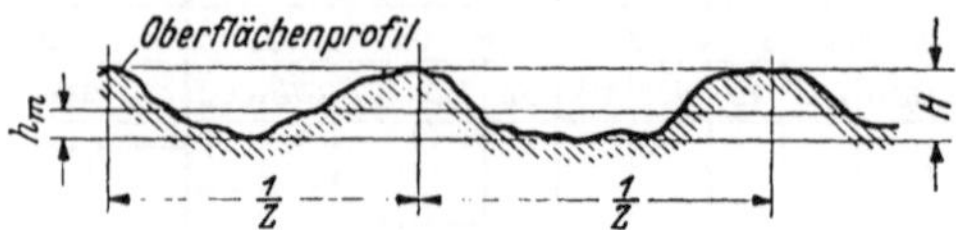

Abb. 146/1. Profilhöhe H, mittlere Höhe h_m und Rillenzahl z; Völligkeitsgrad $K = h_m/H$.

diese Dinge durch die Abbottkurve, die man aus der Profilkurve erhält, wenn man sie in Schichten unterteilt und die Werkstoffmenge in den einzelnen Schichten als Funktion der Schichttiefe aufträgt (Abb. 146/2). Eine Oberfläche mit kleinem Völligkeitsgrad liegt z. B. dann vor, wenn nur vereinzelte Spitzen hervorragen, sie wird sich natürlich zunächst schneller abnutzen und auch beim Einpressen mehr an Durchmesser verlieren, also ein kleineres wirkliches Haftmaß[1] ergeben als eine Oberfläche, die nur vereinzelte Riefen auf-

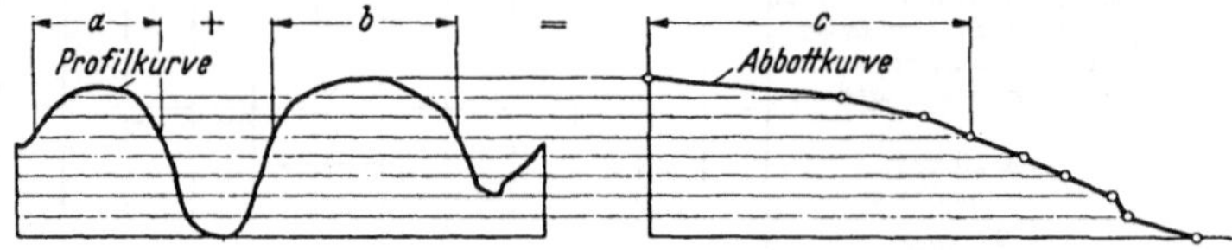

Abb. 146/2. Ermittlung der Tragkurve (Abbottfunktion).

weist. Im Beispiel der Abb. 146/2 hat die Profilkurve einen Völligkeitsgrad von $K > 0,5$. Man sieht dies auch daran, daß die Abbottkurve die Form einer runden Kuppe hat, während ein steiler Gipfel auf vereinzelte Spitzen im Profilbild hinweist. Man kann aus der Abbottkurve gleichsam ablesen, in welcher Weise die Abnutzung vor sich geht. Ein zunächst flacher und dann steiler Abfall wie in der Abbildung läßt erwarten, daß die Oberfläche beim Gleiten, wenn die Rauhigkeiten von oben her abgetragen werden, sich von Anfang an langsam abnutzt. Gedrehte, gehobelte und walzengefräste Flächen zeigen im allgemeinen ein Profilbild ähnlich der Abb. 146/1, einen Völligkeitsgrad $< 0,5$ und eine von Anfang an steiler abfallende Abbottkurve; demzufolge ist auch anfangs eine stärkere Abnutzung zu erwarten. Besser sind in dieser Hinsicht geschliffene oder geläppte Flächen. Der Gestalter wird also in Sonderfällen, wo es ihm auf Reibung oder geringe Abnutzung ankommt, mehr als bisher auch auf die Oberflächengüte, das Fertigungsverfahren und die Fertigungsrichtung zu achten haben.

Es ist zu wünschen, daß mit dem Normungsvorschlag von

---

[1] S. Abschnitt 62.

Schmaltz bald so viele Erfahrungen gemacht worden sind,
daß er in einem Normblatt seinen Niederschlag finden und
die (notgedrungen) unklaren und unsicheren Definitionen
von DIN 140 durch Zahlenwerte ersetzen kann.

Wenn nicht die Tiefe und Form der Unebenheiten und Rillen, sondern die
Größe der tragenden Fläche von Bedeutung ist, so kann man nach dem Mechau-
verfahren der Firma Zeiss in der von Dreyhaupt [55] angegebenen Form das
Verhältnis der tragenden Flächenanteile zur Gesamtfläche feststellen. An einem
Glasprisma wird durch Berührung mit Teilen der Oberfläche die Totalreflexion
ausgelöscht, so daß die tragenden Stellen schwarz erscheinen. Auch hier wird
die Oberfläche nur in je einer einzelnen Schnittebene beobachtet, so daß man
eigentlich nicht von Flächenanteilen sprechen kann. Es steht noch offen, wie
sehr das Ergebnis durch die Anpreßkraft zwischen Prisma und Prüfling beeinflußt
wird und bis zu welchem Abstand zwischen Glas- und Metallfläche die Auslöschung
erfolgt. Weiter wäre zu fragen, wie weit auch tiefer gelegene Flächenteile
beim Schmierprozeß mit herangezogen werden. Dreyhaupt ermittelte
bei Oberflächen mit mehr Tragfläche wesentlich geringere Abnutzungsbeträge.

Die Oberflächengüte der Paßflächen ist grundsätzlich unabhängig von der ISA-Qualität mit der Einschränkung, daß selbstverständlich eine kleine Toleranz ihren Sinn vollständig verliert, wenn
die Oberflächenrauhigkeiten nahezu so groß wie das Toleranzfeld oder
gar größer werden können. Andererseits kann zu einer groben Toleranz
eine hohe Oberflächengüte gefordert werden.

Beispiel: Kolbenstange nach IT 9, die durch eine Stopfbuchse geht: Oberfläche poliert.

523. Makrogeometrisch.

Ebenso wie man die Mikrogestalt einer Oberfläche, wie wir erkannt
haben, nicht mit einer oder wenigen Zahlen oder Kurven eindeutig
und umfassend ausdrücken kann, ebenso schwierig ist die Gesamtoberfläche eines unregelmäßigen Körpers gewissermaßen mit einem
Blick zu erfassen. Wir werden folglich zunächst analysieren müssen,
um dann das Gesamtbild durch Synthese zu gewinnen. Wir denken
uns dabei nunmehr durch alle kleinen Rauhigkeiten eine mittlere
Fläche gelegt und betrachten diese. Dabei werden wir zunächst den
Ursachen für Abweichungen von der mathematischen Gestalt nach-
zugehen haben. Das ganze Problem ist aber insofern leichter zu behandeln, als durch die Maßtoleranzen und die Meßverfahren bereits gewisse Einschränkungen für die makrogeometrische Oberflächengestalt gemacht sind. Diese wollen wir klar zu erkennen versuchen.

Ferner müssen wir von vornherein einen scharfen Trennungsstrich
ziehen zwischen Abweichungen und Toleranzen der Form und solchen
der Lage. Die Form bezieht sich auf eine stetige Oberfläche (Ebene,
Zylinder, Kegel, Kugel) und wird, wie wir sehen werden, in gewissem
Umfang von den üblichen Festmaßlehren eingegrenzt, die Lage dagegen

stellt die Beziehung zu anderen Flächen des gleichen Stückes her und wird nur von Sonderlehren erfaßt.

Deswegen sei gleich bemerkt, daß das Koordinatensystem der Abb. 134/1 sich nur auf die Form beziehen soll; der Lage nach hat es sich nach dem jeweils zu betrachtenden realen Gegenstand auszurichten. Ein solches Verfahren, das sonst in der Mathematik nicht üblich ist, erscheint aber hier unbedingt erforderlich. Ich glaube, nach der aus didaktischen Gründen vorgenommenen Trennung zwischen Lage und Form trotzdem keine unzulässige Abstraktion zu begehen.

Betrachten wir zunächst die Ursachen für mögliche makrogeometrische Abweichungen an dem Beispiel eines gedrehten oder geschliffenen Zylinders. Die Übertragung auf andere Bearbeitungsverfahren, wie Hobeln, Fräsen, Bohren usw. möge nachher jeder selbst vornehmen.

Zunächst kann die Bahn der die Oberfläche erzeugenden Meißelspitze zwar gerade sein, aber unparallel zur Werkstückachse verlaufen. Ist die Unparallelität derart, daß sich durch Werkstückachse und Werkzeugbahn eine gemeinsame Ebene legen läßt, so entsteht ein Kegel. Sind die beiden Linien dagegen windschief, verschränkt zueinander, so entsteht ein Umdrehungshyperboloid, und zwar eine Taillenform (das Gegenteil von einer Tonne) oder eine kegelähnliche Form mit schwach

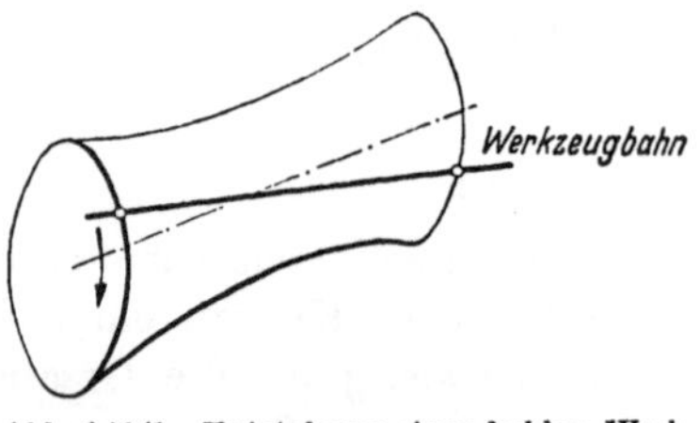

Abb. 148/1. Entstehung einer hohlen Werkstückform beim Drehen (Rotationshyperboloid).

gekrümmter Mantellinie, je nachdem, ob die Werkzeugbahn die durch die Werkstückachse gelegte waagerechte Ebene während des Eingriffes mit dem Werkstück oder außerhalb desselben durchstößt. Die übertriebene Schemazeichnung Abb. 148/1 möge die Entstehung der hohlen (Taillen-) Werkstückform veranschaulichen.

Verläuft die Werkzeugbahn zwar in der gleichen Ebene wie die Werkstückachse, ist sie jedoch gekrümmt, so bildet sich diese Krümmung auf der Mantellinie des Werkstückes ab. Dies kann geschehen, wenn die Bett- oder Supportführung örtlich abgenutzt ist oder durchweg zuviel Spiel hat, so daß der Bettschlitten sich während des Vorschubes auf seiner Gleitbahn unter den schwankenden Spankräften vorwärts „schlängelt". Die Bahnkrümmung braucht deswegen durchaus nicht aus einem einzigen Bogen zu bestehen, sondern die Bahnkurve kann mehrere Wendepunkte haben.

Die Teile der Werkzeugmaschine, Spindellager, Reitstock, Bett, Support, Stahlhalter und das Werkzeug sind nicht absolut starr, der bearbeitete Werkstoff nicht homogen, also verschieden hart; folglich entstehen an härteren Stellen, die sich über einen makrogeometrisch erfaßbaren Bereich erstrecken, geringe Verdickungen oder Beulen. Einen sehr großen Einfluß auf die fertigbearbeitete Gestalt des Werkstückes hat die rohe oder vorbearbeitete Form. Wegen der Nachgiebigkeit der Maschinenteile erscheinen an der Fertigform stets die Fehler der rohen Form in verkleinertem Maßstabe wieder. Hierauf wurde bereits beim Fertigschleifen mit ungenügender Spanabnahme an einer grob vorgeschlichteten Fläche hingewiesen.

Außerdem ist aber auch das Werkstück ein elastischer Körper. Deshalb wird beim Spitzendrehen eine Tonnenform erzeugt, deren Mantellinie der Funktion für die Durchbiegung eines Trägers auf zwei Stützen folgt, bei Futterarbeit dagegen ein kegelähnliches Gebilde, dessen Mantellinie der Funktion für die Durchbiegung eines einseitig eingespannten Trägers entspricht.

Der Querschnitt des Werkstückes stellt in erster Linie ein Abbild des Lagerzapfens dar. Auch die bestgelagerte Hauptspindel benötigt ein Spiel von einigen μ, innerhalb dessen sie möglicherweise während des Arbeitsvorganges unter dem Einfluß der schwankenden Spankräfte hin und her schaukeln kann. Erscheinen diese Schwankungen in den gleichen Achsenschnittebenen regelmäßig wieder, z. B. infolge eines Schmiede- oder Walzgrates oder einer Unrundheit des Rohlings, so entsteht eine unrunde Form.

Durch die Spanabnahme können innere Spannungen im Werkstück frei gemacht werden, die zu einem Krummwerden oder Verwinden der Welle führen. Dies ist besonders bei blank gezogenen Stäben zu befürchten, und zwar in hervorragendem Maße dann, wenn die Spanabnahme nicht allseitig gleichmäßig ist. Derartige Verformungen können auch noch nachträglich als Alterungserscheinungen auftreten oder aber bei einer nachträglichen Wärmebehandlung zum Vorschein kommen. Durch zufällig ungleichmäßige Kühlung während der Bearbeitung kann ferner ein Verziehen der Welle oder Durchmesserschwankungen hervorgerufen werden. Schließlich sei noch daran erinnert, daß eine Unwucht der sich bei der Bearbeitung drehenden Teile Unrundheit und auf der Länge des Werkstückes schwankende Außermittigkeit, also wiederum eine ungerade Achse zur Folge haben kann. Es wurde bereits erwähnt, daß eine plastische Verformung der Oberfläche bei der Spanabnahme und damit eine Verfestigung der Oberfläche erfolgt, die sich ebenfalls in Alterungserscheinungen auswirken kann.

Das schlimmste aber, was einem Werkstück in bezug auf die makrogeometrische Form zustoßen kann, ist nachträgliche Bearbeitung mit Schmirgelleinen, dem Schmirgelholz, durch Schaben, Feilen oder sonstwie geartetes „Glätten“. Dabei wird die geometrisch beste Form gründlich verdorben, weil diese Werkzeuge nach Gefühl und demnach ungleichmäßig an den verschiedenen Stellen der Oberfläche angesetzt werden, und weil sie im übrigen bedingungslos den weichsten Stellen des Werkstoffes folgen. Man denke einmal kinematisch den Vorgang des strichweisen Feilens einer sich drehenden Welle durch. Der Zufall, daß alle Stellen gleichmäßig und noch dazu mit gleicher Anpreßkraft bestrichen werden, tritt niemals ein!

Die Auswahl der hier für den Sonderfall des Drehens herausgeschälten Möglichkeiten für die Erzeugung von Formabweichungen möge genügen. Es werden selten alle Fehlerquellen gleichzeitig vorhanden und so groß sein, daß jede von ihnen die Form meßbar beeinflußt, abgesehen davon, daß sich einige gegenseitig aufheben, und die Fehlereinflüsse werden stets verschieden stark sein. Die Wahrscheinlichkeit, eine geometrisch-mathematisch genaue Zylinderform zu erhalten, ist aber sehr gering, wenngleich nicht versäumt werden soll, darauf hinzuweisen, daß hier nur Fehlerquellen aufgezeigt werden mußten, und nicht die auch im Hinblick auf Formgenauigkeit ausgezeichneten Leistungen deutscher Werkzeugmaschinenfabriken geschmälert werden sollten. Dennoch stellt, wie wir später noch deutlicher sehen werden, die Form des mathematischen Zylinders den „wahrscheinlichsten Mittelwert" zwischen allen wirklich erzeugten Formgebilden dar.

Die Möglichkeit von Formabweichungen an Werkstücken wird eingeengt durch das Messen und Prüfen während und nach der Fertigung. Mit anderen Worten: Es werden keine Werkstücke durchgelassen, deren Maß- und Formabweichungen gewisse Beträge überschreiten, und wir wollen nun untersuchen, wie groß diese Beträge sind. Dazu müssen wir uns wieder vor Augen halten, daß der Meßzweck bei Paßteilen die Fügung ist und sich nach diesem Zweck die Meßverfahren und -geräte zu richten haben. Es war bereits auf S. 127 darauf hingewiesen worden, daß bei einer Spielpassung

1. das Spiel nicht zu klein,
2. das Spiel nicht zu groß werden darf und daß
3. die Paßfuge möglichst an allen Stellen gleich dick sein soll.

Diese Forderungen lassen sich sinngemäß auch auf Übergangs- und Preßpassungen übertragen. Sie werden am besten (im Rahmen der gegebenen Toleranz) dann erfüllt, wenn die Meßgeräte nach dem Taylorschen Grundsatz entworfen sind, den der Verfasser an anderer Stelle[1] wie folgt gefaßt hat: Eine Gutlehre ist meßtechnisch dann am vollkommensten, wenn sie sich in der Form und Größe der Meßfläche möglichst an diejenige des Gegenstückes anlehnt; die Ausschußlehre dagegen soll möglichst punktweise messen. Man kann auch in Stichworten als Merkspruch sagen: Gutlehre volle Form, Ausschußlehre punktweise. Das bedeutet für den hier betrachteten Vollzylinder: Die

---

[1] [*180*].

Gutlehre muß ein Hohlzylinder von mindestens der Länge der Bohrung sein, die zu dem Werkstück passen soll, die Ausschußlehre dagegen wird zweckmäßig eine Rachenlehre mit möglichst schmalen Meßbacken sein. Obwohl meist auch die Gutprüfung mit einer Rachenlehre vorgenommen wird, soll hier zunächst dieser Idealfall der Paarungsprüfung näher untersucht werden.

Wenn wir über unsere gedrehte Welle einen Lehrring von gleicher Länge stülpen und verlangen, daß er sich zwanglos überführen läßt, so bedeutet dies, daß auf seiten des Werkstückes ein Zylinder vom Durchmesser des Lehrringes an keiner Stelle überschritten werden kann. Dabei sollen die ebenfalls unvermeidlichen Formabweichungen des Lehrringes als vernachlässigbar klein angesehen werden[1], schon um das Problem hier nicht unnötig verwickelt zu machen. Der Lehrring stellt also den größten möglichen Stoffraum dar, den das Werkstück ausfüllen kann. Die Abweichungen in diesen Raum hinein begrenzt nun die Ausschußrachenlehre, deren Meßflächen wir zur Vereinfachung vorübergehend als punktförmig annehmen wollen. Wenn wir nun die Abb. 134/1 hier in wesentlichen Punkten wiederholen (Abb. 151/1) und uns einige Messungen mit der Ausschußrachenlehre hineinzeichnen wollen, so müssen wir uns vor Augen halten, daß diese Rachenlehre, die um die Toleranz T kleiner ist, innerhalb des größtmöglichen Stoffraumes ganz verschieden liegen kann. Der wirklich vorhandene Stoffraum könnte z. B. an der Stelle I mittig innerhalb des als größter Stoffraum bezeichneten Grenzzylinders liegen, er kann aber auch, wie in den Fällen II und III, vollständig

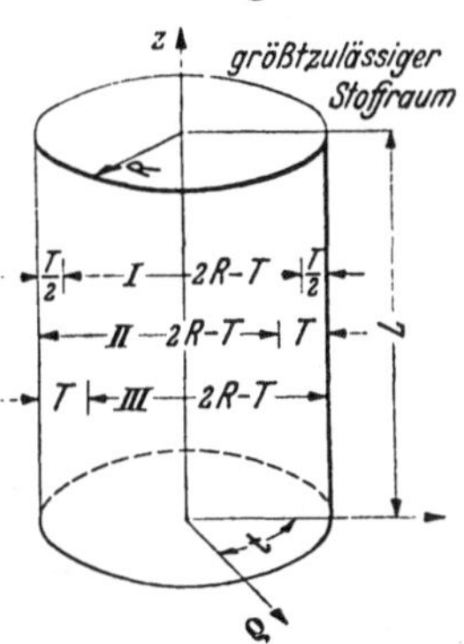

Abb. 151/1.
Mögliche Abweichungen in den größten Stoffraum hinein.

einseitig liegen, und er kann ferner alle nur denkbaren Zwischenlagen zwischen II und III einnehmen, wenn man einmal nur den Grenzfall betrachtet, in dem der gemessene Durchmesser des Werkstückes gerade an der Ausschußgrenze liegt und gleich $2R - T$ ist. Denn die Rachenlehre ist ja in keiner Weise behindert, wie das z. B. der Fall wäre, wenn sie in einer Parallelführung gelagert wäre, die sie in eine be-

---

[1] Selbstverständlich auch der Berührungsfehler infolge des Vorhandenseins von dünnen Zwischenschichten und der relativen Unwahrscheinlichkeit molekularer Annäherung. Ebenso wurde hier und im folgenden die Abplattung der sich berührenden Flächen infolge der von 0 abweichenden Meßkraft vernachlässigt, zumal Berührungsfehler und Abplattung Fehler von entgegengesetzten Vorzeichen hervorrufen und sich demgemäß bei Größengleichheit aufheben. In anderen Fällen geht nur die Differenz als Fehler in das Meßergebnis ein.

stimmte Stellung zur Lage der Gutlehre zwingt. Dies gilt für alle möglichen Messungen in jeder beliebigen Achsenschnitt- und Querschnittebene. Die einzelnen gemessenen Durchmesser können also unabhängig voneinander innerhalb des größten Stoffraumes gegeneinander verschoben sein, allerdings mit der oben gemachten Einschränkung, daß die Oberfläche eine gewisse Stetigkeit aufweist.

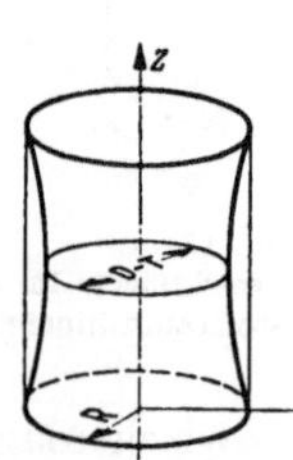

Abb. 152/1.
Ausnutzung des Toleranzfeldes durch eine Kegelform.

Untersuchen wir nunmehr die von der Fertigungsseite her aufgezeigten Möglichkeiten von Formabweichungen in dieser Richtung weiter, so können wir z. B. die Kegelform (Abb. 152/1) symmetrisch in den größten Stoffraum so hineinzeichnen, daß an der dünnsten Stelle des Kegels ringsherum ein Spiel von $T/2$ entsteht, denn wir wollten ja den realen Körper nach dem Koordinatensystem ausrichten.

Während der größte Stoffraumzylinder der Gleichung[1]:

$$\varrho = R$$

folgt, gilt für den Kegel der Abb. 152/1 die Gleichung:

$$\varrho = R - \frac{T}{2L} \cdot z .$$

Allgemein folgen alle Rotationskörper mit gerader Achse der Beziehung:

$$\varrho = f(z)$$

und es ist z. B. für den kegelähnlichen Körper, der durch seitliches Wegbiegen des Werkstückes unter der Wirkung der Spankräfte entsteht:

$$f(z) = R_0 + \frac{P}{3EJ} z^3, \quad (R_0 < R : \text{kleinster Halbmesser an der}$$

Einspannstelle, $P = $ Kraft. $E = $ Elastizitätsbeiwert, $J = $ Trägheitsmoment), für ein Rotationshyperboloid nach Abb. 148/1 und 152/2:

$$f(z) = \sqrt{k^2(z - L/2)^2 + (R - T/2)^2}, \quad k = 2T/L \cdot \sqrt{R/T - 1/4}$$

für eine Tonnenform, die durch Wegbiegen des Werkstückes zwischen Spitzen entsteht:

$$f(z) = R_0 + \frac{P}{3EJL} \cdot z^2 (L - z)^2,$$

Abb. 152/2. Ausnutzung des Toleranzfeldes durch eine Hyperboloidform.

für eine Tonnenform mit einer kreisbogenlinigen Erzeugenden:

$$f(z) = R - r + \sqrt{r^2 - (z - L/2)^2}, \quad r = \frac{1}{4T}(L^2 + T^2) = \text{Halb-}$$

messer des Kreisbogens; für eine parabolische Tonne:

$$f(z) = R - \frac{(z - L/2)^2}{L} \cdot 2T .$$

---

[1] Für diejenigen Leser, die Wert auf eine exakte mathematische Ausdrucksweise legen, werden die Ausführungen im folgenden jeweils durch entsprechende Gleichungen dargestellt. Die mathematischen Stellen werden durch kleineren Druck gekennzeichnet und können auch ohne Schaden für das Gesamtverständnis überschlagen werden. Die einfachste Darstellung ergibt sich in einem Koordinatensystem mit Polarkoordinaten in der Grundfläche und einer darauf senkrecht stehenden kartesischen Ordinate z, die mit der Achse des größten Stoffraumzylinders zusammenfällt.

Alle Körperformen mit gerader Achse, die nicht Rotationskörper sind, also einen unrunden Querschnitt haben, folgen der Gleichung:

$$153/1 \qquad \varrho = f(t) ,$$

so beispielsweise der elliptische Zylinder:

$$f(t) = \frac{R - T/2}{\sqrt{1 - \varepsilon^2 \cos^2 t}} , \quad \varepsilon^2 = T/R - \left(\frac{T}{2R}\right)^2 .$$

Ist bei einem solchen Körper auch die Erzeugende schief oder gekrümmt, so entsteht ein Gebilde von der Form:

$$153/2 \qquad \varrho = f(t, z) .$$

Ein zylinderähnliches Gebilde mit Kreisquerschnitt, dessen Achse nach einem Kreisbogen gekrümmt ist, hat die Gleichung:

$$\varrho = \xi \cos t \pm \sqrt{(R - T/2)^2 - \xi^2 \sin^2 t,}$$

$$\xi = \frac{L^2}{8T} \pm \sqrt{\left(T/2 + \frac{L^2}{8T}\right)^2 - (z - L/2)^2} = f(z) .$$

Wählt man statt dessen ein Koordinatensystem ϱ', t'. ζ, dessen ζ-Achse gekrümmt ist, so erhält man für Kreisquerschnitt die einfache Beziehung:

$$\varrho' = R - T/2 .$$

Hat die ζ-Achse im System ϱ, t, z die Gleichung:

$$\varrho_0 = f(z_0, t_0) ,$$

so ergeben sich zwischen beiden Systemen ϱ, t, z, und ϱ', t', ζ folgende Beziehungen:

$$\varrho' = \frac{\varrho \cos t - \varrho_0 \cos t_0}{\cos t'} = \frac{\varrho \sin t - \varrho_0 \sin t_0}{\sin t'}$$

$$\operatorname{tg} t' = \frac{\varrho \cos t - \varrho_0 \cos t_0}{\varrho \sin t - \varrho_0 \sin t_0}$$

$$\zeta = \int_0^{t_0} d t_0 \sqrt{\left(f(z_0, t_0)\right)^2 + \left(\frac{\partial \varrho_0}{\partial t_0}\right)^2 + \left(\frac{\partial z_0}{\partial t_0}\right)^2}$$

In den Abb. 152/1 bis 154/2 sind die verschiedenen hauptsächlichsten Grenzmöglichkeiten von Körperformen in den größten

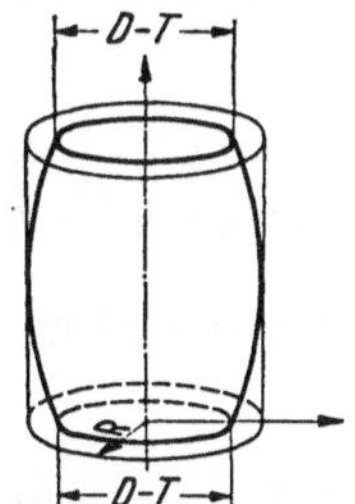

Abb. 153/1. Tonnenform.

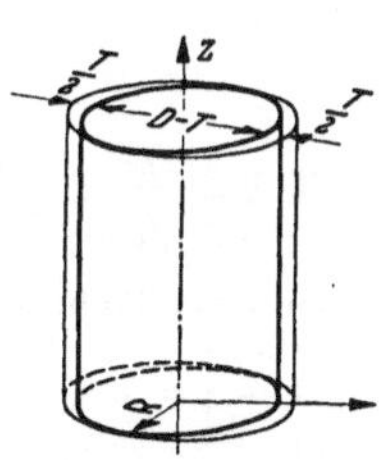

Abb. 153/2. Unrunde Form mit gerader senkrechter Erzeugenden.

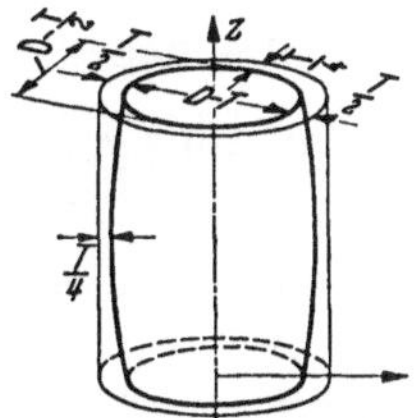

Abb. 153/3. Unrunde Form mit gekrümmter Erzeugenden.

Stoffraumzylinder hineingezeichnet. Danach sind vier Fälle zu unterscheiden:

1. Rotationskörper mit gerader Achse,

2. unrunde Körper mit gerader Achse,

3. unrunde Körper mit gerader Achse und gekrümmter oder schiefliegender Erzeugenden,

4. runde oder unrunde Körper mit gekrümmter Achse.

Beobachten wir nun, bis zu welchen Beträgen die Abweichungen in den Fällen 1 bis 4 vom größtmöglichen Stoffraumzylinder ausgehend in den Stoff hinein gehen können, so stellen wir fest: Bei allen Körperformen mit gerader Mittellinie wird ein Zylinder nicht unterschritten, der den Durchmesser $D-T$ hat und gleichmittig zum größten Stoffraumzylinder liegt; ist die Mittellinie **gekrümmt**, so wird ein Zylinder nicht unterschritten,

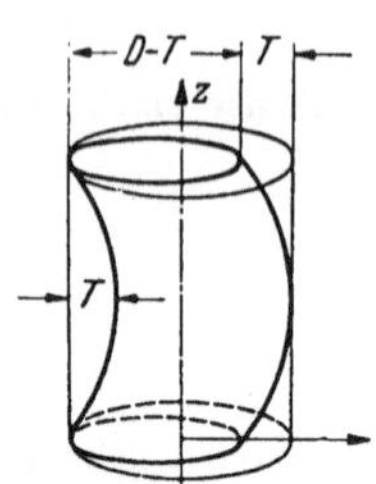

Abb. 154/1. Krumme Form.

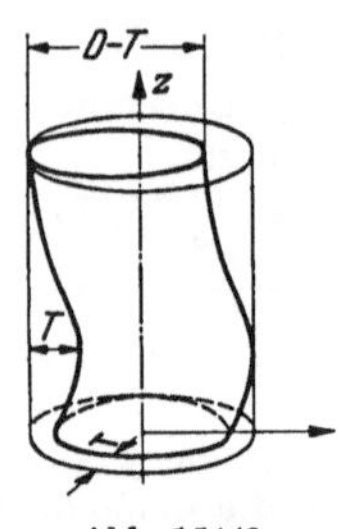

Abb. 154/2. Verwundene Form.

ten, der den Durchmesser $D-2T$ hat und wiederum gleichmittig zum größten Stoffraumzylinder liegt. Die reale Körperform liegt also im ersten Falle innerhalb eines „Rohres" mit dem Außendurchmesser D und der lichten Weite $D-T$, im zweiten Fall innerhalb eines Rohres mit dem Außendurchmesser D und der lichten Weite $D-2T$.

Wir fanden für obige Fälle 1 bis 4 folgende allgemeinen Beziehungen:

$$1.\ \varrho = f(z)$$
$$2.\ \varrho = f(t)$$
$$3.\ \varrho = f(t,z)$$
$$4.\ \varrho = f(t,z)$$

Das „Rohr" im Fall 1 bis 3 hat allgemein das Volumen:

$$V = 2\pi L \int_{R-T/2}^{R} \varrho\, d\varrho \qquad \text{oder}\ \left.\begin{array}{l}\varrho \leqq R \\ \varrho \geqq R - T/2\end{array}\right\}\ \text{für}\ z = 0\ \text{bis}\ z = L,$$

im Fall 4 dagegen:

$$V = 2\pi L \int_{R-T}^{R} \varrho\, d\varrho \qquad \text{oder}\ \left.\begin{array}{l}\varrho \leqq R \\ \varrho \geqq R - T\end{array}\right\}\ \text{für}\ z = 0\ \text{bis}\ z = L.$$

Die bereits erwähnte Stetigkeit der Oberfläche kann wie folgt festgelegt werden:

$$\left|\frac{\partial \varrho}{\partial t}\right| = c_1 \qquad \left|\frac{\partial \varrho}{\partial z}\right| = c_2 \qquad \left|\frac{\partial z}{\partial t}\right| = c_3.$$

Wenden wir uns nun von den extremen Möglichkeiten der Abb. 152/1 bis 154/2 ab, die ja lediglich der Unterstützung des räumlichen Vorstellungsvermögens dienen sollten, und betrachten die Möglichkeiten für Schwankungen jedes einzelnen Oberflächenpunktes, die dieser innerhalb der Toleranzräume bis $D-T$ bzw. $D-2T$ hat, wobei als

Einschränkung eine gewisse Stetigkeit der Oberfläche, also die Vermeidung unvermittelter Übergänge und Sprünge als notwendig und zulässig angesehen werden darf. Wir müssen dann die Gesamtheit aller Oberflächenpunkte an einer sehr großen Anzahl von Werkstücken zum Gegenstande der Kollektivmaßlehre machen[1].

Im 3. Abschnitt war angenommen, daß die größte relative Häufigkeit für die Maßabweichungen in der Mitte des Toleranzfeldes zu suchen sei, eine Annahme, die durch einige praktische Ergebnisse bestätigt ist[2], von der wir aber wissen, daß sie durchaus nicht immer zutrifft. Mangels genügend großen realen statistischen Zahlenmaterials muß man für eine sehr große Zahl von gleichartigen Werkstücken und ebenfalls für eine sehr große Zahl von Meßpunkten an jedem Werkstück für die Formabweichungen die gleiche Annahme machen, nämlich, daß die größte Häufigkeit in der Mitte des Toleranzraumes zu erwarten ist. Den einigermaßen stetigen Verlauf der Oberfläche wollen wir dadurch sicherstellen, daß beim Fortschreiten von Punkt P_1 zu P_2 zu $P_3 \ldots P_n$ um gleiche Entfernungen $F = \overline{P_1 P_2} = \overline{P_2 P_3} = \cdots$ keine größeren Unterschiede in den Meßergebnissen auftreten sollen als $C = k \cdot F$. Die Neigung eines Flächenelementes soll also nirgends größer als $\pm k$ sein.

Wir gehen also von einem zufällig in der Mitte des Toleranzraumes gelegenen[3] Oberflächenpunkt aus und tasten, beispielsweise einer Schraubenlinie folgend, in gleichen Abständen einen Punkt nach dem anderen an. Machen wir den Abstand schließlich so klein, daß C gerade gleich dem Skalenwert des Meßgerätes oder gleich der kleinsten noch meßbaren Größe wird, so können wir von Punkt zu Punkt nur noch feststellen, ob eine Abweichung nach $+$ oder eine solche nach $-$ eingetreten ist. Da die Verteilung eine zufällige sein soll, müssen ebenso viele $+$-Abweichungen auftreten wie $-$-Abweichungen. Wie die Darstellung dieser Ergebnisse in Abb. 155/1 zeigt, führt dies zu einem Paskalschen Dreieck[4], so lange es sich um eine endliche

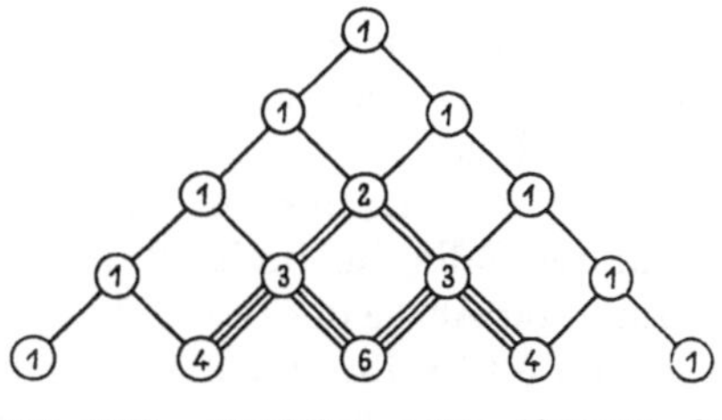

Abb. 155/1. Ergebnisse beim Abmessen der Oberflächenpunkte (Paskalsches Dreieck).

---

[1] Dies wurde bereits von Schmaltz [239] und von Moszynski [194] vorgeschlagen, s. auch [119], S. 274 und [126].

[2] Vgl. [103] und [205].

[3] Nach den Gesetzen der Kollektivmaßlehre ändert sich bei großen Zahlen (Übergang zu $n = \infty$) auch nichts am Endergebnis, wenn P_0 einseitig liegt.

[4] Auch der Vergleich mit einem Galtonschen Brett liegt hier nahe; er ist zudem besonders anschaulich.

Zahlenmenge handelt. Dieses stellt in jeder Reihe die Binomialkoeffizienten dar. Beim Übergang zu $N = \infty$ wird daraus eine Gaußsche Kurve, was hier nicht mehr bewiesen zu werden braucht. Für diese gilt die Gleichung:

$$\varphi(x) = \frac{1}{s \sqrt{2\pi}} \cdot e^{-\frac{x^2}{2s^2}}.$$

Das Streuungsmaß s ergibt sich daraus, daß nur ein bestimmter Anteil, und zwar wenige Promille oder Prozent der Werkstücke eine Überschreitung des Toleranzraumes aufweisen. In Abb. 156/1 ist eine solche Kurve über den Toleranzraum gezeichnet. Der Inhalt des als Beispiel doppelt geschrafften Flächenstreifens gibt die Wahrscheinlichkeit an, mit der bei einer großen Zahl von Messungen in dem entsprechenden Bereich des Toleranzraumes Oberflächenpunkte gefunden werden.

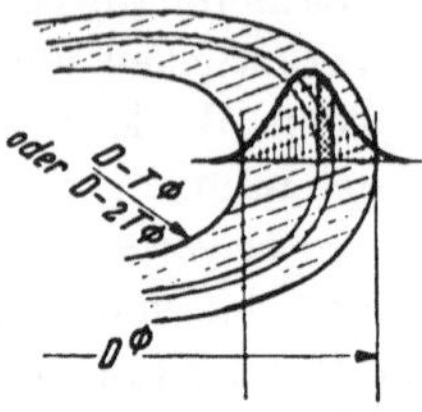

Abb. 156/1. Gaußsche Verteilung über dem Toleranzraum.

Obwohl die Mitte des Toleranzraumes die größte Wahrscheinlichkeit für sich hat, was ja auch vorausgesetzt war, so ist doch die Wahrscheinlichkeit, einen in der Mitte des Toleranzraumes liegenden mathematischen Zylinder zu finden, sehr gering. Denn sie muß gleich der Wahrscheinlichkeit sein, bei n Messungen n-mal den gleichen Wert zu finden. Ist aber die Einzelwahrscheinlichkeit p, so ist die Gesamtwahrscheinlichkeit, bei n Messungen ausschließlich die gleichen Werte zu finden, gleich p^n und diese wird für $n \to \infty$ gleich Null, da $p < 1$ ist.

Wir erinnern uns nun, daß der Toleranzraum in einer gewissen Anzahl der Fälle die Breite $T/2$ hatte und für die Abweichungen mit gekrümmter Achse die Breite T. Würde man die ganze Breite T einsetzen, so würde man ihn unzulässig breit machen, da nicht unbedingt vorausgesetzt werden kann, daß alle Werkstücke den Fehler der Krummheit haben. Man könnte deswegen zunächst eine Häufigkeitskurve über dem Bereich $T/2$ errichten, die einen bestimmten Anteil aller Werkstücke oder Oberflächenpunkte erfaßt, und dann eine zweite über dem Bereich T, deren Anteil den Werkstücken entspricht, die auch nennenswert krumm sind. Bezeichnet man die Anteile oder „Gewichte" dieser beiden Kurven mit G_1 und G_2, wobei $G_1 + G_2 = 1$ sein muß, so erhält man die beiden Verteilungsfunktionen:

$$f_1(x) = G_1 \frac{1}{s_1 \cdot \sqrt{2\pi}} \cdot e^{-\frac{x^2}{2s_1^2}}$$

$$f_2(x) = G_2 \frac{1}{s_2 \cdot \sqrt{2\pi}} \cdot e^{-\frac{(x-A)^2}{2s_2^2}}.$$

Diese ergeben zusammengesetzt:

$$f(x) = \frac{1}{\sqrt{2\,\pi}} \left[\frac{G_1}{s_1} \cdot e^{-\frac{x^2}{2\,s_1{}^2}} + \frac{G_2}{s_2} \cdot e^{-\frac{(x-A)^2}{2\,s^2{}_2}} \right]$$

Diese Zusammensetzung ist in Abb. 157/1 graphisch durchgeführt mit den beispielsweisen Werten $G_1 = 0,6$ und $G_2 = 0,4$. Flächenstreifen —

entsprechend dem doppelt geschrafften in Abb. 156/1 — von der Gesamtkurve ergeben unter dieser Voraussetzung die relativen Häufigkeiten innerhalb des entsprechenden Toleranzbereiches.

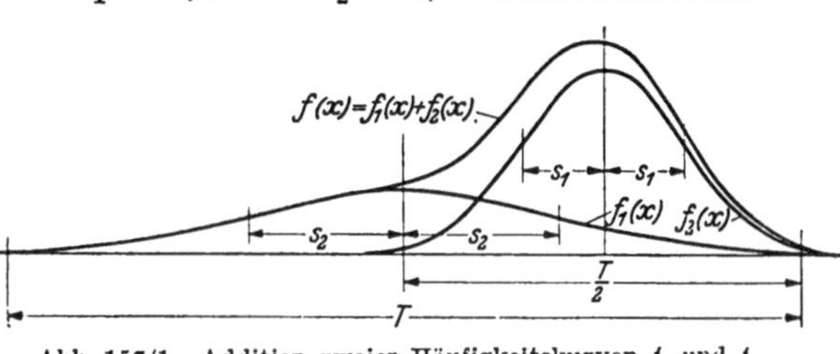

Abb. 157/1. Addition zweier Häufigkeitskurven f_1 und f_2.

Nachdem wir so die möglichen Formabweichungen an einem zylindrischen Werkstück eingehend betrachtet haben, müssen wir die einschränkenden Bestimmungen nacheinander wieder aufheben, die eingangs festgesetzt wurden, um die Betrachtungen zu vereinfachen.

Zunächst war angenommen, daß die Ausschußlehre nur punktförmig berührt. In Wirklichkeit hat aber eine Ausschußrachenlehre Meßflächen von endlicher Breite, die das Werkstück demzufolge im Grenzfall in zwei Mantellinienstücken des Zylinders berühren. Diese Tatsache ändert am Ergebnis unserer Untersuchungen nur dann etwas, wenn zufällig die Welle an dieser Stelle hohl gekrümmt ist, wie dies die Abb. 157/2 andeutet. Um diese Beträge $\delta_1 + \delta_2$ kann der Toleranzraum noch unterschritten werden. Die Breite der Meßrachen ist aber meist klein im Verhältnis zur Werkstücklänge und die Wahr-

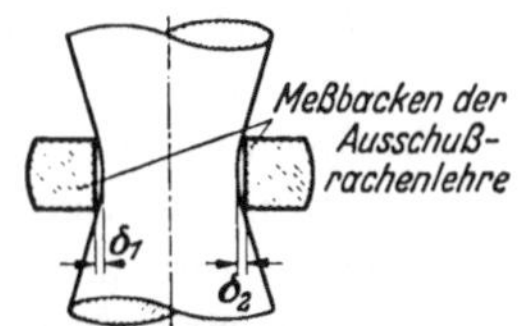

Abb. 157/2. Unterschreitung des Toleranzraumes, wenn das Werkstück an den Meßflächen der Ausschußrachenlehre hohl liegt.

scheinlichkeit, daß das Werkstück eine derartige Formabweichung hat, ist ebenfalls verhältnismäßig klein, so daß diese mögliche Überschreitung der bisher als möglich erkannten Toleranzräume wohl als unbedeutend angesehen werden kann. Sie geht in den Stoffraum hinein.

Bedenklicher wird es schon, wenn der Gutlehrring nicht, wie vorausgesetzt, die volle Länge der zu messenden Welle hat, sondern erheblich kürzer ist. Man wird nach den vorangegangenen Überlegungen nunmehr sofort erkennen, daß dann der größtmögliche Stoffraum nicht mehr sichergestellt ist. Denn der kürzere Lehrring, der vom einen Ende der Welle zum anderen langsam über dieselbe geschoben wird, kann sich dabei sowohl seitlich verschieben, wie auch Drehungen ausführen, indem er der realen Form des Werkstückes in der Hand des Prüfers

nachfolgt (Abb. 158/1). In dem Abschnitt der Welle, den dieser Lehrring in jedem Augenblick umschließt, ist eine Überschreitung des durch
ihn gegebenen größten Stoffraumes unmöglich und die Form der Welle
kann auch nicht so viel abweichen, daß das Überschieben von einer Stelle
zur anderen verhindert wird, die Querschnitte
der Welle können also nicht so viel gegeneinander verschoben oder verdreht sein, daß sich
der Lehrring nicht glatt überschieben läßt, denn
dann würde er ja vom Prüfer als zu dick bezeichnet werden. Sowohl Verschiebung wie Drehung beim Übergleiten kommen auf eine Krummheit des Werkstückes heraus. Dies ist aber
eine mögliche Überschreitung über den größtmöglichen zylindrischen Stoffraum hin-
aus, wogegen alle bisher betrachteten Abweichungen in den Stoffraum hinein gingen.

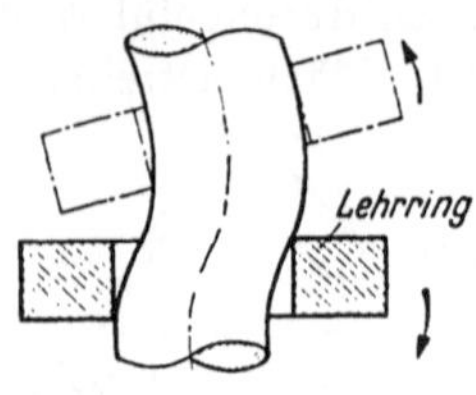

Abb. 158/1. Formabweichungen beim Prüfen mit einem
kürzeren Lehrring.

Fassen wir nun den Zweck der Prüfung, nämlich die Paarung, ins
Auge, so wird diese so lange mit Sicherheit den durch die Toleranz geforderten Grenzen entsprechen, wie der Lehrring nicht kürzer ist,
als die zugehörige Werkstückbohrung. Ist er kürzer, so besteht die
Gefahr, daß die Welle so krumm ist — ohne daß dies beim Prüfen
bemerkt wird —, daß beim Paaren der Welle mit der Werkstückbohrung
örtlich ein zu kleines Spiel oder ein unerwünscht großes Übermaß in
Erscheinung tritt, wenn nicht die Welle so dünn und elastisch ist, daß
sie sich in der Bohrung geradebiegt. Dadurch kann dann aber bei einer
Spielpassung die Lagerreibung größer werden.

Nun wird aber im Maschinenbau meist an Stelle des Gutlehrringes,
der sich bei manchen Werkstücken und auch bei Drehbankarbeit
zwischen Spitzen nicht anwenden läßt, eine Gutrachenlehre benutzt.
Selbst wenn hierbei an mehreren Stellen, die auch gegeneinander
versetzt sind, geprüft und festgestellt wird, daß sie sich überführen
läßt, so können doch alle diese geprüften Durchmesser erheblich
gegeneinander verlagert sein. Bezüglich der Geradheit erhalten wir
dasselbe Bild wie in Abb. 158/1, wenn wir uns statt des Lehrringes einen Schnitt durch die Meßbacken gezeichnet denken. Da
die Zahl der geprüften Durchmesser immer nur verhältnismäßig klein
ist, so wäre es z. B. schon denkbar, daß senkrecht zum gerade geprüften Durchmesser die Welle so viel krumm ist, daß die Lehre
nicht hinüberginge. Sie wird ja auch zum Unterschied vom Lehrring
nicht längs der Achse hinübergeschoben, sondern mehrfach an verschiedenen Stellen von der Seite her übergeführt. Die Prüfung ist
also nicht kontinuierlich wie beim Lehrring. Zunächst ist also fest-
zustellen, daß dabei erhebliche Überschreitungen des bisher sicher-

gestellten größtzulässigen Stoffraumes möglich sind, soweit diese von der **Krummheit** herrühren.

Der größtzulässige Stoffraum ist also auch nicht mehr auf die Länge der Lehre, wie beim Lehrring, fortlaufend gesichert, vielmehr kann das Werkstück auch in den jeweils gemessenen Querschnitten über den größten Stoffraum hinaus erheblich unrund sein. Die häufigste Form der Unrundheit ist das „Gleichdick" oder Bogendreieck mit ungerader Seitenzahl, von dem Abb. 159/1 einige Beispiele zeigt. Es könnte durch

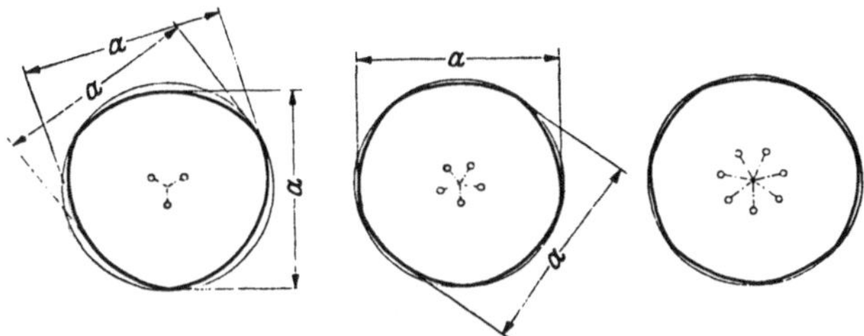

Abb. 159/1. Verschiedene Formen des Gleichdicks.

das bereits erwähnte Schaukeln der Drehspindel in ihrem Lager entstehen, dabei beruht sein Zustandekommen auf einem Zufalle, nämlich der Periodizität, z. B. der Härteschwankungen im Werkstoff oder sonstigen periodischen Schwankungen, deren Periode ein ganzes ungerades Vielfaches der Werkstückumdrehung ist. Sehr häufig tritt die Form des Gleichdicks beim spitzenlosen Schleifen auf. Ebenso wie das gleichdicke Werkstück zwischen den Meßflächen der Rachenlehre durchgeschwenkt werden kann, obwohl sein umschriebener Kreis erheblich größer ist als die Rachenweite, so dreht sich auch das Werkstück zwischen

der Schleifscheibe und der Regelscheibe hindurch, ohne kreisrund zu werden. Es ist dabei durchaus möglich, daß die Gleichdickquerschnitte längs der Achse gegeneinander versetzt sind, die Form also verdrillt ist.

Man kann eine unverdrillte Gleichdickform einer Welle dadurch feststellen, daß man sie in ein V-Prisma legt, wie Abb. 159/2 darstellt; dann muß beim dreiseitigen Gleichdick der Prismenwinkel 60°, bei fünfseitigem 108°, beim siebenseitigen 128,6° sein usf. Dreht man die Welle bei

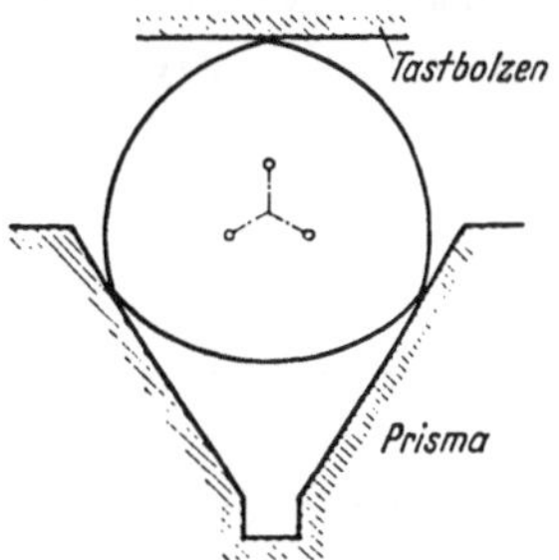

Abb. 159/2. Prüfung eines dreiseitigen Gleichdicks im V-Prisma.

aufgesetztem Tastbolzen im Prisma, so tritt die Unrundheit hervor und kann durch Vergleich mit einem Normal zahlenmäßig ermittelt werden. Allerdings weiß man ja vorher nicht, welche Art des Gleichdickes vorliegt. Stellt man bei beliebigem Prismenwinkel eine größere

Unrundheit fest, als beim Prüfen zwischen zwei parallelen Flächen, so ist ein Gleichdick zu vermuten.

Der Verfasser hat an kleinen spitzenlos geschliffenen Teilen zwischen parallelen Meßflächen eine Unrundheit von 2 μ gemessen; bereits in einem Prisma von 90° zeigten sich am gleichen Werkstück Unterschiede beim Durchdrehen des Werkstückes von 7 bis 10 μ!

Die stark verdrillte Gleichdickform kann auch im V-Prisma nicht ermittelt werden, hier bleibt nur die Möglichkeit, mit einem Lehrring zu prüfen oder zwischen Spitzen punktweise abzutasten, wobei jedoch die Verbindungslinie der Spitzen nicht mit der Mittellinie der Oberfläche zusammenzufallen braucht und somit Täuschungen entstehen können.

Beim Prüfen mit der Gutrachenlehre können also sehr unbestimmte und möglicherweise sehr große Abweichungen der Form aus dem größten Stoffraum heraus auftreten.

Daraus folgt, daß spitzenlos geschliffene Wellen, besonders bei engen Spielpassungen, auf der Gutseite mit einem Lehrring geprüft werden müssen, damit nicht die nach Grenzrachenlehre scheinbar brauchbare Welle sich womöglich gar nicht in die Lagerbohrung einführen läßt, oder ein zu kleines wirkliches Spiel ergibt.

Ebenso muß bei besonders langen Lagerstellen auf die Formtoleranzen geachtet werden. Daneben spielt hierbei auch die Lagetoleranz, z. B. das Schiefstehen des Wellenzapfens und der Bohrung, eine gewichtige Rolle, ferner die Durchbiegung unter Last und die dadurch verursachte Kantenpressung.

Während bisher nur die Werkstückwelle betrachtet wurde, gelingt es nunmehr, nachdem wir schon etwas räumlich denken gelernt haben, leicht, die Erkenntnisse auf die Werkstückbohrung zu übertragen. Der volle Gutlehrdorn stellt auf seine Länge den größtmöglichen Stoffraum, also die kleinste Bohrung sicher. In den Stoff hinein, also nach außen, können Abweichungen innerhalb eines Toleranzraumes auftreten, der die Dicke $T/2$ hat, und wenn man auch die Krummheit, die besonders bei langen Bohrungen gar nicht so selten ist, in Betracht zieht, so kommt ein Toleranzraum von der Wanddicke T zustande. Das Kugelendmaß als Ausschußlehre berührt in einem Kreisbogenstück, das in einer Querschnittebene liegt

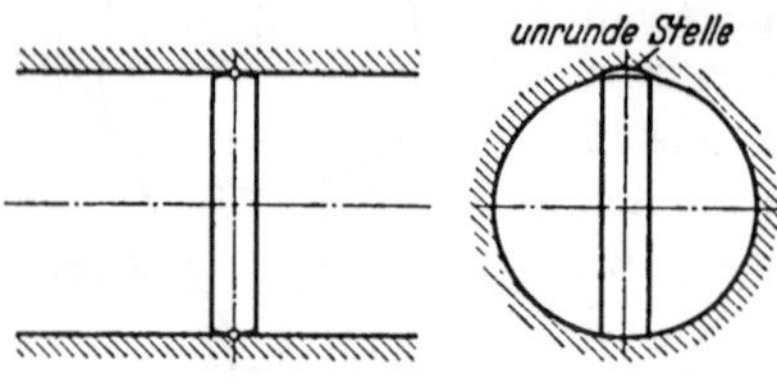

Abb. 160/1. Das Kugelendmaß in der zu messenden Bohrung.

(Abb. 160/1), es wäre also höchstens noch eine geringe Unrundheit denkbar, wenn etwa das Werkstück an der Berührungsstelle hohl läge. Diese ist jedoch ganz belanglos und in der Achsenschnittebene gesehen, stellt das Kugelendmaß die ideale Ausschußlehre dar.

Der ebenfalls viel benutzte Flachlehrdorn als Ausschußlehre gestattet schon größere Formabweichungen und besonders unangenehm und unsicher ist der volle Lehrdorn als Ausschußlehre. Er stellt nur sicher, daß an dem Ende der Bohrung, an dem man ihn vergeblich einzuführen versucht, der der Bohrung einbeschriebene Kreis kleiner ist, als der Durchmesser des Ausschußlehrdornes. Die Bohrung kann in ihrem weiteren Verlauf erheblich weiter werden. Dem Verfasser wurden bei einer Bohrung 26 $\varnothing \times$ 50 Erweiterungen bis zu 0,7 mm bekannt, die schon durch ein schief angesetztes Bohrwerkzeug auf der Drehbank leicht hervorgerufen werden können. Den Formabweichungen in den Stoff hinein sind also hierbei praktisch keine Grenzen mehr gesetzt. Die Kante, an der die Prüfung stattfindet, kann bestoßen sein, so daß der kleine Grat das Einführen verhindert und so die Bohrung als „Gut" erscheinen läßt. Man erkennt hier die weittragende Bedeutung des Taylorschen Grundsatzes für die Auswirkung der Formabweichungen mit voller Schärfe.

Nachdem bisher ausschließlich kreiszylindrische Werkstücke in bezug auf die Formabweichungen betrachtet wurden, sollen nun die Abstände ebener paralleler Flächen ins Auge gefaßt werden. Hierbei ist zu unterscheiden

1. parallele, entgegengesetzt gerichtete Flächen,
Beispiel: Rechtkant,

2. parallele, gleichgerichtete Flächen,
Beispiel: treppenförmiger Absatz, Staffelmaß.

Bei Anwendung des Taylorschen Grundsatzes im ersten Fall muß die Gutprüfung zwischen zwei parallelen Meßflächen erfolgen, die die Werkstückflächen vollständig bedecken (Abb. 161/1). Damit ist der größte Stoffraum begrenzt und durch die Ausschußprüfung können Abweichungen in diesen hinein möglich werden, wie dies die Maßlinien und Maßpfeile andeuten. Dabei kommt man wieder auf einen kleinstmöglichen Stoffraum von der Breite $B-T$, und wenn die Krummheit mit in Betracht gezogen wird, von der Breite $B-2T$. Wenn dabei mit einer Ausschußrachenlehre geprüft wird, ist es möglich, daß in der Mitte der geprüften Flächen beiderseits Einsenkungen vorhanden sind, die nicht erkannt werden, weil die unbewegliche Rachenlehre ja nur an den Kanten des Werkstückes angesetzt werden kann.

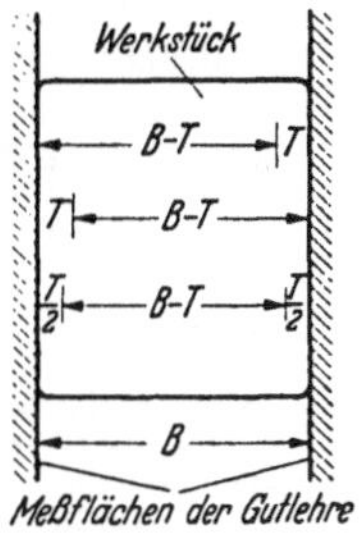

Abb. 161/1. Prüfen des Maßes B an einem Rechtkant.

Insofern sind also Unterschreitungen des Raumes $B-2T$ möglich, wenn nicht mit beweglicher Ausschußlehre geprüft wird, mittels deren jeder Punkt angetastet werden kann und also der kleinste auffindbare Abstand gesucht werden kann. Auch das Auflegen des Werkstückes auf eine

Tischplatte bringt diesen nicht mit Gewißheit ans Tageslicht, weil ja
die aufliegende Fläche des Werkstückes hohl liegen kann. Will man in
dieser Beziehung sicher gehen, so muß also die Ausschußprüfung mit
einem zangenartigen beweglichen Prüfgerät vorgenommen werden.

Beim Prüfen mit einer Gutrachenlehre, die nicht die ganzen aus-
zumessenden Werkstückflächen bedeckt, kann wiederum der größtzulässige Stoffraum überschritten werden, ähnlich wie beim
Überführen eines kurzen Lehrringes über eine Welle. Bei der Gutrachenlehre besteht wie beim Lehrring die Möglichkeit, das Werkstück
kontinuierlich abzutasten; dies hatten wir für die Formabweichungen
als vorteilhafter erkannt als das stellenweise Antasten.

Besonders schwierig und unübersichtlich sind die Formabweichungen
bei gleichgerichteten parallelen Flächen. Wenn die Flächen hintereinander oder untereinander liegen, wie in der Abb. 162/1,
so ist das Problem noch verhältnismäßig einfach zu behandeln. Allein, da der Unterschied zwischen „Gut"
und „Ausschuß" hier vollständig verwischt ist, gibt es
auch keinen größtmöglichen Stoffraum. Das Werkstück
braucht nicht Ausschuß zu sein, wenn das Maß A
überschritten ist, weil dann immer wieder die obere
Fläche nachgearbeitet werden kann (sofern nicht andere
Toleranzen dadurch gefährdet werden), und ebenso kann
eine Unterschreitung von A durch Nacharbeiten der
unteren Fläche wettgemacht werden. An dieser Tatsache wird auch
nichts geändert, wenn durch die Maßangabe, z. B. $A + T$ oder $A - T$,
eine bestimmte Fertigungsrichtung angedeutet ist[1].

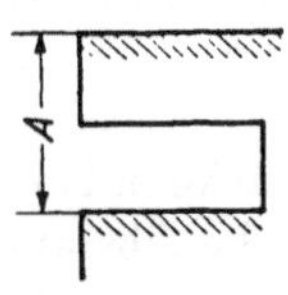

Abb. 162/1.
Gleichgerichtete
parallele Flächen
am Werkstück,
die hintereinander
liegen.

Baut man eine Gutlehre, die nach dem Wortlaut des Taylorschen
Grundsatzes beide Werkstückflächen ganz bedeckt, so wird entweder
oben oder unten ein Lichtspalt zu finden sein.
Mit Hilfe einer entsprechenden Ausschußlehre mit
punktförmigen Meßflächen kann aber dann über
die Lage der damit geprüften Abstände gar nichts
ausgesagt werden.

Die Meßaufgabe an gleichgerichteten Flächen
nach Abb. 162/1 ist verhältnismäßig selten, wenn
möglich wird man dann schon wegen des bequemeren
Messens nicht Tiefenmaße, sondern Wellen- oder Bohrungsmaße in der
Zeichnung angeben und messen, wie beispielsweise an dem Kammlager
der Abb. 96/2.

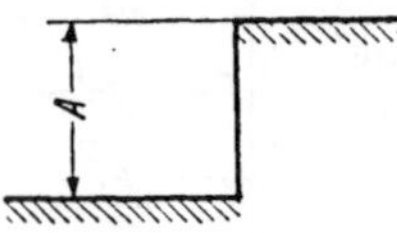

Abb. 162/2. Gleichge-
richtete parallele Flächen
am Werkstück, die ver-
setzt liegen.

Liegen die Flächen gegeneinander versetzt, wie in Abb. 162/2, so
tritt eine etwa vorhandene Unparallelität der beiden Flächen in ver-

---

[1] Vgl. [180] S. 15.

größertem Maßstabe als Meßfehler auf, wie dies die Abb. 163/1 veranschaulicht. Das gemessene Maß A' wird offensichtlich in dem Beispiel um so kleiner, je größer der Abstand X wird. Dies ist also ein Mittel, um eine Unparallelität der beiden zu prüfenden Flächen zu finden. Zeigt sich beim waagerechten Verschieben der angedeuteten Lehre eine stetige Zu- oder Abnahme der Maßanzeige, so sind die Flächen unparallel. Der mittlere Abstand A ist dann aber nur rechnerisch durch Extrapolieren zu ermitteln.

Für die übrigen Formabweichungen kann nur ein Verfahren angegeben werden, das in Abb. 163/2 skizziert ist. Die Ausgangsfläche der Lehre liegt auf der oberen Werkstückfläche auf und werde so verschoben, daß sie jederzeit die Werkstückfläche ganz bedeckt. (Sie liegt dann auf den höchsten Erhebungen dieser Fläche auf und kann kippen, wenn der höchste Punkt nahe der Mitte liegt.) Nun zeigt beim Abtasten der unteren Fläche das Meßzeug die Abweichungen dieser Fläche an. Ebenso wäre eine Lehre zu bauen, die auf der unteren Fläche auf-

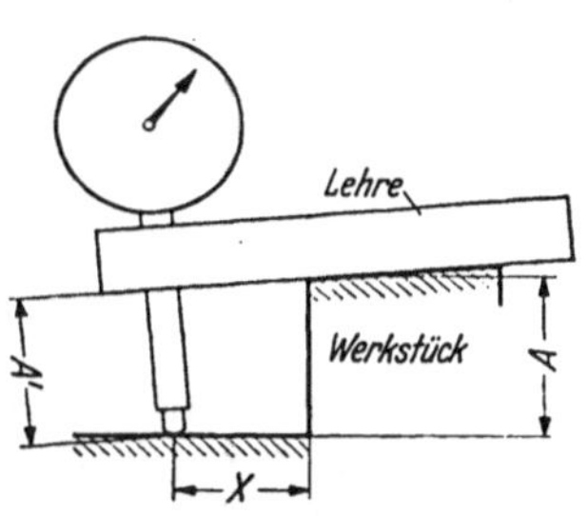

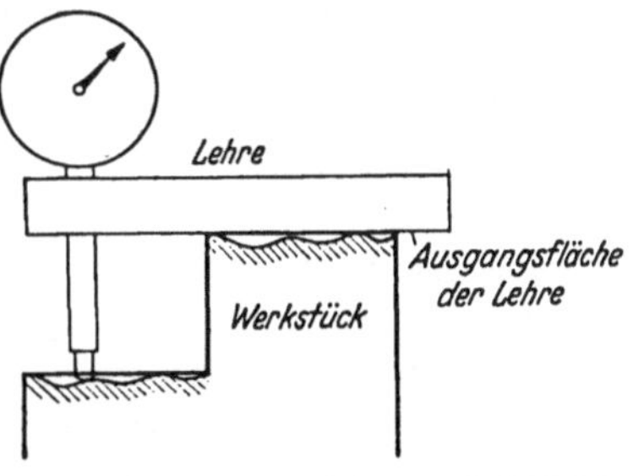

Abb. 163/1. Einfluß der Unparallelität auf Tiefenmessungen.

Abb. 163/2. Formabweichungen bei Tiefenmaßen und deren Prüfung.

liegt und die oberen punktweise antastet, wobei aber die Bewegungsfreiheit dieser Lehre durch die senkrechte Wand behindert ist. Aus den Ergebnissen dieser beiden Messungen können durch Summierung die gesamten Formabweichungen zwischen den beiden Werkstückflächen ermittelt werden. Es braucht kaum gesagt zu werden, daß das Verfahren recht umständlich ist und das Ergebnis wenig besagt, wobei wir ja die Unparallelität der Flächen und den dadurch hervorgerufenen Meßfehler zuletzt unbeachtet gelassen haben.

Wegen der geschilderten Meßschwierigkeiten ist es oft besser, die beiden Flächen von einer dritten aus zu bemaßen, anstatt das Staffelmaß unmittelbar anzugeben. Die dritte Fläche muß den beiden betrachteten entgegengesetzt gerichtet sein, so daß mit Rachenlehren geprüft werden kann oder ein anzeigendes Meßgerät mit Tisch und Ständer benutzt werden kann.

Wenn wir nun zusammenfassend die gewonnenen Erkenntnisse auf makrogeometrischem Gebiet überschauen, so haben wir immer wieder die Bedeutung des Taylorschen Grundsatzes erkennen müssen, der nur bei gleichgerichteten parallelen Flächen versagt. Dem wurde auch bei Festlegung der ISA-Lehren weitgehend Rechnung getragen, indem das Kugelendmaß als Ausschußlehre so weit wie möglich empfohlen wurde. Es ist deshalb erfreulich, daß kürzlich ein Normblatt (DIN E 91331) erschienen ist, das von 6 mm ab nach einer gewissen Übergangszeit nur noch Ausschußlehren mit verkürzten Meßflächen vorsieht, und zwar von 6···30 mm abgeflachte Lehrdorne und über 30 mm Kugelendmaße.

Wenn man in der Werkstatt diesen Bestrebungen gegenüber oft ablehnend gegenübersteht, so gibt es dafür keine andere Erklärung, als daß man sich etwas vorzumachen wünscht. Zweifellos wird man bei Ersatz des vollen Ausschußlehrdornes durch ein Kugelendmaß unter Beibehaltung der Fertigungsverfahren mehr Ausschußteile feststellen. Aber diese waren auch vorher vorhanden, sie wurden nur nicht gefunden. Wenn in diesem Augenblick nicht die bisher vorhandenen Abweichungen als zulässig und somit eine Vergrößerung der Zeichnungstoleranz als möglich erkannt wird, so wird eben eine Verbesserung des Erzeugnisses durch verbesserte Werkstückform zu buchen sein. Aber es ist falsch, eher eine Toleranzverkleinerung vorzuschlagen und nach dem alten Verfahren weiterzumessen, weil man dann doch nicht weiß, was in der Wirklichkeit aus dieser Toleranz wird. Letzten Endes ist dies eine Frage der Ehrlichkeit gegen sich selbst und gegen den Kunden.

Wir haben ferner gesehen, daß das Problem der Formabweichungen niemals in Achsenschnitten oder Querschnitten angesehen werden darf, sondern stets als das, was es wirklich ist: ein räumliches Problem.

Im Abschnitt 51 waren die Herstellungstoleranzen und Abnutzungen der Lehren mit den Werkstücktoleranzen verglichen worden, und es wurde klar, daß unterhalb der fünften ISA-Qualität nicht mehr gut mit Festmaßlehren gemessen werden konnte. Dabei kann dann über die Formtreue der Werkstücke nur noch sehr wenig ausgesagt werden. Andererseits muß befürchtet werden, daß bei so kleinen Werkstücktoleranzen die Formabweichungen einen erheblichen Anteil von diesen ausmachen.

Als Beispiel aus der Praxis sei schließlich noch angeführt, daß Artilleriegeschosse seit langem mit Lehrringen geprüft werden, weil beobachtet worden war, daß sie sich nach der Bearbeitung so verziehen, daß sie oft nicht in das Geschützrohr eingeführt werden konnten. (Allerdings wird auch für die Ausschußseite ein Lehrring verwendet und damit gegen den Taylorschen Satz verstoßen. Dies hat jedoch Gründe, die hier nicht erörtert zu werden brauchen.)

53. Lageabweichungen.

Nunmehr lassen wir auch noch die letzte Einschränkung fallen, die gemacht worden war und die darin bestand, daß das Koordinatensystem, das wir zu Hilfe genommen hatten, sich nach dem Werkstück auszurichten hatte. Dies entspricht dem wirklichen Vorgang beim Messen mit den betrachteten Meßmitteln, weil diese ja beim Überführen oder Einführen nicht irgendwie geführt sind, sondern sich frei in der Hand des Prüfenden einstellen können.

Wir kommen damit zu den **Lageabweichungen** der nunmehr in gewissem Sinne als Ganzes angesehenen Werkstückform (Zylinder, Rechtkant usw.). Wir sind damit den letzten Schritt auf dem Wege von der atomaren über die kristallographische, mikro- und makrogeometrische Betrachtungsweise gegangen.

Da es reelle Koordinatensysteme an Werkstücken nicht gibt, so kann die **Lage** einer Zylinderfläche an einer Welle auch stets nur in bezug auf **andere Flächen des gleichen Werkstückes** untersucht werden.

Man kann auch die Lage der einzelnen Flächen an mehreren zusammengebauten Werkstücken zueinander untersuchen, wie sie sich aus den Lageabweichungen an den Einzelteilen ergibt; eine solche Untersuchung ist jedoch in allgemeiner Form kaum durchführbar, da sie zu viele Veränderliche enthält. Sie kann stets nur für einen speziellen Fall angestellt werden, was dem Leser, der das Kapitel 5 bis hierher aufmerksam studiert hat, nicht mehr schwer fallen dürfte.

Die Prüfung auf Lageabweichungen kann immer nur mit Sonderlehren vorgenommen werden, deren hauptsächlichste Formen in bezug auf die Abweichungen, die sie zulassen, untersucht werden sollen.

Zuvor soll noch gezeigt werden, daß Prüfverfahren, die den Meßzweck außer acht lassen, nicht leicht zu richtigen Ergebnissen sondern oft zu Fehlschlüssen führen können. Wenn man die Welle der Abb. 165/1 zwischen Spitzen aufnimmt, um zu prüfen, ob die Lagerstellen A und B fluchten, so kann dies durch Antasten der betreffenden Flä-

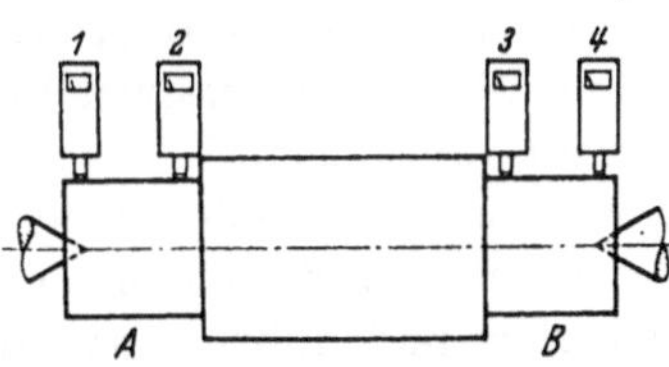

Abb. 165/1. Fluchtungsprüfung an zwei Lagerstellen einer Welle.

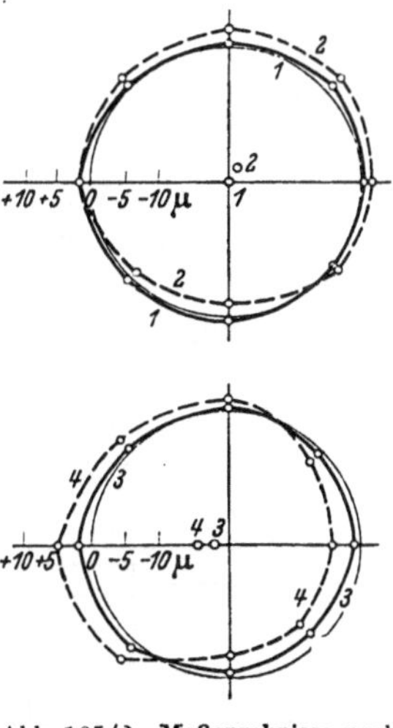

Abb. 165/2. Meßergebnisse nach Abb. 165/1.

chen mit einem Istmaßmeßgerät (Feintaster) geschehen, indem man die angezeigten Werte untereinander vergleicht. In Abb. 165/2 sind solche Meßergebnisse in Kreisdiagrammen aufgetragen. Man sieht zunächst, daß die Lageabweichungen von den Formabweichungen überlagert werden, es ist also schwierig, die Mittelpunkte der aufgenommenen Kurvenzüge zu finden. Dies kann nur mehr oder weniger gefühlsmäßig oder aber durch Mittelbildung nur sehr umständlich geschehen. Hat man diese Mittelpunkte, so ist immer noch recht wenig über die Lage der beiden Laufflächen zueinander zu sagen. Man müßte erst noch die Verbindungslinie der Körnerspitzen zu eliminieren suchen, und auch dies kann nur mehr oder weniger gefühlsmäßig erfolgen. Es überlagern sich also im Meßergebnis:

1. Formabweichungen,
2. Lageabweichungen zueinander und
3. Lageabweichungen zur realen Mittellinie.

Besser wäre es bereits, wenn man das eine Ende der Welle in eine „gut passende" drehbare Aufnahme stecken könnte und dann das andere Ende abtasten würde. Dann würde

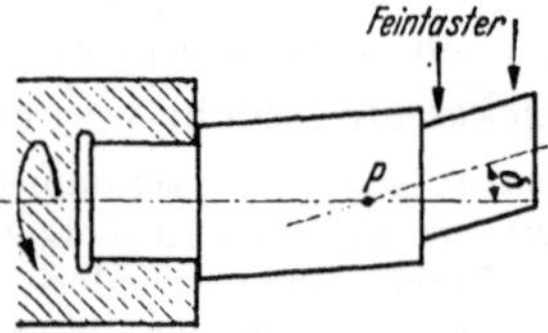

Abb. 166/1. Fluchtungsfehler.

es vielleicht mit einiger Sicherheit gelingen, den Fluchtungsfehler zu erfassen, der aber in seinem Aufbau durchaus nicht einfach ist, sondern sich zusammensetzt aus:

1. dem Winkel δ, unter dem sich die (gemittelten) Achsen schneiden oder kreuzen (Abb. 166/1),

2. der Lage des Punktes P auf der Achse, in dem sie sich schneiden oder kreuzen,

3. für den Fall, daß sie sich nicht schneiden sondern kreuzen, dem kürzesten Abstand der Achsen.

Mit dieser Abschweifung sollte nur gezeigt werden, daß eine geometrische Betrachtung mit entsprechenden Meßverfahren hier nicht leicht zum Ziele führt. Mit dem Gedanken, in einer „passenden" Bohrung aufzunehmen und von dieser aus zu messen, sind wir aber der Sache schon etwas näher gekommen. Zwar müßte eine „gut passende" Bohrung für jedes Werkstück besonders gefertigt werden, ihre Form erinnert uns aber an den Gutlehrring und an den größtzulässigen Stoffraum,

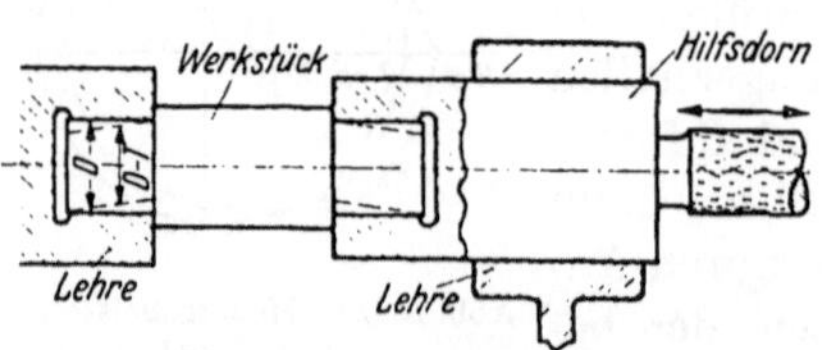

Abb. 166/2. Sonderlehre zur Fluchtungsprüfung.

von dem wir bei Formabweichungen immer ausgingen.

Setzt man die Welle an einem Ende in einen fest angeordneten Gutlehrring und führt über das andere Ende einen parallelgeführten Lehrring, so lassen sich damit die Lageabweichungen zweifellos eingrenzen, wie dies in Abb. 166/2 dargestellt ist. Haben beide Bohrungen der Lehre, die feste und die längsverschiebbare, das Größtmaß, also das Gutmaß des Durchmessers der Paßfläche, und hätte das Werkstück an beiden Paßstellen genau dieses Maß, so würde die Fluchtungslehre überhaupt keine Abweichung bezüglich des Zusammenfallens der Achsen zulassen. Dies wird sofort anders, wenn die Wellenzapfen dünner sind, was ja sehr wahrscheinlich ist, und man kann für jeden Einzelfall leicht ausrechnen, wieviel der Fluchtungsfehler im ungünstigsten Falle betragen kann. Die Fluchtungsabweichungen sind also von den Durchmessertoleranzen und deren Ausnutzung abhängig; sie können um so größer sein, je näher der Durchmesser an der Ausschußgrenze liegt.

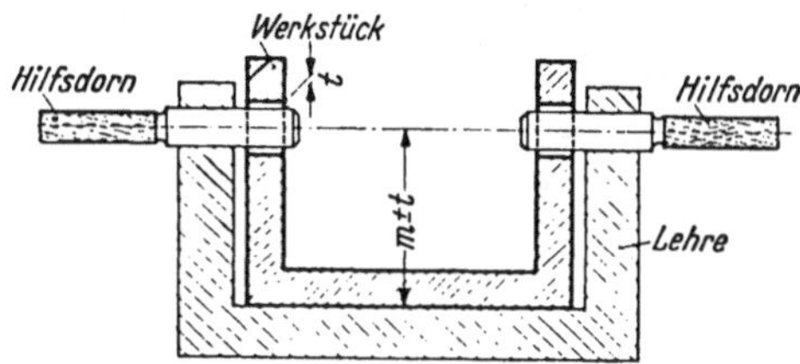

Abb. 167/1. Lochmittenlehre für zwei fluchtende Bohrungen.

Es ist aber unzweckmäßig, für den Fall: Durchmesser = Gutmaß gar keinen Fluchtungsfehler zulassen zu wollen. Da mit dem Vorhandensein eines solchen Fehlers immer gerechnet werden muß, dürfte dann das Gutmaß nie erreicht werden, und dies hätte eine Einschränkung des Toleranzfeldes und eine Verschiebung der Paßeigenart nach der Ausschußseite hin zur Folge. Läßt man demnach außerdem noch einen bestimmten Fluchtungsfehler zu, so muß eine der beiden Bohrungen an der Lehre um den doppelten Betrag[1] dieser Toleranz größer ausgeführt werden, oder die Gesamttoleranz (= doppelte Zeichnungstoleranz) muß auf beide Bohrungen aufgeteilt werden. Geschieht dies zu gleichen Teilen, so hat jeder Wellenzapfen einen Raum zur Verfügung, innerhalb dessen er sich so weit verlagern kann, wie es sein Durchmesser zuläßt, der innerhalb der durch die Grenzlehre gegebenen Form liegt. Wir wollen diesen Raum den größtmöglichen Lageraum nennen.

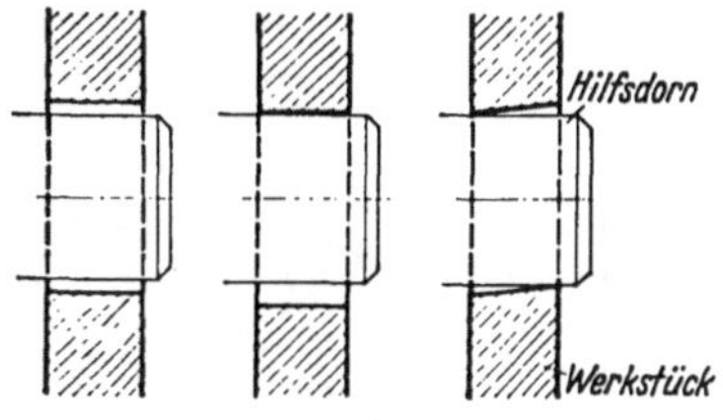

Abb. 167/2.
Mögliche Lagen der Bohrungen.

Das, was hier für Wellenzapfen gilt, läßt sich auf jede beliebige Lageprüfung mit einer entsprechenden Sonderlehre ohne weiteres übertragen. Abb. 167/1 zeigt schematisch eine Lochmittenlehre für zwei gegenüberliegende Gehäusebohrungen, mit der das Zeichnungsmaß m mit der Toleranz $\pm t$ geprüft werden soll. Hierbei kann, wie Abb. 167/2 vergrößert und übertrieben andeutet, die Bohrung

---

[1] Der doppelte Wert muß eingesetzt werden, weil eine zugelassene Außermittigkeit oder ein Schiefstehen sich sowohl nach oben als auch nach unten, als auch bei runden Teilen in beliebiger radialer Richtung auswirken darf; nach allen diesen Richtungen hin muß dem Wellenzapfen der zulässige „Lageraum" gelassen werden.

sowohl parallel verschoben wie auch schiefliegend sein, oder aber (wahrscheinlich) beides gleichzeitig und eines auf Kosten des anderen. Dazu kommt, daß beide Abweichungen zusammen — bei Ausnutzung der Durchmessertoleranz der Bohrung nach plus — noch größer werden können.

Wir stellen zusammenfassend fest:

1. Bei gegebenen Durchmesser- (Dicken-, Längen- usw.) und Lagetoleranzen sind überlagert:

   a) Durchmesserabweichungen,

   b) Formabweichungen,

   c) Lageabweichungen.

2. Durchmesser-, Form- und Lageabweichungen sind aus meßtechnischen Gründen voneinander abhängig.

3. Eine Lageabweichung kann man sich aus einer Parallelverschiebung und einer Drehung um einen bestimmten Punkt zusammengesetzt denken.

Noch allgemeiner kann man von einer Drehung um einen bestimmten Punkt sprechen, wobei dieser Punkt auch im Unendlichen liegen kann. Dies letzte ergibt dann eine reine Parallelverschiebung.

Eine solche Schiebung und Drehung braucht aber durchaus nicht in der Zeichnungsebene zu liegen, sondern es handelt sich auch hier um ein räumliches Problem. Auch wenn das Werkstück der Abb. 167/1 in der Lehre beliebig senkrecht zur Zeichnungsebene verschiebbar ist, also nur in senkrechter Richtung m eine Toleranz vorgeschrieben ist, so können doch die Abweichungen der Abb. 167/2 in jeder beliebigen Ebene liegen, die durch die Hilfsdornachse geht. Dies gilt auch für Flachpassungen, denn z. B. eine Flachnut kann innerhalb ihres größtmöglichen Lageraumes aus ihrer idealen Ebene herausgedreht sein.

Wenn aber eine Lage, z. B. einer Bohrung, durch zwei recht- oder schiefwinklige tolerierte Koordinaten oder durch tolerierte Polarkoordinaten bestimmt ist, so ergibt sich ein größter Lageraum, von dem die Abstände von den Ausgangsflächen des Werkstückes eindeutig festliegen, über dessen Gestalt aber noch etwas zu sagen ist. Handelt es sich um die Lage einer Form mit Kreisquerschnitt (Welle, Bohrung, Kegel), so hat auch der größte Lageraum Kreisquerschnitt, vorausgesetzt, daß die Toleranzen der beiden Koordinaten gleich groß sind; dies ist aber immer zweckmäßig, wenn man mit einer Lehre für die Prüfung der Lagetoleranz auskommen will (Abb. 168/1).

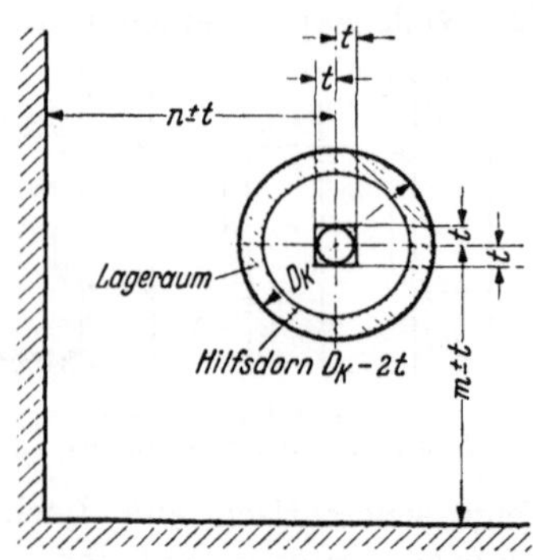

Abb. 168/1. Größtmöglicher Lageraum bei zweidimensionalen Lagetoleranzen für Kreisquerschnitte.

Man kann auch für jede Ordinate eine besondere Lehre bauen, z. B. so, daß in die Bohrung ein Hilfsdorn gesteckt und dessen Abstand von der Ausgangsfläche mit einem an der Lehre angebrachten Rachen geprüft wird, der um die Abstandstoleranz weiter ist. Dann wird der Toleranzraum quadratisch. Die Anwendung zweier Lehren ist beispielsweise nötig, wenn die Toleranzen der beiden Koordinaten verschieden groß sind.

Bei der Lageprüfung eines Vierkantes nach zwei Koordinaten mit einer Lehre dagegen hat der Lageraum quadratischen, bei einem Sechskant sechseckigen Querschnitt (Abb. 169/1).

Diese Form des Lageraumes bei Kreisquerschnitten stellt eine Abweichung vom Wortlaut der Zeichnung dar, aus der sich, wie Abb. 168/1 zeigt, bei rechtwinkligen Koordinaten ein Quadrat für die Lageabweichungen ergibt. Dies ist eine Einschränkung, die aber meist den funktionellen Bedürfnissen weit besser entspricht als ein Quadrat. Deshalb ist es abwegig, wenn man im Hinblick auf die Eigenart des

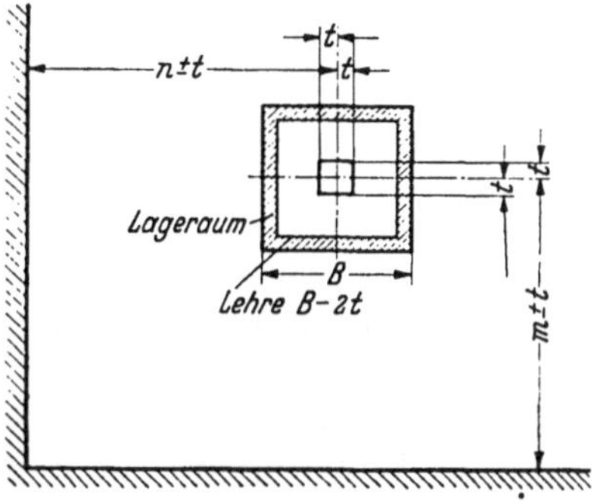

Abb. 169/1. Größtmöglicher Lageraum bei zweidimensionalen Lagetoleranzen für quadratische (oder rechteckige) Querschnitte.

Prüfverfahrens etwa auf den Gedanken käme, das $^1/_2$ 2fache, also die Kantenlänge des Quadrates als Toleranz anzugeben, das dem funktionell zulässigen Kreis einbeschrieben ist. Besser ist, die oben angedeutete Einschränkung des Nenntoleranzraumes als stillschweigende Vereinbarung anzunehmen.

Wenn nun damit die Möglichkeiten von Abweichungen der Oberflächengestalt und der Lage der Oberflächen zueinander eingehend erörtert sind, so muß abschließend bemerkt werden, daß absichtlich die äußersten möglichen Grenzfälle erforscht wurden, um zunächst Klarheit über die durch die Meßverfahren gegebenen Tatsachen zu gewinnen. Es darf jedoch nicht vergessen werden, daß diese Grenzfälle selbst äußerst unwahrscheinlich sind. Als wichtigste Erkenntnis, vor allem für die Festlegung in der Zeichnungsvorschrift, halten wir fest, daß die zahlreichen Möglichkeiten überlagert sind und nur gedanklich, d. h. geometrisch, aber nicht oder nur in seltenen Fällen praktisch voneinander getrennt werden können. Man wird sich also stets überlegen müssen,

    a) welche Abweichungen überhaupt denkbar sind,

    b) wie sie eingegrenzt werden können.

Es hat auch keinen Zweck, alle möglichen Kurzzeichen zu erfinden und einzuschreiben, wie Parallelitätszeichen, Senkrechtzeichen oder Kreisrundzeichen[1], ohne daran zu denken, wie diese Forderungen einwandfrei und eindeutig **nachgeprüft** werden können, wogegen ihre Einhaltung manchmal noch weniger schwierig ist, wenn sie nicht allzu klein sind. Das ist auch der Grund, weshalb **besondere Form- und Lagetoleranzen möglichst selten angegeben werden sollten**; auch dann kann eine Nachprüfung meist nur stichprobenweise vorgenommen werden, lediglich um das Fertigungsverfahren, das dementsprechend zu wählen ist, zu prüfen und um die Fertigung zu überwachen.

54. Die Angabe von Form- und Lagetoleranzen auf der Gerätzeichnung.

541. Formtoleranzen.

Wenn eine Welle oder eine Bohrung oder ein Innen- oder Außenteil einer Flachpassung auf der Zeichnung nur mit einer Toleranz oder einem Passungskurzzeichen versehen ist, so muß der Gestalter damit rechnen, daß

eine **Welle** mit einer Grenzrachenlehre,

eine **Bohrung** bis 100 ⌀ mit einem vollen Gutlehrdorn und vorläufig auch noch mit einem vollen Ausschußlehrdorn, über 100 ⌀ mit einem abgeflachten Gutlehrdorn und einem Ausschußkugelendmaß,

ein **Flachstück** (Innenteil) mit einer Grenzrachenlehre,

eine **Flachnut** (Außenteil) mit Grenzlehrdorn oder Grenzflachlehre geprüft wird. Die damit ohne weiteres als möglich gegebenen Abweichungen der Oberflächengestalt der Werkstücke sind im Abschnitt 52 eingehend untersucht worden. Es war auch mehrfach darauf hingewiesen worden, daß die dort festgestellten, äußerst möglichen Grenzfälle verhältnismäßig unwahrscheinlich sind.

Es wäre z. B. denkbar, daß auf der Zeichnung für eine Welle die Angabe gemacht wird: „Nicht spitzenlos geschliffen", um die bei kleinem Kleinstspiel unangenehme Form des Gleichdicks nach Möglichkeit auszuschalten. Man kann aber dem Gestalter nicht gut zumuten, alle Fertigungsmöglichkeiten zu erwägen und die unbrauchbaren in dieser Weise auszuscheiden. Besser ist es stets, von der Möglichkeit der Nachprüfung mit geeigneten Meßgeräten auszugehen, und es ist, wie schon mehrfach betont, unzweckmäßig, einen Wortlaut zu wählen, wie: „Rund innerhalb 5 μ", weil es sehr vom Prüfverfahren abhängt, inwieweit eine reale Unrundheit überhaupt erkannt werden kann. Man muß also das Prüfverfahren dazu angeben.

----

[1] Außerdem würde durch die Vermehrung der Kurzzeichen das Lesen einer Zeichnung bald zu einer Geheimkunst werden, die nur der noch beherrscht, der jeden Tag damit umzugehen hat.

Nachstehend werden als Beispiele einige Möglichkeiten gebracht, wie durch die Zeichnung eine Einschränkung der durch die obenerwähnten gewöhnlichen Meßverfahren gegebenen Formabweichungen vorgenommen werden kann. In Abb. 171/1 ist eine Paßfläche 20 ⌀ h7 mit dem Zusatz versehen: „Gutlehrring 30 lg“. Dem Leser wird sofort klar sein, daß dadurch an Stelle der Gutrachenlehre ein Gutlehrring mit gleichem Durchmesser gesetzt wird, der eine Überschreitung des größten Stoffraumes nicht mehr zuläßt.

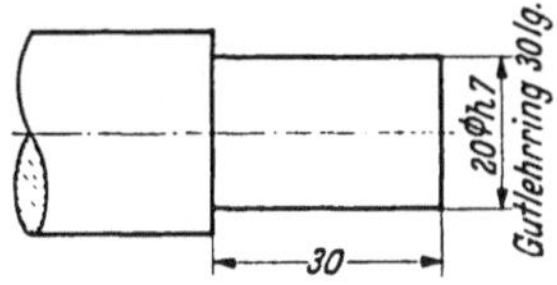

Abb. 171/1. Sondervorschrift für die Prüfung einer Paßfläche. 20 ⌀ h7 = 20 _0,21.

Im ISA-Bulletin 25 „Das ISA-Toleranzsystem“ ist vorgeschlagen worden: „unzylindrisch innerhalb... μ (oder mm)“ oder „unzylindrisch innerhalb IT...“ und diese Ausdrucksweise ist dahin erläutert, daß die zulässige Abweichung von der Zylindrizität der Unterschied zwischen dem umbeschriebenen Zylinder und dem kleinsten auffindbaren Durchmesser bei Wellen, oder zwischen dem einbeschriebenen Zylinder und dem größten auffindbaren Durchmesser bei Bohrungen bedeutet. Dazu kann in besonderen Fällen ein Zusatz gemacht werden, z. B. „nur ballig“ oder „nur dicker am freien Ende“.

Will man die Abweichung von der Geradheit begrenzen, also eine allzu große und häufige Unterschreitung des Stoffraumes $D - T$ verhindern, so kann man schreiben oder auch zu obigem hinzufügen: „Geradheit $\pm 2 \mu$“. Damit soll, genauer gesagt, ausgedrückt werden, daß die Mantellinie des Zylinders gesondert auf Abweichungen von der Geradheit zu prüfen ist. Die Lehre für diesen Zweck könnte beispielsweise die in Abb. 172/1 dargestellte Form haben. Sie wird nach einem Lineal oder runden Dorn auf Null gestellt und mit den beiden Reitern auf die Welle gesetzt; das Meßgerät in der Mitte zeigt die Schwankungen an, wenn die Lehre beim Prüfen um die Welle ganz herumgeschwenkt wird, um den größten und kleinsten Ausschlag zu erkennen; dieser darf nach obigem Beispiel $\pm 2 \mu$ nicht überschreiten. Freilich bezieht sich dieses Prüfverfahren nur auf eine bestimmte Art der Krummheit, nämlich die, bei der die Mantellinien Bögen bilden, die auf einer Seite nach außen, auf der anderen nach innen gekrümmt sind. Nicht berücksichtigt ist eine mehrfach-wellige Form der Mantellinie oder eine schraubenlinige Achse.

Glaubt man mit dieser Zeichnungsangabe nicht auszukommen, so kann man ferner zusätzlich oder ohne weitere Vorschriften schreiben: „Gr. — kl. auffindb. Durchm. = 10 μ“. Das bedeutet, daß neben der Prüfung, die sonst üblich oder zusätzlich vorgeschrieben ist, mit einem Istmaßmeßgerät mit kleinen Meßflächen mehrere Durchmesser gemessen werden sollen, wobei der Unterschied zwischen dem größten und dem kleinsten gefundenen Wert nicht mehr als 10 μ betragen soll.

Eine weitere Möglichkeit, die Formabweichungen einzugrenzen, besteht darin, zwei Gutlehrringe und zwei Ausschußlehren vorzuschreiben, die beispielsweise folgende Maße erhalten würden:

1. Gutlehrring: 19,998 ± 0,002
1. Ausschußrachenlehre: 19,989 ± 0,002
2. Gutlehrring: 19,990 ± 0,002
2. Ausschußrachenlehre: 19,979 ± 0,002.

Damit wird also die volle Toleranz von 21 μ zwar ausgenutzt, aber die Formabweichungen können nur so groß werden, wie bei einer halb so großen Toleranz. Die Werkstücke werden also gewissermaßen in zwei Gruppen sortiert, ohne daß davon beim Zusammenbau, wie sonst beim Sortieren, Gebrauch gemacht wird. Man sieht aber schon an den kleinen Herstellungstoleranzen der Lehren, die etwa der für die 5. Qualität entsprechen, daß dies Verfahren nicht beliebig weit getrieben werden kann. Mehr als zwei solcher Grenzlehren kann man also nur bei verhältnismäßig groben Maßtoleranzen einführen. Die Angabe auf der Zeichnung würde hier etwa lauten: „2 gestufte Gutlehrringe 30 lg, 2 Ausschußrachenlehren".

Wenn dabei die Verteilung der Werkstücke im Toleranzfeld sehr einseitig liegt, etwa weil das Fertigungsverfahren an sich kleinere Toleranzen erlauben würde, oder weil sehr stark nach der Gutseite gearbeitet wird, dann kann es vorkommen, daß der zweite Lehrring, der etwa in der Mitte des Toleranzfeldes liegt, sehr selten gebraucht wird.

Für die Bohrung würde man entsprechend folgende Angaben machen können:

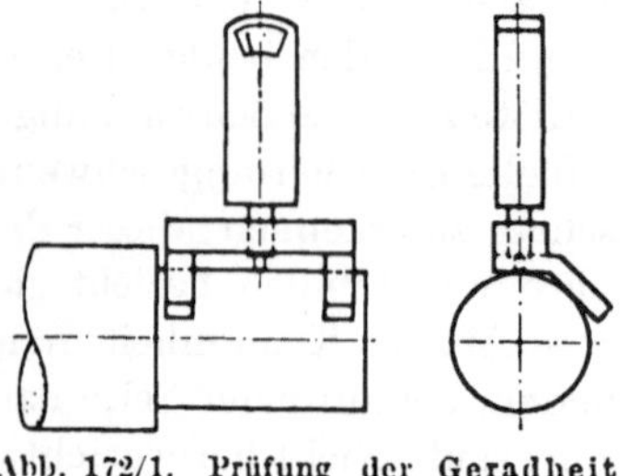

Abb. 172/1. Prüfung der Geradheit eines Wellenzapfens.

„Ausschußkugelendmaß" oder

„Ausschußflachlehrdorn" oder

„Geradheit ± 2 μ", — wenn die Konstruktion einer Lehre für die Prüfung der Geradheit entsprechend Abb. 172/1 möglich ist, — oder

„Gr. — kl. auffindb. Durchm. = 10 μ" oder

„2 gestufte Gutlehrdorne, 2 Ausschußkugelendmaße".

Man sieht aus diesen zahlreichen Möglichkeiten mit ihren sehr verschiedenen Folgen, daß, wie schon oft betont, allgemeine Angaben, wie „kreiszylindrisch innerhalb 12 μ" oder „Formabweichung 12 μ" zu wenig besagen, sondern daß man seine Wünsche, ausgehend von der Funktionsforderung, in bezug auf das Meßverfahren schon genau angeben muß!

542. Lagetoleranzen.

Die Lage von Bohrungen und Wellen (Zapfen) kann durch Koordinaten in der im Abschnitt 53 geschilderten Weise eingegrenzt werden. Das gleiche gilt sinnentsprechend für Flachpassungsinnen- und -außenteile. Eine Überschreitung der nominellen Lagetoleranz ist infolge Ausnutzung der Maßtoleranz möglich. Will man diese Überschreitung kleiner halten, so könnte man an der Lehre mehrere gestufte Aufnahmebohrungen oder -dorne vorsehen, aus denen die jeweils am besten passende auszusuchen ist. Solche Lehren sind zum Ausgleichen der Durchmesserabweichungen auch schon mit selbstzentrierenden Spanndornen und Spannpatronen als Aufnahmeelemente in der Bohrung oder auf der Welle versehen worden. Diese verlangen aber eine sehr sorgfältige Ausführung und nehmen auch dann nur selten hinreichend genau mittig auf.

Da eine Lageabweichung aus Schiebung und Drehung zusammengesetzt gedacht werden kann, so ergibt sich in manchen Fällen das Bedürfnis, diese beiden Abweichungen mit verschiedenen Toleranzen zu versehen. Angenommen, bei einer Kurbelwelle dürfte der Kurbelhalbmesser eine verhältnismäßig große Toleranz haben, mit Rücksicht auf das Pleuellager sei aber nur eine geringe Abweichung von der Parallelität zulässig. Die Parallelverschiebung dürfte also ziemlich groß sein, die Drehungsabweichung aber nur klein. Während im allgemeinen im Grenzfall

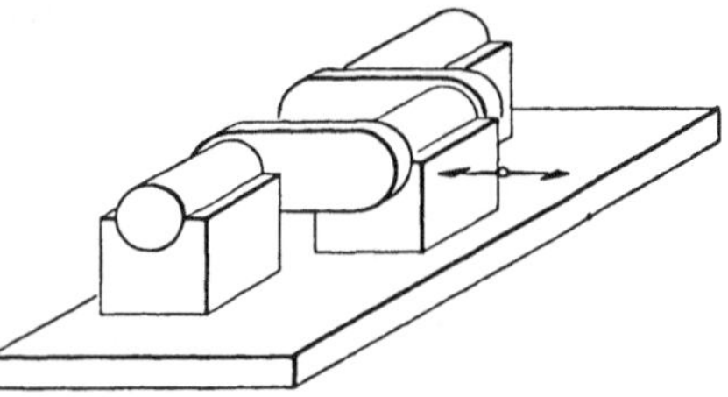

Abb. 173/1. Lehre für Kurbelwelle.

die Lagerstelle so viel verdreht oder schief sein könnte, daß am einen Ende die +-Grenze der Abstandtoleranz, am anderen die ---Grenze erreicht ist, muß hier eine Sonderlehre geschaffen werden. Die Lehre für den allgemeinen Fall hat etwa die Form, wie in Abb. 173/1 schematisch dargestellt. Die Kurbel wird an den Lagerstellen aufgenommen, die entsprechend der Mittenabweichung größer sind, sie muß sich in diese Lehre einlegen lassen; dabei kann dann innerhalb des

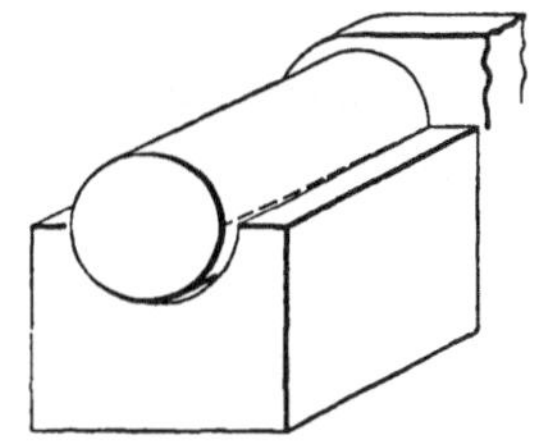

Abb. 173/2. Mögliche Schieflage des Lagerzapfens in der Lehre für Kurbelwelle.

Lageraumes jede Paßstelle schief liegen, wie Abb. 173/2 vergrößert zeigt. Um diese Schieflage einzugrenzen, würde man den Halbmesser der Lagerstellen kleiner ausführen, und zwar je nach Wunsch bis zum Gutmaß der Paßstelle. Um dann die grobe Abstandstoleranz ausgleichen und messen zu können, wird der mittlere Lagerbock der Lehre auf einem Schlitten in Pfeilrichtung beweglich angeordnet und auf beliebige

Weise eine Ablesungs- oder Prüfmöglichkeit für den Abstand geschaffen. Erhalten die Lagerstellen das Gutmaß der Rundpassung, so ist eine Abweichung von der parallelen Lage nur bei Ausnutzung der Durchmessertoleranz möglich.

In diesem Beispiel ist es also einmal möglich, Schiebung und Drehung bis zu gewissem Grade unabhängig voneinander zu prüfen und auch ein Parallelitätszeichen ließe sich mit entsprechenden Bezugsstrichen anwenden, wenn man es nicht vorzieht, zu schreiben: „Parallelität der Lagerstellen innerh. 5 μ, bezogen auf Lagerlänge." Es sei hinzugefügt, daß die Lehre gleichzeitig das Fluchten der Wellenlagerzapfen prüft.

Lagetoleranzen erfordern vielfach besondere Ausgangsflächen, die theoretisch mit der Lage nichts zu tun haben. Wenn in einem gewalzten Blech der Abstand von Bohrungen geprüft werden soll, so muß bei der Bearbeitung und beim Prüfen auf einer Fläche des Werkstückes aufgelegt werden, die dann nicht so uneben sein darf, daß die Vorrichtung oder die Lehre darauf nicht einwandfrei, ohne zu wackeln, festgelegt werden kann. Ebenso kann auf einer roh gegossenen Fläche der Abstand von Bohrungen nicht ohne weiteres genau geprüft werden.

Lagetoleranzen mit dem Nennmaß Null werden als **Mittigkeitstoleranzen** bezeichnet. Zu ihrer Kennzeichnung hat vielfach das zuerst vom Ingenieurbüro Koch & Kienzle, Berlin, vorgeschlagene und von der Wehrmacht eingeführte Kurzzeichen Verbreitung gefunden, das in Abb. 174/1 wiedergegeben ist. Das $\pm$-Zeichen soll andeuten, daß die Abweichung der einen Paßfläche zur anderen beliebig nach oben oder unten gestattet ist, ja sie darf bei kreisrunden Paßflächen sogar in jeder beliebigen Ebene, die durch die eine der beiden Achsen geht, vorhanden sein. Auch hier kann die Toleranz $\pm$ 0,1 überschritten werden, wenn die Paßflächen nicht genau Gutmaß (20 und 30) haben, sondern nach der Ausschußseite tendieren.

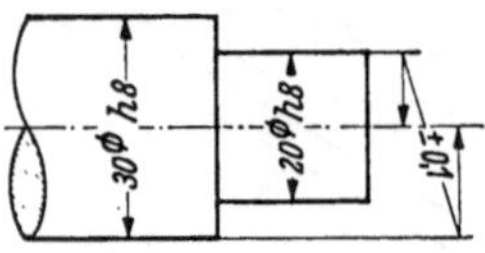

Abb. 174/1.
Mittigkeitstoleranz.

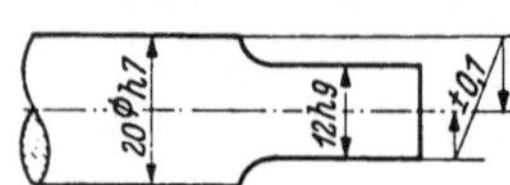

Abb. 174/2. Mittigkeitstoleranz zwischen runder und flacher Paßfläche.

Abb. 174/2 zeigt die Anwendung dieses Zeichens für die Lage einer runden Paßfläche zu e ner flachen, ebenso können auf diese Weise auch Lagetoleranzen für zwei Flachpassungsteile angegeben werden. Die möglichen Lageabweichungen wurden im Abschnitt 53 bereits besprochen.

Hierbei ist jedoch noch folgendes zu beachten: Liegen die Paßflächen sehr weit auseinander, wie in Abb. 175/1, so können viel größere Abweichungen auftreten, als die Nenntoleranz ($\pm$ 0,1) angibt, weil die Mittigkeitslehre selbst bei geringen Abweichungen vom Gutmaß der

Paßfläche an dem langen Hebelarm um erhebliche Beträge schlottern kann, um so mehr, je kürzer die Paßflächen selbst sind. Wenn man an das Gegenwerkstück zu der dargestellten Welle denkt und an den Zweck, den die Mittigkeits-

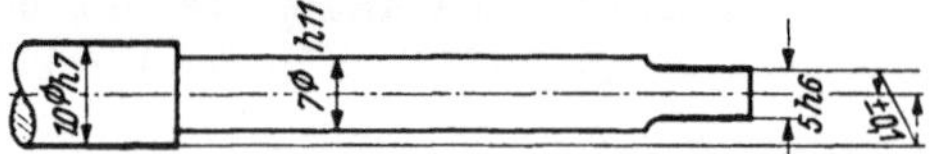

Abb. 175/1. Mittigkeitstoleranz für weit auseinander-
liegende Paßflächen.

toleranz erfüllen soll, so sieht man ein, daß hier ein funktionelles Erfordernis mit unzulänglichen Ausdrucksmitteln ausgesprochen wird. Man wird trotzdem oft nicht darauf verzichten wollen, weil die Mittigkeitstoleranz dem Betrieb andeutet, worauf es ankommt, muß sich aber darüber klar sein, daß sie zahlenmäßig wahrscheinlich weit überschritten wird. Die Werkstatt erhält aber den Hinweis, beim Abflachen des rechten Teils das Werkstück an der Passung 10 ⌀ h 7 zu spannen und nicht etwa bei 7 ⌀ h 11. Dieses wäre jedoch fertigungstechnisch sehr viel vorteilhafter, folglich wird man bei diesem Beispiel in der Werkstatt darauf achten, daß 7 ⌀ zu 10 ⌀ möglichst mittig läuft und dann doch bei 7 ⌀ spannen.

Abb. 175/2 zeigt das Mittigkeitszeichen in Verbindung mit einem Winkelmaß (150⁰). Nach dem Wortlaut der Zeichnung müßte zunächst für jede Nut die Mittigkeit zur Paßfläche 40 ⌀ h 7 geprüft werden. Die hierzu geeignete Lehre würde als Aufnahmebohrung das Gutmaß von 40 h 7 erhalten und eine eingelegte Paßfeder von der Breite $10 - 2 \cdot 0{,}1 = 9{,}8$ aufweisen. Mit dem Winkel 150⁰ weiß man zunächst nichts anzufangen, da er nicht toleriert ist. Würde man auch ihn mit einer Toleranz

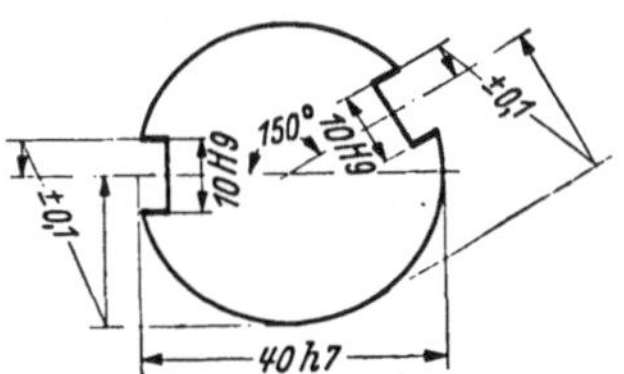

Abb. 175/2. Mittigkeitstoleranzen in
Verbindung mit Winkelmaßen.

versehen, so wäre als nächstes ein Lehrring zu fertigen, der zwei Paßfedern enthält, die einmal um die Mittigkeitstoleranz, also um 0,2, sodann aber noch um einen der Winkeltoleranz entsprechenden Betrag dünner sind. (Streng genommen dürften diese Paßfedern wegen der Winkeltoleranz nicht parallelflächig sein.) Damit wird die erste Prüfung aber sinn- und nutzlos.

Vergegenwärtigen wir uns aber einmal, was mit der ganzen Tolerierung erreicht werden soll: In die Nuten sollen Paßfedern als Werkstücke eingelegt und dann eine Nabe mit zwei um 150⁰ versetzten Nuten übergeschoben werden können. Mittigkeits- und Winkeltoleranz überlagern sich hier und können lehrentechnisch kaum voneinander getrennt werden. In der gezeichneten Darstellung, also ohne Winkeltoleranz, hat die Mittigkeitstoleranz die Bedeutung einer Toleranz für den Winkel 150⁰; die einzig anzuwendende und zweckmäßige Lehre wird

also zwei Paßfedern mit der Breite 9,8 erhalten müssen, die um 150°
versetzt sind, wobei an der Lehre der Winkel mit Lehrengenauigkeit
einzuhalten ist. Man könnte aber ebensogut den Winkel tolerieren, muß
dann aber, um klare Verhältnisse zu schaffen, die Mittigkeitstoleranzen
weglassen, dann sind diese in der Winkeltoleranz enthalten. Die ganze
Konstruktion einschließlich Nabe muß selbstverständlich zum Gegenstand einer Toleranzuntersuchung gemacht werden, die hier nicht durchgeführt zu werden braucht[1].

Eine Möglichkeit, von der man immer Gebrauch machen kann, besteht darin, auf der Zeichnung anzugeben: „Lehre nach Zeichnung...". Dies hat aber den Nachteil, daß die Forderungen der Gerätzeichnung nicht ohne die Lehrenzeichnung zu verstehen sind; ferner
muß die Lehre dann vom Gerätgestalter entworfen oder ihre Form
irgendwie angegeben werden. Man hat auch schon die wichtigen Meßflächen der Lehre in einer besonderen Skizze auf der Teilzeichnung angegeben. Beispielsweise wird bei Kartuschhülsen der kleinste Ladungs-
raum dargestellt, in den sich die fertige Hülse einführen lassen muß.

Mit dem Mittigkeitszeichen ist auch die Möglichkeit geschaffen, die
Lageabweichung einer zylindrischen Oberfläche am einzelnen Werkstück
zu tolerieren, d. h. einzugrenzen. Dabei muß stets die Bezugsfläche
gekennzeichnet werden, denn die Prüfung von Körnerspitzen aus hat
nur selten einen praktischen Wert. Beim Eintragen des Kurzzeichens
ist der Gestalter aber gezwungen, über die Wahl der Bezugsfläche nach-
zudenken, weil die Knickpunkte an diese herangezogen werden müssen.
Auch hier muß man stets von der Funktion des Werkstückes ausgehen.
Kommt es z. B. auf die Vermeidung einer Unwucht an, so ist es oft
besser, diese selbst in einer geeigneten Vorrichtung zu prüfen.

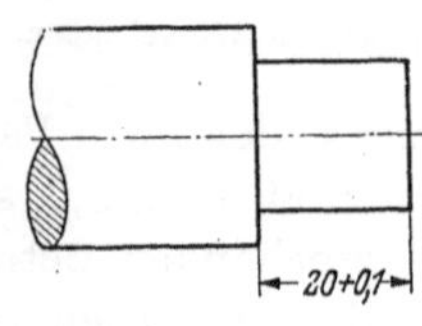

Abb. 176/1.   Lagefehler
    einer Stirnfläche.

Der Lagefehler einer Stirnfläche an einer gedrehten Welle kann sowohl als eine Lageabweichung, wie auch als Formabweichung oder als die
Summe beider angesehen werden. Man kann auch
hier bei der Zeichnungseintragung verschiedene
Wege gehen, die sich nach den Bedürfnissen des
Sonderfalles zu richten haben. Man könnte in der
Abb. 176/1 hinzufügen: „Größtes — kleinstes auf-
findb. Maß 0,05". Dann wäre es denkbar, daß beide bezogenen Stirnflächen gleichviel und gleichsinnig schiefstehen; dies ist aber bei den
möglichen Fertigungsverfahren ziemlich unwahrscheinlich. Es dürfte
aber nicht eine Lehre angewendet werden, die auf beiden Stirnflächen
voll aufliegt, sondern es müßte von Punkt zu Punkt gemessen werden,
wobei jeder beliebige Punkt der einen zu jedem beliebigen Punkt der

----

[1] Siehe [180] S. 28 ff.

anderen Fläche geprüft werden müßte. Da man dann aber eine Bezugsfläche braucht, für die die runde Paßfläche in Frage käme, ist ein solches Meßgerät einwandfrei, d. h. bezugsfrei überhaupt nicht konstruierbar. Hier zeigen sich die gleichen Schwierigkeiten, die bei den Staffelmaßen bereits auf S. 162 u. 163 besprochen wurden.

Es ist vorgeschlagen worden, das Senkrechtzeichen ⏄ zu benutzen und mit entsprechenden Zahlenangaben zu versehen. Dabei muß eine Bezugsfläche oder -linie angegeben werden, auf die die Prüfung zu beziehen ist. Die durch zwei Körnerbohrungen gegebene Achse braucht nicht immer mit der wirklichen Mittellinie zusammenzufallen. Wenn die Bezugsfläche weit entfernt liegt, weiß man nicht recht, wie das Kurzzeichen, das an sich den Vorzug der Allgemeinverständlichkeit hat, angebracht werden soll. Besser ist es wohl auch hier, kurze Wortangaben zu machen, wie z. B.: „Stirnschlag 30 ⌀ : 20 μ“ oder „Stirnschlag bezogen auf 30 ⌀ : 20 μ“ oder „Stirnschlag auf 30 ⌀ : 20 μ“. Dann muß eine Lehre gefertigt werden, die für 30 ⌀ eine drehbare Gutaufnahmebohrung hat und in der die bezeichnete Stirnfläche mit einem Feintaster geprüft wird. Ferner ist vorgeschlagen worden, durch Pfeile und zugehörige Abstandsmaße von der Mitte die Stelle zu bezeichnen, an der geprüft werden soll. Sollen, wie dies meist zutreffen wird, die Meßflächen des Prüfgerätes größere Ausdehnung haben, so kann auch dies in Verbindung mit kurzen Wortangaben eindeutig und allgemeinverständlich eingetragen werden.

Für die Abweichungen von der parallelen Lage ebener Flächen ist für Werkzeugmaschinen[1] vorgeschlagen worden: „unparallel innerhalb $\pm$ ... μ (oder mm)“, für Abweichungen von der Rechtwinkligkeit: „Abweichung vom rechten Winkel innerhalb $\pm$ ... μ (oder mm) auf ... mm Länge“. Ebenso kann auch nur eine $+$- oder $-$-Abweichung angegeben werden.

Für den zulässigen Abstand von Achsen und Mittellinien, die sich schneiden sollen, kann man nach dem genannten Normblattentwurf schreiben: „Achse 1 neben Achse 2 innerhalb $\pm$ ... μ (oder mm)“ oder, wenn eine Abweichung nur in einer Richtung zulässig ist, z. B. „Achse 1 nur höher als Achse 2 innerhalb ... μ (oder mm)“.

55. Bewegungstoleranzen und Verformungstoleranzen unter Belastung.

Hier muß die Frage erhoben werden, die auch bei den Maßtoleranzen behandelt wurde, ob es immer zweckmäßig ist, für jedes einzelne Bauteil Form- und Lagetoleranzen anzugeben, oder ob es nicht besser ist,

---

[1] Bisher unveröffentlichter 2. Entwurf vom August 1939 der „Abnahmevorschriften für Werkzeugmaschinen, Toleranz-Grundsätze“ des ISA-Komitees 39, Werkzeugmaschinen.

das Ergebnis am zusammengebauten Gerät zu prüfen. Dies wird zunächst immer dann möglich sein, wenn Einzelteile des Gerätes oder der Baugruppe mit Rücksicht auf Ersatzteile nicht austauschbar zu sein brauchen. Die Werkstatt wird an Hand der Forderungen, die an die zusammengebaute Gruppe oder das Gerät gestellt werden, die Bearbeitungsverfahren für die Einzelteile so auswählen können, daß diese Forderungen erfüllt werden.

So ist es dem Benutzer einer Drehbank im Grund gleichgültig, welche Formabweichungen für die Hauptspindel und deren Lagerbohrung und welche Lageabweichungen für die Aufnahmebohrung oder die Anschlußflächen für Futter und Planscheibe vorgeschrieben sind, sofern er nicht einmal eine Ersatzspindel beziehen will. Es betrifft ihn aber sehr, ob die Spindelbohrung und das Futter oder die Planscheibe rund und axialruhig, d. h. ohne zu „schieben" laufen. In diesem Fall handelt es sich um eine Bewegungstoleranz.

Noch mehr ist für den Benutzer die Tatsache wichtig, daß die Drehbankspindel diese guten Laufeigenschaften auch unter der Betriebslast, also beim Bearbeiten eines Werkstückes, aufweist. Hier müssen Verformungstoleranzen unter Belastung angegeben werden.

Der erwähnte ISA-Entwurf „Abnahmevorschriften für Werkzeugmaschinen" (s. S. 177) sieht daher auch Bewegungstoleranzen und Verformungstoleranzen unter Belastung vor. Es sei ganz besonders hervorgehoben, daß zu den Toleranzen auch die Prüfverfahren genau festgelegt sind, und zwar zunächst allgemein; es soll aber auch zwecks völliger Eindeutigkeit mindestens ein Meßverfahren für den jeweiligen Zweck empfohlen werden. Diese Angabe eines Meßverfahrens schließt zwar andere Meßverfahren nicht aus, die die gleichen Abweichungen feststellen, jedoch trägt der Benutzer des Meßverfahrens dann die Verantwortung.

Bei den Bewegungstoleranzen werden unterschieden:

1. Größentoleranzen, das sind die in Längen- oder Winkelmaß ausgedrückten zulässigen Abweichungen der bei der Bewegung zurückgelegten Strecken eines Punktes des bewegten Teiles von den Sollstrecken.

Beispiel 1: Zurückgelegte Strecken eines durch eine Gewindespindel bewegten Schlittens in bezug auf die am Gewinde zurückgelegte Strecke.
Beispiel 2: Drehwinkel einer Spindel in bezug auf den Teilungswinkel einer mit ihr gekuppelten Teilscheibe.

2. Formtoleranzen, das sind die in Längen- oder Winkelmaß ausgedrückten zulässigen Abweichungen der Bahn eines Punktes des bewegten Teiles von der vorgeschriebenen Linie (z. B. Gerade, Kreis).

3. Lagetoleranzen sind die in Längen- oder Winkelmaß ausgedrückten zulässigen Abweichungen der Bahn eines Punktes des bewegten Teiles

von der vorgeschriebenen Richtung (z. B. Parallelität oder Rechtwinkligkeit zu einer Linie oder Fläche).

Verformungstoleranzen sind die in Längen- oder Winkelmaß ausgedrückten zulässigen Unterschiede der Lageänderungen bestimmter Elemente unter bestimmten Belastungen oder Belastungsänderungen[1]. Diese Verformungstoleranzen sind besonders im Hinblick auf eine Verbesserung der bisherigen Abnahmevorschriften für Werkzeugmaschinen wichtig, da die Maschine ja unter Last genaue und formgenaue Werkstücke liefern soll. Es ist anzunehmen, daß auch andere Zweige des Maschinenbaues aus diesen Toleranzgrundsätzen Nutzen ziehen können.

6. Passungsmechanik.

61. Spielpassungen.

Im Abschnitt 44 wurde der Einfluß der Passungsspiele auf Getriebe betrachtet, bei denen die genaue Winkelübertragung wichtig ist, während bewußt und ausdrücklich die Drehzahl klein oder im Augenblick der Ablesung gleich Null sein sollte; es war also vorwiegend an Meß- und Rechengetriebe gedacht. Im Zustande der Ruhe legt sich der Wellenzapfen unter dem Einfluß der wirkenden Kräfte an die Bohrungswandung an, wie Abb. 179/1 zeigt.

Im Gegensatz zu dieser „statischen" Betrachtungsweise kommt man bereits zu ganz anderen Ergebnissen, sobald man die Reibung des Lagerzapfens in der Bohrung berücksichtigt und noch mehr, wenn die Drehzahl groß und im Betrieb konstant ist, wie bei Kraft- und vielfach auch Arbeitsmaschinen. Während uns

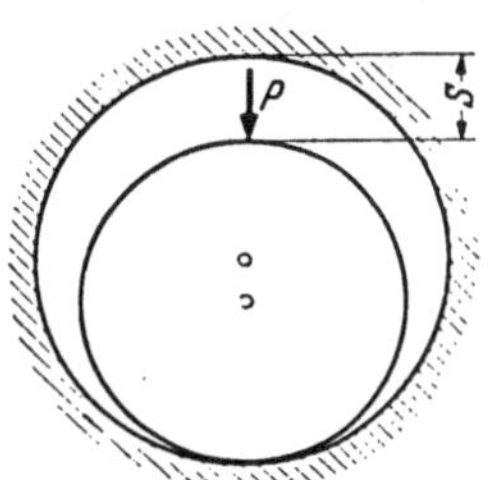

Abb. 179/1. Welle in der Bohrung im Ruhezustande.

bisher ausschließlich die Führungsgenauigkeit einer Spielpassung beschäftigt hat, interessieren bei Lagern der genannten Art mehr die Betriebssicherheit, ruhiger Lauf, Reibungsverluste, Lagerwärme und die damit zusammenhängenden Bedingungen, und es muß eine „dynamische" Betrachtungsweise Platz greifen.

Im folgenden werden in engster Anlehnung an die von Falz[2] gegebenen Unterlagen die Einflüsse von Spiel, Oberflächengüte und Oberflächengestalt auf ein solches Lager kurz betrachtet. Bezüglich der Lagerberechnung selbst muß auf das einschlägige Schrifttum verwiesen werden.

---

[1] Die Wiedergabe des Wortlautes geschieht mit Genehmigung der Fachgruppe Werkzeugmaschinen (VDW) der Wirtschaftsgruppe Maschinenbau. Der Wortlaut ist als unverbindlich anzusehen, da die Normblätter noch nicht erschienen sind.

[2] [58] [89] [122].

Wenn die Welle der Abb. 179/1 sich zu drehen beginnt, so nimmt sie
durch Reibung auf ihrem Umfange das die Lagerluft ausfüllende Schmiermittel mit und treibt es in dem sichelförmigen Spalt auf die engste Stelle
zu. Dort entsteht infolgedessen ein zunehmender Überdruck, der bei
einem kurzen Lager durch seitliches Abfließen des Schmiermittels vermindert wird, auf der entgegengesetzten, der Auslaufseite müßte ein entsprechender Unterdruck entstehen, der jedoch nur klein bleibt, weil der Druck
in der Schmierschicht nicht unter die Dampfspannung des Schmiermittels
sinken kann und außerdem Luft angesogen würde. Der Unterdruck
beträgt also stets nur kleine Bruchteile von 1 kg/cm².

Der Überdruck auf der Einlaufseite versucht die Welle in der Bohrung anzuheben und seitlich wegzudrücken. Steigert man die Drehzahl
fortwährend, so bewegt sich die Zapfenmitte angenähert auf einem
kleinen Kreisbogen (Abb. 180/1) und steht
bei $n = \infty$ gleichmittig zur Bohrung. Diese
Bahnform ist rechnerisch und empirisch
nachgewiesen worden. Im Ruhezustande sind
die Unebenheiten von Welle und Bohrung ineinander „eingeklinkt" und bei kleinen Drehzahlen wird die Welle wenig aus ihrer Ruhe-
lage angehoben, die Spitzen der Erhebungen
gleiten übereinander, wir haben es mit „halbflüssiger" Reibung zu tun. Erst von einer bestimmten Drehzahl an vermag der „Schmierkeil" die Kraft P so weit zu überwinden,

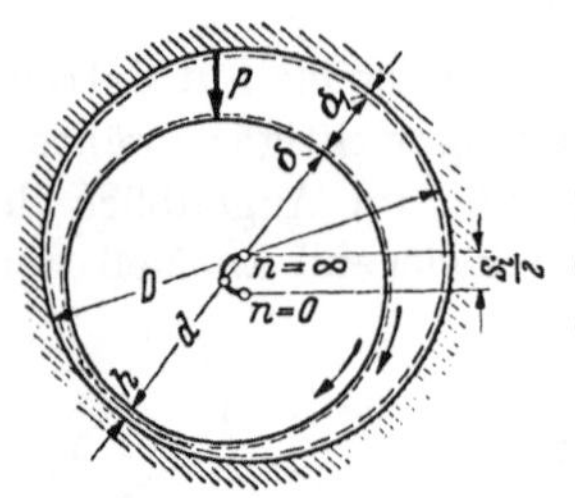

Abb. 180/1. Bewegung der Welle
in der Bohrung bei zunehmender
Drehzahl infolge der Schmier-
keilwirkung.

daß die Welle in der Bohrung frei schwimmt, die Unebenheiten sind
ausgeklinkt, es herrscht „flüssige Reibung". Die Gleitbewegung
spielt sich dann nur noch innerhalb des Schmiermittels ab, Abnutzung
tritt praktisch nicht mehr ein, die Reibung ist klein.

Dieser erfreuliche Zustand ist offenbar nur möglich, wenn sich ein
Schmierkeil ausbilden kann, d. h. wenn die Welle kleiner ist als die
Bohrung. Deshalb ist eine H/h-Passung für solche Lager nicht geeignet,
weil sie das Kleinstspiel Null hat.

Bei der Lagerberechnung geht man bei der Berücksichtigung der Oberflächenrauhigkeit nicht wie in der Passungs- und Meßtechnik „in den Werkstoff hinein",
sondern man denkt sich bei der Welle auf dem „ideellen" Durchmesser d, der
gerade noch im vollen Werkstoff liegt, die Unebenheiten aufgetragen. Der wirkliche Durchmesser, wie er beim Messen auf den Spitzen der Rauhigkeiten gefunden
wird, ist dann $d_w = d + 2\,\delta$, wenn δ die Höhe der Rauhigkeiten beträgt[1]. Analog
ist der wirkliche (gemessene) Durchmesser der Lagerbohrung: $D_w = D - 2\,\delta_1$.

---

[1] Der Wert δ entspricht der Höhe H in der Mikrogeometrie. Hier sind die Buch-
stabenbezeichnungen von Falz beibehalten, um den Leser bei Lagerberechnungen
nicht zu verwirren. Der Nachteil, daß in diesem Buch für den gleichen Gegenstand
verschiedene Buchstaben gelten, mußte dafür in Kauf genommen werden.

Damit nun die Rauhigkeiten „ausgeklinkt" werden, muß durch den Druck des Schmierkeils die Welle so viel angehoben werden, daß die Schmierschichtdicke h an der engsten Stelle, auf die ideellen Durchmesser bezogen, gleich oder größer ist als die Summe der Rauhigkeiten. Dies wird aus Abb. 180/1 klar, in der die „Kopfkreise" der Rauhigkeiten gestrichelt eingezeichnet sind. Es muß also sein:

|181/1|
$$h \geq \delta + \delta_1 \,.$$

Außerdem muß berücksichtigt werden, daß lange und hochbelastete Stirnzapfen sich unter der Wirkung der Lagerkraft durchbiegen: Sie stellen sich schief und krümmen sich dabei. Die Schiefstellung kann nur durch selbsteinstellende Lager unschädlich gemacht werden, andernfalls treten gefährliche Kantenpressungen auf, die die Belastbarkeit ganz beträchtlich herabsetzen. Für die Krümmung muß bei diesen Lagern zu h noch ein Zuschlag gemacht werden, der die Krümmung des Zapfens berücksichtigt. Bezeichnet man die größte Pfeilhöhe der Biegelinie (etwa in der Mitte des Zapfens) mit f_k, so muß dann sein:

|181/2|
$$h \geq \delta + \delta_1 + f_k \,.$$

Bei sorgfältig geschliffenen Oberflächen kann die Höhe der Rauhigkeiten nach Berndt zu 3 bis 5 μ angenommen werden, Schmaltz[1] gibt ähnliche Werte an. Somit muß $h \geq 10\,\mu$ gesetzt werden.

Nach Falz ergibt sich für die Schmierschichtdicke h (in mm) an der engsten Stelle folgende Beziehung:

|181/3|
$$h = \frac{54{,}4}{c} \cdot \frac{z \cdot n \cdot d^2}{p_m \cdot S_i} 10^{-9} = \frac{54{,}4}{c} \cdot \frac{z \cdot n \cdot l \cdot d^3}{P \cdot S_i} 10^{-9} \,.$$

Darin bedeuten:

$c\ =$ einen Korrektionsfaktor, der die endliche Lagerlänge und das dadurch bewirkte seitliche Abströmen des Schmiermittels berücksichtigt:

$$c = \frac{d+l}{l}$$

$z\ =$ die absolute Zähigkeit des Schmiermittels in kg $\cdot$ sec/m²,

$n\ =$ die Drehzahl in U/min,

$d\ =$ den ideellen Durchmesser der Welle in mm,

$l\ =$ die Länge der Lagerstelle in mm,

$P\ =$ die Lagerkraft in kg,

$p_m = \dfrac{P}{d \cdot l}$ den Lagerdruck in kg/mm²,

$S_i =$ das ideelle Lagerspiel in mm, es ist $S_i = D - d$, wenn D den ideellen Durchmesser der Bohrung bedeutet, und ergibt sich aus dem gemessenen oder wirklichen Lagerspiel S zu:

$$S_i = S + 2\,(\delta + \delta_1) \quad (\delta,\ \delta_1 \text{ und } S \text{ in mm}) \,.$$

Die Gl. |181/3| gilt nur für eine Außermittigkeit der Welle zur Bohrung von $\geq 0{,}25 \cdot S_i$, oder, was dasselbe ist: $h \lessgtr 0{,}25 \cdot S_i$. Diese Bedingung soll möglichst eingehalten werden, weil sonst die Lagerreibung wieder stark zunimmt und die

---

[1] [241], s. auch Abb. 145/1.

Welle unruhig läuft. Die größtmögliche Außermittigkeit hat die Welle in Abb. 179/1, sie beträgt dann $0{,}5 \cdot S_i$ und h ist gleich Null.

Betrachten wir die Gl. $|181/3|$ bezüglich ihres Aufbaues, so ergibt sich, daß die Welle vom Schmierkeil um so mehr angehoben wird und ein gewünschter Mindestwert von h um so eher erreicht wird,

    je größer die Zähigkeit des Schmiermittels,

    je größer die Drehzahl der Welle,

    je größer der Durchmesser der Passung,

    je kleiner die Lagerbelastung,

    je kleiner das Lagerspiel ist.

Damit ist nicht gesagt, daß das Lagerspiel beliebig klein gemacht werden darf, denn dann würde ja die wegen der Laufruhe erwünschte obere Grenze von $h = 0{,}25 \cdot S_i$ nicht mehr ausreichen, um die Unebenheiten δ und δ_1 zum „Ausklinken" zu bringen, d. h. um die Bedingung $|181/1|$ oder $|181/2|$ zu erfüllen. Löst man die Gl. $|181/3|$ nach p_m auf, so ergibt sich:

$$|182/1| \qquad\qquad p_m = \frac{54{,}4}{c} \cdot \frac{z \cdot n \cdot d^2}{h \cdot S_i}\, 10^{-9}\ .$$

Demnach kann ein Lager spezifisch um so höher belastet werden,

    je größer die Ölzähigkeit, die Drehzahl und der Durchmesser,

    je kleiner das ideelle Spiel und die Schmierschichtdicke an der engsten Stelle sind. Hier sind Lagerspiel und Oberflächenrauhigkeit — und auch Formgenauigkeit — unmittelbar voneinander abhängig, denn man wird das Spiel und damit auch h um so kleiner machen können, je besser Oberfläche und Form sind, und wird damit ein ganz wesentlich höher belastbares Lager erhalten und nebenbei auch noch die bessere Führungsgenauigkeit erreichen. Aus Gl. $|181/3|$ läßt sich aus gegebenen z, n, d, c, p_m und $h \geqq \delta + \delta_1 + f_k$ durch Auflösen nach S_i das Spiel ohne weiteres berechnen, wobei aber immer zu prüfen ist, ob $h < 0{,}25 \cdot S_i$ ist.

Betrachten wir nun noch den Einfluß des Lagerspieles auf den **Reibungsbeiwert** des Lagers. Da die vollkommene Schmierung einen hydrodynamischen Vorgang darstellt, der örtlich sehr verschiedene Drücke und Reibungswiderstände hervorruft, so kann man eine Reibungszahl „μ_r" nur vergleichsweise bilden, indem man gewissermaßen über das ganze Lager integriert und die Lagerreibungszahl definiert als den Quotienten aus dem „gesamten Reibungswiderstand W am Zapfenumfang" durch die „Gesamtzapfenbelastung P",

$$\mu_r = W/P.$$

Es ergibt sich als Mittelwert für $h < 0{,}35 \cdot S_i$ und für eine Lagerlänge $l = d$ mit den gleichen Dimensionen wie in Gl. $181/3|$

$$|182/2| \qquad\qquad \mu_r = 0{,}00123 \sqrt{\frac{z \cdot n}{p_m}}\ .$$

Für Werte von h, die größer sind als $0{,}35 \cdot S_i$ nimmt μ_r, d. h. der Faktor 0,00123 sehr rasch zu, also bei verhältnismäßig großer Drehzahl und entsprechend kleiner Außermittigkeit der Welle.

Abgesehen hiervon scheint aber nach Gl. |182/2| das Lagerspiel auf die Reibungszahl keinerlei Einfluß zu haben. Es darf aber nicht übersehen werden, daß der Radikand durch Gl. |181/3| mit h und S_i verbunden ist. Setzt man entsprechend ein, so ergibt sich:

$$|183/1| \qquad \mu_r = \frac{7{,}5}{d} \sqrt{h \cdot S_i} \qquad (d,\ h,\ S_i \text{ in mm}) .$$

Dies gilt nur für $h \leq 0{,}25 \cdot S_i$.

Die Größe der kleinsten erreichbaren Reibungszahl μ_r ist demnach nur vom Lagerdurchmesser, vom Spiel und von der kleinsten Schmierschichtdicke abhängig. Große Lager ergeben kleinere Reibungszahlen. Wenn die kleinste Schmierschichtdicke durch die „Einklinkgrenze", also durch die Rauhigkeit von Welle und Bohrung begrenzt ist und man im Mittel $S_i = 4h$ setzt, so erhält man mit $h = \delta + \delta_1$ (f_k sei hier unbeachtet):

$$|183/2| \qquad \mu_r \approx 15 \, \frac{\delta + \delta_1}{d} \qquad (\delta,\ \delta_1,\ d \text{ in mm}).$$

Danach ist also die Reibungszahl unmittelbar von der Oberflächenrauhigkeit von Welle und Bohrung abhängig, nur erst auf einem hydrodynamischen Umwege und in ganz anderem Sinne als bei der trockenen Reibung.

Die Reibungsleistung beträgt:

$$|183/3| \qquad N_r = \frac{\mu_r \cdot P \cdot n \cdot d}{1430} \, 10^{-3} \text{ PS} .$$

Durch Einsetzen von Gl. |183/1| erhält man:

$$|183/4| \qquad N_r = \frac{P \cdot n \sqrt{h \cdot S_i}}{191} \, 10^{-3} \text{ PS} .$$

Das für Laufruhe und geringste Reibung günstigste Lagerspiel läßt sich bei gegebenen Lagerverhältnissen aus der Beziehung berechnen (für $h = 0{,}25 \cdot S_i$ und $c = 2$, also $l = d$):

$$|183/5| \qquad S_i = \frac{d}{3{,}03} \sqrt{\frac{z \cdot n}{p_m} 10^{-3}} .$$

Dabei ist zu berücksichtigen, daß S_i das ideelle Lagerspiel darstellt, das um die je nach Bearbeitungsart anzunehmenden Rauhigkeiten $2\,(\delta + \delta_1)$ zu vermindern ist, um das Passungsspiel zu erhalten. Nachdem so das mittlere Spiel gefunden wurde, wird eine ISA-Paßtoleranz gewählt und deren Grenzfälle auf ihre Brauchbarkeit für das Lager rechnerisch nachgeprüft.

Für die Fertigung, die Meßverfahren und die Oberflächengestalt ergibt sich aus den angeführten Beziehungen folgendes. Zur Erreichung von flüssiger Reibung mit ihren großen Vorteilen ist ein bestimmtes Spiel erforderlich, daher dürfen Lager nicht nach der Werkstück-welle eingeschabt werden.

Ausgenommen sind Schwinglager, das sind solche, bei denen die Bewegung nur eine hin- und herschwingende ist, wie bei Kolben-Pleuellagern. Bei diesen kann sich ein richtiger Schmierkeil nicht ausbilden, wir haben es deshalb nur mit halbflüssiger Reibung zu tun. Wenn außerdem die Kraftrichtung umkehrt, wie bei Kreuzkopflagern an doppeltwirkenden Kraftmaschinen, so ist ein Spiel be-sonders unerwünscht, um das Klopfen des Lagers zu vermeiden. Solche Lager werden daher zweckmäßig eintuschiert oder mit kleiner H/h-Paßtoleranz gefertigt. Allerdings muß auch hier ein Schmierfilm vorhanden sein, der als Puffer dient: ein solcher Film wird auf einer geschabten Fläche gut festgehalten.

Sollen Lager geschabt werden, bei denen die Welle oder Bohrung rotiert, so muß dies stets nach einem Hilfsdorn geschehen, der um das erforderliche Spiel größer ist als die Welle. Wenn somit in diesem Buch über austauschbare Gestaltung für bestimmte Fälle das Einschaben empfohlen wird, so deswegen, weil bei großen Lagern, von denen ohnehin nur geringe Stückzahlen aufgelegt werden, durch sachgemäßes Schaben eine Verbesserung der Oberflächengüte und -gestalt erreicht werden kann, die sich bezahlt macht.

Das erforderliche Mindestspiel darf nirgends unterschritten werden, damit nicht die Unebenheiten „einklinken" und halbflüssige Reibung eintritt. Wird das passungsmäßige Größtspiel örtlich über-schritten, so kann h nach Gl. |181/3| so klein werden, daß wiederum halbflüssige Reibung möglich wird, sofern die Überschreitung sich über größere Flächen erstreckt. Außerdem setzt ein im Mittel größeres Spiel, als es der Rechnung zugrunde gelegt wurde, die Belastbarkeit des Lagers herab (Gl. |182/1|) und die Reibungszahl und Reibungsleistung her-auf.

Dies alles führt zur Forderung, daß solche Lager möglichst nach dem Taylorschen Grundsatz geprüft werden müssen, der die Überschreitung des größten Stoffraumes und örtliche Unterschreitung des kleinsten Stoffraumes verhindert. Bohrungen müssen daher auf „Gut" mit vollem Dorn, auf „Ausschuß" mit Kugelendmaß geprüft werden, Wellen mit Gutlehrring und Ausschußrachenlehre, soweit dies praktisch ausführbar ist. Man kann auch die Formabweichungen durch ein entsprechendes Fertigungsverfahren eingrenzen und durch Stichproben überwachen.

Dagegen müssen die Lagerschalen am Lagerkörper möglichst gut anliegen, so daß auch hier wieder bei Einzelanfertigung Schaben, bei größeren Stückzahlen kleine Toleranzfelder nahe an der Nullinie empfohlen werden. Dadurch soll verhindert werden, daß die Schale sich unter den erheblichen hydrodynamischen Kräften verformt und folglich kneift oder örtlich große Spiele hervorruft.

Bei der Lagerberechnung sind die Temperaturen beim Anlauf und nach Erreichen des Gleichgewichtszustandes zu beachten (s. Ab-schnitt 345). Die Verhältnisse müssen nachgeprüft werden, so daß in beiden Betriebszuständen weder die Einklinkgrenze unterschritten noch die Laufruhe beeinträchtigt wird.

Als Beispiel für eine Lagergestaltung, die die Ausbildung mehrerer Schmierkeile unterstützt und dadurch große Laufruhe und hohe Führungsgenauigkeit bei hoher Drehzahl gewährleistet, war bereits das Mackensenlager im Abschnitt 43 erwähnt worden. Ein weiteres Beispiel ist in Abb. 185/1 schematisch dargestellt. Die Lagerschalen werden mit einer dünnen Zwischenlage zylindrisch gebohrt und dann ohne diese Zwischenlage zusammengesetzt. Auch dieses Lager läuft besonders bei Belastung in senkrechter Richtung sehr ruhig und genau, weil die Schmierkeile gewissermaßen vorgeschrieben, die

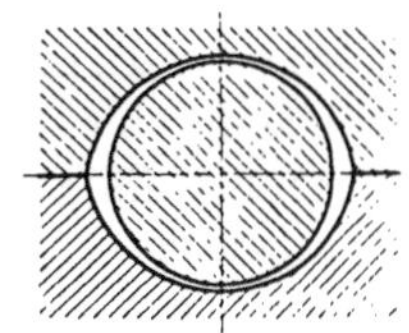

Abb. 185/1. Lager mit günstiger Schmierkeilbildung.

engste Stelle maßlich gegeben und das freie Ein,,spielen" des Lagerzapfens unter der Wirkung der hydrodynamischen Kräfte in gewissem Maße unterbunden ist.

62. Preßpassungen.

Die Benutzung der Elastizität der Baustoffe zur reibschlüssigen Verbindung zweier Bauteile ist seit langem bekannt, und es wird besonders in der Feinwerktechnik von dieser Möglichkeit ausgiebig Gebrauch gemacht. Man spart Arbeitszeit, Werkstoff, Gewicht und Platz, die Werkstücke liegen mittig und die Verbindung ist bei richtiger Ausführung ebenso zuverlässig wie jede andere, die ja auch berechnet und sachgemäß ausgeführt werden muß. Aber Feinwerktechnik und der übrige mittlere und grobe Maschinenbau waren in gewissem Sinne zwei Welten, und die zweite Welt glaubte von der ersten nichts profitieren zu können, weil in feinmechanischen Geräten Kräfte wirken, die für den Maschinenbauer unvorstellbar klein sind und die eine Übertragung der Gestaltungsgrundsätze nicht zuzulassen scheinen. Man geht aber in der Feinwerktechnik mit den Stoffbeanspruchungen teilweise weit höher als im Maschinenbau. Dort wo große Bauteile mit Übermaß ohne weitere Sicherungen gefügt wurden, haben die Preßverbindungen sich durchaus bewährt, man denke nur an die Radreifen der Eisenbahn, das Schrumpfen von Geschützrohren, die Schrumpfbefestigung der Rohrklauen und an den Getriebebau.

Wenn diese guten Erfahrungen nicht zu vermehrter Anwendung führten, so lag dies hauptsächlich daran, daß die Werke ihre Übermaße als strenge Betriebsgeheimnisse betrachteten und die übrigen Gestalter mangels eigener Erfahrungen lieber Stifte, Keile, Paßfedern und sonstige Verbindungen verwendeten, die man nachrechnen konnte, und die keine stellunggefährdenden Experimente bedeuteten. Der Kraft- und Spannungsverlauf in einer Keilverbindung ist aber wahrscheinlich ver-

wickelter, als gemeinhin angenommen wird; man denke nur an die
Spannungsspitzen in der Nutecke. Es bleibt dahingestellt, ob sich jeder
Gestalter bei der Berechnung einer Keilverbindung über diese Dinge
Rechenschaft ablegt.

Während die DIN-Passungen nur eine allgemeine Preßpassung und
eine Sonderpassung für Lokomotivbau enthielten und daneben die Wehrmacht eine Schlichtpreßpassung eingeführt hatte, die von Kienzle
bereits 1923 in „Dubbel, Taschenbuch für den Fabrikbetrieb" ver-
öffentlicht wurde, sind die Erfahrungen in den zahlreichen
ISA-Preßpassungen jetzt jedem zugänglich, die Fügung
kann rechnerisch beherrscht werden, und es ist zu erwarten
und auch zu wünschen, daß damit dem Gestalter ein neues
Maschinenelement in die Hand gegeben ist, von dem er
bald allgemeinen Gebrauch machen wird.

Hier kommt der gestalterische Einfluß der ISA-Passungen
voll zum Ausdruck. Bei den grundsätzlichen Forschungen, die der
Schaffung der ISA-Preßpassungen vorausgingen, stellte sich heraus, daß
dabei durchaus nicht immer kleine Toleranzen erforderlich sind; die
demnächst als Dinormen erscheinenden groben Preßpassungen bis zur
11. Qualität legen dafür Zeugnis ab. Bisher glaubte man nicht über
die Elastizitätsgrenze hinausgehen zu dürfen. Kienzle hat durch grund-
legende Versuche an der Technischen Hochschule Berlin nachgewiesen
[*280, 288*], daß Preßverbindungen im plastischen Gebiet durchaus zuverlässig sind, wenn sie nur richtig gestaltet werden. Bei Längsfügung
stellte sich die Wichtigkeit der Form des Bolzenendes heraus, und es
zeigte sich, daß die meisten Fügungen auch nach dem Lösen und Wiedereinpressen eine brauchbare Verbindung ergaben. Somit können nunmehr austauschbar sehr große und billig herzustellende Toleranzen
gewählt werden. Bei größerem Übermaß wird das Außenteil und je
nach der Streckgrenze auch das Innenteil bis zu einer gewissen Tiefe
über die Fließgrenze hinaus beansprucht, d. h. plastisch verformt.
Würde man das Übermaß weiter vergrößern, so wandert diese Grenze
der plastischen Verformung weiter, bis schließlich die ganze Buchse und
auch das Innenteil, wenn es dünnwandig ist, ganz plastisch verformt
wird.

Nachstehend soll dem Gestalter unter Fortlassung alles für ihn un-
wesentlichen wissenschaftlichen und geschichtlichen Beiwerks eine kurze
Anleitung für die richtige Auswahl der Toleranzfelder gegeben werden.

Unter Preßpassung versteht man eine Passung, bei der vor dem
Fügen der Teile stets Übermaß, also nach dem Fügen Pressung vorhanden ist. Hier werden nur Preßpassungen mit zylindrischer Preßfuge
behandelt, welche unter Normalspannung steht.

Die ISA-Preßpassungen können ebensogut auch für Flachpassungen, Kegelpassungen usw. benutzt werden, nur kann dann keine allgemeine Berechnungsart angegeben werden, weil die Spannungen von der sehr verschiedenen Form der Paßteile abhängen. Auch die Berechnung der Rundpassungen beschränkt sich eigentlich auf solche, bei denen die Außenfläche des Außenteils ein Zylinder ist. Jedoch kann auch beispielsweise eine in eine Wand eingegossene Nabe als Außenteil einer Preßpassung näherungsweise rechnerisch erfaßt werden.

Hauptunterscheidungsmerkmal ist die Art der Erzeugung der Spannungen in der Preßfuge oder der Fügeweg:

A. Längspreßpassung (Abb. 187/1[1] A): Innen- und Außenteil werden in Längsrichtung bei Raumtemperatur zusammengepreßt.

B. Querpreßpassung (Abb. 187/1 B, a—d): Die Annäherung der Paßflächen erfolgt quer zur Achse, nachdem die Paßteile mit Spiel zusammengesteckt sind; dies Spiel wird erzeugt:

a) bei der Schrumpfpassung durch Erwärmen des Außenteils, das beim Abkühlen nach dem Fügen schrumpft und dadurch die für die Preßverbindung notwendigen Spannungen erzeugt,

b) bei der Dehnpassung durch Abkühlen des Innenteils, das sich nach dem Fügen dehnt, und dadurch die Spannungen in der Preßfuge erzeugt. Ferner kann auch eine

c) Dehnpassung durch elastische Formänderung hervorgerufen werden, wenn beispielsweise die elastische Buchse der Abb. 187/1 Bc durch einen engeren Ring R in die Bohrung eingeführt wird. Vermöge ihrer Elastizität spreizt sie sich nach Verlassen des Ringes auf.

d) Dehnpassung durch plastische Formänderung. Das ungeschlitzte rohrförmige Innenteil wird durch Aufwalzen plastisch verformt (Anwendung z. B. im Dampfkesselbau).

Hier werden nur die Längspreßpassungen und von den Querpreßpassungen die Schrumpf- und die Dehnpassung betrachtet. Eine Längs-

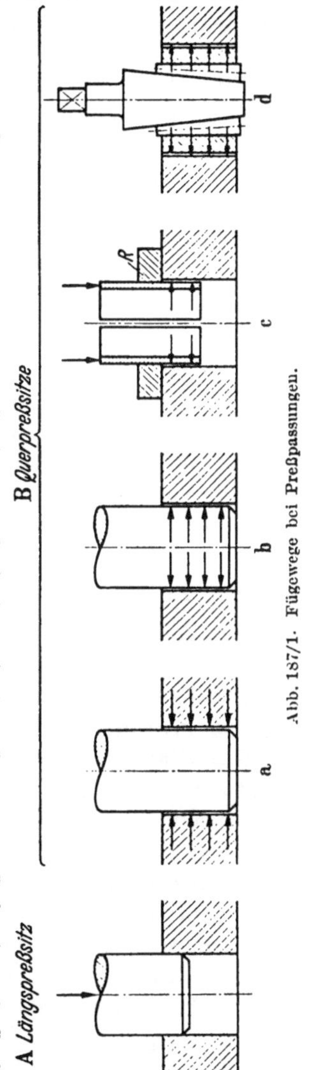

Abb. 187/1. Fügewege bei Preßpassungen.

---

[1] Entn. aus [*134*].

quer-Preßpassung entsteht durch Einpressen (längs) bei gleich-
zeitigem Schrumpfen des Außenteils oder Dehnen des Innenteils (quer),
wenn beispielsweise die Baustoffe keine starke Erwärmung oder Abkühlung vertragen, oder wenn Werkstoffe mit kleiner Wärmeausdeh-
nungszahl benutzt werden, und wenn große Sitzkräfte erzielt werden
sollen.

Eine Preßpassung wird beansprucht entweder

1. in der Achsenrichtung oder
2. auf Verdrehung oder
3. in der Achsenrichtung und auf Verdrehung.

Die Beanspruchung kann ruhend oder wechselnd sein, die Spannung
in der Fuge kann vermindert werden durch Fliehkräfte oder durch Be-
triebswärme.

Formelzeichen:

Zeiger $_A$ bezieht sich auf das Außenteil, das die Bohrung enthaltende
Teil, Zeiger $_I$ bedeutet Innenteil, die Welle.

Zeiger $_a$ bedeutet Außendurchmesser, $_i =$ Innendurchmesser.

Zeiger $_F =$ Fuge. Somit ist z. B. D_{Aa} der Außendurchmesser des
Außenteils, R_F der Halbmesser der Preßfuge, alle Maße in mm.

$Q =$ Verhältnis des Innen- zum Außendurchmesser; bei einer vollen
Welle als Innenteil ist $Q_I = 0$.

$E =$ Elastizitätsmaß in kg/mm^2.

$$m = \text{Poissonsche Zahl} = \frac{\text{Längsdehnung}}{\text{Querzusammenziehung}}$$

$e =$ Verkleinerung und Vergrößerung der Innen- und Außendurchmesser.

P (ohne Zeiger) $=$ Paßtoleranz.

$p =$ Pressung in der Fuge in kg/mm^2.

$G =$ Glättungsgröße in μ. Besonders beim Fügen in der Längsrichtung werden die Rauhigkeiten der Paßflächen eingeebnet. Denkt
man sich dies so vollzogen, daß ein mathematischer Zylinder mit gleichem
Volumen entsteht, so verkleinert sich dabei der gemessene Durchmesser der Welle um $2G_I$, die Bohrung wird um $2G_A$ größer. Dementsprechend vermindert sich das (gemessene) Übermaß U um $2(G_I + G_A)$.
mit dem so entstehenden

$Z =$ Haftmaß wird gerechnet; $Z = U - 2(G_{Ai} + G_{Ia})$ (in μ),

$\zeta =$ bezogenes Haftmaß, $\zeta = Z/D_F \cdot 10^{-3}$ (dimensionslos),

$$\nu = \text{Haftbeiwert} = \frac{\text{Verschiebewiderstand in der Preßfuge}}{\text{Pressung} \cdot \text{Paßfläche}} = \frac{P_x}{p \cdot F},$$

er entspricht mit gewissen Einschränkungen der Reibungszahl μ.

F als Formelzeichen bedeutet die Größe der Paßfläche $F = \pi \cdot D_F \cdot L$ in mm^2,
nicht zu verwechseln mit dem Zeiger $_F =$ Fuge. P_x ist nicht mit Paßtoleranz
zu verwechseln, die Kraft P und ebenso ν erhalten künftig stets einen Zeiger,
und zwar:

e = Einpressen, also P_c = Kraft beim Einpressen, ν_e = Haftbeiwert beim Einpressen, dementsprechend:

s = Sitz, also P_s = Kraft, die beim Auspressen bei gleichförmiger Drucksteigerung zum ersten Lösen der Preßverbindung aufgebracht werden muß.

rl = Rutschen längs, Kraft oder Haftbeiwert nach dem ersten Lösen der Verbindung in Längsrichtung,

ru = Rutschen in Umfangsrichtung, Kraft oder Haftbeiwert nach dem ersten Lösen der Verbindung in Umfangsrichtung, d. h. durch ein Drehmoment.

621. Längspreßpassungen.

Für die Berechnung von Längspreßpassungen haben Kienzle und Heiß[1] ein Formblatt ausgearbeitet, das dem Buch am Schluß beigefügt und in dem ein Beispiel durchgerechnet ist (Rechnung in Kursivschrift). An Hand dieses Beispiels sollen die Einzelheiten des Rechnungsganges nunmehr erläutert werden.

I. Verlangt: Die Forderung, die an eine Preßpassung gestellt wird, besteht in einem bestimmten Widerstande gegen Längsverschiebung oder gegen Verdrehen der beiden Paßteile zueinander. Die Sitzkraft P_s ist größer als die Rutschkraft P_{rl} und P_{ru}, ebenso wie die Reibungszahl der Ruhe größer ist als die der Bewegung. Um sicher zu gehen, wird man deshalb stets die Rutschkraft oder das Rutschdrehmoment einsetzen. Bei Wechsellast sinkt die Sitzkraft bis auf die Größe der Rutschkraft ab.

II. Gegeben: Der Fugendurchmesser D_F und die Fugenlänge L_F sowie die freien Durchmesser D_{Aa} und D_{Ii} (s. Abbildung auf dem Vordruck) sind meist konstruktiv angenähert gegeben und müssen für die Passungsberechnung zahlenmäßig angegeben werden. Ist das Außenteil außen nicht zylindrisch, so rechnet man mit einem mittleren Wert, den man jedoch aus Vorsicht eher etwas zu klein annehmen wird. Eine volle Welle hat selbstverständlich den Innendurchmesser „Null", wie im Zahlenbeispiel.

Daraus ergeben sich die Verhältniszahlen Q_A und Q_I und deren Quadrate, die für die Berechnung gebraucht werden.

Führt die weitere Rechnung mit diesen Abmessungen zu keinem brauchbaren Ergebnis, so muß sie nochmals mit geänderten Werten durchgeführt werden.

Zur Ermittlung des Übermaßverlustes aus den Glättungsgrößen für Bohrung und Welle geht man von der größten Profilhöhe H aus, d. i. der Höhenunterschied zwischen dem höchsten und tiefsten Punkt des

---

[1] [135]. S. auch [134], [136], [288].

Profilbildes, das beispielsweise nach dem Lichtschnittverfahren von Schmaltz[1] gewonnen wurde. Ist ein solches für das beabsichtigte Bearbeitungsverfahren vorhanden, so kann man daraus auch die mittlere Profilhöhe h_m ermitteln, die sich nach dem Abtragen des Werkstoffes von den Profilgipfeln und Ausfüllen der Täler mit dieser Werkstoffmenge ergeben würde. Die Höhe h_m wird von der Grundlinie aus gemessen, die im Profilbild gerade noch im vollen Werkstoff liegt. Daraus errechnet sich der Völligkeitsgrad zu $K = h_m/H$. Sind diese Angaben nicht vorhanden, so kann man unbesorgt die Profilhöhe H aus der Abb. 145/1 für das betreffende Bearbeitungsverfahren entnehmen und mit einem Völligkeitsgrad von rund 0,4 rechnen; für geschliffene Flächen liegt er etwas höher. Ist er in Wirklichkeit größer als 0,4, so hat man sicher gerechnet, weil dann der Übermaßverlust kleiner wird, als der der Rechnung zugrunde gelegte. Die Preßverbindung wird also jedenfalls den geforderten Festigkeitsbedingungen genügen.

Es ist ein Irrtum, zu glauben, daß eine Preßpassungsverbindung fester wird, wenn die Paßflächen rauh sind. Dies trifft zumindest für die Längspreßpassungen nicht zu, weil vor allem im plastischen Gebiet die Flächen beim Fügen sehr gut geglättet werden und sogar spiegelblank werden können. Ferner ergibt eine große Rauhigkeit einen großen Übermaßverlust und somit auch einen großen Verlust an Haftkraft.

Entscheidend ist der Haftbeiwert ν, für den mangels eigener Erfahrungen nur ein verhältnismäßig kleinerer Wert eingesetzt werden kann, um genügend sicher zu rechnen.

Da das hier beschriebene Rechenverfahren noch neu ist, liegen noch nicht für alle Verhältnisse die Werte vor. Einen ungefähren Anhalt gibt Zahlentafel 190/1.

Zahlentafel 190/1. Haftbeiwerte bei Längspreßpassungen.

Innenteil aus St 50.11 Außenteil aus:	ν_e		ν_s		Bemerkung
	elastisch	plastisch	elastisch	plastisch	
St 50.11	0,1···0,08	0,08···0,05	0,1···0,08	0,08···0,05	Maschinenöl
Gußeisen	0,1···0,07	—	0,11···0,075	—	Maschinenöl
(H$_N$ ~ 185)					
MgAl	0,08	0,05···0,02	0,09	0,06···0,03	trocken
Ms 58	0,1	0,08···0,05	0,1	0,08···0,04	trocken
Preßstoffe . . .	—	0,54	0,33	—	trocken
(Typ T, G u. F)					

Der Haftbeiwert nimmt mit zunehmender Pressung ab, besonders im plastischen Gebiet. Die Angabe von ν_e gestattet die Berechnung der Einpreßkraft und damit die Bestimmung der erforderlichen Presse. Mit dem Beiwert ν_s kann berechnet werden, bei welcher Kraft oder

---

[1] Siehe S. 143.

bei welchem Drehmoment die Fügung anfängt, sich zu bewegen. Ist ein solches Rutschen erst einmal eingetreten, so sinkt die Reibungskraft auf etwa 70%. Wenn man also mit 70% von ν_s rechnet, kann man sicher sein, daß die Fügung auch bei Wechselbeanspruchung hält.

Es ist erwünscht, daß diese Werte durch die Praxis nachgeprüft und ergänzt werden, um dadurch größere Annäherung an die Wirklichkeit bei der Berechnung von Preßpassungen zu gewinnen und statt der sehr vorsichtig gewählten Werte allmählich zu größeren übergehen zu können.

Weitere Einflüsse auf die Haftbeiwerte werden am Schluß dieses Abschnittes besprochen (S. 196 ff.).

III. Berechnung: Wenn sowohl ein bestimmter Widerstand gegen Längsverschiebung wie auch ein solcher gegen Verdrehen verlangt wird, so müssen die beiden Kräfte vektoriell addiert werden. Wesentliche Unterschiede der Haftbeiwerte in Längs- und Umfangsrichtung konnten bisher nicht festgestellt werden[1]. Man rechnet daher aus M_r die Rutschkraft in der Umfangsrichtung aus (Formel III, 1 des Vordruckes):

$$P_{ru} = 2\,M_r/D_F$$

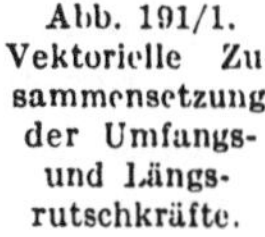

Abb. 191/1. Vektorielle Zusammensetzung der Umfangs- und Längsrutschkräfte.

und errechnet (Zeile 2) die Mittelkraft (Resultierende):

$$P_r = \sqrt{P_{ru}{}^2 + P_{rl}{}^2}\,.$$

Sodann wird aus der unter I angegebenen oder unter III errechneten Rutschkraft P_{rl}, P_{ru} oder P_r und dem Haftbeiwert die kleinste erforderliche Pressung in der Fuge berechnet. Sie ist als wichtige Kennzahl für die Passung dick eingerahmt, wird sie auf zwei Stellen nach dem Komma ermittelt, so ergibt sich durch Weglassen des Kommas der Druck in at oder kg/cm². Zeile 4 bringt die Hilfsgrößen K_A und K_J, die in Zeile 5 nach den von Föppl[2] angegebenen Gleichungen zu dem Kleinstübermaß führen, das sich aus dem Haftmaß Z_k und dem Übermaßverlust ΔU zusammensetzt und das zur Erreichung der unter I geforderten Rutschkräfte nötig ist.

In Zeile 6 wird nun, ebenfalls nach Föppl, diejenige Pressung in der Fuge ausgerechnet, bei der der Werkstoff gerade bis zur Streckgrenze beansprucht wird. Dabei ergeben sich für Außen- und Innenteil zwei verschiedene Werte, weil ja die Streckgrenzen, die Durchmesserverhältnisse und auch die Beanspruchungsart der beiden Paßteile verschieden sind. Ist das Innenteil eine volle Welle, so ergibt sich immer für das Außenteil die kleinere zulässige Pressung, man braucht

---

[1] Die Versuche erstreckten sich auf geriebene Bohrungen und geschliffene Wellen.   [2] [67].

dann die Welle nicht nachzurechnen. Will man im elastischen Gebiet
bleiben — dies wird später entschieden —, so gibt Zeile 7 das zum kleinsten gefundenen p_g gehörige Übermaß; dies wäre also das Größtübermaß, wenn die Streckgrenze nicht überschritten werden soll.

Aus der Differenz zwischen Größt- und Kleinstübermaß ergibt sich
in Zeile 8 die Paßtoleranz, die auf Außen- und Innenteil aufgeteilt
werden müßte, wie dies früher schon gezeigt wurde. In dem ein-
getragenen Beispiel ergeben sich Toleranzen von etwa IT 8, die hier
als ausreichend erachtet werden sollen, und mit denen daher in Zeile 11
bis 13 weitergearbeitet wird.

Kommt man jedoch zu dem Schluß, daß die Toleranzen für das beabsichtigte Fertigungsverfahren zu klein sind, so muß man sich ent-
schließen, mit der Beanspruchung über die Streckgrenze hinauszugehen,
also eine plastische Verformung zuzulassen, und man kann dies ganz
unbesorgt tun, wenn man auf folgendes achtet.

Die ausgezogene Kurve $OBCD$ der Abb. 193/1[1] zeigt den aus dem
Spannungs-Dehnungs-Schaubild für Stahl gewonnenen Verlauf der
Pressung in der Fuge als Funktion der Dehnung. Die Linie OB kennzeichnet das elastische Gebiet, in dem die federnde Dehnung die bleibende
weit überwiegt. Nach Überschreiten der Streckgrenze bei B sinkt die
Spannung zunächst ab, um später wieder langsam anzusteigen. Die
gestrichelte Linie BE stellt den von Werth[2] gefundenen Verlauf der
Rutschkraft im plastischen Gebiet dar, und zwar vorsichtshalber die
unteren Werte des Streugebietes der Versuchsergebnisse. Bei den Mittelwerten ließ sich ebenfalls ein Wiederansteigen feststellen.

Daraus folgt: Man kann mit der Dehnung sehr weit über den Betrag OB' hinausgehen, wenn man sich nur darüber klar ist, daß bei
Stahl oberhalb B' die Rutschkraft wieder absinkt. Wenn aber für
eine Berechnung der genaue Verlauf der Linie BE für den verwendeten Werkstoff nicht bekannt ist, so ist vorgeschlagen worden, sicher-
heitshalber nicht über den schraffierten Linienzug $OBGH$ hinauszugehen, wobei die Linie GH halb so hoch liegt wie der Punkt B, und BG
spiegelbildlich zu OB verläuft.

Hat man sich nun in Zeile 9 der Berechnung für plastische Verformung entschieden, um gröbere Toleranzen zu erhalten, so hat man
bei Stahl zu prüfen, ob man unterhalb des Linienzuges $OBGH$ liegt.
(Dabei ist der Raum zwischen BE und BGH als Sicherheitszone anzusehen.) Die Spannung p_g für Punkt B war bereits in Zeile 6 berechnet
worden. Ist diese (kleinerer Wert) mindestens doppelt so groß, wie die
Pressung, die zur Erzielung der geforderten Rutschkraft nötig ist und
die in Zeile 3 ausgerechnet wurde, so liegt man unterhalb der Linie GH

---

[1] Entn. aus [135].   [2] [288].

und kann nun die Toleranzen beliebig groß bis zur 11. Qualität wählen (Zeile 9b). Ist aber p_k größer als $\frac{p_g}{2}$, so liegt p_k' folglich in Abb. 193/1 höher als die Linie GH und dann darf nach dem im vorigen Absatz gegebenen Vorschlag die Dehnung nicht über die Linie BG hinausgehen, d. h. es ist nur die Paßtoleranz P_2 zulässig. Man erhält dann p_{g1} für die obere Grenze von P_2 aus folgender Überlegung. Da das Dreieck OBF gleichschenklig ist, ergibt sich: $\varepsilon_{g1} = \varepsilon_k' + 2(\varepsilon_g - \varepsilon_k') = 2\varepsilon_g - \varepsilon_k'$, oder wenn man p statt ε setzt: $p_{g1} = 2p_g - p_k$. Mit diesem Wert wird dann in Zeile 10 das für diesen Fall gültige Größtübermaß U_{g1} berechnet.

Man rechnet hier mit Spannungen, wo streng genommen mit Dehnungen gerechnet werden müßte. Dies geschieht lediglich wegen der einfacheren Rechnungsweise. In Wirklichkeit ist für ε_{g1} längst nicht mehr die Spannung der Dehnung verhältnisgleich, sondern man hat für das Größtübermaß U_{g1} nur die gleiche Rutsch-

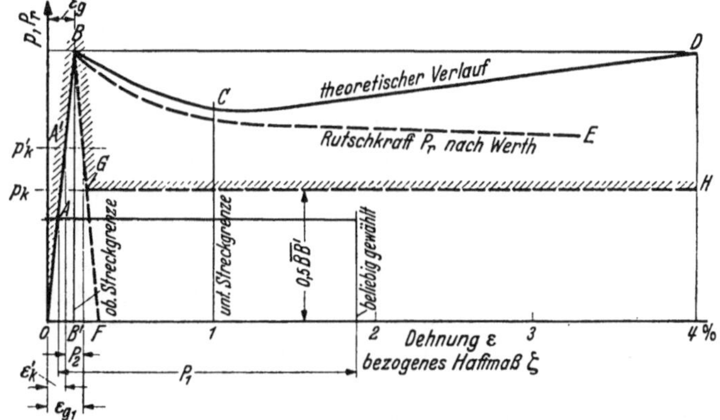

Abb. 193/1. Begrenzung der Dehnung im plastischen Gebiet.

kraft zu erwarten wie für das Kleinstübermaß, zuzüglich des Sicherheitsabstandes von der Linie BE. Für die Berechnung schadet dies nichts, nur muß man sich klar sein, daß die Spannung p_{g1} in Wirklichkeit nicht erzielt werden kann.

Nun zeigen andere Baustoffe als Stahl diesen Abfall der Linie BC nicht (z. B. Leichtmetalle, Gußeisen), bei diesen sind die Untersuchungen der Zeile 9b und c überflüssig, man kann ohne weiteres ins plastische Gebiet gehen und dementsprechend grobe Toleranzen wählen, vorausgesetzt, daß man unterhalb der Bruchgrenze bleibt.

Die größte Rutschkraft, die die als Beispiel durchgerechnete Preßpassung überhaupt zu leisten vermag, entspricht dem Punkt B der Abb. 193/1, also der Streckgrenze, allerdings nur bei dem bestimmten Übermaß von 152 μ, d. h. bei unendlich kleiner Toleranz. Sie beträgt

$$2850 \frac{12{,}9}{2{,}40} = 15300 \text{ kg.}$$

Davon kann bei groben Toleranzen etwa die Hälfte, also 7650 kg ausgenutzt werden; diese Zahl gibt ein Bild von der Leistungsfähigkeit der Preßpassungen.

Ein anderes Beispiel aus der Feinwerktechnik: Eine Welle von 1 mm Durchmesser wird in einen Radkörper von 1 mm Dicke eingepreßt; die Preßfuge mit
einer Fläche von 3,14 mm² beginnt bei einem Übermaß von 50 μ erst bei einer
Kraft in der Achsenrichtung von 20 kg zu rutschen, während $P_{rl} = 14$ kg ist.

Um den Rechnungsgang zu zeigen, sind in Zahlentafel 195/1 und
195/2 die entsprechenden Zeilen des Vordruckes für plastische Verformung und die Fälle der Zeile 9b und c eingetragen. Nun muß man
die in Zeile 8 oder 10 gefundene Paßtoleranz aufteilen und entsprechende
Toleranzfelder aufsuchen. Dabei hat man sich zunächst zu entscheiden,
ob man System Einheitsbohrung (EB) oder Einheitswelle (EW) wählen
will, diese Entscheidung wird meist durch das im Werk übliche Passungssystem vorweggenommen sein. Das Beispiel ist mit EB weitergeführt
und „EB" wurde deshalb in Zeile 13 unterstrichen.

Sodann ist zu überlegen, ob man aus Fertigungsgründen die Wellentoleranz kleiner, gleich oder größer als die Bohrungstoleranz machen
will. Das ISA-System ist — unter der stillschweigenden Voraussetzung,
daß die Paßlänge bei beiden Paßteilen gleich ist — auf folgender Zuordnung aufgebaut: Bohrung IT 6/Welle IT 5, Bohrung IT 7/Welle IT 6,
Bohrung IT 8/Welle IT 8; bei allen gröberen Paarungen, also IT 8 bis
IT 11, ist die Wellentoleranz gleich der Bohrungstoleranz. Das entsprechende Wellen- oder Bohrungstoleranzfeld kann nun leicht aus den
Passungstafeln der Dinormen herausgesucht werden (Zeile 13). Hierzu
kann auch die vom Verfasser angegebene ISA-Passungstafel vor-
züglich dienen[1]. Zeile 14 und 15 lassen das mit der gewählten Passung
wirklich erreichte Kleinst- und Größtübermaß nochmals nachprüfen.
Die wirklich benutzten Übermaße, Kräfte usw. sind im folgenden
durch einen ' (Strich) gekennzeichnet, z. B. $U_k{'}$, $P_g{'}$.

IV. Kontrollrechnung: Für manche Zwecke ist es wichtig, die
Veränderung der freien Durchmesser der Paßteile zu beherrschen, vor
allem wenn diese ebenfalls Paßflächen darstellen, wie bei eingepreßten
Buchsen. Diesen Zweck erfüllen die Zeilen 16 und 17. Im folgenden
(Zeile 18 bis 21) können in kritischen Fällen die erreichbaren Kräfte
an Hand der gewählten Passung nachgeprüft werden. Zeile 22 ermittelt
das kleinste „bezogene Haftmaß", das angibt, wieviel Tausendstel des
Durchmessers das Haftmaß beträgt. Dies ist ein wichtiges Maß zur
Kennzeichnung der Passung, zumal jedes der Toleranzfelder s bis z, für
sich genommen, mit der Bohrung H 7 bei jedem Durchmesser das gleiche
kleinste bezogene Haftmaß ergibt.

V. Angaben für die Herstellung: In diesem Abschnitt des
Vordruckes können bei Bedarf die Einpreßkraft, die Unterkühlung des

---

[1] Erhältlich bei Gebr. Wichmann, Berlin. Die Tafel enthält übersichtlich
auf kleinem Raum alle genormten und bildungsfähigen ISA-Toleranzfelder einschließlich der groben Preßpassungen.

Zahlentafel 195/1. Berechnung einer Preßpassung im plastischen Gebiet. (Die Zeilenziffern entsprechen denen in anliegendem Berechnungsvordruck, Spalte 2 ist fortgelassen.)

	Formel	Ausrechnung	Ergebnis	Dim.
2	$P_r = \sqrt{P_{ru}^2 + P_{rl}^2}$	$\sqrt{(28,5 + 8,1) \cdot 10^6}$	6050	kg
3	$p_k = \dfrac{P_r}{\nu_r \cdot D_r \cdot \pi \cdot L_F}$	$\dfrac{6050}{0,07 \cdot 60 \cdot \pi \cdot 90}$	5,10	kg/mm²
5	$U_k = p_k (K_A + K_1) D_F \cdot 10^3 + \varDelta U$	$5,1(0,11 + 0,032) \cdot 60 + 42$	85,5	μ
8	$P = U_g - U_k$	$152 - 85,5$	66,5	μ
9	a) elast., wenn P/2 groß genug b) wenn nicht, prüfen ob $\qquad p_k < p_g/2$	$P/2 \approx IT\,7 = 30\,\mu$ $p_k = 5,1\,;\ p_g/2 = 6,45$	plast	
	c) wenn $p_k > p_g/2 : p_{g1} = 2\,p_g - p_k$	also beliebig!		kg/mm²
11	$T_B = 0,4$ oder $0,5$ oder $0,6 \cdot P$	$IT\,10 = 120\,\mu$	H 10	
12	Wellentoleranz		IT 10	
13	Unt. Abmaß = ob. Abm. Bg. + U_k Ob. Abmaß = − unt. Abm. W − U_k	$120 + 85,5 = 205,5\,;\ za = 226$	za 10	
14	$U_g{}'$		346	μ
15	$U_k{}'$		106	μ

Zahlentafel 195/2. Berechnung einer Preßpassung im plastischen Gebiet mit besonders hoher Rutschkraft. (Die Zeilenziffern entsprechen denen in anliegendem Berechnungsvordruck, Spalte 2 ist fortgelassen.)

	Formel	Ausrechnung	Ergebnis	Dim.
2	$P_r = \sqrt{P_{ru}^2 + P_{rl}^2}$	$\sqrt{(62,9 + 8,1) \cdot 10^6}$	8410	kg
3	$p_k = \dfrac{P_r}{\nu_r \, D_F \, \pi \cdot L_F}$	$\dfrac{8410}{0,07 \cdot 60 \cdot \pi \cdot 90}$	7,10	kg/mm²
5	$U_k = p\,(K_A + K_I) D_F \cdot 10^3 + \varDelta U$	$7,1(0,11 + 0,032)60 + 42$	102,5	μ
8	$P = U_g - U_k$	$152 - 102,5$	49,5	μ
9	a) elast., wenn P/2 groß genug b) wenn nicht, prüfen ob $\qquad p < p_g/2$	$P/2 \approx IT\,6 = 19\,\mu$ $p_k = 7,1\,;\ p_g/2 = 6,45$	plast. c	
	c) wenn $p_k > p_g/2 : p_{g1} = 2p_g - p_k$	$25,8 - 7,1$	18,7	kg/mm²
10	$U_{g1} = p_{g1}(K_A + K_I) D_F \cdot 10^3 + \varDelta U$	$18,7 \cdot 0,142 \cdot 60 + 42$	159,5	μ
	$P = U_{g1} - U_k$	$159,5 - 102,5$	57	μ
11	$T_B = 0,4$ oder $0,5$ oder $0,6 \cdot P$	$IT\,7 = 30$	H 7	
12	Wellentoleranz		IT 7	
13	Unt. Abmaß = ob. Abm. Bg. + U_k Ob. Abmaß = − unt. Abm. W − U_k	$30 + 102,5 = 132,5\,;\ y = 144$	y 7	
14	$U_g{}'$		174*	
15	$U_k{}'$		114	

* Überschreitung unbedenklich, da hier mit großer Sicherheit gerechnet ist; will man sicher gehen, so ist y6 mit $Ug' = 163$ zu wählen.

Innenteils oder Erwärmung des Außenteils berechnet werden. Dabei wird zum Fügen das Kleinstspiel des Toleranzfeldes e zugrunde gelegt, bei sehr langen Passungen wird auf größere Spiele übergegangen.

Auf die Haftkräfte haben noch zahlreiche andere fertigungstechnische und konstruktive Einzelheiten einen Einfluß. Einen Überblick gibt Abb. 196/1, die aus [288] entnommen ist.

Die mikrogeometrische Gestalt der Werkstücke war bereits durch Einsetzen des Übermaßverlustes $\varDelta U$ berücksichtigt worden. Die Makrogeometrie der Paßflächen wirkt auf das örtlich vorhandene Haftmaß sehr stark ein. Formabweichungen mit gerader Achse, also kegelige, unrunde, tonnenförmige und rotationshyperboloide Formen haben Schwankungen der Haftkräfte innerhalb der Paßfläche zur Folge. Damit die

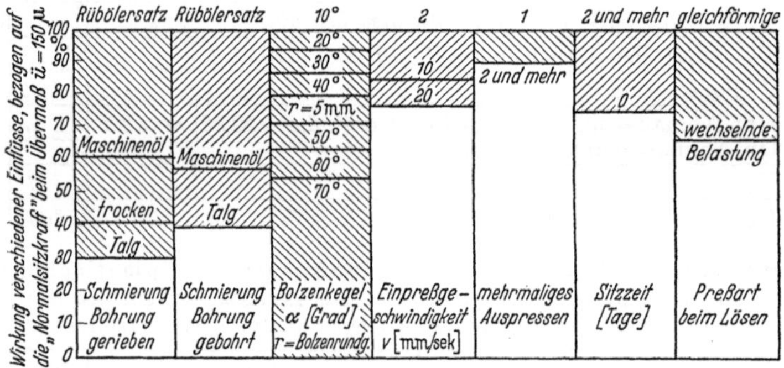

Abb. 196/1. Auswirkungen verschiedener Ausführungen der Preßpassungen auf die Sitzkraft im plastischen Gebiet.

Werkstoff: St 50.11.
Ermittlung mit den Abmessungen:
Nenndurchmesser d = 18 mm
Außendurchmesser D = 45 mm.
Sitzlänge L = 25 mm.
Übermaß U = 150 μ.

Die „Normalsitzkraft" wird erreicht bei:
Bohrung gerieben, Bolzen geschliffen.
Bolzenkegelwinkel α = 10°.
Schmierung: Rübölersatz.
Einpreßgeschwindigkeit v = 2 mm/sec.
Gleichförmige Belastung beim Lösen.

Geschraffte Fläche bedeutet in der Praxis zum Teil gebräuchliches Gebiet.

verlangte Festigkeit der Preßverbindung eingehalten wird, darf das rechnungsmäßige Kleinstmaß der Welle nirgends wesentlich unterschritten sein und die Bohrung darf nirgends wesentlich größer sein, als die Toleranzen vorschreiben. Gehen die Abweichungen aus dem größtzulässigen Stoffraum heraus, so kann eine Überschreitung des elastischen Gebietes unter Umständen schädlich sein, weil im plastischen Bereich bei Stahl die Haftkräfte von B nach C in Abb. 193/1 abfallen. Es kann also eine Verminderung der Haftkräfte eintreten. Die Abweichungen mit gekrümmter Achse haben zur Folge, daß die Paßteile „strammer" zusammengehen, wenn auf der Gutseite nicht mit vollem Lehrring oder Lehrdorn geprüft wurde.

Zuverlässige Preßpassungen erhält man also nur, wenn man nach dem Taylorschen Grundsatz prüft.

Sehr wichtig ist besonders bei Längspreßpassungen die Form des Bolzenendes. Es wurde festgestellt, daß die bisher übliche Fase von 45^0 auch bei kleinem Übermaß wie ein Schabewerkzeug mit stark negativem Spanwinkel wirkt und die Rauhigkeiten abschert. Auch eine Abrundung am Bolzenende ist unvorteilhaft. Weitaus am besten und daher unbedingt zu empfehlen ist ein Fasenwinkel von 5^0 entsprechend einem Kegelwinkel von 10^0. Auch das Fressen wird dadurch vermieden. Der schlanke Kegel ebnet die Rauhigkeiten wirklich ein, wie es in der Rechnung zugrunde gelegt und für eine große Haftkraft am besten ist.

Bei vollen oder jedenfalls sehr dickwandigen Wellen muß der Kegel an dem Innenteil angebracht werden; es ist noch nicht geklärt, ob er beim Einpressen dünnwandiger Buchsen auch ebensogut an der Bohrung vorgesehen werden könnte.

Ferner ist die Einpreßgeschwindigkeit für die Erreichung der geforderten Sitz- und Rutschkräfte wichtig. Bei Stahlteilen soll $v = 2$ mm/sek nicht überschritten werden. Eine Steigerung der Einpreßgeschwindigkeit auf das 5- bis 10fache hat ein Absinken der Haftkräfte um rund ein Viertel zur Folge.

Verformt man ein Stahlteil an der Paßfläche vor dem Fügen plastisch, so wird dadurch die Streckgrenze erhöht und die Spannungen nehmen zu. Dies ist also eine Möglichkeit, höhere Haftkräfte durch vorheriges Kaltrollen oder Aufdornen zu erzielen, von der schon werkstattmäßig Gebrauch gemacht wurde.

Die Sitzzeit bewirkt bei Längsfügung ebenfalls ein Ansteigen der Haftkraft, und zwar nimmt diese in den ersten Tagen sehr stark zu, um dann flacher zu verlaufen. Es wird von Steigerungen nach 8 Monaten berichtet, die zwischen 8% und 100% liegen. Es ist jedenfalls sicher, daß eine längere Sitzzeit eine Erhöhung der Haftkräfte bewirkt.

Wiederholtes Ein- und Auspressen hat ein Abnehmen der Haftkraft um 15% beim ersten Auspressen und Wiedereinpressen zur Folge, während bei weiteren Wiederholungen oft ein Wiederzunehmen der Haftkraft zu beobachten war. Man hat also in den Preßpassungen lösbare und wiederverwendbare Verbindungen vor sich, wenn man von vornherein mit entsprechend bemessenen Haftkräften rechnet.

Es wurde ferner beobachtet, daß die Haftbeiwerte mit wachsendem Haftmaß etwas abnehmen und ebenso mit dicker werdenden Paßteilen. Der Grund hierfür liegt wohl in der größeren Glättung der Oberflächen. Wird eine Preßpassungsverbindung nachträglich außen übergedreht oder die Welle aufgebohrt, so muß dies selbstverständlich eine Verkleinerung der Haftkraft zur Folge haben, weil dabei Schichten entfernt werden, die am Hervorrufen der Pressung in der Fuge beteiligt sind.

Bestehen die Paßteile aus Werkstoffen mit verschiedenem Wärmeausdehnungsbeiwert und unterliegt die Passung im Betrieb Temperaturschwankungen, so wird sie fester oder lockerer, je nach dem Verhältnis der Beiwerte. Hier ist deshalb in jedem Falle eine Kontrollrechnung notwendig[1]. Ebenso ist Vorsicht geboten und eine Nachrechnung erforderlich, wenn die Verbindung Fliehkräften ausgesetzt wird und dadurch die Haftspannungen vermindert werden.

Nach den neuesten Forschungsergebnissen des Versuchsfeldes für Betriebswissenschaft und Werkzeugmaschinen der Technischen Hochschule Berlin[2] liegen die Verhältnisse bei Preßstoffbuchsen etwas anders. Dies ist verständlich. weil Preßstoff nicht mit Metallen zu vergleichen ist, die ganz andere Festigkeits- und Dehnungseigenschaften haben.

Hierbei muß die metallische Nabe (Bohrungsteil) in jedem Falle an der Einführungsseite gut abgerundet oder angefast werden, um das Abschaben von Spänen von der Preßstoffbuchse zu verhüten. Es sind Einführungskegel an der Nabe wie auch an der Buchse bis zu 90° (Fase von 45°) zulässig. Dabei ergeben sich folgende Haftbeiwerte:

	Buchse angefast	Nabe angefast
ν_r	$0{,}1 \cdots 0{,}125$	$0{,}15 \cdots 0{,}125 \cdots 0{,}20$ für 10° $\cdots$ 30° $\cdots$ 90° Einführungskegel
ν_s	$0{,}15 \cdots 0{,}20$	$0{,}25 \cdots 0{,}30$ für 10° $\cdots$ 90° Einführungskegel
ν_r	$0{,}125$	$0{,}20 \cdots 0{,}15 \cdots 0{,}25$ für 10° $\cdots$ 30° $\cdots$ 90° Einführungskegel.

Wird die Buchse angefast, so gelten die größeren Werte für größeren Einführungskegel bis 90°. Auch das Abrunden der Buchsenkante ist hier zulässig. Der Kegel an der Nabe muß an seinem Übergang zum zylindrischen Teil der Passung gut gerundet werden.

Nach diesen und anderen Versuchen scheinen die Preßstoffe unter Spannung dauernd zu fließen. Nach 24 Stunden war die Pressung auf 70 % der anfänglichen gesunken, nach längerer Sitzzeit sinkt sie bis auf 50 % ihres Anfangswertes herab. Dieser Spannungsverlust muß bei der Berechnung berücksichtigt werden.

Aus den oben angeführten Werten sieht man, daß ebensogut die Bohrung wie die Buchse angefast werden kann. Die Buchsen sind leichter und billiger abzuschrägen, dafür geben aber versenkte Naben um etwa 25 % höhere Haftbeiwerte und damit bei gleichem Haftmaß größere Sitzkräfte. Abgesehen davon muß aber die Nabe doch stets gut abgerundet werden.

Ist der Übermaßverlust größer als das Übermaß, so erhält man eine „unvollkommene" Preßpassung, bei der nicht alle Rauhigkeiten der Oberflächen eingeebnet werden können. Eine solche Passung kann sich zwar rechnungsmäßig bei Preßpassungen nicht ergeben, weil bei geforderter Haftkraft immer ein positives Haftmaß herauskommen muß. Sie kann aber in der Praxis unbeabsichtigt dadurch entstehen, daß die

---

[1] Siehe Abschnitt 345.

[2] Bericht Nr. 249 vom November 1940: Versuche zur Bestimmung der Gestaltung der Eintrittskante bei Preßstoff-Innenbuchsen. Die Versuche wurden auf Anregung des Verfassers im Auftrage des Oberkommandos des Heeres durchgeführt.

Oberflächenrauhigkeiten größer sind, als in der Rechnung berücksichtigt wurde. Diesem Punkt muß daher in der Werkstatt besondere Aufmerksamkeit gewidmet werden.

622. Querpreßpassungen.

Die Berechnung von Dehn- und Schrumpfpassungen kann grundsätzlich in der gleichen Weise vorgenommen werden, wie bei längsgefügten Verbindungen. Es kann also der gleiche Vordruck benutzt werden. Bezüglich der einzusetzenden Werte ergeben sich einige Abweichungen.

Die Haftkraft und der Haftbeiwert werden wesentlich dadurch beeinflußt, daß beim Fügen die Oberflächen nicht geglättet werden, sondern die Rauhigkeiten die Möglichkeit haben, ineinander „einzuklinken". Wird aber nach dem Fügen die Verbindung durch eine Längskraft oder ein Drehmoment in Bewegung gebracht, so werden in diesem Augenblick die Spitzen abgeschert oder abgebogen. Folglich ist die Sitzkraft größer als bei Längsfügung, die Rutschkraft kann jedoch wegen dieses Einflusses nur unwesentlich anders sein. Bei stoßweiser oder wechselnder Beanspruchung löst sich die Verankerung und man kann folglich auch hier nur mit der Rutschkraft rechnen, wenn nicht mit Sicherheit rein statische Belastung zu erwarten ist. Die Rutschkräfte sind hier bis zu 65% kleiner als die Sitzkräfte, wenn man Fügungen mit gleichem Übermaß vergleicht. Es hat also keinen Zweck, die Oberflächen künstlich besonders rauh zu machen oder gar zu riffeln oder zu kordeln. Bei gleichem Haftmaß hat die Passung mit rauher Oberfläche allerdings die größere Rutschkraft, weil dem Lösen hier nicht nur Reibungskräfte, sondern auch Scherkräfte entgegenstehen. Bei gleichem Übermaß ist aber die Passung mit glatter Oberfläche fester.

Während bei Längsfügung Unterschiede der Haftkraft in Längs- und Umfangsrichtung nicht festgestellt wurden, sind bei quergefügten Verbindungen in der Umfangsrichtung die Sitzkräfte kleiner, die Rutschkräfte dagegen größer als in der Längsrichtung.

Wird bei der Schrumpfpassung das Außenteil in Öl erwärmt, so muß mit dessen Anwesenheit in der Fuge nach dem Fügen gerechnet werden. Im Gegensatz zu den Längspressungen konnten aber hier wesentliche Unterschiede in den Ölarten in bezug auf die Haftkraft nicht festgestellt werden. Mit bestimmten Ölsorten kann man Temperaturunterschiede von rund 300° erzielen. Die Schrumpfpassung hat vor der Dehnpassung den Vorzug der Billigkeit, Gleichmäßigkeit und des leichten Einführens des Bolzens, der Zimmertemperatur hat und infolgedessen mit der Hand geführt werden kann. Auch hier ist ein schlanker Einführungskegel zu empfehlen, vor allem auch, um Spannungsspitzen am Ende der Passung zu vermeiden. Sehr vorteilhaft erscheint

eine Halterung für das Außenteil nach Abb. 200/1, soweit dies dessen
Gestalt erlaubt: Die Vorrichtung kann mit erwärmt werden, das Paßteil hält dadurch länger die Temperatur und durch die Vor-Führung
geht das Einführen sicherer und schneller von statten. Es sei bemerkt,
daß auch Wasser als Schmiermittel wirkt, wenn es, zum Abkühlen benutzt, in die als Kapillare wirkende Preßfuge eindringt.

Erwärmt man das Außenteil im Ofen ohne Luftzutritt, so erhält
man eine trockene Preßfuge, wenn das Innenteil sorgfältig gesäubert

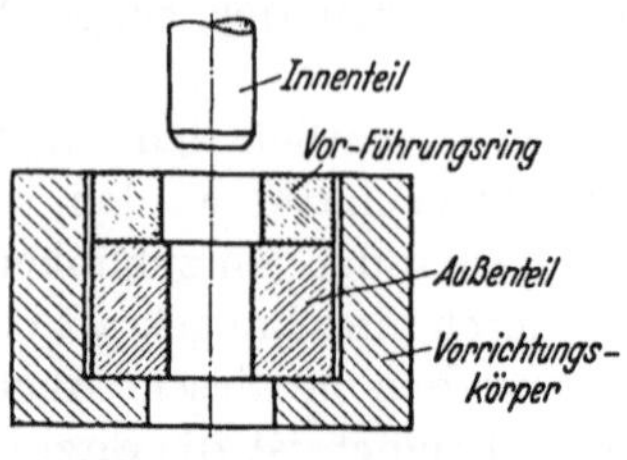

Abb. 200/1. Vorrichtung zum Fügen
einer Schrumpfpassung.

war. Diese hat höhere Haftbeiwerte. Das
gleiche ist bei den Dehnsitzen der Fall,
wenn das Kühlmittel vor dem Fügen ver-
dunstet. Verzundert das Außenteil beim
Erwärmen, so wird der Haftbeiwert außerordentlich vergrößert, so daß bei einer
Zunderschicht von mehr als 0,15 μ bei
gleichen Werkstoffen und mehr als 1 μ bei
ungleichen Werkstoffen die Verbindung
nicht mehr lösbar ist. Wenn also kein
Wert darauf gelegt wird, die Paßverbindung einmal wieder lösen zu
können, wie beispielsweise beim Aufschrumpfen eines Bundes auf eine
Welle an Stelle einer aus dem Vollen gedrehten Welle, so kann eine
feste Verbindung durch Oxydieren der Bohrungsoberfläche erreicht
werden.

Soll eine Verbindung lösbar sein und hat man keine Möglichkeit, das
Außenteil ohne Öl zunderfrei zu erwärmen, so darf die Temperatur nicht
über 200 bis 250° gesteigert werden, oder es muß eine Dehn- oder
Schrumpfdehnpassung angewendet werden.

Man hat auch schon daran gedacht, körnige Stoffe, Sand oder Kar-
borundum beim Fügen in die Preßfuge zu bringen, und dadurch Haftbeiwerte bis zu 0,65 erreicht.

Die Sitzzeit hat zum Unterschied von Längsfügungen keinen Einfluß auf die Haftkraft; man kann also eine solche Verbindung sofort
nach Erreichen der Raumtemperatur belasten.

Die Unterkühlung des Innenteils bei Dehnpassungen wird mit fester
Kohlensäure oder mit flüssiger Luft vorgenommen. Die bei verschiedenen Fügungsarten erreichbaren Übermaße sind in Zahlentafel 201/1
zusammengestellt.

Die Rutschkraft der ölfreien Dehnpassungen liegt um rund 25%
höher als bei öligen Schrumpfpassungen, die Sitzkraft um rund 11%
höher. Man wird Dehnpassungen vor allem bei größeren Durchmessern
verwenden, da der Temperaturunterschied enger begrenzt ist, ferner bei
Verbindungen, deren Außenteil wegen seiner Form oder Temperatur-
empfindlichkeit nicht erwärmt werden darf.

Zahlentafel 201/1. Erreichbare Übermaße bei Querpreßpassungen.

Kühl- und Wärmemittel	Tempe-ratur oder Flamm-punkt °C	Lineare Ausdehnung für Stahl in μ bei		Erforderliches Spiel zum Fügen, Toleranz-feld $\cdots\mu$		Größtes erreich-bares Übermaß in μ	
		$d = 10$ mm	$d = 50$ mm	$d = 10$ mm	$d = 50$ mm		
Trockeneis CO_2 . .	— 72	7	35	g = 5 μ	g = 9 μ	2	26
Flüssige Luft. . .	— 190	17	85	g = 5 μ	f = 13 μ	12	72
Heiß-dampf-zylinder-öle, z. B. { Shell-Öl B 5 . . . Vakuum-öl Hecla-	+ 320	32	160	f = 13 μ	f = 25 μ	19	135
Mineral	+ 356	35	175	f = 13 μ	f = 25 μ	22	150
Flüssige Luft und Vakuumöl . . .	— 190 + 356	52	260	e = 25 μ	e = 50 μ	27	210

Für die Wiedererwärmung oder Wiederabkühlung bis zum Herstellen der Fügung wurde ein Abschlag berücksichtigt.

Die Zahlentafel 201/2 gibt eine Zusammenstellung der aus bisherigen Erfahrungen vorliegenden Haftbeiwerte, deren untere Größen sehr vorsichtig eingesetzt wurden; man kann daher mit ihnen unbesorgt rechnen, wenn nicht ganz besonders ungünstige Verhältnisse vorliegen.

Golücke [74] gibt auf Grund seiner Erfahrungen im Großmaschinenbau für Durchmesser über 500 mm, insbesondere bei Radkränzen, Stahlbandagen usw. ein bezogenes Übermaß

Zahlentafel 201/2.
Haftbeiwerte bei Querpreßpassungen.

Innenteil aus St 50. 11. Außenteil aus:	ν_s	ν_r
St 50.11	0,15$\cdots$0,24[1]	0,07$\cdots$0,19[1]
VCN 15	0,15$\cdots$0,18	0,07$\cdots$0,08
Gußeisen (H$_V \sim$ 185) . .	0,13$\cdots$0,18	0,07$\cdots$0,09
Mg-Al	0,1 $\cdots$0,15	0,05$\cdots$0,06
Ms 58	0,17$\cdots$0,25	0,05$\cdots$0,14

$\beta = U/D_F$ von 1,2 bis 1,4 $\cdot$ 10^{-3} an. Das gleiche gilt für das Aufschrumpfen langer Walzenmäntel mit einer Traglänge von mehr als $2 \cdot D_F$. Für aufgeschrumpfte schmale Wellenbunde gilt $\beta \geq 2 \cdot 10^{-3}$. Er weist ferner auf die beim Schrumpfen entstehenden Längsspannungen hin. Beim Erkalten schrumpft das Außenteil nicht nur im Durchmesser, sondern auch in der Längsrichtung. Bei besonders langer Paßfuge wird daher entweder ein Paßteil ballig ausgeführt, oder die Paßfuge unterbrochen und die Übermaße an den Enden der Verbindung kleiner gewählt als in der Mitte, um unzulässige zusätzliche Längsspannungen in den Paßteilen zu vermeiden. Solche langen Fügewege erfordern auch eine höhere Erwärmung, weil während des Fügens das Außenteil bereits eine beträchtliche Wärmemenge an das Innenteil abgibt und es vorkommen kann, daß infolgedessen die Teile vorzeitig festsitzen.

---

[1] Größere Werte bei größerem Haftmaß.

Golücke weist ferner auf die beachtliche Verbilligung durch Querfügung an Stelle von Keilverbindungen hin und zeigt, welche großen Leistungen durch Schrumpfpassungen übertragen werden können.

7. Die Einführung der ISA-Passungen.

Wenn jemand vor die Aufgabe gestellt wird, in einem Fabrikbetrieb die ISA-Passungen einzuführen, so wird er zuerst zu fragen haben, was auf dem Gebiet der Toleranzen und Passungen bereits vorhanden ist.

Um mit dem primitivsten, aber auch dem am einfachsten lösbaren Fall zu beginnen, nehmen wir an, die Erzeugungsstätte besitze weder ein Passungssystem noch sei es üblich, in den Zeichnungen für die Werkstatt Toleranzen anzugeben, sondern alles bleibe dem Gefühl des Facharbeiters überlassen. Dann wird es zweckmäßig sein, eine Anzahl fertig zusammengebauter Geräte auseinanderzunehmen und an jeder Paßstelle die Istmaße mit geeigneten Meßmitteln zahlenmäßig zu ermitteln und aufzuschreiben, so daß man für jedes Paßmaß mehrere Istmaße erhält.

Bei der Auswahl der zu untersuchenden Geräte muß man alle irgendwie einseitigen Ergebnisse zu vermeiden suchen und danach trachten, alle Zufälligkeiten auszuschalten, die nichts mit der Sache zu tun haben. Man wird deshalb bei einem vielseitigen Bauprogramm aus jeder Gerätegattung eine Bauart auswählen, die nicht zu sehr aus dem Rahmen fällt und von dieser mehrere Geräte entnehmen. Man wird ferner die verschiedenen Werkstätten und Meistereien möglichst gleichmäßig zu erfassen suchen, aber vielleicht zweckmäßig in getrennten Listen führen. Fertiggestellte Geräte müssen ausgemessen werden, weil man nicht weiß, was beim Zusammenbau noch alles gefeilt und angepaßt wird. Vor allem wird man sich aber bei dieser Prüfung schon bei jedem Maß Rechenschaft darüber ablegen müssen, ob die vorhandene Passungsart den Erfordernissen entspricht, ob zu genau oder zu grob gefertigt wird und ob die Größe der Spiele und Übermaße zweckentsprechend ist. Aus diesen „berichtigten" Spielen und Übermaßen und deren Schwankungen in der Fertigung wird sich dann bei einiger Kenntnis des Passungswesens sehr bald herausstellen, was für Paßtoleranzfelder benötigt werden. Zweckmäßig macht man sich eine Liste mit einzelnen Spalten für die voraussichtlich in Betracht kommenden ISA-Toleranzfelder, wobei die Frage nach dem System Einheitsbohrung oder Einheitswelle zunächst noch offen gelassen werden kann, da die Systeme ja gleiche Paßtoleranzen haben. Man erhält so nach Eintragung der Istmaße einen Überblick über die Häufigkeit des Vorkommens der Spiele und Übermaße und kann dann durch Verschieben der selteneren Fälle die ursprünglich zu groß gewählte Zahl der Toleranzfelder verkleinern.

Vor einem groben Fehler muß gewarnt werden: Die an einigen Werkstücken oder Passungen gefundenen äußersten Maß- oder Passungsschwankungen dürfen nicht als Toleranz oder Paßtoleranz eingesetzt werden, sondern je nach der gemessenen Stückzahl das Doppelte bis Dreifache! Denn es ist unwahrscheinlich, daß bei einer kleinen Menge bereits die verhältnismäßig selten vorkommenden Grenzen des realen, durch die Fertigungsweise bedingten Schwankungsbereiches gefunden werden.

Man verlasse sich auch keinesfalls auf subjektive Schätzungen oder Angaben des Betriebes bei der Festlegung der Toleranzfelder, denn eine Maßnahme, die so einschneidend für Gestaltung und Fertigung ist, kann nur auf Grund von Tatsachen richtig getroffen werden und es verlohnt sicher das richtige Ergebnis sorgfältiger Erforschung später die Mühe und Zeit, die für die Nachmessungen aufgewendet wurde.

Diese Ermittlungen bilden die Grundlage für das zu schaffende Werkspassungssystem als Auswahlsystem aus den genormten ISA-passungen, nachdem zuvor entschieden wurde, ob System Einheitsbohrung oder Einheitswelle oder das Verbundsystem gewählt werden soll. Für die Beantwortung dieser Frage gibt Abschnitt 71 einige Anhaltspunkte.

Ein weiterer Fall ist der, daß bisher Paßmaße in den Zeichnungen zahlenmäßig angegeben wurden. Hier wäre bei dieser Gelegenheit durch Stichproben nachzuprüfen, wie die Fertigung sich zu diesen Angaben verhält. Es kommt einerseits vor, daß der Betrieb die tolerierten Maße besonders beachtet und diese möglichst noch genauer zu fertigen sucht, als es vorgeschrieben ist. Es kommt aber vielleicht ebenso oft vor, daß ein Betrieb sich nicht daran stört und auf Grund eigener und vielleicht sogar besserer Erfahrungen gröber fertigt oder ganz anders liegende Toleranzfelder einhält, ohne daß der Gestalter es erfährt. Dies ist bei dieser Gelegenheit nachzuprüfen, damit nicht die Zeichnungsangaben ihren Sinn verlieren. Ferner sind die Zeichnungen daraufhin zu prüfen, ob nicht die Zahl der tolerierten Maße vergrößert werden muß und dabei hätte wieder das für Fall 1 angegebene Verfahren einzusetzen.

Der dritte Fall ist wohl der häufigste: Das Werk arbeitet nach dem DIN-Passungssystem oder nach einer Werkspassungsnorm und soll auf ISA-Passungen umgestellt werden. Es sind Werkzeuge und Lehren vorhanden und es liegt eine gewisse Fertigungserfahrung mit einem Passungssystem vor. Dabei wird man einerseits sehr vorsichtig zu Werke gehen wollen, um keine allzugroßen Umstellungen und Kapitalsaufwendungen hervorzurufen, andererseits würde zu große Ängstlichkeit zu einem stumpfsinnigen „Übersetzen“ des Vorhandenen in das Neue führen, ohne sich des Nutzens, den die ISA-Passungen für Gestaltung und Fertigung bringen können, zu versichern. Man wird also auch hier

wieder an Hand der Zeichnungen und durch Nachmessungen an Werkstücken das bisherige „bewährte" System auf seine wirkliche Bewäh-
rung nachzuprüfen haben und erst in zweiter Linie dann einen Weg

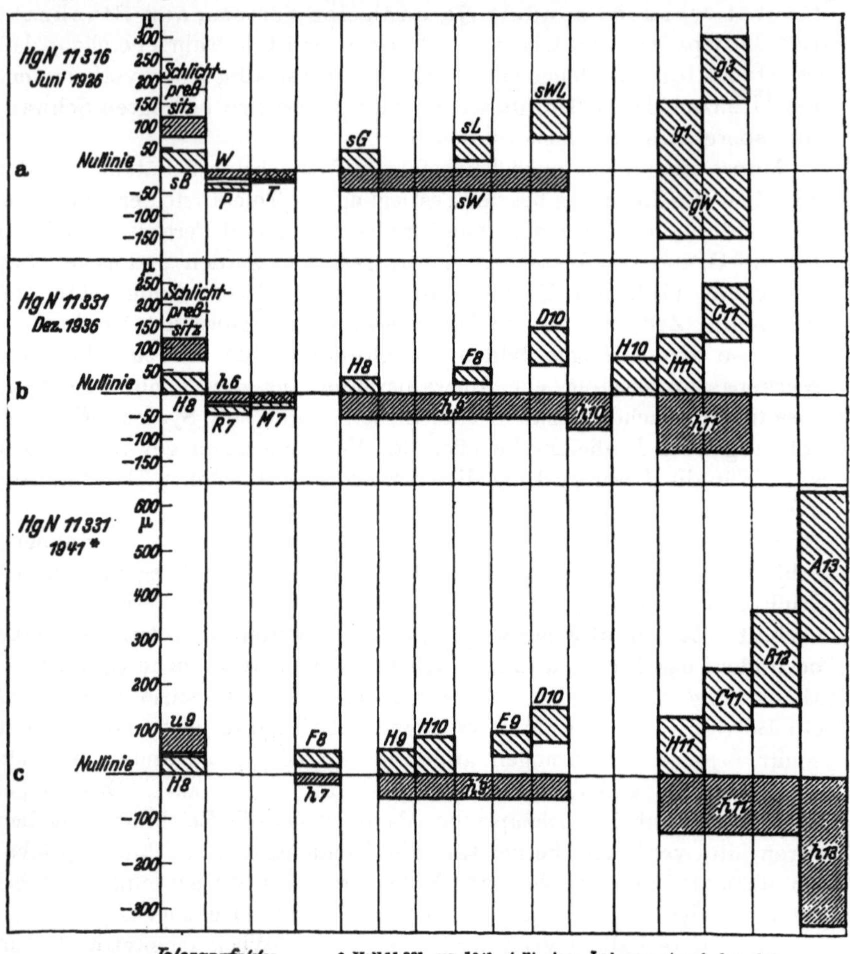

* HgN 11 331 von 1941 stellt einen Änderungsentwurf dar, der
noch nicht einführungsreif ist.

Abb. 204/1. Werdegang der Passungsauswahlreihe für
Infanteriewaffen, dargestellt für Nennmaß 25[1].

suchen, um den Übergang zu erleichtern. Denn die einmalige Umstellung soll dauernde Vorteile bringen.

Wie sich eine solche Umstellung im einzelnen auswirkt, sei an einem Beispiel
gezeigt, ohne auf nähere Einzelheiten und Gründe einzugehen. Die Abb. 204/1

[1] Maßgebend ist die jeweils neueste Ausgabe der Normblätter, die beim
Beuthvertrieb G. m. b. H., Berlin SW 68, Dresdener Str. 97, erhältlich ist.

zeigt im oberen Teil (a) den wesentlichen Inhalt eines Normblattes aus dem Jahre 1926, das für ein bestimmtes Fachgebiet eine Auswahlreihe von Passungen enthält. In der Mitte (b) ist die Umstellung auf ISA-Passungen durchgeführt und der untere Teil (c) der Abbildung bildet einen Änderungsvorschlag, der jedoch noch nicht eingeführt ist, auf Grund inzwischen gemachter neuer Erfahrungen.

Die erste Form von 1926 beruht auf dem System Einheitswelle, mit der Ausnahme der Schlichtpreßpassungs-Welle, die dem Einheitsbohrungssystem angehört und von der Wehrmacht eingeführt worden war. Um kein neues Toleranzfeld zu schaffen, mußte mithin in diesem Falle das System Einheitswelle durchbrochen werden. Im übrigen enthält die Auswahlreihe eine Preß- und eine Übergangspassung zur Feinwelle, drei Spielpassungen zur Schlichtwelle und zwei Spielpassungen zur Grobwelle.

In der Ausgabe vom Jahre 1936 wurden im wesentlichen die vorhandenen Toleranzfelder durch entsprechende aus dem ISA-System ersetzt. Da grobe Preßpassungen damals noch nicht genormt waren, mußte die Schlichtpreßpassung der Wehrmacht wieder aufgenommen werden. Es schien aber damals das Bedürfnis vorhanden zu sein, zwischen Schlicht- und Grobwelle und ebenso zwischen der sG- und der gl-Bohrung noch je eine Zwischentoleranz zur Verfügung zu haben; deshalb wurden die Toleranzfelder h10 und H10 zur beliebigen Paarung mit den übrigen Toleranzfeldern eingefügt.

Inzwischen wurden weitere Erfahrungen gesammelt und eine Nachprüfung ergab, daß von der Welle h10 recht wenig Gebrauch gemacht worden war; dieses Toleranzfeld ist deshalb im letzten Änderungsvorschlag wieder gestrichen worden. Gleichzeitig konnte an Stelle der alten Schlichtpreßpassung die Paarung H8/u9 eingesetzt werden, die jene einigermaßen ersetzen kann. Auch hierbei mußte vom System Einheitswelle abgewichen werden, um die Austauschbarkeit mit älteren Geräten zu ermöglichen. Die Toleranzfelder h 6, R 7 und M 7 waren bis dahin so wenig benutzt worden, daß sie als überflüssig ausgeschieden werden konnten. Dagegen machte sich das Bedürfnis nach einer engeren Spielpassung geltend, und es wurde F8/h7 eingeführt. Sie hat ein wesentlich kleineres Größtspiel als die bisherige Paarung F8/h9. Die Lücke zwischen F8 und D10 wurde durch E 9 ausgefüllt. Ferner wurde an Stelle von H 8 die gröbere Bohrung H 9 eingeführt. Eine Nachprüfung der Zeichnungen in bezug auf die zahlenmäßig angegebenen Toleranzen ließ ferner erkennen, daß sehr zahlreiche von ihnen weit über IT 11 hinausführten. Dies brachte die Einfügung von h 13, B 12 und A 13. Damit ist die erfreuliche Tatsache erwiesen und ein Vergleich der Auswahlreihen von 1936 und 1941 läßt dies deutlich erkennen, daß die kleinen Toleranzen verschwinden und wesentlich gröbere an ihre Stelle treten.

Für den Vergleich DIN-ISA sei auf DIN 7165 und 7166 verwiesen. Ferner hat der Normenausschuß Tafeln für die Ersetzbarkeit von DIN-Lehren durch ISA-Lehren und umgekehrt herausgegeben (DIN 7167), von denen die Tafeln 206/1 und 207/1 einen Auszug zeigen. Aus den darin gewählten Unterschiedsmerkmalen möge jeder das für seinen Zweck Brauchbare entnehmen.

Ein besonders schwieriger Fall lag beim Heer vor, weil hier eine beliebige Anzahl von Firmen nach zeichnerischen Unterlagen zu fertigen hat, die entweder nach DIN, wenn es ältere Zeichnungen sind, oder, von einem gewissen Zeitpunkt ab neuaufgestellte, nach ISA toleriert sind. Die fertigende Werkstatt dagegen hat meist auch ihr Passungssystem nach DIN oder ISA, ja es muß häufig vorkommen, daß die gleiche Firma verschiedene Geräte fertigen soll, von denen ein Teil nach DIN, ein anderer nach ISA toleriert ist.

Zahlentafel 206/1. Ersetzbarkeit von DIN-Lehren durch ISA-Lehren.
Bohrungslehren.

<table>
<tr>
<td rowspan="3">DIN-Lehre</td>
<td rowspan="3">ISA-Lehre</td>
<td colspan="16">Nennmaßbereich mm</td>
</tr>
<tr>
<td rowspan="2">1 bis 3</td>
<td>über 3</td><td>über 6</td><td>über 10</td><td>über 14</td><td>über 18</td><td>über 24</td><td>über 30</td><td>über 40</td><td>über 50</td><td>über 65</td><td>über 80</td><td>über 100</td><td>über 120</td><td>über 140</td><td>über 160</td>
</tr>
<tr>
<td>bis 6</td><td>bis 10</td><td>bis 14</td><td>bis 18</td><td>bis 24</td><td>bis 30</td><td>bis 40</td><td>bis 50</td><td>bis 65</td><td>bis 80</td><td>bis 100</td><td>bis 120</td><td>bis 140</td><td>bis 160</td><td>bis 180</td>
</tr>
<tr>
<td>e F</td><td>P 6</td><td>—</td><td>b</td><td>a</td><td colspan="2">a</td><td colspan="2">a</td><td colspan="2">a</td><td colspan="2">b</td><td colspan="2">c</td><td colspan="3">c</td>
</tr>
<tr>
<td>e T</td><td>N 6</td><td>—</td><td>a</td><td>a</td><td colspan="2">b</td><td colspan="2">a</td><td colspan="2">b</td><td colspan="2">a</td><td colspan="2">a</td><td colspan="3">b</td>
</tr>
<tr>
<td>e H</td><td>M 6</td><td>—</td><td>a</td><td>b</td><td colspan="2">b</td><td colspan="2">a</td><td colspan="2">a</td><td colspan="2">b</td><td colspan="2">b</td><td colspan="3">b</td>
</tr>
<tr>
<td rowspan="2">e S</td><td>K 6</td><td>—</td><td>—</td><td>b</td><td colspan="2">b</td><td colspan="2">b</td><td colspan="2">b</td><td colspan="2">b</td><td colspan="2">c</td><td colspan="3">b</td>
</tr>
<tr>
<td>J 6</td><td>—</td><td>a</td><td>a</td><td colspan="2">a</td><td colspan="2">a</td><td colspan="2">b</td><td colspan="2">b</td><td colspan="2">c</td><td colspan="3">c</td>
</tr>
<tr>
<td>e G = e B</td><td>H 6</td><td>—</td><td>a</td><td>a</td><td colspan="2">a</td><td colspan="2">a</td><td colspan="2">a</td><td colspan="2">a</td><td colspan="2">a</td><td colspan="3">a</td>
</tr>
<tr>
<td rowspan="3">P</td><td>S 7</td><td>d</td><td>c</td><td>a</td><td>a</td><td>a</td><td>b</td><td>b</td><td>b</td><td>b</td><td>b</td><td>a</td><td>a</td><td>c</td><td>c</td><td>d</td><td>d</td>
</tr>
<tr>
<td>R 7</td><td>c</td><td>a</td><td>b</td><td>c</td><td>c</td><td>c</td><td>c</td><td>d</td><td>d</td><td>d</td><td>d</td><td>d</td><td>d</td><td>d</td><td>d</td><td>c</td>
</tr>
<tr>
<td>P 7</td><td>b</td><td>b</td><td>d</td><td colspan="2">d</td><td colspan="2">d</td><td colspan="2">d</td><td colspan="2">d</td><td colspan="2">d</td><td colspan="3">d</td>
</tr>
<tr>
<td rowspan="2">F</td><td>N 7</td><td>b</td><td>a</td><td>b</td><td colspan="2">b</td><td colspan="2">b</td><td colspan="2">b</td><td colspan="2">b</td><td colspan="2">b</td><td colspan="3">b</td>
</tr>
<tr>
<td>N 8</td><td>c</td><td>c</td><td>c</td><td colspan="2">c</td><td colspan="2">c</td><td colspan="2">c</td><td colspan="2">c</td><td colspan="2">c</td><td colspan="3">c</td>
</tr>
<tr>
<td rowspan="2">T</td><td>M 7</td><td>a</td><td>a</td><td>a</td><td colspan="2">a</td><td colspan="2">a</td><td colspan="2">a</td><td colspan="2">a</td><td colspan="2">a</td><td colspan="3">a</td>
</tr>
<tr>
<td>M 8</td><td>—</td><td>—</td><td>c</td><td colspan="2">c</td><td colspan="2">c</td><td colspan="2">c</td><td colspan="2">c</td><td colspan="2">c</td><td colspan="3">c</td>
</tr>
<tr>
<td rowspan="2">H</td><td>K 7</td><td>—</td><td>—</td><td>a</td><td colspan="2">a</td><td colspan="2">a</td><td colspan="2">a</td><td colspan="2">a</td><td colspan="2">a</td><td colspan="3">a</td>
</tr>
<tr>
<td>K 8</td><td>—</td><td>—</td><td>c</td><td colspan="2">c</td><td colspan="2">c</td><td colspan="2">c</td><td colspan="2">c</td><td colspan="2">c</td><td colspan="3">c</td>
</tr>
<tr>
<td>S</td><td>J 7</td><td>c</td><td>b</td><td>a</td><td colspan="2">a</td><td colspan="2">a</td><td colspan="2">a</td><td colspan="2">a</td><td colspan="2">a</td><td colspan="3">b</td>
</tr>
<tr>
<td>G = B</td><td>H 7</td><td>a</td><td>a</td><td>a</td><td colspan="2">a</td><td colspan="2">a</td><td colspan="2">a</td><td colspan="2">a</td><td colspan="2">a</td><td colspan="3">a</td>
</tr>
<tr>
<td rowspan="2">E L</td><td>G 7</td><td>a</td><td>b</td><td>a</td><td colspan="2">a</td><td colspan="2">a</td><td colspan="2">a</td><td colspan="2">a</td><td colspan="2">b</td><td colspan="3">b</td>
</tr>
<tr>
<td>H 8</td><td>c</td><td>c</td><td>c</td><td colspan="2">c</td><td colspan="2">c</td><td colspan="2">c</td><td colspan="2">c</td><td colspan="2">c</td><td colspan="3">c</td>
</tr>
<tr>
<td>L</td><td>F 7</td><td>b</td><td>b</td><td>a</td><td colspan="2">a</td><td colspan="2">a</td><td colspan="2">a</td><td colspan="2">a</td><td colspan="2">a</td><td colspan="3">a</td>
</tr>
<tr>
<td>L L</td><td>E 8</td><td>c</td><td>c</td><td>c</td><td colspan="2">b</td><td colspan="2">b</td><td colspan="2">a</td><td colspan="2">a</td><td colspan="2">a</td><td colspan="3">a</td>
</tr>
<tr>
<td>W L</td><td>D 9</td><td>c</td><td>c</td><td>c</td><td colspan="2">b</td><td colspan="2">a</td><td colspan="2">b</td><td colspan="2">c</td><td colspan="2">d</td><td colspan="3">d</td>
</tr>
<tr>
<td>s G = s B</td><td>H 8</td><td>a</td><td>a</td><td>a</td><td colspan="2">a</td><td colspan="2">a</td><td colspan="2">a</td><td colspan="2">a</td><td colspan="2">a</td><td colspan="3">a</td>
</tr>
<tr>
<td>s L</td><td>F 8</td><td>b</td><td>a</td><td>a</td><td colspan="2">a</td><td colspan="2">a</td><td colspan="2">a</td><td colspan="2">a</td><td colspan="2">a</td><td colspan="3">a</td>
</tr>
<tr>
<td rowspan="2">s W L</td><td>D 9</td><td>c</td><td>c</td><td>c</td><td colspan="2">b</td><td colspan="2">a</td><td colspan="2">a</td><td colspan="2">a</td><td colspan="2">a</td><td colspan="3">a</td>
</tr>
<tr>
<td>D 10</td><td>c</td><td>c</td><td>c</td><td colspan="2">b</td><td colspan="2">a</td><td colspan="2">a</td><td colspan="2">d</td><td colspan="2">c</td><td colspan="3">c</td>
</tr>
<tr>
<td>g 1 = g B</td><td>H 11</td><td>c</td><td>a</td><td>a</td><td colspan="2">c</td><td colspan="2">a</td><td colspan="2">c</td><td colspan="2">a</td><td colspan="2">c</td><td colspan="3">a</td>
</tr>
<tr>
<td>g 2</td><td>D 11</td><td>b</td><td>a</td><td>a</td><td colspan="2">a</td><td colspan="2">a</td><td colspan="2">a</td><td colspan="2">a</td><td colspan="2">a</td><td colspan="3">a</td>
</tr>
<tr>
<td rowspan="2">g 3</td><td>C 11</td><td>d</td><td>a</td><td>b</td><td>a</td><td>a</td><td>c</td><td>c</td><td>b</td><td>a</td><td>d</td><td>c</td><td>a</td><td>a</td><td>b</td><td>a</td><td>a</td>
</tr>
<tr>
<td>B 11</td><td>d</td><td>d</td><td>d</td><td>c</td><td>c</td><td>a</td><td>a</td><td>a</td><td>a</td><td>a</td><td>a</td><td>a</td><td>b</td><td>b</td><td>c</td><td>d</td>
</tr>
<tr>
<td rowspan="2">g 4</td><td>B 11</td><td>d</td><td>a</td><td>d</td><td>d</td><td>d</td><td>d</td><td>d</td><td>d</td><td>d</td><td>d</td><td>d</td><td>d</td><td>d</td><td>d</td><td>d</td><td>d</td>
</tr>
<tr>
<td>A 11</td><td>d</td><td>d</td><td>d</td><td>d</td><td>d</td><td>a</td><td>a</td><td>c</td><td>b</td><td>d</td><td>b</td><td>d</td><td>b</td><td>a</td><td>a</td><td>c</td>
</tr>
</table>

Grad der Ersetzbarkeit:	Unbedingt ersetzbar	Unbedenklich ersetzbar	Bedingt ersetzbar	Nicht ersetzbar
Kennzeichnung durch Buchstaben:	a	b	c	d

Wiedergegeben mit Genehmigung des Deutschen Normenausschusses. Maßgebend ist nur die neueste Ausgabe des Normblattes, das vom Beuth-Vertrieb GmbH., Berlin SW 68, bezogen werden kann.

Zahlentafel 207/1. Ersetzbarkeit von DIN-Lehren durch ISA-Lehren. Wellenlehren.

<table>
<tr>
<td rowspan="2">DIN-Lehre</td>
<td rowspan="2">ISA-Lehre</td>
<td colspan="16">Nennmaßbereich mm</td>
</tr>
<tr>
<td>1 bis 3</td>
<td>über 3 bis 6</td>
<td>über 6 bis 10</td>
<td>über 10 bis 14</td>
<td>über 14 bis 18</td>
<td>über 18 bis 24</td>
<td>über 24 bis 30</td>
<td>über 30 bis 40</td>
<td>über 40 bis 50</td>
<td>über 50 bis 65</td>
<td>über 65 bis 80</td>
<td>über 80 bis 100</td>
<td>über 100 bis 120</td>
<td>über 120 bis 140</td>
<td>über 140 bis 160</td>
<td>über 160 bis 180</td>
</tr>
<tr>
<td>e F</td><td>p 5</td>
<td>—</td><td>b</td><td>a</td><td colspan="2">a</td><td colspan="2">a</td><td colspan="2">b</td><td colspan="2">c</td><td colspan="2">c</td><td colspan="3">d</td>
</tr>
<tr>
<td>e T</td><td>n 5</td>
<td>—</td><td>b</td><td>a</td><td colspan="2">b</td><td colspan="2">b</td><td colspan="2">b</td><td colspan="2">b</td><td colspan="2">b</td><td colspan="3">b</td>
</tr>
<tr>
<td rowspan="2">e H</td><td>m 5</td>
<td>—</td><td>b</td><td>b</td><td colspan="2">c</td><td colspan="2">b</td><td colspan="2">b</td><td colspan="2">b</td><td colspan="2">c</td><td colspan="3">c</td>
</tr>
<tr>
<td>k 6</td>
<td>—</td><td>—</td><td>b</td><td colspan="2">b</td><td colspan="2">b</td><td colspan="2">b</td><td colspan="2">b</td><td colspan="2">b</td><td colspan="3">b</td>
</tr>
<tr>
<td rowspan="2">e S</td><td>j 5</td>
<td>—</td><td>a</td><td>a</td><td colspan="2">a</td><td colspan="2">a</td><td colspan="2">b</td><td colspan="2">b</td><td colspan="2">c</td><td colspan="3">c</td>
</tr>
<tr>
<td>j 6</td>
<td>—</td><td>c</td><td>b</td><td colspan="2">b</td><td colspan="2">b</td><td colspan="2">b</td><td colspan="2">b</td><td colspan="2">b</td><td colspan="3">b</td>
</tr>
<tr>
<td>e G = e W</td><td>h 5</td>
<td>—</td><td>a</td><td>a</td><td colspan="2">a</td><td colspan="2">a</td><td colspan="2">a</td><td colspan="2">a</td><td colspan="2">a</td><td colspan="3">a</td>
</tr>
<tr>
<td rowspan="3">P</td><td>s 6</td>
<td>d</td><td>c</td><td>b</td><td>a</td><td>a</td><td>b</td><td>b</td><td>a</td><td>a</td><td>b</td><td>b</td><td>b</td><td>c</td><td>c</td><td>d</td><td>d</td>
</tr>
<tr>
<td>r 6</td>
<td>c</td><td>b</td><td>b</td><td>b</td><td>b</td><td>c</td><td>c</td><td>c</td><td>c</td><td>d</td><td>d</td><td>d</td><td>d</td><td>d</td><td>d</td><td>c</td>
</tr>
<tr>
<td>p 6</td>
<td>b</td><td>c</td><td>d</td><td>d</td><td>d</td><td>d</td><td>d</td><td>d</td><td>d</td><td>d</td><td>d</td><td>d</td><td>d</td><td>d</td><td>d</td><td>d</td>
</tr>
<tr>
<td rowspan="2">F</td><td>n 6</td>
<td>b</td><td>b</td><td>a</td><td colspan="2">a</td><td colspan="2">a</td><td colspan="2">b</td><td colspan="2">a</td><td colspan="2">a</td><td colspan="3">a</td>
</tr>
<tr>
<td>n 7</td>
<td>c</td><td>c</td><td>c</td><td colspan="2">c</td><td colspan="2">c</td><td colspan="2">c</td><td colspan="2">d</td><td colspan="2">d</td><td colspan="3">d</td>
</tr>
<tr>
<td rowspan="2">T</td><td>m 6</td>
<td>b</td><td>a</td><td>a</td><td colspan="2">a</td><td colspan="2">a</td><td colspan="2">a</td><td colspan="2">a</td><td colspan="2">a</td><td colspan="3">a</td>
</tr>
<tr>
<td>k 7</td>
<td>—</td><td>—</td><td>c</td><td colspan="2">d</td><td colspan="2">c</td><td colspan="2">d</td><td colspan="2">d</td><td colspan="2">c</td><td colspan="3">c</td>
</tr>
<tr>
<td>H</td><td>k 6</td>
<td>—</td><td>—</td><td>a</td><td colspan="2">a</td><td colspan="2">a</td><td colspan="2">a</td><td colspan="2">a</td><td colspan="2">b</td><td colspan="3">a</td>
</tr>
<tr>
<td rowspan="3">S</td><td>j 5</td>
<td>b</td><td>a</td><td>a</td><td colspan="2">a</td><td colspan="2">a</td><td colspan="2">a</td><td colspan="2">a</td><td colspan="2">a</td><td colspan="3">a</td>
</tr>
<tr>
<td>j 6</td>
<td>c</td><td>c</td><td>b</td><td colspan="2">b</td><td colspan="2">a</td><td colspan="2">b</td><td colspan="2">a</td><td colspan="2">a</td><td colspan="3">a</td>
</tr>
<tr>
<td>j 7</td>
<td>c</td><td>c</td><td>c</td><td colspan="2">d</td><td colspan="2">c</td><td colspan="2">c</td><td colspan="2">c</td><td colspan="2">c</td><td colspan="3">c</td>
</tr>
<tr>
<td>G = W</td><td>h 6</td>
<td>b</td><td>a</td><td>a</td><td colspan="2">a</td><td colspan="2">a</td><td colspan="2">a</td><td colspan="2">a</td><td colspan="2">a</td><td colspan="3">a</td>
</tr>
<tr>
<td>E L</td><td>g 6</td>
<td>b</td><td>a</td><td>a</td><td colspan="2">a</td><td colspan="2">a</td><td colspan="2">a</td><td colspan="2">a</td><td colspan="2">a</td><td colspan="3">a</td>
</tr>
<tr>
<td>L</td><td>f 7</td>
<td>b</td><td>b</td><td>a</td><td colspan="2">a</td><td colspan="2">a</td><td colspan="2">a</td><td colspan="2">a</td><td colspan="2">b</td><td colspan="3">b</td>
</tr>
<tr>
<td>L L</td><td>e 8</td>
<td>c</td><td>c</td><td>c</td><td colspan="2">b</td><td colspan="2">b</td><td colspan="2">c</td><td colspan="2">c</td><td colspan="2">c</td><td colspan="3">c</td>
</tr>
<tr>
<td>W L</td><td>d 9</td>
<td>c</td><td>c</td><td>c</td><td colspan="2">b</td><td colspan="2">c</td><td colspan="2">c</td><td colspan="2">d</td><td colspan="2">d</td><td colspan="3">d</td>
</tr>
<tr>
<td>s G = s W</td><td>h 8</td>
<td>a</td><td>a</td><td>a</td><td colspan="2">a</td><td colspan="2">a</td><td colspan="2">a</td><td colspan="2">a</td><td colspan="2">a</td><td colspan="3">a</td>
</tr>
<tr>
<td>s L</td><td>f 8</td>
<td>b</td><td>a</td><td>a</td><td colspan="2">a</td><td colspan="2">a</td><td colspan="2">a</td><td colspan="2">a</td><td colspan="2">a</td><td colspan="3">a</td>
</tr>
<tr>
<td rowspan="2">s W L</td><td>d 9</td>
<td>c</td><td>c</td><td>c</td><td colspan="2">b</td><td colspan="2">a</td><td colspan="2">a</td><td colspan="2">a</td><td colspan="2">a</td><td colspan="3">a</td>
</tr>
<tr>
<td>d 10</td>
<td>c</td><td>c</td><td>c</td><td colspan="2">b</td><td colspan="2">a</td><td colspan="2">a</td><td colspan="2">d</td><td colspan="2">c</td><td colspan="3">c</td>
</tr>
<tr>
<td>g 1 = g W</td><td>h 11</td>
<td>c</td><td>a</td><td>a</td><td colspan="2">c</td><td colspan="2">a</td><td colspan="2">c</td><td colspan="2">a</td><td colspan="2">c</td><td colspan="3">a</td>
</tr>
<tr>
<td>g 2</td><td>d 11</td>
<td>b</td><td>a</td><td>a</td><td colspan="2">a</td><td colspan="2">a</td><td colspan="2">a</td><td colspan="2">a</td><td colspan="2">a</td><td colspan="3">a</td>
</tr>
<tr>
<td rowspan="2">g 3</td><td>c 11</td>
<td>d</td><td>a</td><td>b</td><td>a</td><td>a</td><td>c</td><td>c</td><td>b</td><td>a</td><td>d</td><td>c</td><td>a</td><td>a</td><td>b</td><td>a</td><td>a</td>
</tr>
<tr>
<td>b 11</td>
<td>d</td><td>d</td><td>d</td><td>c</td><td>c</td><td>a</td><td>a</td><td>a</td><td>a</td><td>a</td><td>a</td><td>a</td><td>b</td><td>b</td><td>c</td><td>d</td>
</tr>
<tr>
<td rowspan="2">g 4</td><td>b 11</td>
<td>d</td><td>a</td><td>d</td><td>d</td><td>d</td><td>d</td><td>d</td><td>d</td><td>d</td><td>d</td><td>d</td><td>d</td><td>d</td><td>d</td><td>d</td><td>d</td>
</tr>
<tr>
<td>a 11</td>
<td>d</td><td>d</td><td>d</td><td>d</td><td>d</td><td>a</td><td>a</td><td>c</td><td>b</td><td>d</td><td>b</td><td>d</td><td>b</td><td>a</td><td>a</td><td>c</td>
</tr>
<tr>
<td colspan="2">Grad der Ersetzbarkeit:</td>
<td colspan="4">Unbedingt ersetzbar</td>
<td colspan="4">Unbedenklich ersetzbar</td>
<td colspan="4">Bedingt ersetzbar</td>
<td colspan="4">Nicht ersetzbar</td>
</tr>
<tr>
<td colspan="2">Kennzeichnung durch Buchstaben:</td>
<td colspan="4">a</td>
<td colspan="4">b</td>
<td colspan="4">c</td>
<td colspan="4">d</td>
</tr>
</table>

Wiedergegeben mit Genehmigung des Deutschen Normenausschusses. Maßgebend ist nur die neueste Ausgabe des Normblattes, das vom Beuth-Vertrieb GmbH., Berlin SW 68, bezogen werden kann.

Andererseits müssen der amtlichen Abnahmestelle klare Richtlinien gegeben werden, und es kann ihr nicht zugemutet werden, die Ersetzbarkeit z. B. eines Fall c entsprechenden Toleranzfeldes von sich aus entscheidend zu beurteilen. Man könnte also sagen, daß hier die Entfernung zwischen Gestalter und Fertiger besonders groß ist und die Herstellung einer Verbindung zwischen beiden unermeßliche Rückfragen und Schreibereien erfordern würde. Ferner werden meist die Abnahmelehren amtlicherseits zur Verfügung gestellt und müssen mit der Gerätzeichnung übereinstimmen. Sie sind aber dann nicht brauchbar und zuverlässig, wenn man der Firma gestatten würde, nach unbedenklich ersetzbaren Toleranzfeldern zu fertigen.

Deshalb blieb kein anderer Weg, als bei gewünschten Abweichungen von dem in der jeweiligen Zeichnung angewendeten Passungssystem die Ersatztoleranzfelder so zu wählen, daß sie innerhalb des Zeichnungstoleranzfeldes bleiben. Alle anderen Abweichungen gehen auf das Risiko des Herstellers. Es mußte somit in Kauf genommen werden, daß in der Übergangszeit mit zu kleinen Toleranzen gefertigt werden muß.

Die Schwierigkeiten haben sich als kleiner erwiesen, als sie im voraus zu sein schienen, vor allem weil die in den letzten Jahren gefertigten Stückzahlen von Wehrmachtgerät meist so groß waren, daß sich die Anschaffung der entsprechenden Arbeitslehren lohnte und man nicht auf den vorhandenen Lehrenpark besonders Rücksicht zu nehmen brauchte.

Dieser strenge Fall mit seinen Schwierigkeiten dürfte sich in der Privatindustrie mit solcher Schärfe nirgends wiederholt haben.

So berichtet Weichhardt [281], daß die Umstellung im Elektromotorenwerk der Siemens-Schuckertwerke AG. nach sorgfältiger Planung Zug um Zug ohne Schwierigkeiten durchgeführt werden konnte.

Bis zur Umstellung, die bereits nach Erscheinen der DIN-Vornormen im Jahre 1932 in Angriff genommen wurde, arbeitete das Werk nach DIN-Feinpassung, Einheitsbohrung. Wegen der guten Übereinstimmung zwischen DIN und ISA konnte eine Übersetzungstafel herausgegeben werden. Von einem bestimmten Zeitpunkt an wurden neue Werkzeuge und Lehren nur noch nach ISA beschafft und neue Zeichnungen nur noch mit ISA-Kurzzeichen versehen. Ferner wurden DIN-Lehren bei der Aufarbeitung auf ISA umgestellt und umbeschriftet. Für eine längere Übergangszeit galten in der Werkstatt DIN- und ISA-Lehren als gleichwertig. Die vorhandenen Zeichnungen wurden nur dann geändert, wenn sie aus sonstigen Gründen zur Änderung eingezogen werden mußten.

Gleichzeitig war es mit der allmählichen Umstellung möglich, andere Verbesserungen durchzuführen, z. B. bei den Passungen für zylindrische Wellenenden und beim Wälzlagereinbau. Ferner wurden die ISA-Preßpassungen für das Aufpressen lose geschichteter Läuferbleche auf zylindrische Wellen als geeignet befunden. Für kleine Paketlängen wurde aus Versuchen die Paarung H7/z8 und für große Längen H7/s8 gefunden. Für Luftspalte zwischen Welle und Bohrung, die bisher nach wilden Toleranzen gefertigt wurden, zeigten sich die Spielpassungen mit großem Abstand von der Nullinie brauchbar.

71. Einheitsbohrung, Einheitswelle, Verbundsystem.

Als nächstes wird zu entscheiden sein, ob das System Einheitsbohrung oder Einheitswelle oder ein Verbundsystem genommen werden soll, sofern diese Entscheidung nicht durch das Vorhandene bereits vorweggenommen ist und dieses sich bewährt hat.

Es ist anfangs sehr viel darüber geschrieben worden, ob man denn wirklich zwei Passungssysteme brauche, und ob es nicht zweckmäßiger sei, sich auf eines der beiden zu einigen, um die Zahl der Werkzeuge und Lehren zu vermindern. Heute hat die Praxis diesen Meinungsstreit längst dahin entschieden, daß hier nichts mehr zu „vereinheitlichen" ist, sondern daß beide Systeme ihre unbedingte Daseinsberechtigung haben. Darüber bestand auch bei der internationalen Passungsnormung bei den Fachleuten vieler Länder nur eine einhellige Meinung.

Betrachten wir zunächst kurz die Auswirkungen der Systeme Einheitsbohrung (EB) und Einheitswelle (EW) in der Werkstatt.

Beschaffungs- und Unterhaltungskosten der Lehren. Kienzle hat 1922 an Hand der damals gültigen Preise gezeigt [*113*], daß sich die Lehrenanschaffungskosten bei beiden Systemen nur unwesentlich unterscheiden. Da die Preise der einzelnen Lehrenarten mit dem Durchmesser verschieden steil ansteigen, läßt sich mit bestimmten Voraussetzungen ein mittlerer Durchmesser errechnen, bei dem die Kosten für beide Passungssysteme gleich hoch sind. Dabei ist unter dem mittleren Durchmesser das arithmetische Mittel aller Nennmaße zu verstehen, für die Lehren angeschafft werden. An diesem Befund, daß die Lehrenkosten nicht ausschlaggebend verschieden hoch sind, dürfte sich inzwischen im großen und ganzen nichts geändert haben.

Der mittlere Durchmesser ergab sich mit drei Gebrauchslehrensätzen und einem Prüflehrensatz bei vier Passungsarten zu 22 mm. Ist der mittlere Durchmesser kleiner, so werden die Lehren für EW billiger; ist er größer, so bedingt EB geringere Lehrenanschaffungskosten. Die Verhältnisse müssen im Einzelfall durch eine Gegenüberstellung der Kosten geprüft werden.

Eine Einsparung, die bei diesen Überlegungen nicht berücksichtigt wurde, kann noch gemacht werden. Die Zahl der Meßscheiben als Prüflehren für Rachenlehren kann eingeschränkt werden, wenn zur Bildung von Zwischenstufen noch Endmaße zu Hilfe genommen werden. Die Endmaßzusammenstellung wird an die eine Meßfläche der Rachenlehre angesprengt. Dabei ergeben sich jedoch etwas andere Anlageverhältnisse und folglich auch andere Meßergebnisse. Deshalb ist das Verfahren nur mit dünnen Endmaßzusammenstellungen und nicht bei kleinen Nennmaßen anwendbar.

Diese Einsparungsmöglichkeit bringt im EB-System, das mehr Rachenlehren erfordert, die größeren Vorteile.

Die Instandsetzungs- und Ersatzbeschaffungskosten der Lehren sind in beiden Systemen annähernd gleich hoch, denn im ganzen werden in beiden Systemen gleich viele Wellen und Bohrungen geprüft. Abgenutzte Rachenlehren können durch Dengeln, Altern und Nachjustieren, Lehrdorne durch Aufchromen, Schleifen und Läppen aufgearbeitet werden. Sieht man von der Möglichkeit des Aufchromens ab, weil sie längst nicht überall gegeben ist, so ist dasjenige Passungssystem etwas im Vorteil, das die wenigsten Rachenlehren hat, also EW; denn diese wenigen werden dann stärker beansprucht, lassen sich aber wieder aufarbeiten, und dies ist billiger als die Neuanschaffung, wie sie beim Lehrdorn nötig ist.

Die Möglichkeit, bis zur Bereitstellung von Festmaßlehren mit handelsüblichen Meßgeräten zu prüfen, besteht in beiden Systemen. Wellen (EB) können behelfsmäßig mit Schraublehren, Bohrungen (EW) mit handelsüblichen Innenmeßgeräten geprüft werden, letztere jedoch nicht bei kleinen Nennmaßen.

Da die Toleranzfelder innerhalb der Qualität — unabhängig vom Abstand von der Nullinie — gleich groß sind, kann auch mit verstellbaren Rachenlehren mit Toleranzabsatz gearbeitet werden. Diese sind ebenso wie die Rachenlehren mit getrennter Einstellung der Gut- und Ausschußseite bei kleiner Fertigungsstückzahl zweckmäßig. Das EB-System, das, wie wir noch sehen werden, auch aus anderen Gründen für kleine Stückzahlen und vielseitige Fertigung vorzuziehen ist, erfordert aber mehr verschiedene Rachenlehren als EW und ist demnach auch in bezug auf die behelfsmäßige Prüfung im Vorteil.

Beschaffung und Unterhaltung der Werkzeuge. Da Werkzeuge mit festen Maßen nur für Bohrungen gebraucht werden, ist hier das EW-System mit seiner großen Zahl der Bohrungstoleranzfelder im Nachteil. Es ist jedoch zu berücksichtigen, daß größere Reibahlen verstellbar ausgeführt werden können. Sie können demgemäß sowohl für verschiedene Toleranzfelder des gleichen Nenndurchmessers benutzt, als auch nach Abnutzung und Nachwetzen nachgestellt werden. Auch feste Reibahlen lassen sich mit geeigneten handelsüblichen Einrichtungen nach Abnutzung so wetzen, daß sie für ein anderes Toleranzfeld brauchbar sind. Im übrigen werden nur kleinere Bohrungen mit Festmaßwerkzeugen bearbeitet und auch diese werden in der Massenfertigung oft geschliffen. Man braucht auch nicht für die Bearbeitung der verschiedenen Werkstoffe besondere Reibahlen hinzulegen, also etwa die ganze Reihe der Reibahlen, multipliziert mit der Zahl der Werkstoffe, die man bearbeiten will. Denn die Unterschiede im Wetzwinkel sind nur gering, und außerdem kommen Spielpassungen häufig nur in Gußeisen und Lagermetallen vor, Übergangs- und Preßpassungen dagegen vorwiegend in Gußeisen, Leichtmetall und Stahl.

Da in beiden Systemen gleich viele Bohrungen gerieben werden, muß im ganzen auch der Verbrauch an Reibahlen oder Räumzeugen gleich groß sein, d. h. die Instandhaltungskosten werden sich nicht unterscheiden.

Die Zahl der nötigen Aufspanndorne ist selbstverständlich bei EW erheblich höher. Für die Werkstatt ist die Verwechslungsgefahr von Dornen und Werkzeugen mit gleichem Nennmaß, aber verschiedenen Toleranzfeldern unangenehm. Die Unterhaltungskosten für die Dorne dürften unwesentlich sein.

Bearbeitungskosten. Viel ausschlaggebender als die Anschaffungs- und Unterhaltungskosten für Lehren und Werkzeuge sind die Fertigungskosten. Wenn man davon ausgeht, daß im EW-System vorwiegend die glatte Welle in Betracht kommt, EB dagegen mehr abgesetzte Wellen hat, ohne zunächst auf konstruktive Notwendigkeiten, Stoffersparnis und Leichtbau zu achten, so ist das EW-System mit der glatten Welle zweifellos billiger. Wird sie durch Drehen oder Schleifen hergestellt, so erfordert sie weniger Zerspanungsarbeit und erst recht verdient sie als gezogenes oder geschältes Halbzeug den Vorzug. Bei der Fertigung in großen Stückzahlen treten die Anschaffungskosten für Werkzeuge und Lehren gegenüber den Bearbeitungskosten an Bedeutung zurück. Demnach ist für Massenfertigung das EW-System vorzuziehen. Die Werkzeug- und Lehrenfrage ist hierbei auch deshalb weniger wichtig, weil für ein bestimmtes Erzeugnis meist ohnehin ein oder mehrere ganze Betriebsmittelsätze bereitgestellt werden müssen. Dabei ist es gleichgültig, welchem Passungssystem sie angehören. Da die übrigen Arbeitsvorbereitungen für eine Massenfertigung stets geraume Zeit in Anspruch nehmen, ist es auch im Hinblick auf die Anlaufzeit unwesentlich, ob die Bohrungswerkzeuge und die Lehren einem vorhandenen Satz entnommen werden können — der bei EW wegen der Reibahlen oder Räumzeuge umfangreicher sein müßte —, oder ob sie besonders beschafft werden müssen.

Es kommt hinzu, daß im EW-System die weiteren Spielbohrungen im allgemeinen gröbere Toleranzen erhalten als die zugeordnete Einheitswelle (s. DIN 7155). Im EB-System dagegen sind beispielsweise der Bohrung H 7 mit kleiner Toleranz Wellen von e 8 bis a 9, also mit gröberer Toleranz zugeordnet. Dies bedeutet angesichts der bei gleicher Toleranz schwieriger herzustellenden Bohrung eine Fertigungserleichterung, geringeren Werkzeugverbrauch und eine Verminderung der Ausschußgefahr beim EW-System.

Ein anderes Bild ergibt sich, wenn von jedem Erzeugnis kleine Stückzahlen gefertigt werden und das Fertigungsprogramm sehr vielseitig ist, also bei stark wechselnder Fertigung. Hierbei wird das einzelne Werkzeug oder die Lehre nicht an einem einzelnen Gerät verbraucht, das in einer kleinen Reihe aufgelegt wird, sondern für die stets wechselnde Fertigung muß der ganze Werkzeug- und Lehrensatz für die ausgewählten, d. h. werksgenormten Nennmaße und Toleranzfelder zur Verfügung stehen, wenn auch ein neues Gerät schnell anlaufen soll. Die Bearbeitungskosten treten dagegen verhältnismäßig etwas zurück. Wegen des geringeren Aufwandes an Bohrungswerkzeugen verdient in diesem Falle das EB-System den Vorzug.

Gestaltung, Zusammenbau, Instandsetzung. Betrachten wir nun den Einfluß des Passungssystemes auf die Gestaltung. Wird eine Welle nur auf Drehung beansprucht, soll sie also Energie weiterleiten, so ist zweifellos eine glatte Welle konstruktiv richtig. Wird aber eine an den Enden gelagerte Welle auf Biegung oder auch auf Biegung und Drehung beansprucht, so wird sie zweckmäßig in der Mitte dicker ausgeführt, um den Zweck mit möglichst geringem Stoff- und Gewichtsaufwand am fertigen Stück zu erreichen. Man könnte hier einwenden, daß eine Welle mit kleinen Absätzen meist aus einem glatten Rohteil hergestellt wird und demnach kein Rohstoff durch die Absätze gespart wird. Dagegen ist zu sagen, daß an einem zu groß bemessenen Lager weit mehr Rohstoff und Arbeitszeit vergeudet werden, als die wenigen Millimeter bedeuten, die an der Welle abgedreht werden.

Abgesehen von Festigkeitsrücksichten sind oft auch Absätze als Anlaufflächen oder wegen Preßpassungen oder Befestigungsgewinden nötig. Man kann aber auch im EW-System erhebliche Mengen an Rohstoff und Arbeitszeit sparen, wenn man quer fügt. Ein Bund kann auf einer glatten Welle mit einer Schrumpfpassung befestigt werden, wie Abb. 212/1 zeigt. Durch eine einfache Vorrichtung muß dafür gesorgt werden, daß der Ring beim Schrumpfen an die richtige Stelle kommt.

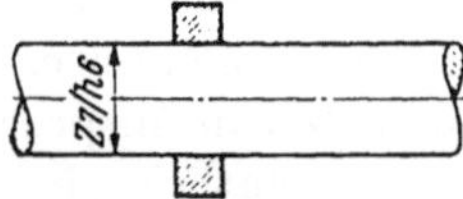

Abb. 212/1. Befestigung eines Bundes mit Schrumpfpassung auf einer glatten Welle.

Golücke schlägt vor [74], die Welle an der Paßstelle leicht auszuhöhlen, um das Verschieben bei starken Axialkräften noch sicherer zu verhüten. Dabei muß jedoch die Form der Rundung bei Welle und Ring gleich sein. Außerdem sind zur Prüfung Sonderlehren nötig.

Man kann nach Vorstehendem nicht allgemein sagen, daß das eine oder das andere System besondere Möglichkeiten zur Stofferersparnis oder zur wirtschaftlichen Stoffausnutzung und zum Leichtbau bietet. Wellenabsätze sind oft auch wegen des Zusammenbaues und der Instandsetzung des Gerätes erwünscht, besonders wenn die Instandsetzung von ungelernten oder solchen Leuten vorgenommen wird, die die Konstruktion nicht genau kennen, oder wenn bei Instandsetzung Lagerstellen nachgearbeitet werden müssen.

Es ist geradezu selbstverständlich, daß im Transmissionsbau das EW-System benutzt wird, weil auf einer Transmissionswelle Spiel-, Übergangs- und Preßpassungen miteinander abwechseln und in der Mitte quer (geteilte Lager und Riemenscheiben) und nur an den Enden längs (Kupplungen) gefügt wird. Eine solche Welle könnte nicht mehrfach abgesetzt werden, zumal die Betriebsverhältnisse häufig Änderungen nötig machen. Im Getriebebau jedoch macht es sich störend bemerkbar, daß meist auf einer Welle die verschiedensten Passungen in Längsfügung aufgebracht werden müssen. Auch hier schaffen die Querpreßpassungen die Möglichkeit, ein Teil mit einer Preßbohrung auch in die Mitte einer glatten Einheitswelle zu bringen, wie noch an Beispielen gezeigt wird. Das gleiche Mittel kann auch für die festeren Übergangspassungen angewendet werden. Diese Verbindungen sind dann aber praktisch nicht lösbar, weil das Lösen nur in der Längsrichtung geschehen kann und dabei die übrigen Wellenpaßflächen meist unbrauchbar werden. Die Querpreßpassungen sind daher in diesem Falle nur für Teile anwendbar, die nicht ersetzt zu werden brauchen.

Verbundsystem. Im Verbundsystem von Gottwein werden die Preß- und Übergangspassungen nach EB, die Spielpassungen nach EW ausgeführt. Damit sind für Spielpassungen die Vorteile der glatten gezogenen Welle, die ja vor allem für Preßpassungen weniger geeignet ist, und für Übergangs- und Preßpassungen die Vorteile des EB-Systems, das weniger Bohrungswerkzeuge erfordert, miteinander vereinigt.

An einer einfachen Aufgabe ist in Abb. 213/1 und 213/2 erläutert, wie sich das Passungssystem auf die Gestaltung auswirkt. In Abb. 213/1

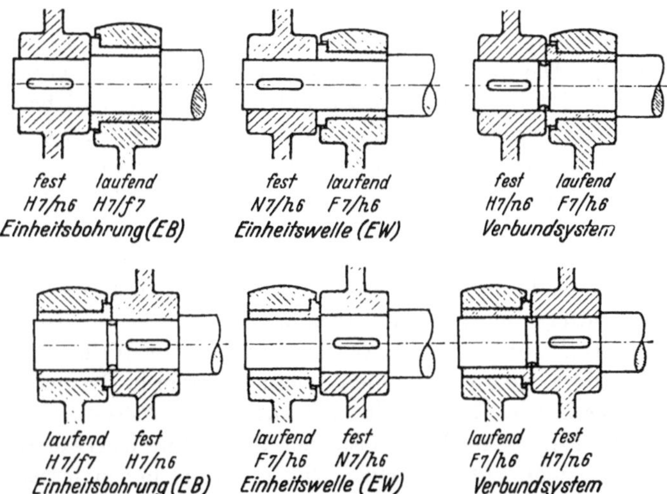

Abb. 213/1 u. 213/2. Vergleich zweier Gestaltungsaufgaben in den Systemen Einheitswelle und Einheitsbohrung und im Verbundsystem.

hat das Ende der Welle eine strammere Passung, es würde also im EB-System entsprechend dem Unterschied zwischen den Toleranzfeldern n 6 und f 7 dicker werden, wenn beide Paßstellen gleiche Nennmaße erhalten hätten. Da das Wellenstück mit n 6 nicht durch die Laufbuchse mit H 7 gepreßt werden darf, um die Lauffläche nicht zu beschädigen, ist ein Absatz unvermeidlich. Im EW-System dagegen erscheint die glatte, für beide Passungen durchlaufende Welle. Umgekehrt liegt bei den reinen Systemen der Fall bei Abb. 213/2. Hier kann bei EB die Welle bei gleichem Nennmaß die beiden Toleranzfelder f 7 und n 6 erhalten, die nur durch einen Schleifeinstich getrennt werden.

Das System EW dagegen erfordert einen Absatz an der Welle, da die Bohrung N7 nicht immer ohne Schaden über die Lauffläche h6 gepreßt werden könnte, wenn die beiden Paßstellen den gleichen Nenndurchmesser erhielten.

Die Beispiele gelten unter der Voraussetzung, daß nur eine Fügung in der Längsrichtung in Betracht kommt; die Welle könnte in allen vier besprochenen Fällen mit gleichem Nennmaß durchgehen, wenn die Lagerbohrung der Spielpassung geteilt oder die Welle unterkühlt oder in den Beispielen 213/2 die feste Nabe erwärmt, d. h. also wenn quer gefügt wird.

Es zeigt sich also, daß durchaus nicht immer die glatte Welle das Erkennungsmerkmal für das System EW bildet.

Im Verbundsystem kann die Welle zwischen einer Spiel- und einer Übergangspassung in den meisten Fällen mit dem gleichen Nennmaß durchgeführt werden; zwischen Spielpassung einerseits und Preß- oder Übergangspassung andererseits ist aber immer mindestens ein Schleifabsatz nötig. Die Welle n6 in Abb. 213/1 (rechts) hat gegenüber der Spielbohrung F7 im ungünstigsten Falle nur wenige μ Übermaß, läßt sich also überführen. Bei einer festeren Passung als n6 oder einer engeren als F7 ist auch hier ein Wellenabsatz notwendig.

Für das Aufbringen der festen Nabe in Abb. 213/2 ist im EB-System die Paarung H7/f7 und noch besser im Verbundsystem die Paarung H7/h6 eine ausgezeichnete Vorführung, die verhindert, daß schief angesetzt und die Paßflächen beschädigt werden. Man spart dabei also eine Vorrichtung für den Zusammenbau.

Das Verbundsystem gestattet also die glatte Welle ohne Schleifabsatz nur dort, wo ausschließlich Spielpassungen in Betracht kommen. Es war aber bereits festgestellt, daß auch im EW-System ein Wellenabsatz nötig wird, wenn Preßpassungen und festere Übergangspassungen mit Spielpassungen abwechseln. Wie erwähnt, haben ferner im EW-System bei kleinen Toleranzen die weiter von der Nullinie entfernt liegenden Spielbohrungen eine größere Toleranz und im EB-System ist die Bohrung bei den Übergangs- und Preßpassungen ebenfalls um eine Qualität gröber als die Welle. Das letzte trifft zwar auch für EW zu, man erkennt aber aus allem, daß das Verbundsystem nach Möglichkeit die Vorteile der beiden reinen Systeme miteinander vereinigt. Es gestattet mit einer Mindestzahl von Drehabsätzen auszukommen, dagegen ist zwischen Spiel- und Übergangs- oder Preßpassung stets ein Schleifabsatz nötig. Es vermag aber das EW-System mit der fertigungstechnisch vorzüglichen glatten Welle nicht zu ersetzen. Gegenüber dem EB-System hat es den Nachteil, daß auf das einheitliche Bohrungswerkzeug verzichtet werden muß.

Nach vorstehendem bildet das Verbundsystem eine wertvolle Ergänzung der beiden andern Systeme, vermag diese aber nicht — etwa als Einheitssystem — zu ersetzen. Es ist aber in einzelnen Betrieben sehr brauchbar und ermöglicht nach gründlichem Studium eine vorteilhafte Gestaltung und eine wirtschaftliche Fertigung. Dies gilt besonders für Werkstätten, in denen kein Erzeugnis zu dem einen oder anderen reinen System zwingt und die ein vielseitiges Fertigungsprogramm haben.

Es folgen einige weitere Beispiele für den Einfluß des Passungssystems auf die Gestaltung.

In Abb. 215/1 sind verschiedene Möglichkeiten dargestellt, den Bolzen für ein Gabelgelenk auszugestalten. Es ist angenommen, daß

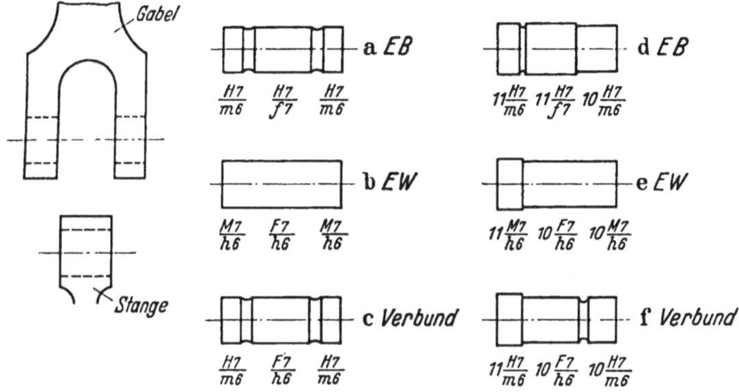

Abb. 215/1. Verschiedene Ausführungsformen eines Gabelbolzens.

der Bolzen in der Gabel mit einer Übergangspassung von etwa H7/m6 und in der Stange mit einer Spielpassung H7/f7 sitzen soll. Im EB- und im Verbundsystem erhält man einen Bolzen mit Schleifabsätzen, im EW-System die glatte Welle, wenn man in Kauf nehmen will, daß an dem Ende der Gabel, an dem der Bolzen eingeführt wird, zunächst die Paßstelle mit Übergangspassung hindurchgetrieben wird, die in der anderen Gabelbohrung sitzen soll. Ohne diese Durchmesserstufung muß im EB-System die dicke m6-Welle außerdem durch die H7-Bohrung der Stange und im EW-System muß die h6-Welle auf ihrer ganzen Länge durch die enge M7-Bohrung der Gabel getrieben werden. Im Verbundsystem dagegen braucht nur die m6-Welle durch die eine Gabelbohrung H7, der Treibweg ist hier also am kürzesten, denn F7 gibt mit m6 nur bei kleinen Durchmessern bis zu 2 μ Pressung im Grenzfalle.

Will man den Einbau erleichtern und eine Beschädigung der Spielpassung sicher vermeiden, so muß man den Bolzen absetzen, und es ergeben sich die im rechten Teil abgebildeten Möglichkeiten in den drei Passungssystemen. Im Fall d (EB) geht die Welle 10 m6 mit 1 mm Spiel durch die Bohrung 11 H7 der Gabel und der Stange, ferner geht die Welle 11 f7 anstandslos durch die Bohrung 11 H7 der Gabel. Im Fall e (EW) bietet das Einführen der Welle 10 h6 weder durch die Gabelbohrung 11 M7 noch durch die Bohrung 10 F7 Schwierigkeiten. Beim Verbundsystem (f) hat man die Wahl, ob die Stangenbohrung das Nennmaß 11 oder 10 erhalten soll und kann dies mit Rücksicht auf Festigkeit und stoffsparende Gestaltung entscheiden. Das Einführen macht auch im dargestellten Beispiel mit dem Nennmaß 10 keine Schwierigkeiten, da sich 10 m6 durch 10 F7 einführen läßt.

Daß auch im Verbundsystem bei freier Auswahl der Toleranzfelder eine glatte Welle möglich ist, erläutert die Abb. 216/1. Auf die Welle sind vier Paßteile aufgeschrumpft; auf die Ersetzbarkeit brauchte in diesem Fall kein Wert gelegt zu werden. Die Welle ist an den Enden gelagert. Im Verbundsystem sind die Preßpassungen nach EB ausgeführt, und es fand

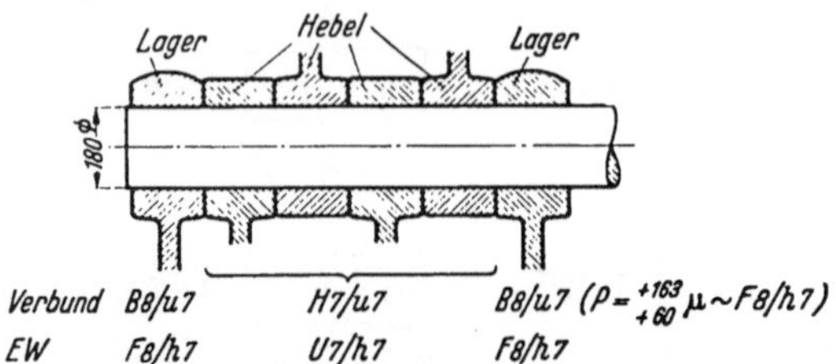

Abb. 216/1. Glatte Welle im Verbundsystem bei freier Auswahl der Toleranzfelder.

sich als geeignete Paarung: 180 H7/u7. Die u7-Welle ergibt aber mit der B8-Bohrung, die im Verbundsystem vorhanden ist, eine geeignete Passung für die Lagerstellen. Diese ungewöhnliche Paarung entspricht etwa 180 F8/h7. Selbstverständlich läßt sich die glatte Welle ebenso gut im EW-System ausführen, wie in der Zeichnung dargelegt, nicht aber im EB-System. Es zeigt sich, daß durch geeignete Maßnahmen ein Werk, das auf das Verbundsystem festgelegt ist, auch eine glatte Welle ohne Schleifabsätze benutzen kann. Es muß dann aber auf die Auswechselbarkeit verzichtet werden. Im übrigen müssen in dem Beispiel stets mehrere Hebel abgenommen werden, wenn einer der mittleren Hebel ersetzt werden soll; nur ist bei der glatten Welle der Fügeweg länger als bei der abgesetzten.

Man kann wohl zusammenfassend sagen, daß die Entscheidung über die Wahl des Passungssystemes um so leichter fällt, je einheitlicher das Fertigungsprogramm eines Werkes ist und um so schwieriger ist, je mehr verschiedene Gerätgebiete vorgesehen sind. Daß die Entscheidung von weittragender Bedeutung auch für die Gestaltung der Geräte ist, und daß sich fertige Konstruktionen nicht ohne weiteres von einem System auf das andere umstellen lassen, haben die Beispiele gezeigt.

Es gibt zahlreiche Bauelemente, die als „primäre Marktware" zu bezeichnen sind, wie zylindrische Paßstifte und Wälzlager. Nun gehört zwar der Zylinderstift nach DIN 7 dem Einheitsbohrungssystem an, kann aber ebensogut im Einheitswellensystem benutzt werden, wenn in der Auswahlreihe die H7-Bohrung enthalten ist. Dies wird jedoch anders, wenn man ihn mit anderen als H-Bohrungen paaren will, um festere oder losere Passungen zu erzielen, wie dies in Abschnitt 36 gezeigt wurde. Dies würde eine Durchbrechung des etwa eingeführten Einheitsbohrungssystems erzwingen. Noch deutlicher wird die Bedeutung der primären Marktware bei den Wälzlagern. Diese erfordern je nach den Betriebsbedingungen des Lagers verschiedene Toleranzfelder für das Gehäuse und für die Welle. Dabei gehört die Bohrung des Innenringes keinem der genannten Systeme an, weil sie ein negatives Abmaß hat. Somit hat man für die Befestigung des Innenringes eine Anzahl von Wellen aus dem Einheitsbohrungssystem und für den Außenring eine Anzahl von Bohrungstoleranzfeldern nötig.

Eine ebensolche Durchbrechung eines Systems ist bei vielen anderen Bauteilen vonnöten, die man nicht selbst fertigt, wie bei Gleitlagerbuchsen aus gesintertem Eisen oder aus Stahl mit einer dünnen Einlage aus einer Kupferlegierung oder solchen aus Preßstoff, soweit man diese Teile fertig zu beziehen und nicht nachzuarbeiten wünscht.

Es muß in diesem Zusammenhang noch auf das „Freie Auswahlsystem" hingewiesen werden, das schon mehrfach benützt wurde. Beim freien Auswahlsystem kann man beliebige Paarungen zwischen Wellen und Bohrungen vornehmen, ohne sich an ein System der Einheitsbohrung oder Einheitswelle zu binden. Dazu ist bei den ISA-Passungen mehr Gelegenheit geboten als bei den DIN-Passungen, weil die Benennung der Toleranzfelder von der des zugehörigen Paßteiles unabhängig und die Auswahl größer ist. Abb. 217/1 zeigt ein einfaches Beispiel. Die 6 ausgewählten Toleranzfelder ergeben zunächst:

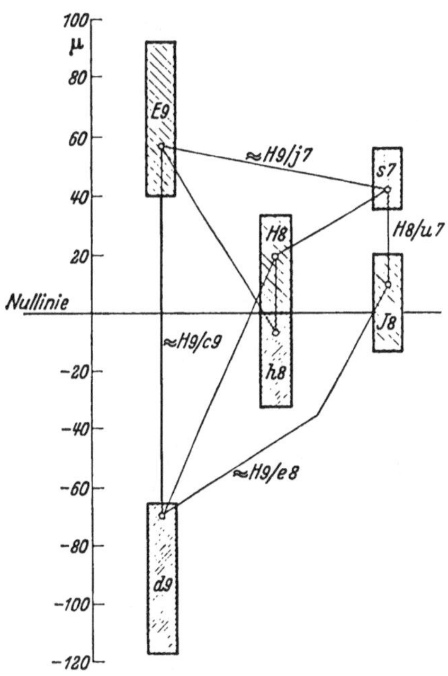

Abb. 217/1. Paarungsmöglichkeiten in einem freien Auswahlsystem, dargestellt für Nennmaß 25.

2 Passungen aus dem System EB: H8/d9 und H8/s7,
2 Passungen aus dem System EW: E9/h8 und J8/h8 und
die Passung H8/h8. Außerdem zeigen sich aber noch folgende Paarungsmöglichkeiten:

E9/s7, dies entspricht etwa H9/j7 oder angenähert J8/h8,

E 9/d 9, dies entspricht etwa H 9/c 9,

J 8/d 9, dies entspricht etwa H 9/e 8 und

J 8/s 7, dies entspricht (zufällig genau) H 8/u 7.

Die angegebenen gleichartigen Passungen treffen jedoch nur für den zugrunde gelegten Nennmaßbereich: „über 24 bis 30" zu, bei wesentlich größerem oder kleinerem Nennmaß verschieben sich die Verhältnisse.

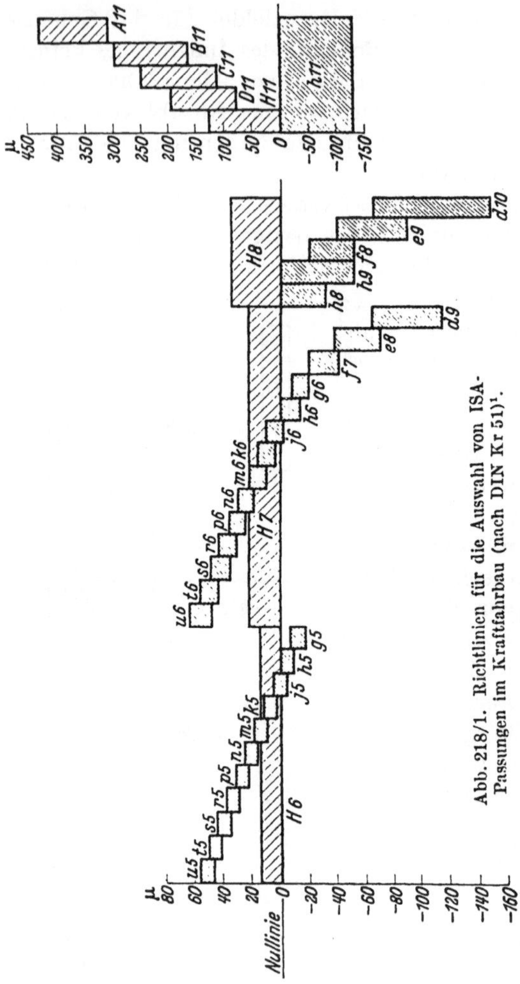

Somit lassen sich mit 3 Wellen- und 3 Bohrungstoleranzfeldern Paarungen mit nachstehenden Paßeigenarten bilden, wobei zur Übersicht die Paarungen aus EW auf EB umgestellt und alphabetisch geordnet wurden:

1. H 9/c 9   4. H 9/e 8

2. H 8/d 9   5. H 8/h 8

3. H 9/e 8   6. H 8/j 8

     7. H 9/j 7

     8. H 8/s 7

     9. H 8/u 7

Von diesen sind die laufenden Nummern 3 und 4 gleich und 6 und 7 angenähert gleich.

Durch die Ausnutzung der freien Paarungsmöglichkeit können zwar mit der gleichen Anzahl von Werkzeugen und Lehren zahlreichere Passungsarten gebildet werden. Die künstlich gebildeten Passungen sind jedoch Zufallsprodukte und nicht in allen Nennmaßbereichen gleichartig. Ihre Handhabung ist umständlich und unübersichtlich.

Abb. 218/1. Richtlinien für die Auswahl von ISA-Passungen im Kraftfahrbau (nach DIN Kr 51)[1].

---

[1] Maßgebend ist die jeweils neueste Ausgabe des Normblattes, die beim Beuthvertrieb G. m. b. H., Berlin SW 68, Dresdener Str. 97, erhältlich ist.

Im folgenden ist die Verwendung der Passungssysteme in verschiedenen Fertigungszweigen zusammengestellt.

Werkzeugmaschinenbau: Einheitsbohrung, dazu ein Hilfssystem mit wenigen Spielpassungen aus der Einheitswelle.

Kraftfahrbau: Einheitsbohrung, IT 11 nach Einheitswelle (s. Abb. 218/1).

Lokomotivbau: Einheitsbohrung.

Eisenbahnwagenbau: Einheitsbohrung.

Kellereimaschinenbau: Einheitswelle.

Transmissionsbau: Einheitswelle.

Preßluftwerkzeugbau: Einheitsbohrung.

Textilmaschinenbau: Einheitswelle.

Großmaschinenbau: Einheitsbohrung.

Elektromaschinenbau und Apparatebau: beide Systeme, für Bahnmotorenbau Einheitswelle, im Apparatebau vielfach Einheitswelle.

Feinmechanik: beide Systeme und Verbundsystem.

Landmaschinenbau: meist Einheitswelle.

72. Auswahl der Passungen.

Angesichts der Vielzahl der ISA-Toleranzfelder ist es unbedingt erforderlich, für den jeweiligen Fertigungszweig eine Auswahl zu treffen, nachdem man das Passungssystem gewählt hat. Wie groß die Anzahl der auszusuchenden Toleranzfelder sein soll, muß nach der Erzeugungsstruktur des Werkes entschieden werden. Umfaßt sie nur eine Gattung von Geräten, beispielsweise Verbrennungsmotoren, so wird die Wahl leicht fallen. Man wird aber in jedem Falle die Anzahl der Toleranzfelder zunächst zu beschränken versuchen, um den Lehren- und Werkzeugpark klein und übersichtlich zu halten. Damit taucht die Frage auf, inwieweit Abweichungen von der einmal festgelegten Auswahlreihe zugelassen werden sollen. Werden die Einzelerzeugnisse in großen Stückzahlen gefertigt, so sind Überschreitungen unbedenklich, denn die dann erforderliche Anschaffung der Betriebsmittel für eine Passung, die nicht in der Auswahlreihe enthalten ist, fällt weder zeitlich noch geldlich ins Gewicht, weil die Fertigungsvorbereitung ohnehin größere Vorarbeiten erfordert. Bei kleinen Stückzahlen und wechselndem Bauprogramm dagegen müssen Abweichungen von der Auswahlreihe sorgfältiger überlegt werden, und man wird andererseits dann diese Auswahlreihe schon von vornherein umfangreicher gestalten.

Gewisse Zweifel werden sich bezüglich der Einbaupassungen für Wälzlager ergeben, und man wird entscheiden müssen, ob man alle in Frage kommenden Toleranzfelder aufnimmt oder nur die wichtigsten. Kommen in dem betreffenden Fertigungszweig viele Wälzlager vor, so werden dennoch gewisse Einbaubedingungen vornehmlich herauszuschälen sein,

während andere vernachlässigt werden können. Sind dagegen Wälzlager nur selten, so wird man die entsprechenden Toleranzen ganz oder
fast ganz weglassen können, um die Liste nicht zu groß werden zu lassen,
bei der ja jede Spalte einen beachtlichen Aufwand an Geld, Lagerraum
und Verwaltungsarbeit zur Folge hat.

Eine andere Schwierigkeit besteht in der Auswahl der Preßpassungen.
Im 6. Kapitel hat sich gezeigt, daß für einen bestimmten Fügungsfall
jeweils eine ganz bestimmte Passung nötig ist, und man kann im
voraus nicht wissen, was für Toleranzfelder im Laufe der weiteren
Entwicklung gebraucht werden. Aber die Möglichkeit des Überganges
ins plastische Gebiet gestattet oft die Verwendung einer festeren
Passung als der errechneten, und man wird mangels Erfahrung, da
die Preßpassungen zur Zeit noch wenig benutzt werden, gefühlsmäßig
eine kleine Auswahl von zwei oder drei Toleranzfeldern treffen können,
die dann nach den einlaufenden Erfahrungen ständig erweitert oder
berichtigt werden muß. Es wird auch möglich sein, diese Auswahl
zwar zunächst in der Werksnorm vorzusehen, aber nicht gleich den
ganzen Lehren- und Werkzeugsatz anzuschaffen, sondern den Bedarf
von Fall zu Fall ergänzen. Außerdem können wegen der Gleichheit
der Toleranzfelder innerhalb der Qualität verschiedene Passungsarten an Wellen mit verstellbaren Grenzrachenlehren mit festem Toleranzabsatz geprüft werden. Behelfsmäßig kann auch mit Schraublehren geprüft werden.

Um im Lauf der Zeit eine Übersicht zu gewinnen, wird man eine
Tafel anlegen, in die diejenigen Toleranzfelder nebst den zugehörigen
Nenndurchmessern laufend eingetragen werden, welche außerhalb der
Werksnormenauswahl benutzt und für welche Betriebsmittel angeschafft
werden. Dies ermöglicht allmählich einen Überblick über die erforder-
lichen Passungen.

Bei der Zuordnung der Toleranzfelder von Bohrung und Welle
wird man sich im wesentlichen an DIN 7153 und 7154 halten, ohne daran
gebunden zu sein. Im 3. Kapitel wurde gezeigt, daß im Einzelfall auch
sehr verschiedenartige Paarungen notwendig sein können.

Als Beispiel seien einige in der Praxis benutzte Auswahlreihen auszugsweise dargestellt (Abb. 221/1 bis 221/4). Abb. 204/1 (HgN 11331)
zeigte das System Einheitswelle bis auf die Schlichtpreßpassung.
Abb. 221/1 zeigt die Auswahlreihe für Geschütze und Minenwerfer
(HgN 11332), die auf dem Verbundsystem aufgebaut ist. Das gleiche
gilt für die Auswahlreihe für Fahrzeuge in Abb. 221/2 (HgN 11333).
In die drei Normblätter sind Wälzlagerpassungen nicht aufgenommen
worden, und es ergibt sich folglich eine recht kleine Liste von Toleranzfeldern. Für Fahrzeuge werden die Wälzlagerpassungen aus DIN Kr 51
entnommen.

Das Blatt DIN 5601 (Abb. 221/3) ISA-Passungen für das Eisenbahnwesen, ist ausschließlich nach dem System Einheitsbohrung aufgestellt. Das gleiche gilt für DIN L 14, Passungen im Flugwerksbau (Abb. 221/4). Außerordentlich reichhaltig ist DIN Kr 51 (Abb. 218/1), das allerdings

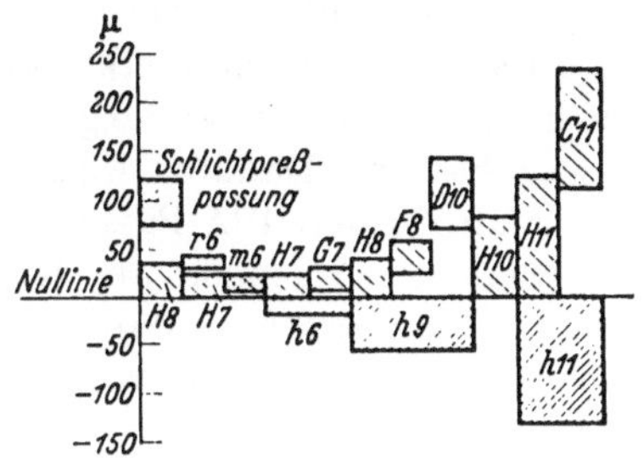

Abb. 221/1. Vorzugsweise zu verwendende Toleranzfelder für Geschütze und Minenwerfer (nach HgN 113 32)[1].

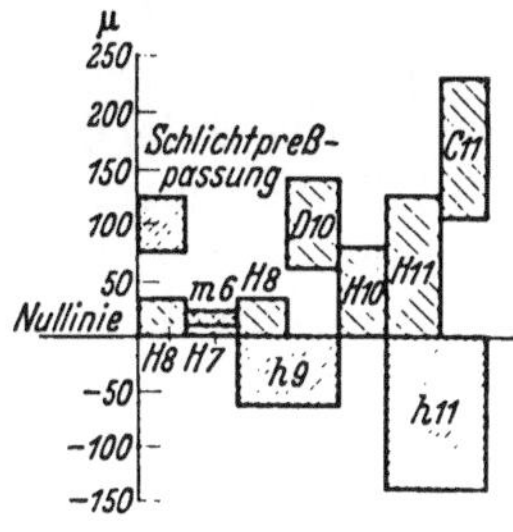

Abb. 221/2. Vorzugsweise zu verwendende Toleranzfelder für Fahrzeuge (nach HgN 113 33)[1].

auch in der Überschrift den Hinweis trägt, daß es sich um „Richtlinien für die Auswahl" handelt. Anderenfalls wäre es kaum zu verstehen, daß im Kraftfahrbau eine so große Anzahl von nahe beieinander liegenden Toleranzfeldern gebraucht wird. Durch diese Vielzahl wird eine einheitliche Behandlung des Passungswesens in diesem Fachgebiet kaum erleichtert.

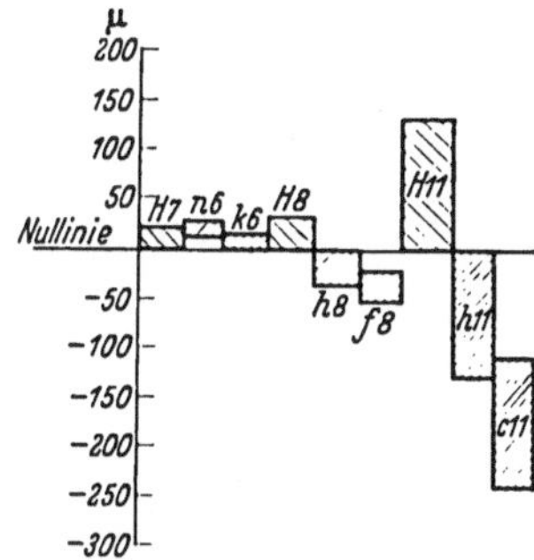

Abb. 221/3. Auswahl für das Eisenbahnwesen (nach DIN 5601)[1].

Abb. 221/4. ISA-Passungen im Flugwerksbau, Auswahl (nach DIN L 14)[1].

Für die Übergangszeit der Einführung einer Auswahlreihe aus den ISA-Passungen innerhalb eines Werkes ist es zweckmäßig, eine Schlüsselung der Toleranzfelder auszugeben, wie sie DIN 7165 und 7166 enthalten. Die Übergangszeit muß bis zum Aufbrauch der Betriebsmittel

[1] Verbindlich ist die jeweils neueste Ausgabe der Normblätter, die beim Beuthvertrieb G. m. b. H., Berlin SW 68, Dresdener Str. 97, erhältlich ist.

dauern, und während derselben werden unbrauchbar gewordene Lehren und Werkzeuge sofort durch solche nach ISA ersetzt. Da die meisten DIN-Passungen ohne weiteres oder unbedenklich durch ISA-Passungen ersetzbar sind, wird es nur wenige Fälle geben, in denen Betriebsmittel ausgeschieden werden müssen, die noch brauchbar wären. Man sollte sich auch bei der Aufstellung der Auswahlreihe für die Werksnorm nicht scheuen, solche Toleranzfelder aufzuführen, die zweckmäßig sind, aber in den DIN-Passungen keine Parallele hatten. Dadurch wird man um so eher die Vorzüge der reichen Auswahl in den ISA-Passungen nutzbringend verwerten. Von einem bestimmten Zeitpunkt an, der zweckmäßig mit der Einführung der neuen Norm zusammenfällt, wird man Neukonstruktionen nur noch mit ISA-Kurzzeichen versehen.

Schrifttum.

Aus dem sehr umfangreichen Schrifttum über Austauschbau, Passungen und verwandte Gebiete hat der Verfasser nachstehend nach Gutdünken eine Auswahl getroffen.

Zur Bequemlichkeit für den Leser sind diejenigen Arbeiten mit einem * vor der laufenden Nummer bezeichnet, die sich zur Unterrichtung über ein Teilgebiet besonders eignen. Damit soll jedoch keineswegs ein Werturteil über die Veröffentlichungen abgegeben werden.

Ferner ist in der letzten Spalte durch Zahlen das Teilgebiet angegeben, das mit Bezug auf dieses Buch vorwiegend behandelt wird. Das Hauptfachgebiet der Arbeit ist in normalgroßen Zahlen angegeben, weiter erwähnte Teilgebiete in kleineren Zahlen. Dabei bedeutet:

10 Geschichtliches, Entwicklung des Austauschbaues und der Passungen.
11 DIN- und ISA-Passungen, Grundlagen, Normung und Stand.
    11_1 Spielpassungen.
    11_2 Preßpassungen.
    11_3 Wälzlagerpassungen.
    11_4 Einführung der Passungsnormen.
12 Formabweichungen und Formtoleranzen, Lageabweichungen und Lagetoleranzen.
13 Oberflächengüte und deren Prüfung.
14 Toleranzen für Nichtmetalle.
15 Großzahlforschung, mathematische Statistik, Kollektivmaßlehre.
16 Austauschbare Fertigung.
20 Geschichtliches über Meßtechnik.
21 Meßverfahren, Grundlagen des Messens ohne Bezug auf bestimmte Meßgeräte.
22 Meßgeräte und deren Konstruktion.
23 Fertigung von Meßgeräten.
24 Sondermessungen, wie Gewinde, Zahnräder, Keilwellen usw.
25 Organisation des Messens in der Werkstatt.
26 Werkstoffe für Meßflächen.
27 Wirtschaftlichkeit des Messens.
28 Physik.

Lfde Nr.	Verfasser und Titel der Arbeit	Behandeltes Teilgebiet
1.	Albers-Schönberg, Hochfrequenzkeramik. Dresden und Leipzig: Theodor Steinkopff 1939.	14
2.	Anschütz, Die Gewehrfabrik in Suhl. 1811.	10
3.	Ayers, Shrink fits without flame. Machinist, Lond. 1939, Nr. 35, S. 671.	11_2
4.	Baldauf, Genaue Meßverfahren für Nut und Feder (Keil). Masch.-Bau-Betr. 1929, S. 662.	24, 22

Lfde. Nr.	Verfasser und Titel der Arbeit	Behandeltes Teilgebiet
5.	Bauer, Messen der Oberflächengüte. Masch.-Bau-Betr. 1934, Heft 3/4, S. 81.	13
* 6.	Becker, Plaut u. Runge, Anwendungen der mathematischen Statistik auf Probleme der Massenfabrikation. Berlin: Springer 1927.	15
7.	Behr, Die Passungen der Wälzlager. Werkst.-Techn. 1929, S. 617.	11_3
8.	Berdrow, Alfred Krupp und sein Geschlecht. Berlin: Paul Schmidt, Verlag für Sozialpolitik, Wirtschaft und Statistik 1937.	10
9.	Berndt, Das Maß der Rachenlehren. Loewe-Notizen 1921, Nr. 8.	22, 11
10.	Berndt, Übergang von Loewe- zu DIN-Toleranzen. Loewe-Notizen 1921, Nr. 10/11.	11_4
11.	Berndt, Der Aufbau der garantierten Genauigkeiten für Parallelendmaße, Kontroll- und Arbeitslehren. Der Betrieb 1922, Heft 9, S. 303.	22, 11
12.	Berndt, Die Tolerierung von Abnahmelehren. Mitteilungen des Normenausschusses der deutschen Industrie 1922, Nr. 15, S. 133.	22, 11
13.	Berndt, Zur Frage des Berührungsfehlers. Präzision 1923, S. 210. Feinmech. u. Präz. 1924, S. 75.	21
14.	Berndt, Die Gewinde. Berlin: Springer 1925, 1926.	24
15.	Berndt, Die Prüfung von Gleichdicken. Masch.-Bau-Betr. 1925, S. 567.	12
16.	Berndt, Meßtechnik und Volkswirtschaft. Feinmech. u. Präz. 1925, Heft 17, S. 183.	21, 27
17.	Berndt, Gebrauch von Grenzlehren bei Formmessungen. Masch.-Bau-Betr. 1925, S. 267.	24
18.	Berndt, Die deutschen Gewindetoleranzen. Berlin: Springer 1929.	24
* 19.	Berndt, Grundlagen und Geräte technischer Längenmessung. Berlin: Springer 1929.	21, 11, 20, 22, 26
20.	Berndt, Meßwerkzeuge und Meßverfahren für metallbearbeitende Betriebe. Sammlung Göschen. Berlin und Leipzig: Walter de Gruyter 1932.	22
21.	Berndt, Beiträge zur Bestimmung der Maße von Rachenlehren. Werkst.-Techn. u. Werksleiter 1935, Heft 18, S. 359.	22
22.	Berndt, Das Maß der Rachenlehren. Z. Instrumentenkde. 1937, Heft 11, S. 429.	22
23.	Berndt, Grundlagen für die Messung von Stirnrädern mit gerader Evolventenverzahnung. Berlin: Springer 1938.	24
24.	Berndt, Abnahmefragen des Austauschbaues. Anz. Masch.-Wes., Essen 1939, Nr. 87, S. 77.	25, 12, 24
25.	Berndt, Grundlagen des Messens. Meßtechnik 1940, Heft 5, S. 65 u. Heft 6, S. 85.	21
26.	Bethge, Etwas über die Wälzlagerpassungen im Automobil- und Verbrennungsmotorenbau. Werkst.-Techn. 1926, S. 514.	11_3
27.	Blankenstein, Austauschbau in der Holzbearbeitung. Werkst.-Techn. u. Werksleiter 1935, Heft 18, S. 363.	14

Lfde. Nr.	Verfasser und Titel der Arbeit	Behandeltes Teilgebiet
28.	Bobek, Der Zusammenbau elektrischer Großmaschinen. Werkst.-Techn. u. Werksleiter 1940, Heft 23, S. 388.	16
29.	Bochmann, Der Einfluß des Meßdruckes auf die Genauigkeit technischer Messungen. Stock-Z. 1928, Heft 2, S. 14.	21
30.	v. Borries, Die Übermikroskopie. Stahl u. Eisen 1941, Heft 31, S. 725.	13, 28
31.	Brauer, Die Normenverantwortung der Verbraucher. Z. VDI 1941, Nr. 25, S. 563	11
32.	Bürger, Beiträge zur Messung von Stirnrädern mit geraden Evolventenzähnen. Diss. Dresden 1935.	24
33.	Büttner, Gütebestimmung in der Feinstbearbeitung. Werkst.-Techn. u. Werksleiter 1936, Heft 23, S. 524.	13
34.	Buxbaum, Beitrag zur Entwicklungsgeschichte der Passungen. Die Entstehung des Austauschbaues. Der Betrieb 1919, Heft 1, S. 18.	10
35.	Buxbaum, Zur Entwicklung des Vereinheitlichungs- und Vereinfachungsgedankens in der Metallverarbeitung. Der Betrieb 1921, Heft 18, S. 542.	10
36.	Cavalli, Der Einfluß der elastischen Verformung des Werkstückes unter der Schnittkraft auf die Arbeitsgenauigkeit der Werkzeugmaschinen. Werkst.-Techn. u. Werksleiter 1938, Heft 7, S. 179.	12
37.	Crain, Maschinenbau nach dem Austauschverfahren. Werkst.-Techn. 1911, S. 337, 429, 461, 505, 565, 626, 712.	16
38.	Crowell, Report of America's Munitions 1917—1918. The assistant secretary of war director of Munitions. Washington: Government Printing Office 1919.	16, 10
39.	Curson, Gauging in machine tool manufacture. Machinist, Lond. 83, Nr. 12, S. 192 E/193 E; Nr. 14, S. 219 E/220 E (1939).	16, 21, 22, 25
40.	Czuber, Wahrscheinlichkeitsrechnung, 4. Aufl. Leipzig und Berlin: B. G. Teubner 1932.	15
* 41.	Czuber-Burkhardt, Die statistischen Forschungsmethoden, 3. Aufl. Wien: L. W. Seidel & Sohn 1938.	15
* 42.	Daeves, Praktische Großzahlforschung. Berlin: VDI-Verlag 1933.	15
43.	Damm, Richtlinien für die Bestimmung von Arbeitsgenauigkeiten für den Wagenbau. Werkst.-Techn. 1922, Heft 11, S. 309.	16, 11
44.	Damm, Toleranz-Vorschriften für Lokomotiven. Feinmech. u. Präz. 1924, S. 223.	16, 11
45.	Damm, Einbaupassungen für Wälzlager. Werkst.-Techn. 1930, S. 49.	11_3
46.	Damm, Grundlagen, Mittel und Beispiele zweckmäßiger Werkstattmeßverfahren. Berlin: VDI-Verlag 1931.	21, 12
47.	Damm, Richtungstoleranzen, ihre konstruktive Notwendigkeit und Art der Tolerierung. Werkst.-Techn. u. Werksleiter 1936, Heft 23, S. 521.	12
48.	Debrunner, Normalien im Maschinenbau. Werkst.-Techn. 1910, S. 644.	11
49.	DIN WAN 21, Merkbuch für Austauschbau.	11, 16

Lfde. Nr.	Verfasser und Titel der Arbeit	Behandeltes Teilgebiet
50.	Donath, Werner, Beiträge zur Bestimmung des Maßes von Rachenlehren. Diss. Dresden 1935.	22, 11
51.	Donath, Kurt, Verfahren zum Herstellen genauer Abstände von Bohrungen und deren Durchmesser in Gehäusen. Werkst.-Techn. u. Werksleiter 1940, Heft 1, S. 7.	16
52.	Drescher, Passungssystem und wirtschaftliche Fertigung. Der Betrieb 1921, Heft 9, S. 238.	11, 16
53.	Drescher, Die austauschbare Fertigung im Elektromaschinenbau. Elektrotechn. Z. 1923, S. 401.	16, 11
54.	Drescher, Wahl des Passungssystems für den freien Wellenstumpf der normalen Elektromaschinen. DIN-Mitt. 1923/24, S. 184.	11, 16
* *55.*	Dreyhaupt, Oberflächenprüfung von Flächen mit hohem Gütegrad. Werkst.-Techn. u. Werksleiter 1939, Heft 13, S. 321.	13
56.	Dreyhaupt, Lehrdorne mit Vorführansatz. Werkst.-Techn. u. Werksleiter 1940, Heft 16, S. 261.	22
57.	Dwyer, The Gage Laboratory at Watervliet Arsenal. Washington: Army Ordnance 1928, Nr. 47, S. 313.	25
* *58.*	Falz, Grundzüge der Schmiertechnik, 2. Aufl. Berlin: Springer 1931.	11_1
59.	Falz, Das Lagerspiel bei höheren Temperaturen. Petroleum 1934, Heft 2.	11_1
60.	Falz, Technisch-wissenschaftliche Grundlagen des Gleitlagerbaues. Techn. Zbl. prakt. Metallbearb. 1936, Nr. 9/10, S. 326.	16, 11
61.	Fess, Über die beim Diamantdrehen erzielbare Oberflächengüte. Diss. Berlin 1939.	13
* *62.*	Fessel, Voraussetzungen für den Austauschbau bei der Holzbearbeitung. Werkst.-Techn. u. Werksleiter 1940, Heft 23, S. 417.	14
63.	Fessler, Aus der Praxis der Massenerzeugung. Werkst.-Techn. 1910, Heft 1, S. 1.	16, 10
64.	Firestone u. Vincent, Untersuchung von Oberflächen auf sehr kleine Abweichungen. Mech. Engng. 1932, S. 647.	13
65.	Fischer, Der Einfluß der Toleranzen fester Grenzlehren in der Feinmechanik. Diss. Stuttgart 1932.	22, 11
66.	Fischer, Feste Grenzlehren in der Feinmechanik, Einfluß der Toleranzen fester Grenzlehren auf die Fertigung. Masch.-Bau-Betr. 1933, S. 604.	22, 11
67.	Föppl, Vorlesungen über technische Mechanik, 10. Aufl. Leipzig und Berlin: B. G. Teubner 1927.	11_2
68.	Föppl, Das Oberflächendrücken. Metallwirtsch. 1940, Nr. 9, S. 162; Nr. 10, S. 182.	13
69.	Fränz, Bausteine der Materie. Z. VDI 1937, Nr. 21, S. 581.	28
70.	Frenz, Einheitsbohrung und Einheitswelle. Werkst.-Techn. 1920, Heft 19.	11_4
71.	Frieling, Oberflächenprüfung im Betrieb. Masch.-Bau-Betr. 1940, Heft 8, S. 331.	13
72.	Gerlach, Die physikalisch-theoretischen Grenzen der Meßbarkeit. Z. VDI 1937, Nr. 1, S. 2.	21
73.	Gohlke, Passungen für Kugellager. Der Betrieb 1920, Heft 13, S. 330.	11_3

Lfde. Nr.	Verfasser und Titel der Arbeit	Behandeltes Teilgebiet
* 74.	Golücke, Schrumpfpassungen in der Praxis des Großmaschinenbaues. Werkst.-Techn. u. Werksleiter 1939, Heft 21, S. 497.	11_2
75.	Gottschald, Vergleichende Oberflächenprüfung gedrehter Werkstücke. Techn. Zbl. prakt. Metallbearb. 1940, Nr. 17/18, S. 447.	13
76.	Gottschalk u. Gottwein, Vorschlag für ein Einheitspassungssystem. Handelsschiffnormenausschuß-Mitt. 1925, S. 37.	11, 10
77.	Gottschalk u. Lutze, Einführung der ISA-Passungen in der deutschen Industrie. Techn. Mitt. Krupp 1938, Heft 7.	11_4
78.	Gottwein, Verbund-Passungssystem, Kernsysteme und Randsysteme. Der Betrieb 1920/21, Heft 9, S. 233.	11, 10
79.	Gottwein, Richtlinien für eine wirtschaftliche Auswahl der Lehrenarten aus den Systemen der Einheitsbohrung und der Einheitswelle. Mitt. Normenaussch. dtsch. Ind. 1920/21, Heft 18, S. 266.	11_4
80.	Gottwein, Auswahl der Lehrenarten für Rundpassungen. Werkst.-Techn. 1921, Heft 13.	11_4
81.	Gottwein, Verbundpassungssysteme und wirtschaftliche Lehrenauswahl. Werkst.-Techn. 1921, Heft 19.	11_4
82.	Gottwein u. Gottschalk, Zur Auswahl der Sitze bei den zwei DIN-Paßsystemen. Mitt. Normenaussch. dtsch. Ind. 1923/24, S. N 53.	11_4
83.	Gramenz, Schlesinger-Loewe-Passung und DIN-Passung. Der Betrieb 1921, Heft 24, S. 762.	11_4
84.	Gramenz, Die Grundlagen für Grenzlehren. Werkst.-Techn. 1922, Heft 6, S. 163.	11, 16, 22
85.	Gramenz, Austauschbare Fertigung im Kraftfahrzeugbau. Präzision 1923, S. 197.	16, 11
86.	Gramenz, Genauigkeitsermittlungen an Werkstücken zur Bestimmung zweckmäßiger Passungssitze. Masch.-Bau-Betr. 1928, Heft 22 u. 24.	11_4
87.	Gramenz, Passungen. Berlin: Beuth-Verlag 1934.	11, 22
88.	Gratwohl, Einheitsgrenzlehrensystem. Werkst.-Techn. 1919, Heft 5.	11_4
89.	Gümbel-Everling, Reibung und Schmierung im Maschinenbau. Berlin: M. Krayn 1925.	11_1
90.	Härtel, Kugellagerpassungen. Werkst.-Techn. 1929, S. 366.	11_3
91.	Hanner, Über Bearbeitungsgenauigkeit und Maßeintragung. Der Betrieb 1921, Heft 12, S. 333.	16, 11
92.	Harrison, A survey of surface quality standards and Tolerance costs based on 1929—1930 precision grinding practice. Trans. ASM 1932.	13
93.	Heidebroek, Berechnungstafeln für Schrumpfringe. Masch.-Bau 1924, S. 358.	11_2
94.	Hengstenberg, Zur Frage der Abmaße bei Gießereierzeugnissen. Masch.-Bau-Betr. 1937, S. 365.	11
95.	Huchtemann, Lehren und Meßgeräte. Werkst.-Techn. 1919, Heft 8.	22
96.	Huchtemann, Lehren und Werkzeugbeschaffung. Werkst.-Techn. 1919, Heft 20.	22, 25

Lfde. Nr.	Verfasser und Titel der Arbeit	Behandeltes Teilgebiet
97.	**Huchtemann**, Die Lehrenprüfstelle beim Zeugamt Spandau und ihre Bedeutung für das Heer. Heerestechn. 1927, Nr. 5.	25
98.	**Huggenberger**, Die Festigkeit der Preßsitzverbindung mit zylindrischer Sitzfläche. Winterthur: Techn. Bl. der Schweiz. Lokomotiv- u. Maschinenfabrik 1926.	11_2
99.	**Hultzsch**, Beiträge zur Messung an Stirnrädern mit gerader Evolventenverzahnung (Flankenform, Eingriffs- und Kreisteilung). Diss. Dresden 1940.	24
100.	**Hupe**, Das Vermessen von Lokomotivrahmen. Techn. Mitt. Krupp 1941, Heft 2, S. 33.	21
101.	**Huschke**, Werdegang der Wälzlagerung von Drehbank-Hauptspindeln. Werkst.-Techn. u. Werksleiter 1939, Heft 17, S. 420.	11_3
102.	**Johnson**, Wie das Ordnance-Department sein Lehrenproblem gelöst hat. Washington: Army Ordnance 1942, Nr. 24.	25
**103.*	**Jürgensmeyer**, Die Wälzlager. Berlin: Springer 1937.	11_3
**104.*	**Jürgensmeyer**, Gestaltung von Wälzlagerungen. Berlin: Springer 1939.	11_3
105.	**Jürgensmeyer**, Einbau und Wartung der Wälzlager. Werkstattbuch 29. Berlin: Springer 1939.	11_3
106.	**Kaube**, Der Einfluß der Ansprengschicht auf die Länge von Endmaßen. Diss. Dresden 1930.	21
107.	**Keilwerth**, Messen und Meßgeräte bei der Holzverarbeitung. Holz 1939, Heft 2, S. 65.	22. 11, 14, 21
108.	**Kienzle**, Die Umstellung der deutschen Maschinenindustrie auf ein einheitliches Passungssystem. Werkst.-Techn. 1918, Heft 20.	11_4
**109.*	**Kienzle**, Die Rechtswirkung von Toleranzen. Mitt. Normenaussch. dtsch. Ind. 1919, Heft 5.	11
110.	**Kienzle**, Ausbau und Grenzen des Toleranzensystems mit Beispielen aus dem Eisenbahnfahrzeugbau. Der Betrieb 1919, Heft 10.	11
111.	**Kienzle**, Die Arbeitsgenauigkeit in der Werkstatt. Werkzeugmasch. 1920.	11, 16
112.	**Kienzle**, Die Normteile in den beiden Passungssystemen. Der Betrieb 1920/21, Nr. 12, S. 325.	11
**113.*	**Kienzle**, Passungssysteme. Berlin: VDI-Verlag 1922. Forschungshefte 259.	11
114.	**Kienzle**, Passungssysteme, Gedanken zu ihrer praktischen Auswertung. Werkst.-Techn. 1922, Heft 4.	11, 16
115.	**Kienzle**, Schrumpfsitz. Mitt. Normenaussch. dtsch. Ind. 1922/23, S. 61 u. 136.	11_2
116.	**Kienzle**, Der Austauschbau. Berlin: Springer 1923.	16, 11, 25
117.	**Kienzle**, Wie nutzen sich die Teile eines Kraftwagens ab? Motorwagen 1929, Heft 18, S. 369.	11
118.	**Kienzle**, Die internationale Vereinheitlichung der Passungen. Werkst.-Techn. 1930, Heft 2, S. 33.	11, 10
**119.*	**Kienzle**, Kontrollen der Betriebswirtschaft. Schriften der ADB. Berlin: Springer 1931.	11, 25, 27
120.	**Kienzle**, Fortschritte in der internationalen Passungsnormung. Werkst.-Techn. 1931, S. 116.	11
121.	**Kienzle**, Das ISA-Toleranzsystem, Stand—Einführung—Fortentwicklung. Werkst.-Techn. u. Werksleiter 1933, Heft 15, S. 291.	11_1

Lfde. Nr.	Verfasser und Titel der Arbeit	Behandeltes Teilgebiet
122.	Kienzle u. Falz, Die Ordnung der ISA-Laufsitze. Werkst.-Techn. u. Werksleiter 1933, Heft 16, S. 317.	11_1
123.	Kienzle, Werkstoffersparnis durch zweckmäßige Fertigung. Masch.-Bau-Betrieb 1934, S. 587.	16
124.	Kienzle, Das ISA-Toleranzsystem. Werkst.-Techn. u. Werksleiter 1935, Heft 18, S. 354.	11
125.	Kienzle, Sitzungsbericht, Rumpfausschuß für Passungen, Maschinenbau. DIN-Mitt. 1935, Heft 17/18, S. 527.	11, 10
126.	Kienzle, Eingegrenzte Werkstück-Abmessungen. Z. VDI 1936, Heft 9, S. 225.	11, 12, 13, 16, 24
127.	Kienzle, Der heutige Stand der Toleranz- und Prüfsysteme für Werkstückabmessungen. Werkst.-Techn. u. Werksleiter 1936, Heft 23, S. 501.	11
128.	Kienzle, Feste Lehren im ISA-System. Werkst.-Techn. u. Werksleiter 1936, Heft 23, S. 503.	22, 11
129.	Kienzle, ISA-Passungen und Werkstatt. Rdsch. dtsch. Techn. 1937, Nr. 15, S. 3.	11, 16
130.	Kienzle, Die drei Grundsäulen der Systeme des Austauschbaues und des Meßwesens. Feinmech. u. Präz. 1937, Heft 17, S. 247.	11, 12, 13
131.	Kienzle, Wege zum zuverlässigen Werkstückmaß. Werkst.-Techn. u. Werksleiter 1937, Heft 23, S. 505.	16, 11
132.	Kienzle, Auffinden geeigneter Sitze der ISA-Passungen. Werkst.-Techn. u. Werksleiter 1938, Heft 1, S. 19.	11
133.	Kienzle, Prüfen und Messen im Betrieb. Rdsch. dtsch. Techn. 1938, Heft 10, S. 1.	21
134.	Kienzle, Die Preßsitze im ISA-Passungssystem. Werkst.-Techn. u. Werksleiter 1938, Heft 19, S. 421.	11_2
135.	Kienzle u. Heiß, Die Berechnung einfacher Preßsitze. Werkst.-Techn. u. Werksleiter 1938, Heft 21, S. 468.	11_2
136.	Kienzle, Die Einflüsse auf die Haftbeiwerte in den Fugen von Preßsitzen. Werkst.-Techn. u. Werksleiter 1938, Heft 24, S. 552.	11_2
137.	Kienzle, Die Rundung der ISA-Toleranzen und Abmaße. Werkst.-Techn. u. Werksleiter 1940, Heft 8, S. 133.	11
138.	Kienzle, Fügeverfahren und Fügemittel. Werkst.-Techn. u. Werksleiter 1940, Heft 23, S. 385.	11, 16
139.	Kienzle, Die Kraftpassung zwischen Schlüssel und Schraube. Werkst.-Techn. u. Werksleiter 1940, Heft 23, S. 397.	11_1
140.	Kiesewetter, Untersuchung verschiedener Methoden zur Bestimmung der Unebenheiten (Rauhigkeiten) von Metallflächen. Diss. Dresden 1931.	13
141.	Kirner, Größentoleranzen und Passungstoleranz. Der Betrieb 1920, Heft 16, S. 426.	11
142.	Kirner, Primäre Marktware. Der Betrieb 1920/21, S. 324.	11
143.	Kirner, Zusammenhang zwischen Kraftfluß, Wälzlager und Passung. Masch.-Bau-Betr. 1921/22, S. 459.	11_3
144.	Kirner, Die Passung der Wälzlager. Stuttgart: Verlag Wittwer 1925.	11_3
145.	Kirner, Vom Gleichdick. Werkst.-Techn. u. Werksleiter 1933, S. 251.	12

Lfde. Nr.	Verfasser und Titel der Arbeit	Behandeltes Teilgebiet
146.	Klein, Einheitsbohrung oder Einheitswelle? Der Betrieb 1918, S. 25.	11_4
147.	Klein, Einheitsbohrung oder Einheitswelle? Werkst.-Techn. 1918, Heft 22.	11_4
148.	Klein, Serien- und Massenfabrikation. Süddtsch. Ind.-Bl. 1919, Nr. 37.	16
149.	Klein, Einheitsbohrung oder Einheitswelle? Der Betrieb 1920, Heft 7, S. 161.	11_4
150.	Klein, Einheitsbohrung oder Einheitswelle? Werkst.-Techn. 1920, Heft 5.	11_4
151.	Klein, Einheitsbohrung oder Einheitswelle? Werkst.-Techn. 1920, Heft 13.	11_4
152.	Klein, Einheitsbohrung oder Einheitswelle? Werkst.-Techn. 1921, Heft 7.	11_4
153.	Klein-Knecht-Schlesinger, Bericht des Unterausschusses Einheitswelle-Einheitsbohrung. Mitt. Normenaussch. dtsch. Ind. 1921.	11_4
154.	Klein, Beitrag zur Frage der Oberflächengüte beim Fräsen. Techn. Zbl. prakt. Metallbearb. 1939, Heft 11/12, S. 436.	13
155.	Koch, Kienzle u. Huchtemann, Messen und Meßgerät. Leipzig: Rösch & Winter 1931.	21, 22, 25
156.	Kösters, Begründung der Wahl einer normalen Bezugstemperatur von 20° C. Mitt. Normenaussch. dtsch. Ind. 1919, S. 142.	11
157.	Kösters, Der gegenwärtige Stand der Meter-Definition, des Meteranschlusses und seine int. Bedeutung für Wissenschaft und Technik. Werkst.-Techn. u. Werksleiter 1938, Heft 23, S. 527.	21
158.	Köttgen und Husmann, Ausrichten von Großmaschinen. Werkst.-Techn. u. Werksleiter 1940, Heft 23, S. 392.	16
159.	Kohaut, Welchen Einfluß haben die Lauffehler der Wälzlager einer Werkzeugmaschinenspindel auf das fertige Werkstück? Feinmech. u. Präz. 1940, Heft 12, S. 127.	11
160.	Kohlweiler, Statistik im Dienste der Technik. München und Berlin: R. Oldenbourg 1931.	15
161.	Kothe, Arbeitsgenauigkeit, ein Merkmal deutscher Werkarbeit. Werkst.-Techn. u. Werksleiter 1935, Heft 18, S. 353.	16
162.	Kreissig, Werkstoffeinsparung in der feinmechanischen Fertigung. Masch.-Bau-Betr. 1940, Heft 8. S. 325.	11
163.	Kreß, Messen und Prüfen des Unrunds. Z. VDI 1940, Nr. 47, S. 909.	21, 12
164.	Kreß, Die Werkzeugschneide beim Feinstbearbeiten. Einflüsse von Mikrozustand und Feineinstellung. Masch.-Bau-Betr. 1941, Heft 2, S. 59.	13
165.	Kühn, Einheitsbohrung oder Einheitswelle? Der Betrieb 1918, Heft 1, S. 32.	11_4
166.	Kühn, Das natürliche Toleranzsystem. Der Betrieb 1918, Heft 1.	11, 10
167.	Kühn, Einheitsbohrung oder Einheitswelle? Werkst.-Techn. 1918, Heft 22; 1920, Heft 11.	11_4
168.	Kühn, Die Vorteile der Laufwelle als glatte Einheitswelle in Verbindung mit dem Einheitsbohrungssystem. Werkst.-Techn. 1919, Heft 24.	11, 10

Lfde. Nr.	Verfasser und Titel der Arbeit	Behandeltes Teilgebiet
169.	Kühn, Toleranzen. Berlin: VDI-Verlag 1920.	11
170.	Kühn, Die Notwendigkeit des uneingeschränkten Einheitsbohrungssystems. Der Betrieb 1920, Heft 14, S. 372; 1921, Heft 8, S. 217.	11₄, 10
171.	Kühn, Feststellung der erforderlichen Paßmaße für die verschiedenen Fabrikate. Werkst.-Techn. 1921, Heft 14, S. 421.	10, 11
172.	Kühn, Maße und Genauigkeiten der Prüfscheiben für Rachenlehren. Der Betrieb 1921, Heft 24, S. 761.	22, 11
173.	Kühn, Der Lehrenbedarf bei der abgestuften Einheitswelle und und bei der Einheitsbohrung. Werkst.-Techn. 1922, Heft 23.	11₄, 22
174.	Lasswitz, Das System der „Einheitswelle" in der Elektroindustrie. Elektro-J. 1922, S. 238.	11₄
175.	Legros, The Gauging of Cylinders for Diameter. Engineering, Lond. 1931, S. 436.	21
176.	Leinweber, Welche besonderen Anforderungen sind an eine heereseigene Konstruktion und an Heergerätzeichnungen zu stellen? Jb. brennkrafttechn. Ges. e. V. 1936, S. 23.	16
177.	Leinweber, Lehrenprüfung und Lehrenüberwachung. Feinmech. u. Präz. 1937, Heft 21, S. 297.	25
178.	Leinweber, Handhabung von Lehren. Feinmech. u. Präz. 1938, Heft 2, S. 15.	25, 21
*179.	Leinweber, Probleme der Meßtechnik für den Großverbraucher. Werkst.-Techn. u. Werksleiter 1938, Heft 23, S. 514.	27, 15
*180.	Leinweber, Toleranzen und Lehren, 3. Aufl. Berlin: Springer 1940.	11, 12, 13, 15, 21, 22, 23, 24, 26
*181.	Leinweber, Austauschbare Schwalbenschwanzführungen. Werkst.-Techn. u. Werksleiter 1940, Heft 4, S. 57.	16, 12
182.	Leinweber, Passungsgrundlagen des Austauschbaues. Masch.-Bau-Betr. 1940, Heft 7, S. 299.	16, 11
183.	Lessochin, Toleranzen, Spiele und Sitzarten im Maschinenbau. Werkst.-Techn. 1930, S. 44.	11, 16
184.	Loewen, Surface finish. Mech. Engng. 1938, Nr. 5, S. 427/430.	13
*185.	Lubberger, Wahrscheinlichkeiten und Schwankungen. Berlin: Springer 1937.	15
186.	Lüth, Musterbetriebe deutscher Wirtschaft. Leipzig: J. J. Arndt 1936.	16, 10
187.	Mahr, DIN-ISA-Grenzlehren. Eßlingen: Selbstverlag der Fa. Carl Mahr.	11, 22
188.	Mayer, Über Gleichdicke. Z. VDI 1932, S. 884.	12
189.	McFarland, Manufacture of the Bolt of the Springfield Rifle. Mech. Engng. 1924 u. Army Ordnance 1925, Nr. 29.	16
190.	Mehdorn, Kunstharzpreßstoffe und andere Kunststoffe, 2. Aufl. Berlin: VDI-Verlag 1939.	14
191.	Melle, Einfluß der Verchromung auf die Lebensdauer von Meß- und Schneidwerkzeugen. Werkst.-Techn. u. Werksleiter 1933, S. 311.	26
192.	Metzner, Fertigungstechnische Richtlinien für die Gestaltung von Heergerät. Werkst.-Techn. u. Werksleiter 1940, Heft 19, S. 322.	16

Lfde. Nr.	Verfasser und Titel der Arbeit	Behandeltes Teilgebiet
193.	Moszyński, Die Grundsätze der Toleranzen (Die Geometrie der Toleranzen). Polnisch. Warschau 1937.	11
194.	Moszyński, Normung der größeren Spiele und der Werkstoffzugaben. Werkst.-Techn. u. Werksleiter 1937, S. 324.	11_1
195.	Müller, K. F., Der Austauschbau von Holzgegenständen. Werkst.-Techn. u. Werksleiter 1938, Heft 6, S. 149.	14
**196.*	Müller, Karl Theodor, Untersuchung der Wirtschaftlichkeit von Geräten für technische Längenmessungen. Diss. Dresden 1934.	27
197.	Müller, Otto, Toleranzen für Längenmaße. Der Betrieb 1919, Heft 7, S. 149.	11_4
198.	Mundt, Über die Geräusche von Wälzlagern in elektrischen Maschinen. Werkst.-Techn. u. Werksleiter 1933, Heft 3, S. 41.	11_3
199.	Munthe, Die Wahl der Passungen im Werkzeugmaschinenbau. Werkst.-Techn. 1920, Heft 13.	11_4
200.	Munthe, Das Zweibohrungssystem und das vereinfachte Zweibohrungssystem. Der Betrieb 1921, S. 230.	11, 10
201.	Nádai, Der bildsame Zustand der Werkstoffe. Berlin: Springer 1927.	11_2
202.	Neumann, Austauschbare Einzelteile im Maschinenbau. Berlin: Springer 1919.	16, 22
203.	Nicolau, Messung an Oberflächenunebenheiten. Usine 1939, S. 33.	13
204.	Obeltshauser, Die Arbeitsgenauigkeit von Automaten. Diss. Braunschweig 1926.	16
205.	Obeltshauser, Die Arbeitsgenauigkeit von Automaten. Masch.-Bau-Betr. 1928, S. 527.	16
206.	Oeckl, Großflugzeuge im Zusammenbau. Werkst. Techn. u. Werksleiter 1940, Heft 23, S. 402.	16
207.	Österreicher, Austauschbau in der holzverarbeitenden Industrie. Holzind. 1930, Nr. 52.	14
208.	Olk, Reihenfertigung in der Maschinenindustrie, insbesondere im Werkzeugmaschinenbau. Anz. Masch.-Wes., Essen 1939, Nr. 87, S. 70.	16
209.	Opitz u. Moll, Die Herstellung hochwertiger Drehflächen. Einfluß der Schnittbedingungen auf die Oberflächengüte. Ber. über betriebswiss. Arb., Bd. 14. Berlin: VDI-Verlag 1940.	13
210.	Perthen, Oberflächenprüfung. Arch. techn. Mess. 1938 V 9116 T 163/4.	13
211.	Pfauter, Pfauter-Wälzfräsen. Im Buchhandel durch Springer-Verlag, Berlin.	24
212.	Pfleiderer, Die bisherigen Arbeiten des Arbeitsausschusses für Passungen. Mitt. Normenaussch. dtsch. Ind. 1918, Heft 11.	11, 10
213.	Pfleiderer, Das Tauschlehrsystem. Der Betrieb 1920, Heft 14, S. 361.	11_4
214.	Philippovich, Forschung auf dem Gebiete der Schmierung und der Schmiermittel. Z. VDI 1937, Nr. 51, S. 1467.	13
215.	Pietzsch, Über die Länge eines Parallel-Endmaßes bei Messung in Lichtwellenlängen. Diss. Dresden 1928.	22, 21
216.	Plato, Gesamtbericht des Arbeitsausschusses für Normaltemperatur. Mitt. Normenaussch. dtsch. Ind. 1918, Heft 11.	11

Lfde. Nr.	Verfasser und Titel der Arbeit.	Behandeltes Teilgebiet
217.	Plöttner, Ziehschleifen kleiner Bohrungen. Z. VDI 1940, Nr. 1, S. 21.	16
218.	Poehlmann, Einheitsbohrung oder Einheitswelle? Werkst.-Techn. 1919, Heft 6.	11_4
219.	Poliakoff, Zur Frage der Laufsitz-Passungen im Maschinenbau. Werkst.-Techn. 1910, S. 418.	11_1
220.	Prévost, Beziehungen zwischen Reibungskoeffizient und Oberflächenbeschaffenheit. Usine 1939, S. 33.	13
221.	Prévost, Contribution expérimentale à l'étude des relations entre le frottement et l'état de surface. Mécanique Bd. 23 (1939), Nr. 285, S. 139/148.	13
222.	Quevron, Nouvelle méthode photo-électrique pour l'examen microgéométrique des surfaces. Mécanique Bd. 23, (1939), Nr. 285 S. 149/151.	13
223.	Ragotzi, Oberflächengüte. Werkst.-Techn. 1932, S. 315.	13
224.	Rheinmetall-Borsig AG., Deutscher Maschinenbau 1837 bis 1937 im Spiegel des Werkes Borsig. Selbstverlag.	10
225.	v. Roggenbucke, Handbuch für Officiere, worin die Anfertigung, die Konstruktion, der Gebrauch, die Behandlung und Beurtheilung der Militair-Schießwaffen deutlich und zweckmässig auseinandergesetzt ist. Erfurt: Keysersche Buchhandlung 1822.	10
226.	Römmler, Römmler-Buch, Handbuch der Römmler-Preßstoffe — ihre richtige Verwendung als Werkstoffe des Vierjahresplanes. Spremberg: H. Römmler AG. 1938.	14, 11
227.	Rotzoll, Untersuchungen am Mackensen-Lager. Techn. Zbl. prakt. Metallbearb. 1936, Nr. 11/12, S. 387.	16, 11
228.	Rotzoll, Untersuchungen an einem Gleitlager für die Hauptspindel von Feinbearbeitungsmaschinen. Z. VDI 1936, Nr. 9 S. 260.	16, 11
229.	Sachsenberg, Austauschbau und Fließarbeit. Anz. Masch.-Wes., Essen 1939, Nr. 87, S. 68.	16
230.	Sawin, Einfluß der Endbearbeitung auf den Zustand der Oberflächenschichten und ihre Widerstandsfähigkeit gegen Abnutzung. Werkst.-Techn. u. Werksleiter 1937, Heft 11, S. 243.	13
231.	Sawin, Einfluß der inneren Spannungen auf die Widerstandsfähigkeit von Werkstoffen. Werkst.-Techn. u. Werksleiter 1939, Heft 12, S. 301.	26, 13
232.	Sawin, Prüfungen von Metallen und Hartmetallen mittels Hartmetallscheibe. Werkst.-Techn. u. Werksleiter 1939, Heft 6, S. 165.	26
233.	Sawin, Die Skoda-Sawin-Prüfmaschine. Skoda-Mitt. 1939, Heft 1, S. 1.	26
234.	Sawin, Über Verschleiß an Metallen. Werkzeugmasch. 1940, Heft 11.	26
235.	Schlippe, Maßgenauigkeit der festen Lehren. Loewe-Notizen 1928, S. 1.	11, 22
236.	Schlippe, Feinstbearbeitung von metallischen Werkstücken. Z. VDI 1930, Heft 38.	13
237.	Schlüter, Toleranzen und Paßsystem in der Holzbearbeitung. Holztechn. 1938, Heft 1, S. 3.	14

Lfde. Nr.	Verfasser und Titel der Arbeit	Behandeltes Teilgebiet
*238.	Schlüter und Fessel, Toleranzen und Paßsystem in der Holzbearbeitung. Holz als Roh- u. Werkstoff 1938, Heft 4, S. 131.	14
*239.	Schmaltz, Technische Oberflächenkunde. Berlin: Springer 1936.	13
*240.	Schmaltz, Oberflächenbeschaffenheit und Passungen. Werkst.-Techn. u. Werksleiter 1936, Heft 1, S. 1.	13
241.	Schmaltz, Technische Oberflächenkunde. Rdsch. dtsch. Techn. 1937, Nr. 15, S. 3.	13
*242.	Schmaltz, Beitrag zur Normung der Oberflächenbeschaffenheit. Werkst.-Techn. u. Werksleiter 1937, Heft 11, S. 256.	13
243.	Schmidt, Beitrag zur Theorie des Ansprengens von Endmaßen. Z. Instrumentenkde 1934, Heft 9, S. 309.	21
244.	Schoon, Grenzflächenvorgänge in der Chemie. Rdsch. dtsch. Techn. 1938, Nr. 33, S. 7.	13, 28
245.	Schorsch, Untersuchungen von Gewinde-Rachenlehren. Diss. Dresden 1935.	24
246.	Schorsch, Das Oberflächen-Prüfgerät nach Prof. Schmaltz. AWF-Mitt. 1939, Heft 1, S. 9/11; Heft 2, S. 37/40.	13
247.	Schreibmayr, Die Notwendigkeit einer alleinigen Einführung der Einheitswelle. Werkst.-Techn. 1919, Heft 8; Der Betrieb 1919, Heft 7.	11_4, 10
248.	Schreibmayr, Einheitsbohrung oder Einheitswelle? Werkst.-Techn. 1920, Heft 7.	11_4
249.	Schröder, Neue Genauigkeiten der Lehren und ihre Stufung im Hinblick auf die internationale Normung. Werkst.-Techn. 1930, S. 381 u. 410.	22, 11
250.	Schumacher, Die Rauhigkeit von Oberflächen. Diss. Stuttgart 1934.	13
251.	Schwerdtfeger und Roske, Arbeitsplanung für die Herstellung von Schrumpf- und Dehnpassungen. Werkst.-Techn. u. Werksleiter 1940, Heft 23, S. 413.	11_2
252.	Seitter, Sinnvolle Gestaltung des Fertigungswesens. Masch.-Bau-Betr. 1939, Heft 1/2, S. 1.	16
253.	Seletsky, Einfluß der Oberflächenbeschaffenheit auf einige Elemente des Präzisionsmaschinenbaues. Schweiz. Arch. angew. wiss. Techn. 1939, Nr. 9, S. 267.	13
254.	Simon, Versuche zur Bestimmung des Berührungsfehlers. Werkst.-Techn. 1922, Heft 6; Mitt. Normenaussch. dtsch. Ind. S. 380.	21
255.	Somers, Machine Tools and Munitions. Army Ordnance 1925. Nr. 33, S. 189.	16
256.	Sporkert, Über die Abnutzung von Metallen bei gleitender Reibung. Werkst.-Techn. u. Werksleiter 1936, Heft 10, S. 221.	26
257.	Stoewer, Was kosten Sonderwünsche? Stock-Z. 1930, Heft 1/2, S. 15.	11, 16
258.	Streiff, Die Preßsitze im ISA-Toleranz-System. Schweiz. techn. Z. 1934, S. 497.	11_2
*259.	Streiff, Zweckmäßige Sitze für Riemenscheiben, Kupplungen und Zahnräder auf Wellenenden. Werkst.-Techn. u. Werksleiter 1938, Heft 2, S. 25.	11_4

Lfde. Nr.	Verfasser und Titel der Arbeit.	Behandeltes Teilgebiet
260.	Streiff, Kennzeichnung des bisherigen Standes und Erläuterung der Zukunftsaufgaben der Passungswissenschaft. Schweiz. Arch. angew. wiss. Techn. 1939, Nr. 6, S. 180/184.	11
*261.	Streiff, Das ISA-Toleranz-System und seine Einführung in die Praxis. Schweiz. techn. Z. 1939, S. 485/491.	11_4
262.	Streiff, Die Rachenlehrenwaage im praktischen Werkstattbetrieb. Werkst.-Techn. u. Werksleiter 1940, Heft 10, S. 164.	22
263.	Tapken, Ein Beitrag zur Frage der Kugellagerpassungen. Werkst.-Techn. 1925, S. 541.	11_3
264.	Taylor, Shop Management. Die Betriebsleitung insbes. der Werkstätten. Berlin: Springer 1920.	16
265.	Tomlinson, An investigation of the fretting corrosion of closely fitting surfaces. Inst. of Mech. Engr., Lond. 1939, Nr. 3, S. 223/249.	11
266.	Törnebohm, Kugellagerpassungen im Automobilbau. Masch.-Bau-Betr. 1927, S. 904.	11_3
267.	Törnebohm, Wälzlagerpassungen im internationalen Passungssystem „ISA III". Kugellager-Z. 1931, Heft 2, S. 23/32.	11_3
268.	Törnebohm, Tolerance Requirements and their scientific Determination. Mech. Engng. 1936, S. 411.	11
269.	Törnebohm, Meßtechnik und Meßverfahren in der neuzeitlichen mechanischen Werkstattfertigung. Tekn. T., Stockholm 1939, Heft 7, Mekanik Heft 2, S. 13.	21, 12
270.	Toussaint, Messen und Passen. Werkzeugmasch. 1918, Heft 5 u. 6.	11
271.	Troescher, Die Bedeutung der Arbeitslehren für die Massenfertigung genauer Teile. Werkst.-Techn. u. Werksleiter 1939, Heft 12, S. 305.	27, 16
272.	Uhlich, Austauschbarkeit im Maschinenbau. Werkst.-Techn. 1918.	11, 16
273.	VDI-Fachausschuß für Kunstharzpreßstoffe, Gestaltung von Kunstharzpreßteilen. Berlin: VDI-Verlag 1939.	14
274.	Volk, Eintragung der Toleranzen bei Längenmessungen. Mitt. Normenaussch. dtsch. Ind. 1921, S. 126.	11
275.	Volk, Die Passungszeichen im internationalen System. Werkst.-Techn. 1930, S. 353.	11
276.	Volk, Passungs-Nomogramm. Werkst.-Techn. 1931, S. 493.	11
277.	Volk, Passungsnormen und Festigkeitsrechnung. Masch.-Bau-Betr. 1932, S. 138.	11
278.	Volk, Formgenauigkeit und Lagegenauigkeit kreiszylindrischer Bauteile. Masch.-Bau-Betr. 1937, Heft 5/6, S. 176.	13
279.	Waimann, Berechnung von Schrumpfringen und aufgeschrumpften Maschinenteilen. Masch.-Bau-Betr. 1924, S. 526.	11_2
*280.	Wassileff, Austauschbare Querpreßsitze. VDI-Forsch.-Heft 1938, Heft 390.	11_2
281.	Weichhardt, Maßnahmen und Erfahrungen bei der Umstellung von DIN- auf ISA-Passungen. Werkst.-Techn. u. Werksleiter 1937, Heft 10, S. 421.	11_4
282.	Weicker, Kunstmann, Demuth, Eigenschaftstafel keramischer Werkstoffe. Elektrotechn. Z. 1935, Heft 33, S. 915.	14

Lfde. Nr.	Verfasser und Titel der Arbeit	Behandeltes Teilgebiet
283.	Weidmann, Kugellagerpassungen. Der Betrieb 1920, Heft 13, S. 325.	11_3
284.	Westenberger, Zusammenbau von Schleifmaschinen. Werkst.-Techn. u. Werksleiter 1940, Heft 23, S. 393.	16
285.	Weltmeyer, Meßgenauigkeit und Betriebsmittel in der spanabhebenden Massenfertigung. Masch.-Bau-Betr. 1937, Heft 21/22.	16
286.	Weltmeyer, Die Auswirkung der Toleranzen bei der Massenfertigung. Masch.-Bau-Betr. 1937, Heft 3/4, S. 87.	16, 11
*287.	Wende, Das ISA-System für den Betriebsmann. Ratschläge zur Einführung. Werkst.-Techn. u. Werksleiter 1933, Heft 23, S. 451.	11_4
*288.	Werth, Austauschbare Längspreßsitze. VDI-Forschungsh. 383. Berlin: VDI-Verlag 1936.	11
289.	Werth, Kräfte an Längspreßsitzen. Z. VDI 1938, Nr. 16.	11_2
290.	Williams, Gage Problems of the Ordnance Department. Amer. Mach., N. Y. Bd. 60 (1924), Nr. 22.	25
*291.	Wittmann, Austauschbare Fertigung bei Stirnradgetrieben, Prüfung und Tolerierung der Bestimmungsgrößen. Masch.-Bau-Betr. 1940, Heft 10, S. 415.	24
292.	Wittmann, Erweiterte Anwendung von Zahnrad-Meßgeräten. Masch.-Bau-Betr. 1941, Heft 2, S. 72.	24
*293.	Wittmann, Austauschbare Fertigung bei Stirnradgetrieben. Berlin: VDI-Verlag 1941.	24
*294.	Wittwer, Wirtschaftliches Prüfen in der Reihen- und Massenfertigung. Werkst.-Techn. u. Werksleiter 1939, Heft 8, S. 209.	27
295.	Wolf, Molekularphysikalische Probleme der Schmierung. Z. VDI 1939, Nr. 26, S. 781.	13, 28
296.	Ohne Angabe des Verfassers. Ernstfeuerwerkerei für die Königlich Preußische Artillerie. Auf Befehl Sr. Kgl. Hoheit des Prinzen August von Preußen im Jahr 1817 bearbeitet. Berlin: G. Reimer 1818.	10
297.	— America's Munitions 1917—1918. Militär-Wbl. 1924, Nr. 11.	10
298.	— Technischer Rundblick. Militär-Wbl. 1926, Nr. 8.	11
299.	— Genormte Lehren. Army Ordnance 1926, Nr. 35, S. 383.	11
300.	— Ist eine internationale Vereinheitlichung der Paßsysteme möglich? Werkst.-Techn. 1928, S. 217/260.	11, 10
301.	— Meinungsaustausch zu: Die Bewährung der DIN-Passungen in der deutschen Industrie. Werkst.-Techn. 1928, S. 525/536.	11_4
302.	— Die Prüfverfahren in der Feinstbearbeitung. AWF-Mitt. 1933, Heft 2, S. 14.	13
303.	— Geschichte der Mauserwerke. Berlin: VDI-Verlag 1938.	10
304.	— Kunstharze und andere plastische Massen 1938, Heft 10, S. 338.	14
305.	— Passungsstudien. Kugellager-Z. 1939, Heft 3, S. 43/46.	11_3
306.	— Untersuchung der Reiboxydation festsitzender Paßflächen. Automob.-techn. Z. 1939, Heft 6, S. 162.	11
307.	— Neuartiges elektrisches Oberflächenprüfgerät. Werkzeugmasch. 1941, Heft 6, S. 152.	13

Stichwortverzeichnis.

Druck von C. G. Röder, Leipzig.

Additional information of this book

(Passung und Gestaltung (Isa-Passungen); 978-3-662-26875-9)

is provided:

http://Extras.Springer.com